科学文化经典译丛

希腊技术史

19 世纪至今

HISTORY OF TECHNOLOGY IN GREECE

FROM THE NINETEENTH TO THE TWENTY-FIRST CENTURY

[希]斯塔西斯·阿拉波斯塔西斯　[希]亚里士多德·廷帕斯　主编

周　杰　王　渴　陈丽君　译

中国科学技术出版社

·北 京·

图书在版编目（CIP）数据

希腊技术史：19世纪至今 /（希）斯塔西斯·阿拉波斯塔西斯，（希）亚里士多德·廷帕斯主编；周杰，王渴，陈丽君译 . -- 北京：中国科学技术出版社，2024.1
（科学文化经典译丛）
书名原文：History of Technology in Greece from the Nineteenth to the Twenty-first Century
ISBN 978-7-5236-0322-2

I.①希… II.①斯… ②亚… ③周… ④王… ⑤陈…
III.①技术史－研究－希腊 IV.① N095.45

中国国家版本馆 CIP 数据核字（2023）第 218887 号

This translation of *History of Technology Volume 33* is published by arrangement with Bloomsbury Publishing Plc.
© Ian Inkster and Contributors, 2017
北京市版权局著作权合同登记 图字：01-2023-5345

总 策 划	秦德继
策划编辑	周少敏　李惠兴　郭秋霞
责任编辑	李惠兴　郭秋霞
封面设计	中文天地
正文设计	中文天地
责任校对	焦　宁
责任印制	马宇晨

出　　版	中国科学技术出版社
发　　行	中国科学技术出版社有限公司发行部
地　　址	北京市海淀区中关村南大街 16 号
邮　　编	100081
发行电话	010-62173865
传　　真	010-62173081
网　　址	http://www.cspbooks.com.cn

开　　本	710mm×1000mm　1/16
字　　数	310 千字
印　　张	23.25
版　　次	2024 年 1 月第 1 版
印　　次	2024 年 1 月第 1 次印刷
印　　刷	河北鑫兆源印刷有限公司
书　　号	ISBN 978-7-5236-0322-2 / N·316
定　　价	118.00 元

目　录

引 言

19 世纪至今的希腊近现代技术史

　　近现代希腊是第一个从奥斯曼帝国（Ottoman Empire）夺回领土并独立的欧洲国家。1821 年，信奉东正教的希腊人发动了独立革命。1827 年，纳瓦里诺海战（Battle of Navarino）打响，这是木制战船时期的最后一次大海战。当时，三大列强（英国、法国、俄罗斯"三驾马车"）的联合舰队击败了奥斯曼帝国的无敌舰队（Armada），为近现代希腊的独立提供了条件。两个世纪后，2010 年，希腊从以国际货币基金组织、欧盟委员会和欧洲央行"新三驾马车"为首的国际债权人那里获得财政援助，成为第一个获得该项援助的欧洲国家。本书呈现的时期，以"三驾马车"开端，又以"新三驾马车"收尾，它们的介入促成了希腊这两次极具国际影响力的事件。

　　另外两次重要事件是小亚细亚灾难（Asia Minor Disaster，1922）和希腊内战（Greek Civil War，1947—1949），前者标志着第一个亚时期（sub-period，1827—1922）的结束，后者发生在第二个亚时期中期（1922—1974）。19 世纪末，希腊不断扩张，而奥斯曼帝国逐渐衰落，两国之间爆发的一系列战争从政治上阻碍了希腊工业资本主义的进程。这些战争包括两次巴尔干战争（Balkan Wars），20 世纪的两次世界大战，以及对纳粹政权的武装抵抗，这些均是近现代希腊技术史研究者们不可忽视的历史背景。此外，研究者还应该将一系列独裁统治纳入研究，这些独裁统治发生在战间期（interwar period）①的末期（1936—1940）和战后数十年时期的末期（1967—1974）。[1]

　　承认一个现代民族国家历史上出现过政治巨变，并不代表人们会就此认为在这段历史时期技术经验是有限的，抑或是微不足道的。相反，在这段跌宕起伏的政治史中，希腊的技术与其他欧洲国家近现代技术发展史上的典型案例相比毫不逊色。这进一步表明，正是因为希腊的技术史与极其特殊的政治史并存，才使其具有更重要的意义。为了阐明其重要意义，本书详细论述了技术与希腊社会政治的"共同产生"过程。尽管在史学研究中很少有人关注它，但著名经济史学家赫里斯托斯·哈齐奥西夫（Christos Hatziosif）[2]早在其编纂的 20 世纪希腊历史综合丛书中，便已经指出技术在史学上的重要性。本书对此做出回应：技术产品和技术基础设施具备的意义、具体的技术和材料特性以及可信赖性受到以下两个方面的影响——政策制定者和政治家的政治优先事项和抱负，以及工程师和科学家在希腊的不同历史时期自我塑造并成功合法化的政治角色。本书的目的是展示工艺设计、实用技术和工程学专业知识如何根植于这个国家并同时孕育出资本主义社会的经济制度。技术的具体特性和意义与 19 世纪和 20 世纪的体制和政治改革以及地理和经济有着密切的联系。本书认为国家建设过程是一个动态的社会政治过程，与技术和技术网络有着内在联系。

　　追溯技术和政治之间共同产生的历史进程意味着要注重尝试重构实用

---

① 战间期通常指第一次世界大战（1918）结束和第二次世界大战（1939）开始之间的时间段。这是一段充满政治和社会变革的时期，很多重要的全球事件在这段时间内发生，包括经济大萧条和多个新国家的出现（如无特别说明，本书页下注均为译者注，后文不再一一标示）。——译者注

技术，即要注意技术的主动占有与本地化过程，这有别于被动的"技术转让"。确切地说，这句话的意思是，技术变革与引进普遍适用的高品质技术有关。[3] 经过两百多年的演变，在一些关于希腊技术转让的研究中，这一过程被重新定义为一个政治化进程，与国家和企业优先事项以及"现代性"意识形态相关。[4] 本书第二章讲述希腊铁路的蒸汽机车技术转让。在文中，讨论了这一过程的要素，但更强调关于选定使用何种技术的社会过程。关键的问题不是研究希腊落后的原因，而是重构能够改良特定技术、排除替代方案的经济、技术和政治影响因素。本书质疑了所谓的技术"普遍主义"（universalism），试图消解"高"技术和"低"技术之间的本质界限，取而代之的分别是"中心"技术和"边缘"技术。这与欧洲紧张局势组织（TOE）[5] 以及欧洲边缘科学技术组织（STEP）[6] 等研究网络开展的历史研究产生了很好的共鸣——这些研究网络对本书几位作者的研究影响颇深。

本书希望为读者提供较为广泛的研究综述和案例研究，并深入分析技术与社会之间的匹配关系，目的是在技术发展的宏观趋势和案例研究对偶发事件的敏感性之间取得平衡。同时，本书致力于阐明技术变革的长期动态，但也为分析工程师、实业家、技术人员、政治家、记者、用户与具有不同利益和理念的公民等行为体所在的机构留下解读空间。为了更好地介绍这些内容，本书首先简要介绍了希腊历史。在过去的两个世纪中，希腊有着大量的政治史文献，此处仅对此做了简短的概述，目的是留出更多的空间来综述相对比较有限的希腊近现代经济史和工业化史文献。

漫长的19世纪：从独立战争到小亚细亚灾难

这一时期的工业化可以说是以一种零散的、不完善且高度特异性的方式进行。[7] 在初始阶段，以制造业为主的工业规模小，且受到当地环境和经济的限制，因此近现代希腊以农业为主。[8] 近现代希腊的国家制度得到了讲希腊语的正统商人团体的大力支持，他们在奥斯曼帝国和希腊国家经济中扮演着重要角色。希腊商人和他们的贸易网络在东地中海（East Mediterranean），尤其是在巴尔干（Balkans）和小亚细亚地区特别强大。[9]本书第一章强调了 18 世纪后期以来商船队在希腊语地区造船业逐步形成过程中的作用。该地区的谷物贸易形成了社区网络和专业知识网络，同时希腊造船商和技术人员逐步专业化，推动了不定期货船运输设施的建立。

在建国最初的几十年（从 19 世纪 30—50 年代）里，希腊处于一个不稳定的过渡时期，国家政治制度从专制更替到君主立宪制。巴伐利亚国王奥托（Otto）征得列强的许可成为第一位希腊国王。这一时期，社会动荡不安，政治冲突严重，终于在 1843 年爆发了起义。在之后的几十年里，列强在希腊国家建设过程中产生了很大的影响，并决定着政治优先事项。[10]当时，这个新成立的国家没有财政机构，国家基础设施薄弱。[11]在此背景下，列强向希腊政府提供技术官僚咨询已成为惯例。[12]外国工程师特派团（最初是法国人，后来是巴伐利亚人）在城市设计、城市规划和建设以及修建桥梁、道路和灌溉系统等技术基础设施方面发挥了推动作用。[13]

19 世纪 60 年代和 70 年代是希腊工业资本主义模式初步形成的关键时期。当时，希腊境内建立了一系列工厂，中心城市也随之发展起来，比如帕特雷（Patras）、比雷埃夫斯（Piraeus）和埃尔穆波利斯（Ermoupolis）等。创建这些工厂的资本持有者，曾被其他巴尔干国家或俄罗斯南部地区驱逐，随后来到希腊这个新成立的国家。他们想为贸易中积累的资本或从制造业转移到工业生产的资本寻找投资路径。这就是希腊早期工业资本主义模式的成因，参与该过程的主要有农业生产和食品加工业、采矿业、纺织业和化工业。[14]

克里斯蒂娜·艾格里安东尼（Christina Agriantoni）认为，与中欧和北欧国家相比，19世纪希腊工业革命并没有取得很大进展。[15]迪米特里斯·德蒂里斯（Dimitris Dertilis）表示，要全面理解这一时期，必须关注在不利的政治背景下，一个小型产业缓慢形成的过程。[16]抛开差异不谈，经济和工业化历史学家一致认为，在19世纪末期，希腊仍以农业经济为主。即使在1850年至1875年工业作坊（industrial shops）数量相对大幅增加的时期，产业工人的数量也只占总人口的0.4%，而从事农业活动的劳动力则达到总人口的75%。[17]对于这种缓慢发展而分散的工业化来说，位于阿提卡（Attica）地区拉夫里翁（Lavrion）镇的矿业则是个例外，其拥有2000名工人和矿工。[18]在本书中，代利斯表示，尽管在蓬勃发展的造船业中，比雷埃夫斯港和锡罗斯（Syros）岛的工厂和造船厂吸引了很多的制造项目，但是其技术人员、工程师、锅炉工人和普通工人的数量也还是少于拉夫里翁的雇员数量。更重要的是，专业人员由外国工程师（主要是英国工程师）构成，他们在蒸汽工程和铁船制造方面拥有的专业知识闻名于世。

希腊过渡到君主立宪制后，开始积极建设公共工程和基础设施，包括能够及时将军队运送到与奥斯曼帝国接壤边境的重要工程。国家基础设施规划进一步促进了民族统一主义（irredentism）思想的形成，并逐渐演变为"伟大理想"（The Great Idea），促使希腊向奥斯曼帝国统治下的所有希腊语人口聚居地扩张。同时，这种思想还使军事技术和弹药上的高额支出合法化。[19]19世纪末期，查利劳斯·特里库皮斯（Charilaos Trikoupis，1832—1896）政府通过基础设施建设来强调国家赋权。20世纪早期，埃莱夫塞里奥斯·韦尼泽洛斯（Eleftherios Venizelos，1864—1936）政府将国家现代化改革提上议程。本书的第二章认为，特里库皮斯优先考虑改造希腊的技术和基础设施，旨在从空间、地理和经济等方面统一希腊语地区，并指导政策制定和塑造希腊铁路技术特征。他果断启动了以通往北部边界的国际铁路为主干的铁路网工程，以及具有标志性意义的公共工程，如希腊中部科帕伊达湖（Lake Copaida）的排水系统和科林斯运河（Corinthian Canal）。[20]特里库皮斯通过增加税收为这些工程提供资金，这使他不得民心。甚至，当时的经济精英也对特里库皮斯通过发展基础设施和公共工程来实现国家现代化的决议表示怀疑。[21]法语版《经济学人》的通讯员季米特里奥斯·佐治亚迪斯（Demetrios Georgiadis）质疑这种发展模式，他认为特里库皮斯的公共工程规模，超出了该国的实际需求和能力范围。[22]尽管该决议引发了不同的反响，特里库皮斯还是召集了来自庞兹（Ponds）和肖斯（Chausses）等地的外国工程师团队来规划大规模基础设施，[23]成功推进了铁路和其他关键基础设施的建设，但其代价则是使希腊政府陷入债务。经济和产业历史学家强调，从 19 世纪 90 年代到第一次世界大战期间，金融危机和国家破产阻碍了希腊工业化进程。但从另一方面来说，如果没有特里库皮斯倡导的基础设施建设，希腊就不可能从其参与的战争中获得最大利益，这些战争扩大了 20 世纪初近现代希腊的国土面积。另一项技术是在 20 世纪前十年间引入的汽车制造工艺，对希腊的建设起到微小但却至关重要的作用。第十章认为，汽车不仅仅是王室成员和雅典上流社会的"冒险机器"，正如铁路修建一样，汽车制造也是一种实用技术，它重构了空间和时间，消除了地理、经济和社会障碍，从而使希腊更容易实现同质化这一国家优先事项。

在 20 世纪的前二十年里，工程师们开始成为技术官僚（technocrats），他们可以参与国家事务，并为之做出贡献。[24]这种身份也成为希腊标志性专利制度的特征。在这一时期，工程师们强烈要求在希腊建立正式的知识产权制度，作为他们身份政治（identity politics）的一部分。19 世纪末期，专利作为特权由希腊议会授予。1920 年，根据相关法律，专利特权制度变更为专利权制度。2526 号法案是以下三方面因素共同作用的结果：一是国际外交压力，二是国内专业精英施加的社会压力，三是自由派政治家埃莱夫塞里奥斯·韦尼泽洛斯领导的政府持有的政治意识形态倾向和提出的政府优先事项。1919年巴黎和会期间，希腊政府当局遭到施压，要求将知识产权立法同质化。国内精英们也要求建立一个正式的知识产权制，并且设定知识产权的"进步"特性及其制度权力，从而促进并保障国家的发展与进步。另一些人则重点关注专利特权制度所形成的互惠互利关系，他们认为，特权制度的延续会强化现存于这个国家的封建主义。这些公众的声音与韦尼泽洛斯政府想要推动资产阶级现代化的政治企图不谋而合。国家现代化与体制和宪法的变革，以及公民的个人权利紧密相连，这是政治自由主义（political liberalism）优先的表现，其实质是以公民的普遍权利为基础。[25]

2527号专利法规定，专利拥有十五年的垄断权，对创意和发明进行开发和商业利用的必要期限为三年。这部法律还首次尝试定义"发明"一词，并将其纳入立法体系，强调了发明的地理起源，从而用疆界来定义创新性和原创性。该法律第二条规定："如果一项发明在申请专利时，其已在希腊广为人知，或在希腊（地区）已存在对该发明的（公开）描述或设计，并有专家将其投入实际应用，则该发明不被视为新发明。"[26]与当时其他国家的专利一样，该法律对领土的强调反映了政府的产业政策战略，即建立一个有吸引力的环境，让外国发明家和实业家在希腊投资，同时本土发明家和创新者可以从国外转移技术，特别是通过模仿来实现技术转让。该法律第四条明确指出，政府应采取务实的做法，并建立"首先申请"（first to file）原则专利制度，将必要的政府官员数量减至最低，从而减少国家的成本和投资。[27]科学、技术与社会学者兼法律学者马里奥·比亚吉奥利（Mario Biagioli）认为，专利特权制度过渡到专利权制度，标志着从授予制度（regime of presentation）过渡到代表制度（regime of representation）。比亚吉奥利将此事视为从封建制度到自由资本主义民主制度的政治转变。[28]代表制度，指发明人从能够证明其发明有效性的工匠，转变为对该发明拥有独占权的发明家和著者。现有全球独创性标准对于建立专利权制度十分重要。以希腊为例，由于缺乏审查程序和已成文的通用标准，希腊形成了通过模仿促进创新的知识管理体系。希腊的工业优先事项和工程专家的专业议程均指出，应当沿用"现代"知识产权法。这些工程专家也在寻求社会合法化并希望在新兴资本主义经济中发挥作用。缺乏审查程序是工业和工程界关注的问题。[29] 在战间期及战后时期的工程和工业期刊上，出现了一系列批评和讽刺这一问题的文章。20 世纪年代中期，尽管面临持续不断的压力，世界贸易组织和欧盟委员会还是实行了更强大的知识产权制度。[30] 该制度完全以注册为基础，进一步提高了技术和准技术期刊在如下几个方面的重要性：赋予发明者优先权，推广创新文化，通过控制出版战略确保产业利益，以及制定产业政策优先事项并使其合法化。

本书第五章和第六章表明，在 19 世纪末和 20 世纪初，新兴工程界作为国家科研团体的核心，力图在不断变化的希腊获得政治地位，并增加工程师和工业科学家的经济资本、社会资本和文化资本。通过成立新的专业机构，批准新的专业出版物来传播知识，并提出新举措来倡导技术领域的正规及非正规教育，科技产业和技术基础设施在国家建设过程中普遍出现。与此同时，工程师和工业科学家也在寻求成为合法的技术官僚和国家利益的卫士。

希腊短暂的 20 世纪

1922 年的小亚细亚灾难终止了近现代希腊的扩张。它是一系列战争的一部分，包括 19 世纪近现代希腊与奥斯曼帝国之间的战争、第一次世界大战以及巴尔干战争。近现代希腊和土耳其两个国家之间因战争而出现的人口交换为希腊带来了大量同质化劳动力，这对战间期希腊工业化的加速发展起到了催化作用。[31] 1921 年至 1931 年间，希腊每年的工业生产总值几乎翻了一番。农业和建筑业（如化肥和化工建材）以及纺织业的增长最为强劲。[32] 移民推动了建筑业和住宅业的发展，从而带动了水泥行业的扩张。[33] 本书第十一章指出，国家公路网的建设被巧妙地塑造成一个项目，通过将农村地区与商业中心和港口连接起来进行农产品贸易，从而推动国民经济和振兴农村地区。此外，该项目还促进了旅游业的兴起，并进一步巩固希腊的领土和边界。在战间期，建设国家公路网这一愿景将政治家、政党、建筑公司和工程师凝聚在一起，形成了一个社会技术网络，这对项目的实施至关重要。

尽管 1932 年出现了金融破产等问题，但国家的产业干预政策效果显著，人均装机马力进一步提高了 100%，同时从国外进口的商品减少了 65%。在战间期的早期，制造业的产业化程度和技术变革力度均开始加强，这一趋势一直持续到第二次世界大战前的几年。[34] 在 1928 年至 1938 年期间，工业生产总值增长了 68%，位居世界第三，仅次于苏联（87%）和日本（73%）这两个实施计划经济的国家。[35] 在伊奥安尼斯·梅塔克萨斯（Ioannis Metaxas）的独裁统治（1936—1940）期间，国家意识形态强调开发利用希腊自然资源的重要性，因而出现了强烈的经济民族主义。该独裁政权提倡民族主义和法西斯主义理念，以对抗先前战间期出现的自由主义理想。科学和技术被用作构建"新国家"的意识形态，其特征是同质性、统一、权力和纪律。[36]

经济和技术官僚精英成为推动技术官僚民族主义的关键角色。[37] 他们强调开发自然资源（特别是矿物资源）对于构建强大工业部门的重要性。[38] 他们秉持泰勒的理性主义理想化思想，影响着希腊工程师们的公共话语、活动和计划。他们的目标是将自己塑造为专家，按照"理性"原则组织近现代希腊的经济、工业和官僚机构的运作。[39] 理性主义工程师在第二次世界大战和纳粹占领期间一直很活跃。[40] 第七章强调水资源的管理解决方案和工程师身份是与技术官僚民族主义意识形态共同产生的。这种意识形态渗透到工程实践、建立技术可靠性和构建专业身份中。正是在此背景下，工程师们塑造了专家的角色，他们能够在城市和自然环境的有效转型中做出科学的贡献，同时也在建立强大的国家和经济过程中扮演着关键的角色。

第二次世界大战后，希腊陷入了一场内战。这场战争决定了希腊几十年来的政治和社会生活。战争结束时，希腊的大部分基础设施要么被完全摧毁，要么遭到严重损坏：90% 的大桥和 40% 的小桥被夷为平地。实际上，所有的港口和机场都被炸毁，[41] 仅有 14% 的汽车和 35% 的商用货车和卡车幸存下来。[42] 20 世纪 50 年代，希腊在美国的援助下进行重建，恢复工业生产，建立大规模技术基础设施。[43] 这一时期，国家实施干预政策，优先考虑基于大规模技术基础设施、基于国家投资以及基于国家补贴的"重要"行业的发展，如电力、化肥、农业和铝业等。[44] 这种发展理念反映了在希腊国家银行（National Bank of Greece）的支持下，经济学家和工程师甚至在战争期间就开始讨论和制定规划。[45]

20 世纪 50 年代，"经济发展"的言论深深影响了公共话语以及经济学家和工程师的干预行为。[46] 美国援助希腊重建的马歇尔计划（the Marshall program）进一步推动了一种经济发展理念的实现，即以本土自然资源（主要是水和矿物）为基础，同时适当发展采矿、加工业以及农业。[47] 尽管存在着激烈的冲突和残酷的内战，但无论是左翼还是右翼知识分子、经济学家和工程师们都一致认同，国家在经济规划中应占有举足轻重的地位。其次，他们均支持制定一个发展计划，该计划应基于大规模的国家基础设施建设和本土资源技术开发而实施。[48] 到 20 世纪 50 年代和 60 年代，大众旅游开始成为政策制定者和希腊政治家感兴趣的行业。第十二章明确指出，旅游业是产业化过程中的优先事项。鉴于其重要性，希腊政府开始投资建设公路和港口设施，旨在将希腊改造为一个国际旅游目的地。政府出台了一项政策，希望通过旅游业促进地区和地方发展。因此，国家对高速公路进行了改善和扩建，也建设了一些小型公路。旅游业和公路交通的发展，以及休闲活动在新兴中产阶级中的普及和持续增加，共同促进了希腊国内旅游业的增长。

在 1963 年之前的十年里，希腊工业生产总值的年均增长率达到了 8%。[49] 1952 年至 1961 年间，希腊国内生产总值的年均增长率为 5.7%。保守派领袖康斯坦丁诺斯·卡拉曼利斯（Konstantinos Karamanlis）在 1955 年至 1963 年期间担任总理，他大力支持向国家公路建设、灌溉和能源基础设施等公共工程提供资金。[50] 第七章论述了有关阿刻罗俄斯河（Acheloos River）水资源管理的问题。研究显示，对该河流的主要干预与自 20 世纪 60 年代开始出现的发展模式有关。这种模式强调基于能源基础设施发展规模经济。在推动国家和地区的发展过程中，对公共自然资源进行了过度开发。到 1961 年，希腊已经开始与欧洲经济共同体（现在的欧盟）进行初步的接洽和谈判，其走向欧洲一体化的道路已初见端倪。[51] 在 1973 年之前的十年中，经济学家们讨论的主题是"跨越式发展"，因为在这期间，希腊的经济增长率保持在 5.3% 至 10.3% 之间，远高于许多西方发达国家，日本和西班牙例外。[52] 到 1974 年独裁政权结束时，希腊的 GDP 增长了 64%，工业生产总值增长了 25%。建筑材料、农用化学品和石油化工等行业的产业化尤为强劲。[53] 第八章探讨了希腊核电计划。阿拉波斯塔西斯、坎达拉基（Kandaraki）、加里法洛斯（Garyfallos）和廷帕斯解释说，正是在独裁统治期间，核能在能源结构中的地位变得极其重要并展现出长远的发展前景。政府计划在接下来的三十年内建设多个核电站。这种雄心勃勃的技术发展与该政权所支持的国家理念相得益彰。此外，冷战时期巴尔干半岛的象征意义与军政府的军国主义思想相匹配。正如齐亚卡斯（Ziakkas）在第三章中所指出的那样，在独裁统治的七年间，军队，特别是希腊空军的预算激增，这并非巧合。在民主制度恢复后，公共电力公司才在规划中列入了建设核电站的计划，并得到了与康斯坦丁诺斯·卡拉曼利斯保守政府关系密切的顶尖核物理学家和工程师的支持。由于寻求进一步的经济发展、能源自给自足和能源安全，希腊的核能在政治上得到了合法化或试图被合法化。

经济增长并未消除内战的分歧。要想获得工作，特别是在国有机构或部门工作，人们必须持有非左翼支持者的"政治信仰证明"（Certificate of Political Beliefs），而共产党人和其他左翼人士无法获得这样的证明。事实上，许多左翼人士被驱逐到爱琴海（Aegean）偏远岛屿上的集中营。这种驱逐在内战期间和之后都有发生，而在独裁统治期间再次出现。值得注意的是，尽管经济有所增长，但向欧洲和美国的移民数量仍然很高，其中大部分移民是战败者。1963年至1965年间，每年有10万希腊人移民。到1969年，这个数字下降到9万。[54] 独裁政权推行"建筑租赁"（building lease），即政府在私人拥有的土地上兴建公寓大楼，并提供一部分建成的公寓给物业所有者。这使建筑业持续繁荣，但实际上破坏了希腊的城市景观，这些城市被无尽的水泥公寓楼所占据。[55] 在内战中，根据美国军事专家的建议，右倾当局将大量村民转移到城市中心，以切断共产党游击队的供应基础。"建筑租赁"为极端城市化提供了另一股强大的推动力——现在，近50%的希腊人口居住在雅典－比雷埃夫斯地区。

步入21世纪

经济学家、经济历史学家和技术政策分析人士强调，即使在1974年恢复民主之后，希腊仍缺乏有组织的和国家规划的产业政策。他们认为，希腊灵活性不够，无法适应持续变化的产业环境，也未能在短期目标和长期发展目标之间找到平衡。在他们看来，产业政策缺乏战略指导，导致政府部门的仓促应对，这就影响了社会技术体系应对跨国、国际和全球挑战的方式。产业政策受到既得利益集团、业已建立的产业关系网络和国家赞助的影响。他们遵循的路径将"发展"概念化为"增长",而不是"结构转型"。这种做法将相关政策与现有产业的扩张联系起来,这些产业主要依赖公共资金和国家合同来发展。[56]国家继续为其基础设施保留技术买家的角色,而供应商的角色仅限于少数工业企业和制造企业,这些企业由于与国家进行贸易而在市场上享有特权地位。[57]这一趋势在 20 世纪 80 年代和 90 年代加剧。即使在其他工业化国家,这种趋势也并不罕见。然而,在希腊,它并没有成为产业政策的工具,而成为国家家长制支持下建立技术产业的工具。[58]农业化工、冶金和建筑材料、电力电子、电信系统和设备以及军队等工业部门,完全依赖于国家资助的项目和国家基础设施的"现代化"。[59]

特别是在 20 世纪 80 年代,希腊实施了保护政策,即在国家签订的基础设施系统和网络(电信、铁路、能源等)合同中要求"希腊化"。这意味着,希腊政府要么优先考虑本国承包商和建筑商,要么优先考虑在希腊设有子公司、办事处和工厂的大型外国公司。[60]此外,技术政策分析人士指出,在 20 世纪 70 年代和 80 年代初,希腊的创新和工业系统存在一些不足,最主要的原因是研究和技术政策不系统、国家研究和开发计划资金不足以及缺乏将研究应用于产业的基础设施和机构。第三章研究了希腊空军军备项目。本章强调,由于裙带关系、政治民粹主义和腐败,决策者忽视了适当的军事建议和专业知识。结果,虽然从外国公司购买了技术非常先进的飞机,但并没有注意到对这些技术进行适应调整。国家应资助本土专家开展研发和帮助主要用户积累经验,从而实现优先事项、实践和环境的本地化。然而,由于缺乏这样的过程,导致技术表现不佳。

在 20 世纪 80 年代,人们越来越担忧国家的技术依赖性对国民经济和工业产生有害影响,并就此展开公开辩论。[61]然而,对希腊的软件计算领域进行的一项研究指出,将技术本地化,以建立本地专业知识、工业能力和适应本地使用环境的技术,是发展技术领域的必要阶段。[62]第九章指出黑客、热情的参与者、业余爱好者及其建立的机构,包括计算机技术杂志,在非常早期的阶段就推动了家庭计算机的普及,并为当地软件行业的发展做出了贡献,那时并不存在正规的技术教育,也没有强大的工业和市场产业。技术杂志主要由热心人士创办,通过确保知识与软件程序的流通以及对软件编程中做出贡献的用户的认可,为新生的软件产业创造了知识共享的公共空间,并通过这种实践使技术适应本地的需求和使用环境。

创新社会学家和技术政策学者认为,生物技术是产业部门远离学术界和科学网络的典型例子。希腊政府创建了一家国有公司,旨在将学术研究成果与产业利益密切关联起来。然而,由于私营企业态度模拟两可,不愿参与生物技术的研究和相关创业活动,其角色和功能始终不清晰,这家国有公司于 1992 年就停止了运营。[63] 第四章指出了希腊创新政策中的另一个缺陷,即医疗和生物医学技术以碎片化的方式转移到公共卫生系统,且没有认真关注和研究卫生保健系统的需求。

自 20 世纪 90 年代初以来,创新政策开始优先考虑欧洲的资助计划,而非国家的举措和战略。[64] 虽然欧洲资金决定了生物技术部门的研发活动,但大众传媒在希腊生物技术部门特定技术的社会合法化和非合法化方面发挥了关键作用。例如,将转基因生物框定为危险和有风险的做法,促使希腊政府在 90 年代初对其的积极意向发生了变化。[65] 这种框定有助于绿色和平组织等非政府组织以及农业社区的活动在社会和政治上合法化。这些活动反对孟山都(Monsanto)和捷利康(Zeneca)等私营公司拥有实验农田,这些公司曾向政府申请在希腊引进和使用转基因种子。[66] 第七章和第八章均证实了这种观点,即在 1974 年之后,新闻媒体在合法化技术政策和创新方面起着至关重要的作用。[67] 在 21 世纪初的前几年里,新闻媒体引导并塑造了有关生物技术的公共政策。新闻媒体将输血医学和医疗生物技术中的新分子诊断测试定义为必要的技术,同时淡化成本和效益的比较，以及替代测试的可能性和公共卫生领域的不同优先级，从而有利于将这些测试纳入医疗实践的政策合法化。[68]

可以说，如果希腊漫长的19世纪和短暂的20世纪分别被定义为国家对扩张和现代化的追求，那么技术对两者都是不可或缺的。在独裁统治结束后的40年里，无论是希腊早期加入欧盟时的欢欣鼓舞，还是现在对于加入欧盟后的不安焦虑，技术的影子无处不在。本书的目的是为了向国际技术史学界介绍关于希腊近现代技术史的最新研究。要知道，希腊是一个民主国家，而在过去两个世纪中，希腊只因自己独特的戏剧性政治事件登上过世界报纸的头条。本书的主要论点是，在讲述国家历史时，尽管重点是政治史，但技术史能够为普通历史增添一些实质性的内容。在研究希腊技术史时，可以借鉴一系列关于希腊经济史和希腊工业史的开创性研究。正如本书中的其他章一样，本引言也旨在最大限度地利用这些研究的成果。近几十年来，技术史作为一门独立学科在国际上显著地增多，这也是本书作者的核心关注点。这在史学研究的选择中表现得尤为明显，既展示了技术的成功和失败，也引起了人们对技术变革过程的关注。这些变革过程并非由某项辉煌的发明定义的，而是由谨慎的（或短视的）个人和/或公共政策定义的。这一过程涉及采购技术、适应环境和目的，以及通过社会使用的规范化和重新配置使技术本地化等。我们现在都知道这些过程对技术和社会是多么重要，我们希望这一切都更具吸引力。在本书中，以希腊为例展开讨论，进化论思想与技术决定论势力均衡，它们不是简单地承诺一个光明的未来，而是要通过技术进步来自动实现这一未来：在一个以深厚历史传统为基础并以此拓展的现代国家里，人们普遍认为存在着一种与远古时代连续不断的本质。技术被视为一种承诺，预示着一个能与光辉历史相匹配的光明未来。

第一篇

技术与工业

第一章

18 世纪末至 20 世纪初的希腊造船业

　　木船制造是爱琴海和爱奥尼亚海地区古老的手艺之一。然而，相关文献资料稀少且不一致。因此很难重建其发展演变阶段，以清楚地了解哪个地区首先发展该工艺、谁最初开发了这种或那种技术、谁将造船技术转让给了谁等。要全面描绘近现代地中海木船制造业的演变，需要进行非常系统的比较研究。由于关于该主题的原始资料和二手资料涉及多种语言，要开展相关研究困难重重，比如需要了解北欧、阿拉伯和印度的海事和造船技术史，因为这些地区与地中海之间至少自中世纪晚期以来就有持续的交流与互动。如果不考虑这些情况，就无法理解地中海造船业的演变。因此，研究 18 世纪和 19 世纪希腊造船业的演变可以被视为更广泛的地中海造船业及其与其他地区造船业互动研究的一部分。

　　本章所涵盖的历史阶段分为两个时期：第一个时期始于 18 世纪下半叶，一直持续到希腊独立战争（1821—1829）的爆发；第二个时期是从希腊民族国家的建立（1830）到 20 世纪初。在 1830 年之前，将某些地区定义为"希腊"或将生活在某些地区的人定义为"希腊人"是一件棘手的事情，因为这涉及生活在不同政治、制度、文化和社会经济框架下的人们和社会（例如奥斯曼、威尼斯）。他们的身份认同与现代希腊国家建立后被称为"希腊"或"希腊人"的身份有所不同。也许根据他们与特定海域（爱奥尼亚海、爱琴海）或海洋社区［凯法利尼亚（Cephalonia）、海德拉（Hydra）］的联系来定义他们更为合适，尽管这样定义也并不容易。

在这两个时期，促进造船业发展的一个关键因素是希腊商船队的增长，无论这些商船队属于威尼斯、奥斯曼还是希腊民族国家，我们都把它们看作是希腊商船队。这种增长最早出现在 18 世纪下半叶，尤其在法国大革命之后。这种增长还与希腊人在不定期货物运输方面展现的专业化有关。希腊人将货物（主要是谷物）运输到地中海港口，以及北欧和美洲，后者的运输规模稍微小一些。时至今日，希腊人仍然在不定期航运方面保持着专业化。在 18 世纪和 19 世纪，这个专业化程度影响了造船业的发展进程。造船业在很大程度上依赖于谷物和其他不定期货物的运输需求和运费。[1]与此同时，无论是在奥斯曼时期还是在希腊民族国家时期，造船厂都在希腊商船队的建设中发挥了至关重要的作用，因为它们提供了技术可靠且效益高的船舶供应系统。

希腊独立前的造船业

在讨论 1830 年之前的造船活动时，一个主要问题是如何在爱奥尼亚海、爱琴海及其相邻地区（如黑海）确定造船厂的位置，因为希腊人在这些地方都有航运活动。实际上，与 1821 年之前的航运有关的一手和二手资料经常提到许多已经发展起造船业的地方。帕特雷湾（Gulf of Patras）的米索隆基（Messolonghi）、海德拉、斯佩塞斯（Spetses）、希俄斯

（Chios）和辛诺普（Sinope）只是在爱琴海和黑海找到的众多地点中的一小部分，但他们所提供的信息远非详尽无遗。我们尝试统计 1821 年之前的造船厂，发现在爱奥尼亚海、爱琴海和马尔马拉海（the Sea of Marmara）的 45 个地点都有记录，但是很有可能每个大陆或岛屿的海岸或港口都能用来建造船只，只是留下的痕迹很少，甚至没有。[2] 此外，目前不仅对造船厂的位置了解不全，而且关于产量、生产组织、资金来源、劳动力和应用技术的数据要么极其稀少，要么完全缺失。因此，在研究分析 1821 年之前的造船活动时，只能基于爱奥尼亚海和爱琴海船舶建造的零星信息，并将重点放在造船厂的产品——船舶本身，更具体地说，是船舶类型。实际上，结合船舶的图像证据以及最近一项关于希腊航运研究项目的数据，[3] 可以很清晰地了解希腊船主使用的船舶类型的演变过程。这个分析工具可以帮助描绘上述时期希腊造船活动和海事企业的演变阶段。1830 年以后，希腊建国，在其疆域内聚集了大量的造船活动，为满足政府行政管理需求，对这些造船活动进行了更为系统地记录，这为造船业的研究提供了便利。然而，即便如此，在研究时除了分析来自希腊当局和机构的数据，还必须补充域外地区的数据并进行比较分析。这些地区包括奥斯曼帝国的希俄斯岛以及黑海和地中海港口。前者有大量希腊航海人口居住，后者有希腊侨民定居并发展了商业和海运业务。

希腊西部地区（奥斯曼帝国领地）和爱奥尼亚群岛是最早在相当程度上发展航运和造船业的地区。米索隆基和凯法利尼亚成为该地区的两个主要中心，并见证了人力和资本资源的融合。特别是许多凯法利尼亚工匠转移到米索隆基，这极大地推动了后者港口的船舶生产。1762 年的一份资料显示，米索隆基拥有一支由 75 艘船只组成的船队，其中 49 艘是在本地建造的，3 艘在相邻的艾托利科（Aitoliko）建造，3 艘在库努珀利［Kounoupeli，可能位于伯罗奔尼撒西北海岸对面、今天斯特罗菲利亚（Strofilia）保护区所在地］建造，1 艘在普雷韦扎（Prevesa）建造，1 艘在阿尔费奥斯河（Alfeios）建造，1艘建造地点未知。此外，还有13艘是在海外建造的，分别是利沃诺（Livorno，9艘）、的里雅斯特（Trieste，2艘）、阜姆港（Fiume，1艘）和北非（1艘）。[4]这些地区的希腊船主使用的船型一共有三种。第一种是典型的地中海船，如塔尔塔纳船（tartana，tartane de negoce）①、马提加纳船（martingana），②品克船（pinco）③和波拉卡船（polacca），④这些船在西地中海很常见；第二种是亚得里亚海（Adriatic）船型，如契奇亚船（checchia）⑤和弗雷加塔（fregata）；⑥第三种是意大利南部的费卢卡船（feluca）⑦以及像桑贝奇诺船（sambecchino）[小型地中海三桅船（chebec）]⑧和伦德拉（londra）这样的划艇。虽然与爱奥尼亚海和希腊西部有关的这些船型的图像证据极其稀少，但可以在一些描绘亚得里亚海或西地中海船舶的图像中看到希腊航海者使用的这些船型的主要特征。在他们最初的配置中，除了契奇亚船，所有这些船只都装备了纵帆，因为这在当时是大多数地中海船舶的主要装备。然而，在18世纪下半叶，受北方海事技术的影响，许多船舶，尤其是参与长途航行的船舶，逐渐转向使用方形帆。[5]

其中，最大的船型是波拉卡船，平均载重量为130吨。在18世纪那不勒斯湾（Gulf of Naples）的索伦托（Sorrento），波拉卡船载重量在120—240吨。1788年在东地中海贸易中使用的法国波拉卡船载重量在120—200吨。[6]次之的是平均载重量为83吨的品克船，主要由米索隆基

---

① 一种小型、单桅的地中海帆船，主要用于贸易和渔业。

② 一种常见的中型帆船，主要用于运输货物。

③ 一种平底小船，船尾很窄，它主要在地中海作为货船使用。

④ 一种17—19世纪的地中海三桅帆船。

⑤ 一种两桅帆船，主要用于休闲或比赛。

⑥ 一种战船（巡防舰），特指18世纪和19世纪的战舰，通常拥有全套桅和多层甲板。

⑦ 一种传统的木制三桅小帆船，主要在地中海东部地区使用。

⑧ 一种速度快且轻盈的帆船，多用于地中海贸易。

的船长们使用。然而，1724—1763 年抵达马耳他港的法国品克船的载重量约为 66 吨，这一数字在 18 世纪提高到了 100—150 吨。[7]第三大船型是弗雷加塔、弗雷加顿船和契奇亚船。塔尔塔纳船和马提加纳船属于中型船舶，但关于塔尔塔纳船载重量的资料很少。在 17 世纪末，西地中海的塔尔塔纳船在 75—130 吨，到了 1700 年前后，其平均吨位为 80 吨；1784 年，那不勒斯湾普罗奇达（Procida）的塔尔塔纳船达到了 120 吨；1766—1768 年，从波尔多（Bordeaux）航行到瓜德罗普岛（Guadeloupe）和法属圭亚那（French Guiana）的两艘法国塔尔塔纳船为 130 吨。[8]由于塔尔塔纳船分为一桅、两桅和三桅等类型，其吨位数必然存在很大差异。1724—1763 年，在马耳他建造的法国马提加纳船载重量约为 40 吨，但普罗奇达建造的大型方形帆船马提加纳船，吨位达到了 200—240 吨，能够承担西印度群岛和大西洋之间的贸易。[9]费卢卡船、桑贝奇诺船和伦德拉船应该属于较小的类型，但缺乏关于它们吨位的文献证据。

在 18 世纪和 19 世纪，爱奥尼亚海和爱琴海以及整个地中海地区，木船建造的两种基本方法是骨架先行技术和平板拼接技术。[10]骨架先行技术是指一种建造船体的方法，首先建造船体框架，确定船体的形状，然后进行船板拼接。这种方法取代了早期古希腊 – 罗马地区以及维京人使用的壳体先行法：首先建造船壳，通过凿孔和榫卯连接船板，然后再插入框架，因此框架在船体的塑造中只是一个 "被动" 角色。[11]骨架先行法的最早使用证据来自一艘 11 世纪的沉船。有迹象显示，这种方法在早期拜占庭时期甚至更早就已经在使用了。[12]平板拼接法是一种船板建造的方法，地中海地区从古至今都一直在使用这种方法。与船板重叠构建的船舶不同，平板拼接法是将船板相接从而形成一个光滑的表面。至少从 17 世纪初开始，在大型帆船的建造中，平板拼接法的使用已经超越了重叠拼接法。[13]

我们对爱琴海造船厂使用的造船方法了解得更多。直到 1790 年，船舶建造都是根据单一模型的经验方法进行的。这种方法使用单个框架作为模型来设计船体的其余底板和框架，而不使用任何设计或船舶设计图，这种方法也适用于小型船舶。首先铺设龙骨，然后将船头柱、船尾柱或尾舵固定在龙骨上，最后在船中部安装主框架，根据主框架形状设计和安装其他底板和框架。这种方法适用于沿海货船和大型船只。在18世纪90年代的斯派塞斯，双桅船和三桅船等更大的船只仍按照上述方法建造。虽然相较于之前的船舶，它们的载荷能力更大、速度更快，但它们的船体不够坚固。事实上，它们的底板是单层木板制成的，松散地固定着，框架稀疏，铆接也不完善，且船体上的外板与船体不成比例，材质也是任何可用的木材。大约在同一时期，普萨拉（Psara）也按照同样的经验方法建造了大型船只。实际上，由于这些船只的尺寸远远大于其龙骨的长度，它们存在航行缓慢和适航性的问题。[14]

爱琴海造船厂在造船方法上的具体创新一定是在18世纪最后20年的某个时候出现的。我们并不确切知道船舶设计图具体是何时引入海德拉的。然而，岛上的许多造船工人经常被奥斯曼帝国政府召到君士坦丁堡和其他地方的帝国造船厂建造大型战舰，这就意味着他们在那个时候已经掌握了这一基本知识。海德拉的造船商也一定是参考了附近斯派塞斯的船舶设计图，从而改进了船舶的建造。据报道，斯派塞斯和海德拉社区之间出现了纠纷，双方都对奥斯曼当局［主要是对卡普坦·帕夏（Kapudan Pasha）］①施加压力，以确保海德拉的造船工人能够建造自己的船只，而不是为他们邻国的竞争对手造船。因此，在19世纪初，斯派塞斯开始建造具有更坚固船体的船舶。[15]在普萨拉，一位来自希俄斯的造船商斯塔马提斯·库福达基斯（Stamatis Koufoudakis）于18世纪末引入了船舶设计图，他也曾在君士坦丁堡奥斯曼帝国兵工厂工作过。除了引进船舶设计图之外，他还规

---

① 卡普坦·帕夏，时任奥斯曼帝国海军舰队的司令。

定了船舶的尺寸要相称，最大宽度和深度与龙骨长度要成比例，应根据船舶的大小来确定船体结构部件的尺寸，并引入拖船，使船舶下水时更安全。与海德拉的造船工人一样，希俄斯的造船工人享有极高的声誉。希俄斯的造船厂是一个古老的机构，早在 15 世纪，奥斯曼帝国政府就定期要求希俄斯派遣工匠到其帝国兵工厂工作。[16]

然而，随着 1790 年后与亚得里亚海和西地中海港口更系统化的接触和交流，技术转让带来了更多的创新。1762 年，米索隆基的 75 艘船中有 13 艘是在利沃诺、亚得里亚海和北非建造的，其中大多数是最大型的船只，这可能是由于当地造船工人缺乏技术知识，也可能是经济因素所致。18 世纪的最后 20 年，希腊人开始实施在国外建造或购买船只的策略。他们不断向地中海各港口派遣船只，且常让造船工人随船前往，从而从外国船只那里"借鉴"思路和技术，这也是他们改进设计、实现技术转让的另一种方式。第一位在海外建造船只的海德拉船主是凯里阿科斯·布鲁斯库斯（Kyriakos Bruskos），他于 1787 年在阜姆港建造了一艘双桅横帆船，并在次年驾驶它前往西班牙、直布罗陀和非洲海岸。18 世纪末，来自斯派塞斯的科斯马斯·基尼斯（Kosmas Ghinis）成为首位在那不勒斯建造波拉卡船的希腊人。随后不久，迪米特拉基斯·亚尼·拉扎里斯（Dimitrakis Yanni Lazaris）在热那亚建造了一艘三桅船，吉卡·N. 波塔西斯（Ghika N. Botassis）在威尼斯建造了一艘船，亚历山德罗斯·基拉苏拉斯（Alexandros Kyratsoulas）在墨西拿（Messina）建造了一艘船，该船被誉为"所有船只中最精美的"。然而，在海外建造的最著名的船只是安德烈亚斯·米奥里斯（Andreas Miaoulis）的"阿喀琉斯（Achilles）"号。安德烈亚斯·米奥里斯来自海德拉，后来成为海军上将。1803 年，他花了 5 万西班牙银币在威尼斯建造了一艘 498 吨重的轻型护卫舰，装备 22 门大炮，载有 105 名船员，是当时最豪华的希腊商船。[17]

通过意大利和法国的地中海港口，希腊接触到西方的海事技术，这给船体设计和索具装备带来了重要改进。根据哈吉安纳尔吉罗斯（Hadjianargyros）的描述，1790年之前的主要船型是拉丁式帆船（lateeners）①和凯克船（caiques）②。三桅拉丁式帆船装有短杆桅杆，悬挂着大三角风帆，主桅上挂着最大的帆，第二大帆在前桅上，而小帆挂在后桅上。另一方面，凯克船是没有后桅的双桅帆船。哈吉安纳尔吉罗斯报告称，1789年后，航线的延伸，特别是通往热那亚、尼斯和马赛港口的航线，给索具带来了重要的变化。除了后桅外，原先挂有风帆的短桅杆被更长的桅杆取代，这些长桅杆上装载有方帆。在某些情况下，只有主桅杆才被改造成长桅杆并装有方帆。这些船有萨蒂斯船（saities）、卡拉沃萨蒂斯船（karavosaities）和特雷加船（trega）。康斯坦蒂尼迪斯（Konstantinidis）表示，萨蒂斯是属于凯克船类的双桅船，在前桅上挂有方形帆，而卡拉沃萨蒂斯船则是更大型的萨蒂斯船，也装有方形帆。最后是特雷加船，这个名字来自意大利语"treguo"——一种大帆——是由卡拉沃萨蒂斯船发展而来的，装有一个大型的下方主帆。据塔姆齐斯（Tzamtzis）的说法，它是装在前桅上的。[18]18世纪晚期，地中海地区的一种普遍趋势是将装配三角帆的船只改为装配方形帆，或者两者兼而有之，这一趋势也被希腊海员所遵循。1790年之后，希腊人开始大规模采用这种装帆方式，因为这种方式更有利于长距离航行，也更适合大型商船的需求。然而，这些方帆帆船大多都装配有桅杆，其优点是更容易、更迅速地降下风帆和帆桁，这在地中海频繁突变的天气中极为有用。[19]实际上，各种资料都区分了纵桅船和上桅船，后者适用于具有复合桅杆的大型三桅船，这种类型的船只自19世纪初就在海德拉和斯派塞斯建造。这些船只以及那些

① 一种盛行于15世纪的三桅帆船，当时的葡萄牙和西班牙航海家普遍采用它来进行海上探险。

② 一种在地中海特别是土耳其广泛使用的轻型帆船，通常用于沿海或河流的捕鱼或运输。

同时代在国外建造的船只"都按照欧洲的方式装配了索具"。[20]这种说法表明，北欧的方形索具被认为是当时最先进的索具技术，最适合长途航行。这种索具技术是通过地中海港口，特别是通过意大利半岛传到希腊的。[21]

根据船体大小，帆船分为两大类，较小的被称为凯克帆船，较大的被称为卡拉维亚（karavia）帆船。这种区分也出现在哈吉帕纳约蒂斯·波利蒂斯（Hadjipanayotis Politis）的记载中，他是伯罗奔尼撒半岛最富有的商人之一，也是 1783 年至 1821 年间斯派塞斯船舶建造的主要投资者。[22]然而，从安菲特里忒数据库关于爱琴海和爱奥尼亚船舶的数据中，可以看出更进一步的区别。在 1778 年至 1794 年期间，的里雅斯特、马耳他和利沃诺等地的港口当局在登记来自海德拉和斯派塞斯的船只时，会将其船只类型指定为塔尔塔纳船。大约在同一时期，直到 1798 年，普萨拉的海员主要使用萨科列瓦斯船（sacolevas）[①]在地中海航行，这些船只大多在希俄斯建造。[23]1790 年之后，首先是海德拉，然后是斯派塞斯、米克诺斯（Mykonos）、圣托里尼（Santorini）、锡罗斯和蒂诺斯（Tinos），以及稍晚的普萨拉的船主们，开始大规模升级他们的船队，并用波拉卡船和前桅横帆双桅船（brigantinos）取代之前的类型。至少在地中海的港口和卫生注册表中，它们都是以这些船型的名字登记的。

18 世纪末和 19 世纪初，波拉卡船指的是一种带有桅杆的三桅方帆船，在 1795 年至 1812 年期间，它是希腊船主中使用最广泛的船型。另一方面，尽管前桅横帆双桅船的数量不及波拉卡船，但它们在爱奥尼亚和爱琴海船队中仍具有重要地位，特别是海德拉的船主们，他们对前桅横帆双桅船型情有独钟，几乎只在热那亚航线上使用它们。一些资料显示，这些前桅横帆双桅船被认为是完美的双桅横帆船。实际上，哈吉安纳尔吉罗斯从来没

---

① 一种用于近海贸易的快速船只，船体呈曲线形，船尾抬高，主要在地中海东部的利凡特海使用。

一种可能属于品克船类型的三维拉丁式帆船，1791 年在海德拉建造。

有提到过"brigantino"这个词，他只提及双桅帆船。因此，在地中海西部的资料、报纸、检疫和港口当局中出现的"brigantino"一词，要么指双桅横帆船，要么对双桅横帆船和前桅横帆双桅船进行了区分，而希腊人却没有这样做。此外，"brigantino"这个词在 19 世纪的意大利半岛和爱奥尼亚海地区仍在使用，从当时的许多船只肖像画可以看出，它被用来定义装有双桅的船只。大约在 1815 年，爱琴海的希腊人开始用双桅船取代波拉卡船和老式的前桅横帆双桅船。这最后一代船舶，尤其是来自海德拉、斯派塞斯和普萨拉的船舶，是在拿破仑战争结束后的航运危机时期建造的，它们构成了参加希腊独立战争的船队的核心。更多关于这些船舶的信息，可以从幸存的船舶画像中，从战后给希腊政府的赔偿清单中，或者从其他与海上战争船只有关的其他历史记录中找到。这些双桅船，从稳定性和速度上来看，是自 18 世纪下半叶希腊人开始从事航运以来建造的所有船只中的典范，它们在建造质量上也达到了顶峰。[24]

海德拉的波拉卡船，美丽的"黎明"号，1801 年于马赛。

希腊民族国家背景下的造船业

在希腊独立并建国（1830 年）之后，许多原先已有造船业的地区继续发展，同时新的地区也开始参与到造船活动中来。斯派塞斯、海德拉、加拉克西迪（Galaxidi）、斯科派洛斯（Skopelos）和斯基亚索斯岛（Skiathos）都是希腊独立前造船业最发达的地区，而比雷埃夫斯和锡罗斯则是新兴的造船地区。在 1830—1880 年，锡罗斯成为帆船商业船队的中心，其地位尤其重要，因为三分之一以上的希腊船队（以吨位计）都是在这里建造的。此外，在希腊王国建造的所有船只中，近半数是在锡罗斯建造的，这使锡罗斯在此期间成为希腊最大的造船中心和地中海最大的造船厂之一。[25] 锡罗斯的大多数造船工匠都来自拥有深厚造船传统的希俄斯岛。在热那亚和奥斯曼帝国时期，希俄斯岛是爱琴海商业和航运最繁荣的地区之一，也是东地中海船只航行的重要交汇点。[26]

锡罗斯和其他希腊造船厂所采用的造船技术与独立前的技术基本一致，

而且可能全球所有木船造船技术的差异都不大。但真正将锡罗斯造船厂与希腊和地中海其他造船厂区别开来的是它的工业化特征：首先，这里有大量熟练的劳动力，他们完全依赖自己的工资来维持生活。1822 年之后，由于战争，大量难民涌入锡罗斯，其中大多数是工匠、海员和商人，他们发现自己身处一个干旱小岛，周围是城市，他们既没有土地财产，也没有其他任何可替代的收入来源，这就催生了近现代希腊的第一批无产阶级劳动力。第二个工业化特征是造船厂全年都在持续不断地运转，而非季节性的生产。

1840 年，锡罗斯首次建造了 75 艘船，总吨位数超过 1 万吨。1850 年，造船数量为 102 艘，创下了当时的记录。1857 年，锡罗斯的造船业达到了历史性的高峰，共建造了 116 艘船只。造船活动的密度会根据不同的时间段波动：每年的最后一个季度，即 10 月至 12 月，是生产淡季；而第二个季度，①即 4 月至 6 月，是生产旺季。工作时间会根据白昼的长短进行调整，从黎明一直到黄昏，只要天亮着，工作就会继续。因此，天气状况和季节性白昼的长短都是影响工作强度的关键因素。

第三个工业化特征表现在船只交付的高效率和高强度上。锡罗斯的造船厂平均需要 2—4 个月来下水各种大小的船只，从小型沿岸货船到吨位达到或超过 300 吨的双桅帆船。

尽管船只交付时间存在波动，但所有类型船只的交付时间都有所缩短。在本研究涉及的时间段中，1—50 吨的船只平均交付期大约为两个半月，而超过 300 吨的最大型船只的平均交付时间为四个半月。中等吨位的船只交付时间随着吨位的增加而稍有增长，但增幅较小。而对于较大吨位级别（超过 150 吨）的船只，平均时间稍长于 4 个月。锡罗斯造船厂的交货时间较短，这可能是因为该船厂专门生产 300 吨以下的船舶，主要是双桅船。

---

① 原文为 "the third trimester of April to June"，意为 "第三季度，即 4 月到 6 月"。但 4 月到 6 月是第二季度，因此对原文进行修订，译作 "第二季度，即 4 月到 6 月"。

第四个工业化特征是在地方和区域层面形成的上下游供应链。锡罗斯的造船厂高强度的运营需要供应链、制造服务业以及其他产业的配合，涉及木材、沥青、焦油和麻等原材料，以及锚链、钉子、绳索、帆布和滑轮等制成品。这些辅助产业和服务不仅调动了本地大量的人力资源，激发了船用建材的贸易，而且还吸引了来自爱琴海和小亚细亚沿岸各地的海员、伐木工人以及其他专业工匠和工人以及海上运输船只。[27]

在希腊其他地区也有造船厂，如斯派塞斯、加拉克西迪、斯科派洛斯、海德拉、比雷埃夫斯和斯基亚索斯等。像上述地区的造船厂一样，锡罗斯的造船厂建造了各种类型的船只，从沿海岸贸易船，如多桅纵帆船 / 斯库纳船（schooner）、邦巴达船（bombarda）①、布拉塞拉船（bratsera）②、萨科列瓦斯船、茨尔尼基（tserniki）③、帕拉马（perama）④ 和特雷汉迪里（trehandiri）⑤ 等，到大型商船，如双桅帆船和三桅帆船。另外，1830 年以后，双桅帆船在希腊仍然非常受欢迎。至少在 1880 年之前，双桅帆船实质上是希腊船队的主力。选择这种船型的原因是其投资和运营成本相比三桅帆船要低。同样重要的是，这类船型具备足够的运载能力，且船体大小适中，能够适应黑海和地中海港口交通拥挤、基础设施不完善的状况。事实上，锡罗斯的造船厂在希腊船厂中最具代表性。在 1828—1866 年建造的船只中，按数量计算的话，有 53% 是双桅帆船；若按吨位计算，其比例高达 81.46%。[28]

---

① 一个中世纪的船型，它的名字来自一种名为 "bombard" 的早期火炮。这种船型主要用于载运货物，有较宽的船身，能在浅水区域航行。

② 一种传统的地中海货船，主要在希腊的爱琴海区域使用，用于近海和岛屿间的货物运输。

③ 一种来自爱琴海东北部的传统希腊船型，单桅，装有梯形帆。

④ 一种中型帆船，船的前后部分均呈锥形，主要在希腊海域航行。

⑤ 一种传统的希腊船型，主要用于渔业和货物运输，有两根桅杆，可以承受较大的货物重量。

"新莫尼（Nea Moni）"号双桅帆船，387吨，1855年于希俄斯建造。

1830年后，航运业的结构性变化也带来了船舶设计和运营成本的变化。随着漫长的拿破仑战争的结束和巴巴里政权（the Barbary Regencies）的征服，地中海地区恢复了和平，这就意味着不再需要武装船只和大量的船员。此外，相比于1790—1815年的高利润时期，此时的边际利润大幅下降，这就需要更理性的经营模式。船员的雇佣人数被控制在最小必须水平，而且他们的报酬以工资形式发放，而不是像希腊独立前那样按股份分配。船舶所有权开始集中在少数人手中，而非像1821年以前那样由众多合伙人拥有。因此，在锡罗斯以及希腊和意大利半岛的其他地方建造的双桅帆船不再配备火炮，也不再使用昂贵的船头和船尾装饰。但仍有许多船只上涂有黑白的假炮口，保留了战斗状态的外观。在船体设计上，双桅帆船逐渐呈现出快速帆船的特征：原本沉重的凹形船头被替换为凸出的船头，而船尾则从方形变得更加圆润或变成椭圆形。在1821年以前的双桅帆船中，主桅往往具有明显的后倾倾斜度，而这种设计在1830年之后逐渐被放弃使用。在那个时期，两根桅杆都是笔直的，但前桅比主桅低，这一特点在19世纪后期消失了，两根桅杆高度变得相等。和其他船只一样，双桅帆船常常装配有帆桅，这意味着它们有极桅，并且在某些情况下，它们还配备了横桅的顶篷桅杆。在 20 世纪下半叶，帆的设计也从大上桅帆演变为双上桅帆。[29] 需要强调的是，上述船体设计和帆装改进，不仅出现在希腊和意大利制造的船只上，而且还在地中海其他地区得到应用。船体设计和索具的改进旨在提高帆船的性能，以应对 19 世纪下半叶蒸汽船带来的日益激烈的竞争。[30]

希腊工业造船和海洋工程的兴起

希腊工业造船的兴起主要出现在两个重要的海港，即锡罗斯和比雷埃夫斯。1861 年 4 月 29 日，希腊蒸汽航运公司（the Hellenic Steam Navigation Company）在锡罗斯岛上成立了第一家工厂。[31] 自 1857 年希腊蒸汽航运公司成立以来，该公司的蒸汽船以及其他公司的蒸汽船的所有必要维修工作都集中在一个木制船坞上完成，该船坞由当地著名造船师尼古拉奥斯·帕吉达斯（Nikolaos Pagidas）建造。[32] 建立的工厂包括一个工程车间、一个锅炉制造车间和一个铸铁厂，以及两台发动机，一台功率为 14 马力（1 马力 ≈ 0.735 千瓦），用于机械设备；另一台功率为 7 马力，用于船坞滑道，可牵引重达 800 吨的船只。[33] 资料显示，1865 年，该工厂共有 102 名工人，19 世纪 70 年代初，这个数字增加到了 120—130 名。[34] 在 1866—1869 年克里特岛革命（Cretan Revolution）期间，该工厂开始多样化生产，产品包括锅炉、陆地蒸汽机、油压机，并制造膛线火炮和子弹等军事物资。[35] 1885 年 3 月，由法国工程师波内尔（Ponelle）及其团队建造的一种新型液压船坞滑道（patent slip）投入使用，能够拖曳重达 1700 吨的船只，这对于维修和清理该公司在 1881 年至 1883 年期间购买的大型蒸汽船是必要的升级。[36] 1893 年，希腊蒸汽航运公司破产时，工厂的基础设施清单包括大、小两个石制船坞滑道、一个颜料制造车间、一个木工车间、一个蒸汽动力铁匠车间、一个锅炉制造车间、一个铸造厂和一个铜匠车间。在供机械设备使用的中央蒸汽机房中，先前提到的 14 马力的旧发动机仍在使用，但状况不佳。[37] 在该公司清算后，锡罗斯军火库临时归希腊国家银行监管。[38] 1899 年，一群锡罗斯的资本家成立了一家名为"锡拉锻造厂"（Forges et Chantiers de Syra）的公司，该公司独立于 1893 年旧公司破产后成立的新希腊蒸汽航运公司。新的船厂包括一个大型液压船坞滑道和一个适用于 1000 吨以下的船只的小型船坞滑道，还设有一个制图室、一个木工车间、一个铸造厂、一个机械车间、一个蒸汽动力铁匠车间、一个使用新机器的锅炉制造车间、一个铜匠车间、一个装配车间，以及一个蒸汽动力颜料制造车间。船坞滑道上每天有多达 100 人工作，其他车间有 210 人，其中包括 135 名工匠、50 名助手和 25 名学徒。[39] 1906 年，新希腊蒸汽航运公司破产，其蒸汽船被锡拉锻造厂收购，后者还为所有船只安装了电灯。[40] 据说，1903 年，希腊造船师和工程师亚历山德罗斯·克里斯塔利斯 [Alexandros Krystallis，造船师赫里斯托菲斯·克里斯塔利斯（Christofis Krystallis）的儿子] 将液压滑道升级，使其可拖曳重达 3000 吨的蒸汽船，但这一点并未得到其他来源资料的证实。[41] 尽管如此，工厂的基础设施在 1903 年之后得到了大幅升级，包括新建了一座新的锅炉制造车间。据报道，1905 年，公司购买了一台电动钻机，最重要的是，还建造了一个发电厂，使夜班工作成为可能。[42] 到 1906 年，新建了一座用于铸铁的大楼，装备了一台 28 英尺长的车床、一台 45 英尺长的刨床、一台 200 吨压力的气动千斤顶及一台液压铆钉机。[43] 同年，开始对船坞滑道进行升级，目的是使其能够牵引重达 5000 吨的船只。[44] 升级工作于 1909 年年初完成，将原本 75 米长的滑道增加到 100 米。更重要的是，木梁被铁梁取代，通过轨道或"嵌入滚轮"移动。正如英国领事报告的那样，这使得"修理、清洗和保养所有类别、吨位达 2500 吨的船只"成为可能。[45]

所有上述在 20 世纪初对工厂基础设施进行的改进，都与帝国兵工厂在修理和清洁各类蒸汽船（包括商船和军舰）方面业务量的大幅增加有关。1903 年，兵工厂清洗了 33 艘蒸汽船，维修了 65 艘蒸汽船。两年后，即 1905 年，清洁和维修的蒸汽船总数达到 83 艘，1906 年为 66 艘，1907 年为 33 艘。"维修工作涉及发动机、锅炉、炉膛的更换、汽缸车削、船体、甲板、绞车和绞盘更换新板等，所有这些都在劳氏调查员（Lloyd's surveyor）① 的检查和批准下进行"。[46] 因此，在那些年里，帝国兵工厂成了爱琴海地区蒸汽船维修中心，提供各种服务，并因其迅速而高质量的工作而赢得了声誉。[47] 当然，锡罗斯的兵工厂也具有战略重要性，因为直到 1906 年，它一直是希腊和奥斯曼帝国爱琴海地区唯一能够向蒸汽船提供船坞滑道设施的造船机构。[48]

在比雷埃夫斯，成立了两家类似的工厂。第一家是 1861 年名为瓦斯里亚迪斯（Vassiliadis）的工厂，第二家是 1873 年由苏格兰工程师约翰·麦克道尔（John McDowall）创办的名为伊菲斯托斯（Ifestos）的工厂。瓦斯里亚迪斯是来自君士坦丁堡的商人，他最初拥有一家铸铁厂、农业机械和椅子制造厂，雇用了 140 名工人，但在 1868 年 6 月，工厂被大火烧毁。[49] 在这起事件之后，他又新建了一家工厂，不再生产椅子，但继续作为铸铁厂，机械木工车间和工程车间专门从事各种机械制造，包括为磨坊提供蒸汽机和锅炉、油压机、轧棉机、抽水机和耕作农具等。[50] 这些工厂在 19 世纪 80 年代转为生产海洋工程和造船业所需的设备。然而在 1881 年，瓦斯里亚迪斯和麦克道尔两家工厂都是陆地发动机、小型船用锅炉和船用发动机维修的普通工程车间。由于没有建造干船坞或浮船坞，这两家工厂都无法进行重型海事工程作业，也无法承担蒸汽船水线以下部分的维修工作。[51] 1888 年，瓦斯里亚迪斯成了一家股份公司。从 1898 年开始，该公

---

① 劳氏调查员是指英国劳埃德保险社（Lioyd's of London）的调查员。劳埃德保险社简称劳合社，是英国伦敦市一个保险交易所，一向以海上保险和风险评估而著称。

司在比雷埃夫斯港入口处的大片区域被获批准予建造造船厂。到1906年，该船厂配备了一个能够吊起重达4000吨的船只的海运铁路码头，而其车间则配备了"最新的气动和电气设备，并在希腊首次实现气动铆接、密封、填缝、削片等作业"。[52]到1887年，该船厂已经建造了6艘蒸汽船。20世纪初又建造了几艘。这些船几乎都是小吨位的，没有关于产量的确切数字。目前还不清楚这些蒸汽船是否完全在该船厂内制造，或者发动机或其他部件是在国外制造的。[53]

约翰·麦克道尔于1829年在苏格兰的艾尔市（Ayr）出生。1860年，他来到希腊，在希腊蒸汽航运公司的"奥莫尼亚"号（Omonoia）蒸汽船上担任工程师，并于1864年成为比雷埃夫斯一家蒸汽动力面粉厂的合伙人。1873年，他创立了伊菲斯托斯工程公司和铁铜铸造厂，雇用了100—120名工人。该工厂修理和生产引擎、锅炉、压榨机、抽水和采矿机械，并向奥斯曼帝国、俄罗斯和保加利亚（Bulgaria）出口。[54]1878年，这家公司成为约翰·麦克道尔和他的女婿威廉·巴伯（William Barbour）的合伙企业，并于1882年开始从事船舶建造和海洋工程。同年，他们在比雷埃

瓦斯里亚迪斯船厂，1911年。

夫斯建造了他们的第一艘蒸汽船，而在次年，他们为希腊蒸汽航运公司的蒸汽船"厄尔庇斯"号（Elpis）制造了希腊第一个 35 马力的船用引擎。[55] 1892 年，希腊政府在比雷埃夫斯的克拉提斯尼（Keratsini）的圣乔治湾（Saint George Bay）划出一片区域，用于建造船厂，并允许建造私人泊位。[56] 该公司还在航运方面进行了多元化经营，于 1890 年成立了一家客运蒸汽船航运公司。到 1895 年，该公司拥有 5 艘蒸汽船，而到了 1903 年则增加到 8 艘，开通了希腊国内外的航线。[57] 1892 年，麦克道尔 - 巴伯公司（McDowall-Barbour company）还租用了锡罗斯的希腊蒸汽航运公司的蒸汽船，租期为 10 年。当时后者正面临严重的财务问题，这个租赁协议于 1893 年年初就终止了。[58] 麦克道尔 - 巴伯公司是唯一一家大规模建造新蒸汽船的工厂。根据法国驻比雷埃夫斯领事的记录，截至 1891 年，这家公司已经建造了 22 艘 5 吨至 200 吨的木制蒸汽船，但英国领事同年报告称建造了铁制和木制蒸汽船。[59] 截至 1895 年，共有 35 艘新建蒸汽船，而到了 1903 年，这个数字约为 50 艘，这是三家公司中唯一一家创下这一纪录的公司。[60] 然而，麦克道尔 - 巴伯以及整个希腊造船业最重要的成就是建造了"雅典娜"号（Athina）蒸汽船，该船在锡罗斯的造船厂建造，而其发动机是在麦克道尔的工厂建造的，当时麦克道尔与希腊蒸汽航运公司签订了租赁协议。这是在锡罗斯建造的第一艘铁制蒸汽船；船重 450 吨，发动机功率 65 马力，全长 50 米，最大宽度 7 米，深度 5 米，最高速度可达 13 英里 / 小时。[61] 根据另一份资料显示，"雅典娜"号是一艘钢壳蒸汽船，配备了一个三胀式蒸汽机和两个钢制锅炉，每天耗煤 8 吨。[62]

　　蒸汽动力、钢铁造船和海洋工程技术基本上都是英国人的专利。自工业革命以来，英国在冶金和工程方面所享有的技术知识和应用优势，也扩展到船用发动机和船舶的制造。实际上，19 世纪蒸汽航海的出现和蒸汽船的建造在很大程度上归功于英国的技术转让。在地中海地区，西班牙 [塞维利亚（Seville）、巴塞罗那（Barcelona）]、意大利（那不勒斯、热那亚）

和法国南部（马赛）投入使用的首批轮船都是在英国建造的，或者至少装配有英国制造的船用蒸汽机。[63]此外，地中海地区现代造船和海洋工程迈出的第一步在很大程度上还归功于英国工程师和工匠的贡献，他们在不同的地中海港口城市定居和工作多年，如那不勒斯、热那亚、马赛、巴塞罗那等。[64]当然，这也是 19 世纪全球范围内技术转让和人员流动现象的一部分，即英国工程师移居海外，为技术转移做出了巨大贡献。[65]在地中海地区的港口，英国工程师和工匠主要是造船厂或类似工厂的雇员，但也有一些人成为生产资料的所有者。1845 年，菲利普·泰勒（Philip Taylor）成了滨海拉塞讷造船厂（La Seyne sur Mer shipyards）的老板，在马赛拥有一家机械车间，并且是一家铁厂的合作伙伴。后来他创建了地中海冶金造船厂，雇用了 3000 名工人。[66]英国工程师担任总工程师或工厂技术总监，不仅薪酬丰厚，而且享有极高的声望，对于当地学徒的学习做出了决定性的贡献。对于他们中的许多人来说，国内竞争更为激烈，他们很难获得丰厚的收入和声望，所以，他们中的一些人，比如菲利普·泰勒，在项目失败后就离开了英国。英国工程师和技术人员也是第一批受雇在第一艘外国蒸汽船（包括地中海地区在内）上工作的人员。[67]他们对当地人员进行蒸汽机技术培训，有的甚至在蒸汽船公司的关键岗位上任职。[68]

在希腊蒸汽航运公司的工厂里，从一开始，总工程师就是被称为"英国人"的大卫·史密斯（David Smith），[69]他的助手是另一位名叫托马斯·唐纳德（Thomas Donald）的工程师。在伊菲斯托斯工厂，厂主约翰·麦克道尔和他的合伙人威廉·巴伯都是苏格兰工程师，他们还得到了其他"英国"技术人员和工程师（如约翰·罗素 John Russell，巴伯的女婿，麦克道尔的儿子）在组织和管理生产方面的帮助。[70]而瓦斯里亚迪斯工厂主要雇佣希腊工程师，他们在 1873 年发布的广告中宣称，其总工程师D. 康斯坦丁努（D. Konstantinou）曾在美国学习过八年。[71]根据曼索拉斯（Mansolas）的记载，1867 年，在希腊蒸汽航运公司的工厂里，13 名工程师中有 12 名是英国人。一份该公司 1866 年的员工名单中提到 103 名男性工人，其中 7 名是英国工程师（包括总工程师），1 名铸造工和 25 名锅炉工（其中 23 名是英国人和意大利人——但并没有提到每个国籍的具体人数。）[72] 1887 年，为了削减开支，大卫·史密斯被时任副总工程师的法国人爱德华·埃萨蒂埃（Edouard Eyssartier）取代。另一位法国人哈尔杜因（Hardouin）在 1899 年 1 月至 9 月期间短暂地担任了一段时间的总工程师，后因大股东之间的争端而被解雇。[73] 在 20 世纪初，工厂第一次由一个希腊人［工程师 N. 坎塔基斯（N. Xanthakis）］管理。[74] 从一开始，公司就非常关注对希腊的工程师、锅炉制造工和其他专业技术人员的培训，这类人员的培训以往在希腊是完全没有的。到 1872 年，工厂已经培训了 22 名希腊人，其中 6 人在蒸汽船上工作，11 人在工厂工作，5 人在国外找到了工作。[75] 1883 年，工厂的董事们为未来的学徒制定了具体规定，要求学徒必须是希腊公民。事实上，他们中的许多人后来就像坎塔基斯一样，在工厂的领导岗位上取代了外国人。[76]

尽管在 19 世纪 60 年代和 70 年代，希腊的主要海港已经建设了上述基础设施，并且自 1857 年以来，希腊蒸汽航运公司引入了客运蒸汽航运，但希腊商船界几乎没人讨论投资货运蒸汽船。解决帆船竞争力问题的重点是在联合投资计划下投资建造大型帆船。19 世纪 70 年代，锡罗斯的媒体发表了大量文章，宣传合作建造 500 吨以上吨位帆船的想法，认为这是降低运营成本、扩大航线、增加利润和分担风险的唯一途径。锡罗斯的船主莱昂纳多斯·瓦提斯（Leonardos Vatis）是安德罗斯（Andros）人，他通过联合投资成功地建造了四艘大型帆船，因此被视为在新基础上重建希腊航运业的先驱。[77] 最早关于货物运输从帆船过渡到蒸汽船的讨论出现在 1883 年的一份锡罗斯报纸上。文中提到了安德罗斯船主购买了四艘货运蒸汽船，并促使在锡罗斯成立了一家航运银行，该银行将以较低的利率为未来的蒸汽船投资者提供资本。[78] 实际上，希腊人拥有的第一支货运蒸汽船队属于自 19 世纪中叶以来就定居在英国的希腊人。在他们中间，最重要的人物是帕帕亚尼（Papayanni）和色诺斯（Xenos），他们自 19 世纪 50 年代末就开始拥有蒸汽船，后者在 1866 年的金融恐慌中破产了。[79] 在 1880—1885 年，英国掀起了一股投资建造蒸汽货船的新浪潮，共建造了 20 艘，总吨位数达 17000 吨。这些船主是在英国定居的希腊人，或是在其他地方定居或居住在希腊的希腊人，他们得到了一些在英国的希腊人的帮助，比如瓦格里亚诺兄弟（Vagliano Brothers），他们作为代理人，帮助这些船主融资购买蒸汽船。[80] 然而，19 世纪 90 年代，希腊船主转向蒸汽货船，从而真正使希腊航运业发生了重大转变。1891 年，锡罗斯的莱昂纳多斯·瓦提斯在英国购买了一艘 2000 吨的蒸汽货船，他的创业能力和开拓性的举动再次受到了赞扬。[81] 1883 年，希腊拥有 51 艘蒸汽船（包括客船和货船），载重约 2.4 万吨。三年后增加到 73 艘，载重 3.6 万吨。但真正的扩张发生在 1899 年，蒸汽船增至 159 艘，总吨位数为 10.6 万吨。[82] 次年，船队规模扩大到 201 艘，总吨位为 15.3 万吨，而帆船队的总吨位数为 16.6 万吨。[83] 转折点出现在 1902 年，当时蒸汽船队的吨位超过了帆船队。[84] 据锡罗斯一家报纸报道，在 189 艘总吨位 17.2 万吨的船舶中，有 112 艘是蒸汽货船，吨位数达 15 万吨，其余是客船。[85]

本章小结

在希腊航运业的这些发展和变革中，国家造船机构的贡献微乎其微，甚至可以说没有贡献。在瓦斯里亚迪斯和麦克道尔造船厂建造的蒸汽船大部分都是小吨位的，从 20 吨到 600 吨不等。锡罗斯的兵工厂连小吨位的蒸汽船也很少建造，因为从一开始它主要就是提供维修和相关服务的。[86] 由于希腊只有三家造船厂，数量有限，其船员的技术能力和基础设施水平都较低，无法满足 19 世纪 90 年代和 20 世纪希腊船主对大型蒸汽货船的日益增长的需求。这些限制因素与媒体上经常表达的人们对比雷埃夫斯造船厂的期待形成了鲜明的对比。[87]事实上，自 19 世纪 90 年代以来，希腊船主的蒸汽船大部分是从英国购买的二手船，也有一些是新的，但没有一艘是在希腊造船厂建造的。[88]

希腊造船企业不具备建造最新型蒸汽船的能力，也未能满足希腊船主日益增长的需求，其原因是多方面的。当然，关键在于他们缺乏对固定资本和基础设施的大规模投资，以及未能获得用于制造 19 世纪末到 20 世纪初复杂蒸汽船所必需的先进技术知识。[89]关于 19 世纪希腊造船业无法发展的核心问题，在于它缺乏冶金业和生产资料工业（即与机械和机床制造相关的重型机械工业）。造船业只能依赖进口来获取基本的中间材料，这就增加了生产成本，而且阻碍了改进和发展现有生产的可能性，更不用说跟随技术进步以提升技术知识了。[90]对于同时代的一些专家来说，造成这种不足的原因非常明显。1902 年，在锡罗斯举行的一次航运会议上，一位与会者在回应国家支持下发展国内造船业的建议时声称，在国内没有矿业和冶金业的情况下，投资建立具有竞争力的造船和机械工业，就像从屋顶往下盖房子一样不可行。[91]不仅需要进口原材料，如铁矿石，这将增加成本，而且非常少数的造船厂在不同生产阶段的专业化程度很低，这将需要全部进口，或在当地建造，这也将增加生产成本。[92]这一观点也得到了其他著名与会者的支持，比如安德罗斯船主莱昂尼达斯·恩比里科斯（Leonidas Embiricos）和锡罗斯的市议员米卡利斯·佐洛塔斯（Michalis Zolotas）。两年前，瓦斯里亚迪斯本人也向财政部部长表示，没有发达的钢铁工业，就不可能实现工业进步。[93]

极其有限的国内市场严重阻碍了钢铁和机械工业的发展。面对高成本的小规模生产或没有足够销路的大规模生产的困境，比雷埃夫斯的两家机械厂和锡罗斯的兵工厂选择了多样化生产各种类型的机械、工具和设备，以此适应各个领域（制造业、农业、航运），以实现经济可持续发展。[94]

如果说锡罗斯的兵工厂自始至终都以维修为主，那么比雷埃夫斯的两家工厂则从 19 世纪 80 年代开始从生产工业设备转向造船和船舶维修。这一变化是由于希腊工业在前二十年里开始减速造成的。与此同时，希腊船主开始从帆船转向蒸汽货船，希腊客轮航运公司也从一家增加到三家。[95] 此外，国家政策的目标并非保护和推动造船业。希腊接受从西欧国家免税进口机械，以换取其农产品，主要是葡萄干的出口，这使得其贸易平衡严重依赖于这些出口。这一决策进一步打击了希腊的造船业，因为从技术上先进的西欧国家进口的机械不仅在本已狭小的国内市场占据了重要份额，而且还在技术迅速变革的时期阻碍了钢铁工业的进一步发展。[96] 这一国家政策也体现了当时某些重要海事行业参与者的观点，他们不赞同对造船和航运业实施保护主义措施和补贴。[97] 实际上，得益于低价二手蒸汽船和低廉的海运劳动力成本，希腊船主变得具有竞争力，他们更感兴趣的是扩大贸易航线，以及增强在国际市场上的地位，而不是发展民族工业。[98]

与以往希腊航运和造船业在航海商船队中紧密的相互依存和平行发展不同，蒸汽船的出现并没有继续这种模式，而是造成了这两个行业的巨大分化。1907 年，锡罗斯的一份报纸评论了希腊船只数量和吨位上的进步，但认为如果没有造船业的平行发展，这种进步就无法站稳脚跟，因为所有行业之间都是相互依赖发展的。[99] 1902 年，保护主义支持者、船主安东尼奥·佩塔拉斯（Antonios Petalas）在美国举行的一次海事会议上提出了类似的观点：一个国家如果不生产自己的船舶，那它很快就会停止航行。[100] 历史证明这种观点是错误的：希腊造船业直到今天仍处于初级水平，但希腊拥有的船队并未受此影响，反而取得了巨幅增长。实际上，今天的希腊面临着一个引人注目的悖论，一方面拥有世界上最大的商船队，但另一方面，它的三个最大的造船企业，斯卡拉曼加斯（Skaramangas）（比雷埃夫斯）、埃莱夫西纳（Elefsis）和尼奥利翁（Neorion）（锡罗斯）造船厂却几乎濒临破产。

第二章

希腊铁路形成期的机车选择

    本章以希腊铁路扩张形成期，希腊铁路公司选择、购买和使用的蒸汽机车为研究对象，考察的时间段是 1880—1910 年，既是铁路网络规划和确定的时期，同时也是铁路网络规模化发展的时期。在这些年里，除了一条线路外，希腊的所有铁路线均已建成。[1]

    本章核心内容是关于 19 世纪末和 20 世纪初希腊铁路技术扩散和使用的历史研究。

    希腊铁路历史的现有文献采用了科学史"外史"的研究方法，探讨了希腊铁路的地缘政治、社会和经济等方面的问题，但迄今为止，尚未有人针对铁路的动力载体，即蒸汽机车这一特定主题开展研究。[2] 这些历史研究的主要焦点是情境化，从以下两个背景考察了希腊铁路网络的建设，一是国际地缘政治环境，二是希腊的社会需求和经济能力。

    在早期的国际历史学研究中，其趋势是强调技术制品的发明、改进和建造，而不是技术参数这类主题，如希腊铁路的动力等。鉴于蒸汽机车并非是在希腊发明的，而且大体上来说，希腊并未进行机车的建造或改进（除了一台之外），所以关于19世纪末和20世纪初希腊的机车问题并没有引起历史学研究的重视。然而，从技术史的最新研究趋势来看，情况就大不相同了。这一历史研究方法关注技术的扩散和使用，其研究焦点远远超出了技术史能涵盖的历史时期和地理区域。因此，这段历史时期不仅仅涉及伟大发明和创新的时代，而且还包括技术扩散和使用的时期。同样，如今的地理空间已不再局限于西方大国——即技术发明和创新的发源地，而是扩大到包括技术扩散、消费和使用的国家。[3]也就是说，在19—20世纪，技术扩散和使用的地理区域比技术发明和技术创新首次出现的空间大得多。在这一前提下，技术史成为一门实质上涉及整个世界的学科。[4]

因此，在现今关注技术扩散和使用的历史学研究中，提出并探讨19世纪末和20世纪初希腊购买和使用铁路技术这一历史问题具有其自身的价值。当然，对于任何历史问题的回答，都直接取决于可用的史料。因此，针对希腊铁路的可用资料，本章提出以下问题：第一，希腊进口了哪些类型的机车，选购这些机车的标准是什么？第二，这些机车是从哪些国家购买的？第三，每个公司的牵引力（tractive effort）是如何演变的？与牵引力相关的整个希腊铁路网络是怎样发展的？[5]第四，能否从希腊机车的案例中发现一种技术"风格"？[6]这也引出了相关问题，即希腊的案例是否能让人们讨论一种技术"风格"（企业的风格，但主要是国家的风格），以及这种风格是否是通过购买和使用蒸汽机车形成的？

本章分为四节。第一节探讨了希腊铁路网络建设所涉及的问题，提供了铁路网络的历史和技术背景，并将其置于社会政治变革的背景下，探讨了希腊铁路公司选择机车类型时的决策制定过程，以及这些决策与机车类型的共同演化过程。第二节分为两个部分。第一部分根据用途和来源对希腊在 1880 年至 1910 年间购买和使用的机车进行分类，并考察了其牵引力。第二部分侧重的是希腊"小型"铁路公司购买的机车，这些公司的机车数量不超过 20 台。最后两节详细探讨了伯罗奔尼撒的铁路公司（SPAP）和拟建国际线的公司（EES）的机车。

希腊铁路网的建设

线路政治

19 世纪 80 年代初，希腊王国领地包括了以下地区：伯罗奔尼撒半岛、希腊大陆（Continental Greece）、色萨利（Thessaly）、爱奥尼亚群岛（Ionian Islands）、基克拉泽斯群岛（Islands of Cyclades）以及斯波拉泽斯群岛（Sporades）北部。[7]

然而在 1880 年至 1882 年期间，希腊的两个主要政党，民粹主义保守派与自由主义现代派在议会中就希腊铁路的争议问题展开了辩论，彼时的整个王国仅有一条铁路线。[8] 那么，究竟是什么原因导致他们在那些年里就希腊铁路线路增加的议题争论不休呢？[9] 地缘政治是辩论的主要推动因素：东地中海与巴尔干地区的局势是形成和加强铁路网建设的政治意愿的主要因素。随着 1869 年苏伊士运河（Suez Canal）的开通和 1878 年《柏林条约》（*Treaty of Berlin*）的签订，两条通往东方的运输主路线应运而生。自诞生以来，这两条线路便存在利益竞争。[10] 作为线路一的苏伊士运河主要由英国和法国的利益集团主导，既可通过铁路连接抵达地中海地区，即马赛或布林迪西（Brindisi），也可通过蒸汽船抵达苏伊士，进而从苏伊士连接印度与中南半岛（Indochina），这可是菲利斯·福格（Phileas Fogg）

的路线！^① 线路二联通德国与奥地利：铁路线通过火车将柏林和维也纳与伊斯坦布尔相连，并从伊斯坦布尔（也是通过火车）直通巴格达。19世纪70年代末，巴尔干地区没有任何一个国家——尤其是位于半岛最南部的国家——可以在面对新的贸易前景时无动于衷。作为东西方之间天然桥梁的希腊，通过铁路网建设，可以加入"印度之路"（Road to India）的国家集团，进而在国际贸易中分得一大杯羹。第二个推动因素是1881年希腊吞并色萨利地区。这一吞并不仅为希腊在谷物方面的自给自足带来了希望，而且进一步拉近其与巴尔干半岛主干线的距离，奥匈帝国的运输政策便是通过该主干线落地。事实上，所有议会辩论的核心问题，即希腊是否应该修建一条通往北部边境的铁路，或修建伯罗奔尼撒线，包括后来1887年希腊修建的西北部线路，均涉及两个基本问题：希腊连接欧洲网络的最佳方法是什么？希腊海岸线的哪一部分可为直布罗陀－苏伊士这条新地中海动脉提供最为便利的途径？

　　希腊两个大党之间争论的根源在于各自所持有的国家发展以及经济增长的战略理念不同。[11]以亚历山德罗斯·库蒙杜洛斯（Alexandros Koumoundouros）以及后来的西奥多·迪利吉安尼斯（Theodore Diligiannis）为代表的民粹保守党认为，希腊加入"印度之路"国家集团是毋庸置疑的，作为连接东西方之间的桥梁，希腊将会占据国际贸易份额中的很大一部分，这对国家经济的增长大有裨益。他们要求希腊铁路网采用国际标准轨距，以实现所需的高速运行；其次，国家必须保证铁路公司每年至少获得5%的利润，这极大地激励了金融家投资。他们认为，国家预算风险可以忽略，因为大量的过境贸易可使这些公司迅速盈利。因此，1881年，

①　菲利斯·福格是法国作家儒勒·凡尔纳创作的科幻小说《八十天环游地球》的主人公。他带上仆人展开了冒险之旅，用行动来证明八十天足以完成环游地球一周。这场旅程途经亚非欧美四大洲，他们先是绕道非洲到达印度，从印度途经新加坡和香港到日本，再通过日本到达美国，最后横穿美国返回英国。

时任希腊总理的库蒙杜洛斯签署了三条标准轨距线路的建造合同：①比雷埃夫斯－拉里萨（Larissa）铁路线；②比雷埃夫斯－帕特雷铁路线，含支线科林斯－纳夫普利翁－迈洛伊（Corinth－Nafplion－Myloi），轨距 700 毫米；③沃洛斯（Volos）－拉里萨铁路线。[12] 除此之外，另一条由库蒙杜洛斯规划的铁路线连接皮尔戈斯（Pyrgos）与卡塔科隆（Katakolon）（13 千米，轨距 1000 毫米），该线路由皮尔戈斯市政府负责建造，并于 1883 年开通。但在 1882 年，线路一的承建公司宣布，除非重新考虑合同的条款，否则公司拒绝履行其义务。

当这个问题被提出时，自由主义现代党的领导人查利劳斯·特里库皮斯已经成为希腊总理。特里库皮斯（与前任总理意见相反）认为，根据国际形势，希腊并不适合加入"印度之路"国家集团，加入富国集团也并不会帮助希腊实现经济增长。相反，国家必须发展起来，才能为自己在该集团赢得一席之地。而特里库皮斯的主要目标是实现国家内部结构的现代化，即实现国家空间和市场的统一。实现这一发展的先决条件是迅速改善内部的通信和交通。国家需要积极推动这一进程，但也需要节约资源，以便使其得以长期维持。实际上，希腊的铁路网将会取代几乎不存在的公路网，所以应该建设窄轨距（1000 毫米）线路，这样不仅政府财政上能够负担，同时也能迅速建成线路。

关于铁路网建设的不同声音反映了希腊现代化问题的政治考量。库蒙杜洛斯提倡建立一个具有技术规格的铁路网，使其能够与欧洲运输网络连接，其目的是使希腊在地中海以及巴尔干地区的过境贸易中发挥主要作用。另一方面，尽管特里库皮斯认为铁路是经济增长的重要因素，并承认与欧洲铁路网络连接的重要性，但他仍旧（在不忽视国家经济能力的情况下）推动了窄轨线路的建设，目的是用新增的铁路基础设施取代不健全的公路基础设施。为了实现这一目标，特里库皮斯首先采取了精简内部结构的做法。特里库皮斯的第二个目标是通过国家经济和政治的现代化来提升希腊在国际运输和贸易中的地位。[13] 简单地说，库蒙杜洛斯试图回答这个问题："希腊想拥有什么样的铁路？"而特里库皮斯则抛出问题："希腊能拥有什么样的铁路？"

第一阶段建设

1882 年，特里库皮斯提出了他的铁路计划：取消先前的沃洛斯－拉里萨线的建造合约，随后签署建设三条铁路线的最终合同，总长 700 千米，轨距为 1000 毫米，分别位于色萨利 [沃洛斯－韦莱斯蒂诺（Velestino）－拉里萨和韦莱斯蒂诺－卡兰巴卡（Kalambaka）]、伯罗奔尼撒（比雷埃夫斯－雅典－帕特雷－皮尔戈斯和科林斯－纳夫普利翁－米洛伊）以及阿提卡 [雅典－伊拉克利翁（Heraklion）－拉夫里翁及分支伊拉克利翁－凯菲西斯（Kifissia）]。色萨利－伯罗奔尼撒线的建造协议没有提供年度利润保证，而是向承建公司提供了每千米 20000 德拉克马（drachma）的补贴，相当于公路修建的估算成本。对于沃洛斯－拉里萨线以及阿提卡线，政府没有提供任何补贴；前者不仅可以为公司带来盈利，而且也容易建造，而后者的承建公司则欠国家约 600 万德拉克马。

特里库皮斯认为，库蒙杜洛斯在一条线路上孤注一掷的资金，足够四至五年内在全国范围内打造一个完整的地方铁路网。而建造一条从雅典到北部边境的标准轨距线路也是库蒙杜洛斯计划的一部分，目的是有朝一日能与欧洲铁路网相连。

铁路的建设工作几乎算是立即就开始了，且在几年内便全部完成。到 1885 年 6 月，阿提卡线已经建成，全长 76 千米。[14] 到次年 8 月，又有两条铁路线竣工：分别为全长 202 千米的色萨利线，以及伯罗奔尼撒半岛的比雷埃夫斯－科林斯－阿尔戈斯（Argos）－纳夫普利翁的一段线路，其中也包括一条阿尔戈斯－迈洛伊的支线（科林斯－帕特雷段于 1887 年 12 月竣工）。[15]

1888 年，帕特雷－皮尔戈斯线开始建设，并于 1890 年 3 月竣工。该段线路共建造了两条支线：皮尔戈斯－古奥林匹亚线（1891 年 8 月竣工），卡瓦希拉－基利尼－巴斯（Kavasila-Kyllini-Baths）线（1892 年 6 月竣工）。这一投资使比雷埃夫斯－雅典－伯罗奔尼撒半岛铁路公司（SPAP）的铁路长度在 1892 年中期达到 454 千米。[16]

此外，雅典地区也于 1886 年开始建设一条蒸汽有轨电车线，用于连接市中心和新旧法里奥（Old and New Faliro），而另一条蒸汽有轨电车线路则连接比雷埃夫斯中心和新法里奥。这两条线路总长度 15 千米，轨距 1000 毫米。[17]1887 年，这些线路投入运营，并最终于 1909 年实现电气化。

第二阶段建设[18]

第一阶段的建设取得了令人满意的成果。1887 年 4 月，法国公共工程代表团（Mission Française pour les Travaux Publiques）提出一项提案，[19] 鼓励特里库皮斯批准公共资金用于建设迈洛伊－特里波利斯（Tripolis）－卡拉马塔（Kalamata）线。该合同于 1887 年 4 月签署，由希腊美利达铁路公司（Company of Meridian Hellenic Railways）承建，该公司是一家比利时持资企业，合约也规定该线路必须在三年内完工。最终该项目于 1889 年年初动工，但在 1891 年 4 月，该公司停工并退出合约，当时仅完成了 101 千米线路的建设。1892 年 2 月，在新任总理西奥多·迪利吉安尼斯的指示下，该路段的剩余部分重新开工，并将整条线路的建造权交给 SPAP 公司。但 1893 年至 1894 年间，SPAP 公司遭遇财政危机，直到 1895 年才恢复该线路的施工。该线路最终于 1899 年完成，此时伯罗奔尼撒铁路网的总长度达到 633 千米。

1887 年，特里库皮斯还决定在当时位于希腊西北部的米索隆基和阿格里尼翁（Agrinio）修建一条 44 千米的铁路线，目的是通过伯罗奔尼撒铁路网将该区域与雅典相连。这是希腊第一条由国家自主建造的铁路线，而不是依靠私人企业。承建合同交给了由欧内斯特·罗林（Ernest Rollin）代表的一家比利时公司，并于1888年6月动工。该线路于1890年8月在合同规定的两年期限内竣工。1889年，考虑到这条线路的运营效率较低，特里库皮斯决定将其延伸到帕特雷湾的克里奥奈里湾（Kryoneri Bay），通过蒸汽船将该区域与帕特雷连接，同时实现与SPAP线路的连接。该线路的延长线、"卡利东"一号汽船以及克里奥奈里码头均于1891年交付使用，并在当年开始全面运营。这条线路的起点为帕特雷港，那里只设有公司的售票代理点。然后，乘客乘坐该公司的船前往克里奥奈里，并从克里奥奈里转乘主铁路线。希腊西北部铁路（SBDE）的首次运营便将铁路和海上交通结合起来，因此，它是一条根据希腊实际情况因地制宜建造的开创性线路。

迪亚科夫托－卡拉夫里塔（Diakofto-Kalavryta）线是第二阶段建设的最后一条线路，该线路为一段齿轨铁路。这条23千米的铁路（齿轨部分3.4千米，轨距750毫米）于1889年年初由特里库皮斯下令建造。他认为建造窄轨铁路可以将希腊大陆一些交通闭塞之地与主要铁路网相连接。相比于建造一条连接这些区域的公路线，该线路的建造费用也会便宜得多：根据法国代表团的估算，这条线路的建造和维护费用将大大低于建造和维护相应公路的费用。1889年3月10日，希腊与SPAP公司签署了铁路建设合同，该线路将由政府出资建设，然后由SPAP经营管理以获取利润。然而，建设过程十分艰难，这条线路预计将经过极其崎岖的地形，必须凭借难度较高的技术项目来助其成功建造。在政府与SPAP公司之间经历了多次冲突后，这条线路最终于1895年9月竣工，并于1896年3月10日开始运营，彼时距离第一届现代奥林匹克运动会开幕仅有两周时间。

第三阶段建设

1889 年，色萨利铁路公司（Thessaly Railways Company）决定自筹资金建造沃洛斯－莱克尼亚（Lechonia）铁路线（13 千米，轨距 600 毫米）。该项目迈出了连接皮立翁（Pelion）的村庄和城镇与沃洛斯的市场和港口的第一步。工程最初因财政困难延期，但 1894 年开工后，这条线路迅速完工，并于 1895 年 10 月投入使用，但该线路所起的作用远不及想象中的那般理想。1900 年，色萨利铁路公司决定将这条线路从莱克尼亚延伸至米里斯（Milies）（15 千米，轨距 600 毫米），但前提是由国家出资建设，这项工程最终得到批准，并于 1903 年建成。这条铁路线引起了众人极大的兴趣，总工程师埃瓦里斯托·德·基里科（Evaristo de Chirico）受聘为该铁路线绘制设计图，设计时特别考虑了皮立翁的景观问题。这条铁路还有更多的延伸计划，包括通往桑加拉达（Tsagarada）（距米里斯 22.7 千米）和扎戈拉（Zagora）（距米里斯 44.7 千米）的线路，但这些计划并未付诸实施。到 1903 年，色萨利铁路公司的线路总长度达到 230 千米，其中 202 千米为公制轨距，28 千米为 600 毫米轨距。[20] 1899 年末，迈洛伊和卡拉马塔之间的线路建成，此时显然需要一条可以连接皮尔戈斯、凯帕伊萨（Kyparissia）与梅里加拉（Meligala）的线路，以便整合伯罗奔尼撒半岛的铁路网。1896 年，特里库皮斯去世，总理乔治·西奥托基斯（George Theotokis）领导的政府通过贷款完成了该线路的建设工作，并将线路的开发权交予 SPAP 公司。1900 年 4 月，皮尔戈斯－凯帕伊萨－梅里加拉新线路开始施工，尽管在穿越阿尔费奥斯河（River Alfeios）大桥的过程中遇到了一些困难，但项目仍稳步推进。1902 年 8 月，该线路竣工。至此，SPAP 控制的铁路总长度达到 750 千米。[21]

至于通往北部边境的国际线路，政府并不期望产生多少经济利益，所以经济利益也不是政府要考量的最重要因素。1885 年，在对奥斯曼帝国的战争动员中，国际线路建设的重要性显而易见，特别在 1886 年 5 月比雷埃夫斯的海上封锁期间，希腊军队和补给在前往色萨利的过程中受阻时更加明显。这些事件让政府意识到建设国际线路对国家来说是当务之急。尽管获得巨额国际贷款，但疲软的经济形势仍导致该项目于 1893 年流产，仅有少数较简单的小型线路完工，如利亚诺克拉迪－拉米亚－斯泰利斯（Lianokladi-Lamia-Stylis）铁路线（长度 20 千米）。此外，当时的经济危机也不允许讨论新的任务。直到 1897 年，希腊在希土战争（Greco-Turkish War）中战败（由于希腊未能及时将军队调动到色萨利），政府才重新开始认真讨论国际线路的建设问题。1900 年，时任希腊总理的乔治·西奥托基斯就国际线路的建设与东方铁路建设集团有限公司（Eastern Railway Construction Syndicate Ltd）签署了一份协议，旨在完成这条国际线路的建设，但该项目的真正承包商是埃尔兰根（Erlangen）银行以及法国巴蒂诺勒建筑公司（Société de Construction de Batignolles）总裁 J. 戈因（J. Goüin）。

1901 年 9 月，国际线路的建造工作再次开启，1902 年 2 月，希腊铁路公司（EES）成立。1908 年 9 月 6 日，该线路修至拉里萨，1909 年 7 月 22 日，拉里萨和帕帕普利（Papapouli）之间的最后一段线路竣工。这条线路的长度为 441 千米，标准轨距，其规格与欧洲主要铁路一致。[22]这条线路建成后，希腊铁路线总长度达到 1580 千米，不包括雅典－比雷埃夫斯铁路线以及有轨电车线路。其中，标准轨距线路长度为 441 千米，750毫米轨距线路长度为 23 千米，600 毫米轨距线路长度为 28 千米，其余均为公制轨距。1910 年的希腊，旅客只需在雅典换乘火车，即可从卡拉马塔抵达拉里萨，距离大约 800 千米。

至此，本节对希腊铁路网的早期历史进行了探究。可以看到，希腊铁路网的建设始于 1882 年议会对特里库皮斯政府法案的讨论，至 1909 年年底比雷埃夫斯—边境线的落成而结束。特里库皮斯乐观地认为希腊铁路网可在五年内建设完成，但是现实情况错综复杂，实际完成时长超出最初预期的五倍。此外，相比于同期欧洲其他国家的铁路网，希腊铁路网表现并不出色。下表中的数据可证实这一论点。表中列出了：① 1910 年几个欧洲国家的铁路线总长度；②每 100 平方千米面积的对应长度；③每 10000 名居民的铁路线路长度。当地专家利用当时的技术评估指标强调了希腊铁路网络整合的缓慢步伐。当时的雅典理工学院铁路技术教授 D. 普罗托帕达基斯（D. Protopapadakis）[23] 认为，衡量一个国家是否拥有良好铁路系统的国际公认标准是每 100 平方千米至少有 3.3 千米的轨道，每 10000 名居民至少有 8.2 千米的轨道。[24] 希腊铁路网总长度为 1580 千米，远远低于这一标准；要想达到标准则需增加 550 千米的轨道，即轨道总长度增加 35%。

1883 年（13 千米）到 1910 年（1580 千米）希腊铁路网的年度发展图

各国家铁路长度（截至 1910 年 1 月 1 日）[25]　　　　　　　　　　　　单位：千米

国家	总长度	每百平方千米长度	每万人长度
比利时	8278	28.1	12.4
大不列颠及爱尔兰联合王国	37475	11.9	9.0
保加利亚	1746	1.8	4.0
丹麦	3484	9.1	15.5
法国	48579	9.1	12.4

续表

国家	总长度	每百平方千米长度	每万人长度
德国	60089	11.1	9.9
希腊	1580	2.4	6.4
意大利	16799	5.9	5.1
荷兰	3100	9.4	6.1
挪威	3002	0.9	13.5
葡萄牙	2894	3.1	5.3
罗马尼亚	3355	2.5	5.7
俄罗斯	59403	1.1	5.6
西班牙	14958	3.0	8.1
瑞典	13798	3.1	26.9
瑞士	4780	11.1	13.8
土耳其	1557	0.9	2.6
欧洲总长度	329691	3.4	9.3

机车选择

对于机车的介绍，本章会遵循华氏式别（Whyte notation）轮式分类法，[26]并采用三个标准对机车进行分类：运载物资、蒸汽膨胀以及不同种类列车的用途（客运、货运以及混合运输）。

大多数英语国家以及英联邦国家均使用华氏式别，即用一个数字表示每组车轮。该方法会先计算导轮（leading wheel）的数量，然后是动轮（driving wheel）的数量，最后是从轮（trailing wheel）的数量，各组数字之间用横杠分隔。例如，只有4个动轮的机车会标记为"0-4-0"轮式排列，而带有4个导轮、6个动轮和2个从轮的机车会标记为"4-6-2"。像马莱式（Mallets）这样的铰接式机车，其动力轮之间没有非动力轮，在编号中间则添加额外的数字组。所以"0-4-4-0"是指铰接式机车没有导轮，有两组各 4 个动轮，无从轮；"4-8-8-4" 代表 4 个导轮，一组 8 个动轮，另一组 8 个动轮，以及 4 个从轮。至于后缀，无后缀表示煤水机车（tender locomotive），"T" 表示水箱机车（tank locomotive）。在欧洲的做法中，有时会进一步明确表示水箱机车的类型："T" 表示侧水箱（side tank），"PT" 表示箱式水箱（pannier tank），"ST" 表示马鞍水箱（saddle tank），"WT" 表示井式水箱（well tank）。在欧洲，后缀 "R" 表示齿轮机车（例如 0-6-0RT）。

直至 1920 年前后，蒸汽机车都是通过其牵引力（tractive effort）来评级的，这种全球通用的评级方式可以衡量机车在极低速度下可启动或牵引的最重负荷。[27] 牵引力（以千克为单位）是指动轮在轨头旋转一圈时产生的平均力。可表示为：

$$T = c \cdot p \frac{d^2 l}{D}$$

式中，d 为汽缸内径（直径），单位为厘米；l 为汽缸冲程，单位为厘米；p 为锅炉压力，单位为千克 / 平方厘米（大气压）；D 为动轮直径，单位为厘米。[28] 系数 c 取决于有效的蒸汽截流，即在启动和低速时锅炉的工作压力作用于汽缸行程的百分比。在英国和美国，可以接受的 c 值为 0.85；在德国，可接受的 c 值为 0.75；而法国和比利时，可接受的 c 值为 0.65。[29] 在希腊，即使是英国或德国制造的蒸汽机车，采用的也是法国的标准。[30] 从以上公式可知，在相同的汽缸和蒸汽压力下，动轮直径越小，机车牵引力就越大，反之亦然。因此，如果需要大牵引力，例如货运列车，则会采用小动轮的机车。

在以欧洲为背景探索铁路公司的机车选择时，必须记住，19 世纪末，即希腊铁路建设的时代，是窄轨铁路发展和扩张的关键时期，因为其建造成本低廉，建造速度快。此外，窄轨机车存在的许多问题已经得到解决，窄轨铁路网的发展也令人惊叹。[31] 鉴于这一历史背景，希腊关于铁路网建造的决策从根本上来说是一个受具体物质、经济和地理特性限制的选择。作者认为该决策是在有限理性的背景下做出的。

希腊机车整体情况

在决定投资哪种机车时，希腊公司面临两个关键问题。首先，他们能在哪里购买到机车？第二个问题，这种铁路的国际铁路惯例是什么？

就机车购买地点而言，像希腊这样的国家可以在英国、法国、德国和比利时这四个欧洲国家的工厂中做出选择。而第二个国际惯例问题则相当复杂，因为对于彼时的希腊来说，铁路建设是一个大工程，但铁路的建造也深受国际惯例的制约。直到 19 世纪末，机车也只能通过饱和蒸汽运行。直到 1900 年后，过热蒸汽（superheated steam）才在主流铁路机车上使用；在此之前，过热蒸汽仅在实验中使用。绝大多数机车都是单胀式（single expansion）蒸汽机，复合机车（compound locomotive）是 1876 年的一项创新，且在 1885 年之后才在窄轨上广泛使用。客运列车主要使用的是带有两个联轴的机车，以 2-4-0 或 4-4-0 型蒸汽机车为主。对于货运列车来说，机车主要设有三个完全黏合的联轴，即 0-6-0 型或配备小动轮的 2-6-0 型机车。对于更重的货物，则采用配备四个联轴的机车。混合牵引列车使用 2-6-0 型或 0-6-2 型（较少）机车，这两种机车的车轮均比货运机车大。随着时间发展，特别是在 1890 年到 1892 年之后，2-6-0 型机车被用于中速客运列车，带有四个联轴的机车用于货运，而配备两个驱动轴和大车轮的机车则被用于特快列车。[32]

机车数量：1880 年至 1910 年期间，希腊铁路公司共购置 203 辆蒸汽机车，并投入希腊铁路网使用（见下表）。这些机车可按照不同标准进行分类。本章采用的分类标准为：运载物资、蒸汽膨胀，以及使用标准。[33]

希腊铁路公司购置的机车数量[34]

公司	机车数量（台）
雅典－比雷埃夫斯铁路公司（SAP）	17
皮尔戈斯－卡塔科隆铁路公司（SPK）	3
雅典－比雷埃夫斯－郊区电车公司（ETAPP）	21
色萨利铁路公司（ThRwy）	23
阿提卡铁路公司（SA）	14
希腊西北铁路公司（SBDE）	6
雅典－比雷埃夫斯－伯罗奔尼撒半岛铁路公司（SPAP）	86
希腊铁路公司（EES）	33

　　机车来源：希腊主要从比利时（66 台机车）、英国（17 台机车）、法国（29 台机车）和德国（88 台机车）购置蒸汽机车。[35] 在 203 台机车中，共有 200 台是从这些国家的工厂购买的。另外 3 台机车中，2 台从瑞士购置，1 台为希腊工厂制造。

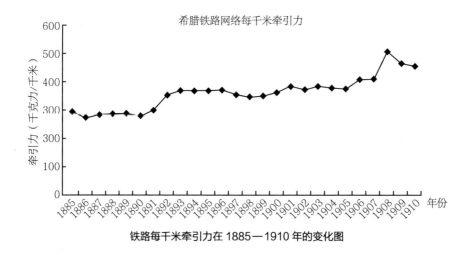

铁路每千米牵引力在 1885—1910 年的变化图

　　牵引力：根据上图分析显示，首先，1885 年至 1910 年期间，每千米牵引力增加了 50% 以上。该数据从 1885 年的 300 千克力／千米上升到 1910 年的 460 千克力 / 千米。这也不足为奇，毕竟最初的牵引力很小。1885 年，全面运营的线路仅有小型的皮尔戈斯 - 卡塔科隆线，阿提卡铁路线在当年年中才开始运营。另一方面，到 1910 年，所有希腊铁路线均已全部建成，所有的希腊铁路公司业已全面运营。其次，在 1890 年至 1892 年期间，牵引力出现短暂增长，随后在 1893 年至 1896 年危机期间，牵引力保持稳定。实际上，铁路网的长度在此期间同样保持稳定，这些年既没有新的线路被建造，也没有购置新的机车。

下图显示的牵引力的演变与 SPAP 公司的牵引力演变相似。可以毫不夸张地说，SPAP 公司的活动为该时期最重要的活动。此外，在 1905 年至 1910 年期间，SA 公司的牵引力出现较大增长，这也对总体的走势产生影响。

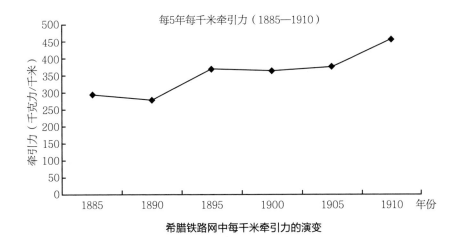

希腊铁路网中每千米牵引力的演变

"小型"机车公司

雅典 - 比雷埃夫斯铁路公司（SAP）。在 1869 年至 1904 年间，SAP购置机车 17 台。其中 14 台由英国工厂制造，另外 3 台由比利时圣莱昂纳德有限公司（Société Anonyme de Saint Léonard）工厂制造。

除一辆机车外，SAP 购买的所有机车均用于客运列车，这些机车配备两个驱动轴和大动轮（只有购买的第一台机车为货运机车）。SAP 对列车的选择很明智，这是一条城市线路，其服务对象是雅典和比雷埃夫斯的居民，公司 91% 的收入源自车票销售。SAP 的客运机车，至少是那些具有明显特点的机车，完全可以媲美伦敦和东北铁路公司的优秀快速机车"潘多拉"（Pandora）号（2-4-0T，T=3183 千克力）以及那些运行在法国线路上的机车，包括西部铁路公司（Companie des Chemins de Fer de l'Ouest）的机车（2-4-0T，T=3504 千克力）以及北法铁路公司（Chemins de Fer Nord-Français）的机车（2-4-0T，T=3510 千克力）。[36]

皮尔戈斯－卡塔科隆铁路公司（SPK）。皮尔戈斯－卡塔科隆铁路是希腊唯一一条以皮尔戈斯市政府名义修建的铁路。这是一条长度短且特别便利的线路，线路长度为 13 千米，没有什么坡度和弯道。为此，公司购买了 3 台蒸汽机车，分别命名为皮尔戈斯、伊莱亚和赫尔墨斯，打算进行混合使用。考虑到该线路尘土飞扬，这 3 台机车的车轮和蒸汽装置均被遮盖，这也是有轨电车机车的一个典型特征。这些机车均为 0-4-0T 型，D=750 毫米，P=12 大气压，T=2109 千克力，由德国的慕尼黑克劳斯机车厂（Krauss Lokomotivfabrik München）制造。[37]

雅典－比雷埃夫斯－郊区电车公司（ETAPP）。雅典－比雷埃夫斯－郊区铁路为一条有轨电车城市线路，1887 年至 1903 年期间购买的所有 21 台蒸汽机车均为有轨电车型机车，即高压运行，车身短，车轮和蒸汽装置有遮盖物，并带有一个车顶盖。这 21 台机车中有 17 台购自慕尼黑克劳斯机车厂，2 台由瑞士 SLM 温特图尔公司（SLM Winterthur）制造，另外 2 台由德国奥伦施泰因科佩尔（Orenstein & Koppel）工厂制造。

在欧洲众多电车轨道上运行着类似的机车。例如，西班牙庞特韦德拉－马林电车线路和那不勒斯电车线路上运行的是 0-4-0 型机车，而类似的 0-6-0 型机车则由法国国家近郊铁路公司和安斯－奥里耶的副线铁路运行。[38]

阿提卡铁路公司（SA）。SA 线路由两个不同部分组成，雅典和凯菲西斯之间的线路（15 千米）主要用于客运服务，而雅典和拉夫里翁之间的线路（61 千米）主要用于商业用途；鉴于这种情况，SA 购买了水箱机车用于混合使用。

该公司最初购买的机车包括四辆 A 级机车（编号为 A1-A4）以及 3 台 B 级机车（编号为 B5-B7）。1890 年又购置 1 台（B8），随后 1898 年又再次购置了 1 台（B9）。所有这些机车均由比利时蒂比兹冶金工厂（Les Ateliers Metallourgiques Tubize）制造。A 级机车为 0-6-0T 型机车，D=1300 毫米，P=9 大气压，T=3190 千克力。B 级机车为 0-6-2T 型机车，与 A 级机车配备相同的车轮，相同的锅炉压力以及相同的牵引力。[39] 0-6-0 型机车在货运列车上较为常见。在 1880 年至 1890 年间，圣莱昂纳德至少制造了 10 台这些级别的机车，并在不同国家（西班牙、法国、巴西、智利和中国）的公制轨距线路上运行。[40] 例如，在巴西茹伊斯迪福拉－皮奥（Juiz de Fora-Piau）线上运行的 2AC 系列机车，相当于 SA 的 A 级机车（T=3582 千克力）。只有两个级别的 0-6-2 机车在公制轨距线路上运行：意大利二级铁路公司（那不勒斯－诺拉巴亚诺 Nola Baiano 线）的 2GT 系列（T=3026 千克力）以及法国省级铁路（French Chemins de Fer Départemantaux）的 3GT 系列（T=2763 千克力）。[41] 但更重要的是 SA 购置了一台 2-6-0T 型 Γ 类机车，编号为 Γ10，命名为希腊女士。这台机车是唯一一台由希腊工厂制造的机车，该工厂是位于比雷埃夫斯的巴斯里亚德（Basileiades）机械厂。[42] 这台机车（D=1200 毫米，P=10 大气压，T=3911 千克力）非常适用于混合列车或中等速度的客运列车。

1906 年，SA 购置了 2 台由德国克劳斯机车厂（Krauss Lokomotiv Fabrik）制造的复合膨胀机车。2 台机车均为 2-6-0T 型，编号为 Δ11 和

Δ12。Δ 级后续新增了 Δ14（1907）和 Δ15（1908）。该系列机车的配置为 D=1200 毫米，P=13 大气压，T=6128 千克力。[43]

色萨利铁路公司（ThRwy）。ThRwy 的公制铁路线同样由两部分组成，但并不像 SA 的那么截然不同。该公司希望在沃洛斯－拉里萨和沃洛斯－卡兰巴卡这两条线路上运营客运列车和货运列车。公司采取的解决方案是购买 12 台混合用途的机车（A 级）以及 4 台适合重型货运列车的机车（B 级）。1887 年，ThRwy 的公制线路的总牵引力为 74220 千克力，即 367 千克力 / 千米。这个数字一直保持到 1910 年，因为该公司并未再购买机车。

A 级机车为 0-6-2T 型机车，由比利时蒂比兹冶金工厂制造，配置为 D=1300 毫米，P=10 大气压，T=4043 千克力。其中 9 台机车购置于 1884 年（编号为 1-9），另外 3 台购置于 1887 年（编号为 10-12）。上述关于 SA 公司 B 级机车的信息同样适用于色萨利铁路公司购买的 A 级机车。B 级机车为 0-8-2T 型机车，由比利时圣莱昂纳德有限公司工厂制造，配置为 D=940 毫米，P=10 大气压，T=6426 千克力。其中 3 台机车购置于 1884 年，编号为 31-33，另外一台购置于 1887 年，编号为 34。[44] 在欧洲公制铁路中，0-8-2T 型机车并不常见，在圣莱昂纳德的相册中也没有其他这种类型的机车。

对于轨距非常窄（600 毫米）的皮立翁线路，色萨利铁路与法国费利克斯魏德克内希特公司（Felix Weidknecht）于 1895 年达成了首笔交易，包括 3 台机车，均采用哈甘斯系统（Hagans System）铰接式分配机制。这 3 台机车为 0-8-0T 型机车，编号为 31-33，配置为 D=660 毫米，P=12 大气压，T=2700 千克力。[45] 1899 年，又从同家公司购置了 1 台机车，并编号 34。1903 年，公司第二次向比利时蒂比兹冶金工厂购买了机车。此次共购置了 2 台 2-6-0T 型机车，配置为 D=670 毫米，P=12 大气压，T=3029 千克力，编号为 51-52。[46]

希腊西北铁路公司（SBDE）。SBDE的线路相对较短（62千米），十分便利。该公司并不指望将这条线路用于客运服务，但对将其用于商业运输抱有很大期望。因此，在本章所研究的时期，该公司最初购买了6台货运机车，这些机车也用于混合列车。这些机车来自比利时，由梅西奈尔和库伊莱（Mercinelle & Couillet）公司的工厂制造。这批机车的编号为1-6，分别命名为翠科普斯、阿尔塔、安里尼昂、帕特里亚、弥赛亚[47]和卡利登。它们均为0-6-0T型机车，编号1-5机车的配置为D=1000毫米，P=12大气压，T=2446千克力，编号6机车的配置为D=1050毫米，P=9大气压，T=3481千克力。[48]52SBDE的总牵引力为15711千克力，即253.4千克力/千米。

在同一时期运行并与SBDE公司1-5号机车相似的机车有：法国省级铁路公司的3台机车、智利国家铁路公司的6台机车、卢森堡铁路公司的7台机车和南非共和国铁路公司的机车（T=2.074千克力，P=10大气压）。[49]

比雷埃夫斯－雅典－伯罗奔尼撒半岛铁路公司

1882年4月19日，特里库皮斯与通用信贷银行（General Credit Bank）签署了一份合同，合同内容涉及建设比雷埃夫斯－帕特雷、帕特雷－皮尔戈斯和科林斯－阿尔戈斯－纳夫普利翁－迈洛伊等线路。合同规定这些线路须在四年内完工。

SPAP本身便由通用信贷银行于1882年10月17日成立。该项目于1882年11月开工。最初轨道设计总长度为405千米，最终于1890年3月竣工。1902年，当整个项目最终完成时，SPAP的铁路网长度达到750千米（23千米有轨线路，轨距750毫米，其余为公制）。仅从其铁路网长度来看，SPAP在1880年至1910年间就是希腊最大的铁路公司，这还不包括购买的机车数量（86 台），总牵引力以及机车每年行驶的总里程。

伯罗奔尼撒半岛铁路网由两条主线组成。第一条线路沿北部和西部海岸运行，主要服务于葡萄干生产的运输，并确保了通往帕特雷、艾吉奥（Aigio）和卡塔科隆等出口港口的通道。第二条路线"斜穿"崎岖多山的伯罗奔尼撒大陆，将阿卡狄亚（Arcadia）山区与科林斯、纳夫普利翁和卡拉马塔的港口连接起来。除了这两条主线外，还有其他各种支线，包括皮尔戈斯 - 古奥林匹亚线、卡瓦希拉 - 基利尼 - 巴斯、纳夫普利翁 - 迈洛伊线以及迪亚科夫托和卡拉夫里塔之间的有轨线路。

SPAP 铁路网所经地区的地理多样性反映在公司对机车的购买上。该公司购置了客运列车用机车、货运列车用机车、重型服务用机车以及混合用机车。

45 台机车由德国克劳斯机车厂制造。17 台机车由格拉芬斯塔登机械建设公司（Société lsacienne des Contructions Mecaniques Grafenstaden）在阿尔萨斯的工厂制造。20 台机车购置于比利时，分别由圣莱昂纳德公司、马西内勒库耶公司，以及布雷恩勒康普特公司（Brain-Le-Compt SA）制造。4 台有轨机车由法国凯尔机械建设公司（Societé Française des Constructions Mecaniques Cail）制造。在欧洲几乎每条线路上，到处都是与 SPAP 购买的机车相当的轻型机车和混合型机车，但在希腊仅有 SPAP 公司购买的客运机车、货运机车以及铰接机车（M 级）。SPAP 公司的 2-4-0 型客运机车可与圣莱昂纳德制造的 3H 系列（T=2125 千克力）和 5H 系列（T=3352 千克力）机车相媲美，这些机车在安特卫普至根特铁路的轨道（轨距为 1150 毫米）上运行。[50]

1886 年，SPAP 购置了 4-6-0 型 Δbis 客运机车。该公司为欧洲最早采用这种特殊类型客运机车的公司之一。虽然这种轮式排列的机车在美国很常见，但直到 1884 年，这类机车才在欧洲出现。该机车的主要运行路线为意大利的托里诺 - 热那亚线（Torino-Genova，165 千米，标准轨距）。

意大利铁路线上运行的"超级卓越"维托里奥·埃马努埃莱二世（Vittorio Emanuele II）机车比 SPAP 的同等机车性能优越 25%（T=5313 千克力），而意大利的轨道承载（每轴 16 吨）则比 SPAP 自己的轨道（每轴 10 吨）强 60%。[51]

　　SPAP 公司还购置了一批用于货运的机车。这批机车为 Γ 级机车，T=4328 千克，动力比当时典型的公制线路的 2-6-0 机车（T=4130 千克力）更强劲，而 Θ 级机车（T=6739 千克）动力则比当时著名的 2-8-0 机车（T=4200 千克力）强劲，相当于美国标准轨距利哈伊谷铁路的 2-8-0 机车（T=7300 千克力）。[52]SPAP 公司购置的最后一种机车为 M 型铰接式机车（T=7090 千克力）。这些机车比在日本铁路（轨距 1067 毫米）上运行的 0-4-4-0s 机车更为强劲，后者的牵引力为 T=4445 千克力，而运行于巴勒斯坦的海法－耶路撒冷（Palestinian Haifa‐Jerusalem）线上的机车牵引力为 T=5638 千克力。[53]

　　SPAP 公司的 86 台机车也可以根据各自的用途进行分类。其中 11 台为特殊用途列车机车（7 台用于演习，4 台用于有轨），26 台用于客运列车 [22 台 2-4-0T 型（标准客运），2 台 4-4-0T 型（美国标准客运），2 台 4-6-0T 型（重型客运）]，16 台用于货运列车 [13 台 2-6-0T 型（货物），3 台 2-8-0 型（重型货物）]，33 台用于混合列车（21 台 2-6-0T 型，9 台 2-6-0T 型复合机车，3 台 0-4-4-0 型复合机）。在物资运载方面，80 台为水箱机车，只有 6 台为水箱机车，而根据蒸汽膨胀分类，74 台为单机机车，12 台为复合（双）膨胀机车。

　　前文对 SPAP 机车的分析表明，该公司拥有动力强大的优质机车。这些机车性能与 19 世纪末和 20 世纪初在世界主要铁路上运营的机车不相上下。[54]

　　SPAP 公司在其成立的最初几年取得了许多成就。但在 1892 年至 1898 年期间，SPAP 公司的发展停滞不前。SPAP 公司的铁路网在这些年份只增

加了 80 千米，其中仅有 23 千米的增量是由 SPAP 自行建设（迪亚科夫托
与卡拉夫里塔之间的齿轨线），而其余 57 千米的增长则是通过将伯罗奔尼
撒内陆线并入 SPAP 网络而实现的。在这一时期，SPAP 公司在其他地方
的铁路网几乎没有任何发展。例如，SPAP 公司在该时期仅购买了 3 台机
车（用于齿轨线），而在 1893 年至 1895 年期间，SPAP 公司的火车总行驶
里程实际上有所下降。

SPAP 公司机车来源国

国家	机车（台）	制造工厂
比利时	20	布雷恩勒康普特（10 台）
		梅西奈尔和库伊莱（8 台）
		圣莱昂纳德（2 台）
法国	4	凯尔（4 台）
德国	62	克劳斯（45 台）
		格拉芬斯塔登（17 台）

　　而导致 SPAP 公司这段晦暗发展历史的部分原因可归结于希腊的财政
危机。通用信贷银行的破产使 SPAP 损失了大部分存款，再加上科林斯运
河的开通，竞争加剧，客运与商业服务的收入减少，这些均为 19 世纪 90
年代中期 SPAP 发展急转直下的主要因素。[55] 然而，即便在这个惨淡的时
期，SPAP 公司仍是一家大型铁路公司。1891 年，该公司的火车行驶里程
超过了 100 万千米，1902 年则为 200 多万千米。

希腊铁路公司

　　希腊铁路公司建设并开发了通往希腊北部边境的铁路线。最初构想这
条线路的目的是通过奥斯曼铁路线为希腊铁路网建立一座通往欧洲铁路网

的桥梁。该线路于 1904 年 3 月开始运营，尽管运营时它仍处于建设中。
1909 年完工时，它的总长度为 441 千米，其中包括希马塔里（Shimatari）
至卡尔基斯（Chalkis）之间的支线以及利亚诺克拉迪和斯泰利斯之间的
支线。希腊对这条"国际"线路的期待不仅限于纯粹的经济收益。政府
投资修建这条线路是希望获得政治和军事优势。这种投资在巴尔干战争
（1912—1913）期间表现得尤为明显。与 1897 年的战争相比，国际铁路线
大大加快了在 1912 年和 1913 年间向战场运送部队、军事装备和军事补给
的速度。

机车的类别

在这条线路的建设过程中，希腊铁路公司使用了 3 台旧机车，这些机
车是先前的轨道承建公司遗留下来的，该公司于 1893 年放弃了这一建设项
目。这些机车来自英国，名为 MAPINA（0-6-0ST 型机车，由曼宁·瓦
尔德 Manning Wardle 公司制造）和 Eta301-Eta302（4-4-0Ts 型机车，
由尼尔森公司 Neilson & Co. 制造）。当工程完工后，希腊铁路公司将这些
机车予以报废处理，并为其车队购置了全新的机车。

1903 年，希腊铁路公司进行了首次机车采购，其中包括 10 台由法国巴
蒂诺勒工厂制造的机车。这些机车是混合用途的 2-6-0T 型机车，被列为
A 级机车。机车配置为 D=1200 毫米，P=12 大气压，T=6880 千克力。[56]
1906 年，车队又新增加 3 台机车，1907 年 A 级机车车队又增添了 10
台机车，该批次机车从比利时的圣莱昂纳德公司购买。A 级机车编号为
A101-A123，当时欧洲的许多线路上均运行着类似的混合用途机车。[57]
7 台 B 级机车是 1907 年从巴蒂诺勒建筑公司购买的，它们的编号为
B201-B207，另有 1 台德格伦型（De Glenn）4-6-0 复式四缸机车，非常
适用于重型特快客运列车。每台机车都配备了大型动轮（D=1600 毫米），
具备高压力（P=14 大气压）和较大的牵引力（T=8258 千克力）。B 级机

车成为那个时代最重要的技术发展之一。类似的机车在法国、[58]美国、[59]印度、[60]英国[61]和比利时[62]的一流铁路线上都有运行。

希腊铁路公司的机车数量和质量均证明了该公司希望并打算通过奥斯曼线将希腊与欧洲铁路连接起来。通过以上分析可以看出，A 级和 B 级机车都是配有较高国际标准的机车，这些机车完全可媲美那些已在欧洲主要线路上运行的机车。[63]随着 1909 年该线路的完工，希腊铁路公司理论上做好了与欧洲铁路网连接的准备。然而直到 1916 年，这一目标才得以实现。[64]

本章小结

本章研究了 19 世纪末至 20 世纪初希腊铁路网络的机车领域，这是一个鲜有人涉足的领域。文章探讨了各铁路公司在国内运营初期的建设和发展情况。从本章的分析中可以看出，希腊铁路公司运营合理，并根据自己的主要需求购买机车。皮尔戈斯－卡塔科隆铁路公司（SPK）和希腊西北铁路公司（SBDE）是最小的两家公司，它们在 1880 年至 1910 年期间只采购过一次机车，因为它们的发展前景和需求规模较小，不需要大量机车来支持其业务发展。只有一家公司（SAP）主要购买了客运列车机车（其拥有和运营的 17 台机车中有 16 台用于客运）：这家公司主要提供城市服务，其大部分业务是为乘客提供客运服务。阿提卡铁路公司的线路主要面向商业运输，购买了混合用机车（0-6-2T 和 2-6-0T）和货运机车（0-6-0T）；运载乘客的线路只有短短的 15 千米。色萨利铁路公司也是一家主要运输农产品的公司。以上这些公司购买的所有机车都是水箱机车，适用于短距离列车运行。

SPAP 的铁路网络相当复杂，包括各种不同用途的线路。为此，该公司购买了各种各样的机车：适合客运列车的机车，适合特快客运列车的机车，适合货运列车的机车，适合重型货运列车的机车，用于修建铁路线的机车；同时，还有用于齿轨铁路线的机车以及许多混合用途的机车。

希腊铁路公司是一家主要以连接希腊和欧洲铁路网为目标的公司，购买了达到国际先进标准的大功率机车。

如果回到购买和使用希腊机车所形成的技术"风格"问题上，从本章提出的证据可以看出，至少在 1880 年至 1910 年期间，希腊铁路公司倾向于购买和使用混合用途的水箱机车。事实上，总体分类显示，这些公司购买的机车中有 92% 是水箱机车，而 52% 是混合用途的机车。

如果对三家公司使用的机车进行分类，关于混合用途机车的论据就会变得更加清晰。在 1904 年之前，这 3 家公司一直是希腊铁路网络的骨干力量，直到后来希腊铁路公司向公众开放的那一年。这些公司包括 SA（14 台机车），ThRwy（16 台机车，不包括皮立翁线）和 SPAP（75 台机车，不包括轻型机车和齿轨机车）。它们共拥有 105 台"正常"机车。其中，26 台用于客运列车（占比 25%，仅为 SPAP 所有），20 台用于货运（占比 19%），另外 59 台（占比 56%）用于混合列车。

选择这么多的水箱机车是绝对理性的，因为这些公司的列车大部分行程都很短，最长的是雅典－卡拉马塔线，不到 250 千米。选择许多混合用途的机车也是合理的，因为这些希腊公司没有那么大的运输工作量，而且只有 SPAP 才需要专用的客运或货运列车。

关于机车的来源，有两点需要说明：

（1）英国机车的比例很小（仅占 8.5%，且只有一家公司），这表明：相较于比利时、法国和德国的企业家，英国企业家对于在希腊和整个近东欧地区的投资兴趣不太大。[65]

（2）仅有 1 台机车在希腊工厂制造。这一事实引出了一些历史问题。这些问题涉及希腊的工业状况、希腊工厂产能以及政治决策。这些政治决策不允许这个成功的尝试继续下去。[66]

综上所述，本章描述了希腊在 1880 年至 1910 年期间是如何进入铁路世界的。当时，希腊还只是一个边缘欧洲国家，能力和需求有限，因此其发展步伐显得有些缓慢和犹豫不决。然而，路途虽然漫长且充满困难和挑战，但其中却蕴藏着许多经济增长和繁荣的前景和希望。这些前景和希望在何种程度上得到充分满足和实现，可能会成为未来深入研究和探讨的主题。

第三章

希腊空军的军备项目

从更广泛的史学角度来看，本章的标题揭示的研究方法存在一定的局限性。这个标题强调了必须遵循的关键词和主题。它可以引发很多研究问题。例如，技术是如何融入希腊军事航空项目的？决定技术转让或升级决策的关键因素是什么？[1]军备项目如何影响经济发展？技术对防空理论的影响是什么？[2]

本章描述了欧洲大陆的"希腊空军案例"，该案例受到冷战竞争、军政府（Junta）掌权、希腊加入北大西洋公约组织（简称"北约"）以及土耳其军备竞赛的影响。本章评估了军事航空项目历史上的主要趋势，并聚焦于空军航空系统的设计和开发。通过关注空军在理论形成中的关键作用，本章还评估了以往的项目、世界各地先前承包商的相关研发经验以及希腊空军本土发展历史上的技术协议竞争。[3]将基本合同理论应用于分析实际的希腊航空项目，可以看到希腊军队的航空项目在1950年到2000年期间对国民经济产生了重要影响。[4]本章分析了航空技术史的主要内容以及与航空技术相关的项目。[5]该领域的技术转让国是美国。由于受到冷战、加入北约、与土耳其空军的激烈竞争以及塞浦路斯（Cyprus）-爱琴海的各种危机事件的影响，希腊花了很多年才用上了本国而非美国的基础设施。不过这也有一个例外，那就是在 1974 年后希腊购买了法国的飞机。技术协议的作用及其在 1950 年到 2000 年期间对经济的影响可以通过一些关键事件来说明，例如用每个项目中选出的当地事件来表明其对于原定计划项目的偏离和误用。[6]

本章对希腊航空军事项目中技术变革的形成进行了综述，主要集中在所采用的技术如何与希腊的空军战略联系、去联系和再联系，以及军方与影响希腊经济和外交政策的其他行为体之间的关系。土耳其的军备项目是希腊军事项目发展的关键因素。最后的结论指出，基于希腊军备项目的航空电子性能评估标准，电子设备适应性模型已经得到了广泛的复制。

希腊军事项目的历史背景

技术史为希腊提供了多种研究希腊军事航空系统发展史的方法。希腊的欧洲国家身份对希腊所选择的方法影响颇多——希腊的军事航空项目由其北约成员国身份、其在冷战中的积极作用以及与土耳其的激烈军备竞赛所决定。

由于希腊的军事航空系统是一个大型项目的一部分，约翰·劳（John Law）的术语"异质工程"（heterogenous engineering）有助于理解物品、人工制品和技术实践是如何得到统一的。该术语表明，项目过渡是通过适用的技术协议、研发转让方法、成本效益和风险管理技术来实现的。[7]本研究用案例展示了隐藏的历史和隐性的知识，这与"'正确的'技术就是被社会采用的技术"这一观点相反。隐性知识理论如何影响技术采用？本章最后部分描述的关键事件进一步强化了隐性知识理论这一论点。

"技术的'未走'之路"这一概念对于本章的研究方法至关重要。大卫·诺布尔（David Noble）的技术社会史强调了观察"产生了什么"和"没产生什么"的重要性。[8]针对 1950 年到 2000 年期间的希腊军事航空项目与国内生产总值的经济分析显示，该项目支出巨大，但实际表现与最初计划的预期存在显著偏差。回顾美国在欧洲的行动，有助于确定希腊军事航空项目的性质。在冷战的最初阶段，哈里·S.杜鲁门总统（President Harry S. Truman）决定将美国在欧洲的空军重新改造成一支有战斗力的部队。[9]就希腊空军而言，有两个关键里程碑：第一个是 1947 年 3 月 12 日，杜鲁门主义（Truman Doctrine）的宣布日；第二个是 1952 年 2 月 15 日，希腊正式加入北约的日子。杜鲁门主义是杜鲁门总统在 1947 年 3 月 12 日的演讲中提出的一项政策。该政策声称，美国将通过经济和军事援助支持希腊和土耳其，以防他们受到苏维埃（Soviet）国家的影响。[10]

历史学家通常认为杜鲁门的讲话标志着冷战的开始，也是围堵政策（containment policy）的开始，意在阻止苏联的扩张。[11]此前，英国曾支持希腊，但在第二次世界大战后，经济原因迫使其从根本上减少了对该地区的介入。1947 年 2 月，英国正式请求美国接替其在支持希腊政府方面的角色。[12]最后，在 1952 年，希腊和土耳其都加入了北约，这个军事联盟旨在保证其成员国的国家安全。在北约的保护伞下，希腊空军通过美国驻希腊联合军事援助团（Joint US Military Aid Group in Greece, JUSMAGG）办事处请求飞机和后勤支持。美国和希腊于 1947 年 6 月 20 日签署了建立该办事处的协议。[13]北约负责做出有关这一军事援助的规划和最终决定，美国负责提供后勤支持的资金。

1948 年到 1991 年，美国和苏联之间的冷战加速了 20 世纪下半叶技术变革的进程。[14]冷战时代使艾森豪威尔的军事工业复合体变得独一无二。20 世纪的所有工业化国家都将战争和技术之间的某种关系制度化。军事技术和民用技术之间的界限逐渐模糊，最终直接演变为追求"两用技术"。

1967 年至 1974 年间，希腊由军政府统治。军政府很快就因侵犯人权而声名狼藉，尼克松政府被迫暂停向希腊运送武器。1970年9月发生政变，乔治·帕帕多普洛斯（George Papadopoulos）出任总理。帕帕多普洛斯承诺恢复议会民主后，美国立即恢复了武器运输。然而，帕帕多普洛斯一上台，便要求发展和稳定经济，将主要产业国有化，并采取相对独立于美国的外交政策。[15]军政府中自称纳赛尔派（Nasserites）的年轻军官反对他的做法。在纳赛尔派推行创建希腊国家航空航天工业的计划时，尼克松政府鼓动军政府购买F-4"鬼怪"战斗机（F-4 Phantoms）——一种最初为美国海军研制的飞机。[16]军政府为了找到另一种应对美国干涉的办法，派官员到法国南部的伊斯特尔（Istres），开始与航空制造商达索（Dassault）公司进行谈判，购买法国"幻影"F-1战斗机（French Mirage F-1 fighter）和攻击机。[17]

1972年3月，尼克松政府最终决定以每架410万美元的价格向军政府出售30架全新的F-4E战斗机，几乎与向美国空军公布的价格相同。英国、德国和日本从美国购买这些型号的战斗机并根据自己的需要进行改装，而希腊却无法对飞机进行改装以适应自己的作战方式。因此，希腊在购得飞机硬件的同时，也获得了美国的作战风格，但在验收测试过程中只能处于被动接受的状态。在飞机的改装和适应期间，飞行员和维修培训的交流项目帮助盟友（如英国、德国和日本）的技术能力向美国的标准靠拢。

到1973年，希腊和美国的关系大幅升温。当年1月，军政府与美国海军续签了合同，同意美国第六舰队驻扎在克里特岛，使其距离雅典更近，从而"为北约的目标服务"。此后不久，美国国会便批准向希腊大规模出售军用飞机。[18]1974年3月，美国空军向希腊空军交付了1972年承诺的30架F-4E战斗机中的前18架。1974年7月，在恢复民主后，希腊新当选的民主政府试图延续这一军事项目。

1974年7月，土耳其出兵塞浦路斯之后，美国的武器运输实际上就戛然而止了。美国国会坚持认为向土耳其和希腊两国运送武器的比例必须保持在 10 : 7 的历史比率。但是，美国福特政府在这一时期无法向土耳其运送武器，因而也就没有向希腊运送武器。[19]K.卡拉曼利斯领导下的希腊政府对美国的怀疑感到愤怒，对北约司令部拒绝向土耳其采取行动感到不满，因此退出了北约的军事机构，直到 1980 年才重新加入。在军政府时期，当选的总理卡拉曼利斯曾居住在法国。[20]他鼓励政府继续之前与达索公司就购买法国飞机进行的商议。希腊政府实际上与法国达索公司已经敲定了购买"幻影"F-1 的协议。购买法国"幻影"F-1 战斗机是打破美国垄断的一个例外。

20 世纪 80 年代，希腊平均每年将较高比例的国内生产总值用于国防开支，[21]因此，希腊是全世界特别是欧洲军事开支占国内生产总值比例最高的国家之一。美国的许多军事分析人士认为有必要同时向希腊和土耳其提供相同的武器，以防止这两个对手之间出现任何力量失衡的情况。[22]1987 年，土耳其宣称其拥有爱琴海的特定区域，这迫使希腊宣布了其第四军备航空计划的最终协议（其中包括两个阶段），该计划引入了第三代航电飞机的新技术。这个项目被指控存在腐败和技术规格不符的问题，这引起了希腊空军许多适应性问题。[23]

20 世纪 90 年代出现了一个突出问题，即土耳其一直拒绝在其军用飞机进入雅典飞行情报区（Athens' Flight Information Region）时通知希腊当局。1996 年 1 月，土耳其对希腊提出领土要求，声称对伊米亚岛（Imia）拥有主权。这一事件迫使希腊政府宣布了另一个军事航空项目——与前一个项目一样，该项目被指控腐败。[24]希腊军事总部想要一架深度攻击机（deep-strike aircraft）。这架飞机的购买是希腊与塞浦路斯达成的协议的必要组成部分，根据该协议，希腊武装部队将在塞浦路斯遭受攻击时提供保护，即希腊空军战略原则——战略纵深（Strategic Depth）。1999 年，希腊宣布将购买 F-16 第 50/52+ 批次战斗机（Block 50/52+ fighter），而不是希腊空军总部提议购买的 F-15E "攻击鹰"战斗机（Strike Eagle）

的"希腊化"版本 F-15H。[25] 2000 年 3 月 10 日，希腊政府根据对外军售（Foreign Military Sales）方案，签署了一份关于采购 34 架单座和 16 架双座 F-16 第 50/52+ 批次飞机的购销合同书。希腊政府购买早期预警系统和导弹时遇到许多问题。希腊政府在最终协议中做出的决定满足的是政治目标而非军事目标，唯一的例外是为空军购买了法国"幻影"飞机。这一时期的许多政治和军事分析人士认为，希腊政府选择购买这种类型的飞机是为了增强军力。他们认为，这是"世纪大采购"。然而，由于技术规格不规范，"幻影" 2000 项目在适应期就面临许多技术和操作问题。[26]

航空电子设备升级项目（Avionics Upgrade Projects，AUP）在空军中发挥了重要作用。F-4E 航空电子设备升级项目竞争激烈。在第一轮竞争中，所有投标都被拒绝后，和平伊卡洛斯 2000（Peace Icarus 2000）项目最终由戴姆勒·奔驰宇航公司（Daimler-Benz Aerospace，DASA）与它的希腊工业伙伴希腊航空航天工业公司（Hellenic Aerospace Industry，HAI）、美国休斯雷达系统公司（Hughes Radar Systems）和以色列的埃尔比特系统公司（Israel's Elbit Systems）密切合作开发。[27] 2002 年 8 月，在几次国际竞标延误和延期之后，希腊决定将 C-130 飞机的电子设备升级项目交给 L3 通信公司（L3 Communications）的子公司斯帕尔航空航天有限公司（Spar Aerospace Ltd）负责开发。这个最终决定令许多分析人士感到意外，因为洛克希德·马丁公司（Lockheed Martin）对这场竞争表现出了极大的兴趣，并且在运输机技术研发转让方面具有业务优势。[28] 希腊空军在这一时期建立了成本效益分析体系，并将其应用到航空电子设备升级项目当中，目的是通过希腊航空航天工业公司的参与使外国军事抵消（foreign military offsets）的利益最大化。然而，由于美国国防部在技术转让程序上造成的延误，这两个项目都没能够按时进行。

希腊航空航天工业公司的形成

国防政策需要特定的技术支持。由于成本原因，特别是在研发领域的高昂费用，许多拥有中小型武装力量的国家只好从国外获取这些技术。希腊国防研究主要由两个不同的国防研究机构承担，即希腊陆军研究和发展中心（Research and Development Centre of the Greek Army，KETES）和希腊空军研究和技术中心（Research and Technology Centre of the Greek Air Force，KETA）。希腊空军研究和技术中心成立于1976年，是在土耳其出兵塞浦路斯后希腊和土耳其关系恶化之后成立的。[29]

军政府政权结束后，希腊航空航天工业公司成立。自1975年以来，它一直是希腊主要的国有国防公司之一，拥有3000名员工，作为可靠的服务提供商和商业伙伴，在国际市场上建立了良好的声誉。[30]高效运作的工业生产由专门的制造中心组织安排，旨在为各类活动提供高性能的优质服务和产品。[31]1975年到1986年是其最初的运营期，在此期间试图采用新技术，并制定了乐观的计划。随后，1986年到2000年的静止期却与之背道而驰。洛克希德公司、马塞尔·达索飞机公司（Avions Marcel Dassault）和奥林匹克航空公司（Olympic Airways）于1971年7月在巴黎的一次会议上首次提出"组建希腊飞机工业"。[32]但达索公司在希腊购买"鬼怪"战斗机后不久就退出了该行业的交易，麦克唐纳（McDonnell）也没有接替达索公司的角色。洛克希德的计划则继续进行。1975年希腊议会正式成立了希腊航空航天工业公司，该公司由希腊政府管控，由老牌公司组成的财团负责整个项目。[33]

美国一直是希腊航空航天工业公司各项目的主要支持者。1977年，美国国会批准洛克希德公司可以帮助希腊建立飞机工业。1979年到1983年，在欧洲的美国空军为希腊航空航天工业公司提供了J-79发动机维修项目。该公司还计划对希腊空军的 F-4E 飞机机身进行维修保养。[34] 希腊空军只把更为商业化的或者很普通的工作分配给希腊航空航天工业公司。[35]它和政府都希望该公司能从外国生产合同上赚取更多的资金。[36] 希腊政府给了国防部副部长乔治·佩索斯（George Petsos）特权，命其谈判抵消协议。[37] 然而，A. 帕潘德里欧（A. Papandreou）执政的希腊政府废除了现有的管理合同。1983 年，帕潘德里欧宣布，希腊航空航天工业公司的工人已经拥有足够精湛的技术，并改变了该公司的劳动法和该行业的战略商业计划，取而代之的是一个过于乐观的计划。希腊航空航天工业公司制定了一个由维修、生产和设计组成的三阶段商业计划。1988 年，该公司最终制定了复合材料计划。通用动力公司（General Dynamics）为了抵消 F-16战斗机的成本，与 HAI 签订了一项名为"和平泽尼娅"（Peace Xenia）计划的联合生产协议。[38] 在两年内，希腊航空航天工业公司已经签订了 40个不同的合同，并以矩阵结构生产运作。总之，在这一时期，军工复合体在希腊出现，并影响了希腊航空航天工业公司的形成和建立以及希腊军事航空项目的性质。

不同时期的军事项目

希腊航空项目合同的历史与美国军事航空项目的发展联系紧密。希腊空军的构成大体上遵循美军的结构体系，但会存在 10 年到 15 年的延迟，这是由于美国关于技术变革的立法以及美国政府批准向第三方国家转让技术所需的时间较长。[39] 航空界普遍按"代"对喷气式战斗机进行分类。与每一代战斗机相关的时间段并不精确，只能反映出战斗机项目设计和开发过程中的主导影响因素。这些时间段还包括每种机型的服役高峰期。[40]

通过关注合同的历史，可以将美国军事航空项目的发展分为三个阶段。

这与名为《1945 年以来的轰炸机研发：经验的作用》报告分析综述是一致的，该报告由兰德公司（RAND）"空军项目"的资源管理和系统采购计划（Resource Management and System Acquisition Programme）负责完成。[41]将战后时期划分为三个阶段只是一个宽泛的概念性划分法。[42]第一个阶段涵盖了大约 15 年，从 40 年代中期到 50 年代末。[43]第二个阶段从 60 年代初到 70 年代中期。[44]第三个阶段从 70 年代中期延伸到现在，主要是隐形技术和航空电子技术革命。[45]这一阶段的特点是技术上的巨大进步，为战略轰炸机注入了新的活力，巩固了航空航天项目承包商在轰炸机研发方面的主导地位。[46]希腊军事航空项目的历史，包括技术转让的时间、区域和国家等。在这种初步划分的基础上，对每个项目的时期进行了分析，涉及理论或战斗机的作用、采购环境以及主导性能作用和技术驱动因素。[47]

在第一个时期（1912—1916）、第二个时期（1917—1922）和第三个时期（1923—1934），飞机携带的电子设备仅仅是用于导航和通信的基础设备。[48]这些时期的航空工业主要以选择建造希腊第一架飞机的基本材料为导向。[49]1933 年，希腊空军作为希腊军队的一个独立分支成立。在第四个时期（1935—1940）和第五个时期（1941—1950），电子技术变得更加重要。[50]

第二次世界大战后，美国主导军用飞机的生产。[51]美国军事部门整合了一系列先进的空气动力喷气式战斗机和轰炸机，这些飞机采用了新的生产技术并安装了先进的电子设备，如雷达、火控系统和导航系统。在希腊军政府执政期间和塞浦路斯危机期间，希腊空军对军事项目采取了不同的做法，主要由希腊基金提供资金。[52]

在接下来的时期（1974—1987），军事航空项目和电子技术的发展紧密相连。[53]希腊引进麦克唐纳 F-4E"鬼怪"II、RF-4E"鬼怪"II 和 A-7"海盗"II（A-7 Corsair II），大幅改变了其空军的作战能力。此外，洛克希德 C-130H "大力神"（Lockheed C-130H Hercules），以其强大的运输能力，为希腊武装部队提供了必要的后勤支持。[54]使用者（即飞行员和工程师）将电子技术应用于作战原则和生活方式中时，面临诸多问题。他们更倾向于把源于欧洲的军事体系转变为美国的体系。这一时期见证了防空理论的初步形成，其重点是拦截任务、飞机的选择和战略目标。[55]

1975 年至 1980 年，土耳其入侵塞浦路斯，希腊与北约进入"关系冻结期"，希腊仍然主要采用美国的军事设备。如上所述，这其中的例外是购买了法国的"幻影"F-1，该机配备了先进的电子设备，聚焦于火控系统。在这一时期，还成立了希腊航空航天工业股份有限公司。

自 1988 年以来，希腊空军一直在进行第四军备航空计划，包含两个阶段。在这两个阶段期间，项目的重点放在第三代和第四代军用飞机上。一个比较的焦点是电子创新领域，这也标志着许多老式飞机电子设备升级的开始。[56]1997 年，由于 F-4E "鬼怪" II 飞机无法应对新世纪的战场需求，希腊决定对其进行升级（即"和平伊卡洛斯 2000"计划）。在升级过程中，特别关注的是航空电子设备，这是"鬼怪"战斗机最薄弱的地方。[57]2002 年 8 月，希腊空军决定升级 C-130 "大力神"机队的航电设备，以便根据新的国际飞行规则进行操作。[58]

在综述希腊军备项目的历史背景和项目内容之后，本章将聚焦每个项目采用的经济方法，探讨经济相关事项，并将其同希腊与北约、土耳其和欧盟成员国联系起来，旨在回答本章最初提出的问题 ——"军备项目如何影响经济发展"和"技术在国家防空理论形成中的影响"。

希腊空军项目的经济概况

20 世纪，希腊卷入了一系列的战争，包括第一次和第二次世界大战，一场破坏性极大的内战，以及在第二次世界大战之后，与土耳其之间因塞浦路斯和爱琴海争端而引发的危机事件。[59]这导致了希腊在军备项目上持

续消耗大量 GDP（见下图）。[60] 下图将 1948 年至 2014 年期间希腊在空
军上花费的 GDP 百分比与北约、欧盟成员国和土耳其的数据进行了统计分
析，这一时期涵盖了希腊空军在北约的服役时间。此分析显示希腊在军备
项目上的 GDP 支出与上述其他地区之间的线性关系：希腊高于北约或欧盟
的平均水平，并与土耳其成正比。这证明希腊与土耳其的紧张关系对其军
事航空项目和防空理论的形成产生了重要影响。[61]

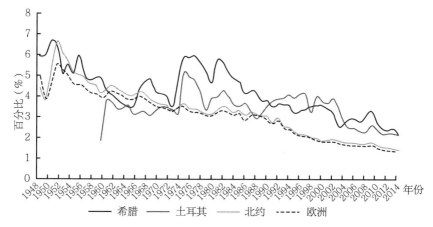

希腊在军事项目上的 GDP 支出百分比与北约、欧盟和土耳其的对比

1952 年至 1966 年期间，希腊的军费支出占 GDP 的比例逐渐下降。在
军政府执政期间，由于筹资方式的改变以及军政府与美国和欧洲之间的关
系的影响，所占 GDP 的比例有所上升。[62]

1967 年至 1974 年军政府时期，希腊在军事项目上的 GDP 支出百分比
与北约和土耳其的对比。

下图是希腊与土耳其因塞浦路斯和爱琴海争端而发生危机时期（1974
年、1987 年和 1996 年）的军事项目支出占希腊 GDP 百分比的统计分
析。[63] 可以看到，在 1974 年和 1986—1987 年，希腊空军的支出占 GDP

的比例很大，而且高于土耳其。希腊卡拉曼利斯政府统治期间，发生了塞浦路斯危机，希腊脱离北约等事件。

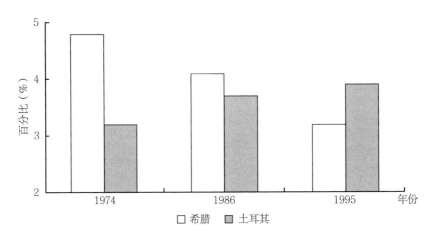

危机时期希腊和土耳其军事项目支出占 GDP 的百分比

以下对这段时期的数据进行了分析。在这一时期，即使希腊减少了军事项目占 GDP 支出的百分比，但它仍然保持着高于北约或土耳其的比率，其中最显著的变化发生在 1981 年至 1986 年帕潘德里欧执政期间，也就是 1986 年到 1987 年危机期之前的几年。[64] 1987 年危机之后，在土耳其外交政策的压力下，希腊进入了第四军事项目的第一阶段。[65] 希腊加入欧盟之后，大约在 1995 年到 1996 年期间，由于希腊努力符合欧洲军事项目支出的平均百分比水平，用于武装部队的 GDP 百分比有所下降。[66]

伊米亚危机（Imia Crisis）后，希腊政府被迫重新审视其军备项目，因为这些项目导致了支出的急剧增加。自 1988 年开展第四军事项目以来，到 2007 年至 2008 年这一阶段，已经过去了许多年。希腊对现有成熟武器系统进行了必要升级，因此军事项目支出有所增长。[67] 2009 年到 2010 年这段时间，由于希腊深陷经济危机，军事项目占其 GDP 的支出比例急剧下降。这些详细的统计分析表明，1950 年至 2000 年期间，军备项目对希腊

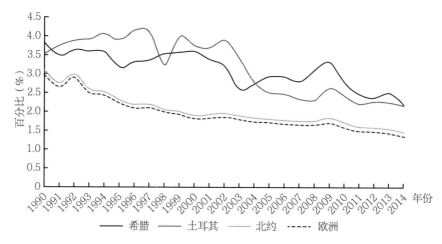

希腊加入欧盟后，在军事项目上的 GDP 支出与欧盟、北约和土耳其的对比

经济产生了巨大影响，也对希腊的政治生活和社会生活产生了影响。在下一节"关键事件"中，本章将阐述合同、技术协议和技术适应在希腊空军理论形成中的作用。希腊在整个第二次世界大战后面临着经济问题以及与土耳其的危机事件，因此，本章还将主要关注希腊这个欧洲国家的军事工业复合体与其北约成员国身份之间的联系。

关键事件

　　希腊军事航空项目中的各种技术协议证明其在电子技术方面有着极其丰富的适应经验，这也反映在希腊军事航空项目中第三代和第四代飞机的生产上，包括模拟项目、数字电路、合同、美国和欧洲对飞机采购的竞争、外交事务、培训和事故等。[68] 通过考察上述内容，揭示了希腊的这段历史——以电子技术优势为中心，系统贯彻最新技术协议以对抗土耳其。军事工业复合体为两国提供了同等的技术协议。然而此时，希腊努力启动的欧洲备选方案却失败了。[69] 在我们研究的这段时期内选定的关键事件，有助于确定预期技术变革的方向和水平。

在从模拟技术向数字技术转变的过程中，希腊空军试图通过将法国的幻影 F-1 数字航电系统改造成类似美国 F-4E "鬼怪" 战斗机的数字航电系统，从而实现第三代飞机的标准化。"幻影" F-1CG 装备的是 "响尾蛇" AIM-9P 导弹（Sidewinder AIM-9P missile），而不是常用的 "马特拉魔术" II 导弹（Matra Magic II missiles）。希腊的 "幻影" F-1 战斗机在交付时没有配备雷达告警接收机（radar warning receiver, RWR）系统，后来安装了美国制造的 AN/ALR-66 雷达告警接收机（US-built AN/ALR-66 RWR）。这项改装工作使希腊空军耗费多年时间进行研究和飞行测试，也耗费了大量的资金，但这项工作却对 "幻影" F-1 的作战能力产生了副作用，因为它没有配备制造商原本指定的武器。对希腊飞行员来说，这种飞机的主要缺点在于雷达的性能和导弹的发射范围。这些问题在 20 世纪 80 年代引发了希腊各政党之间的长期争论。[70] 最后，在 1990 年，KETA 与达索公司合作，成功将改进后的 AIM-9 导弹数量增加至四枚，使飞机具有良好的发射能力，并装有美国的 ALR-66 雷达告警接收机。在这些改造之后，希腊的 "幻影" F-1CG 在其空战特性方面变成以美国技术为导向。[71]希腊空军在 "幻影" F-1CG 服役 28 年，飞行 16 万小时（包括几次事故）之后，于 2003 年 6 月 30 日将剩余的 27 架（共 40 架）停飞报废。[72]

希腊航空航天工业公司的许多关键事件突出了 1950 年到 2000 年期间的适应问题。1979 年，希腊政府购买了新型号的飞机，并试图将 HAI 的业务从维修保养扩大到零部件的生产。[73] 我们可以看到，有关军事和民用航空项目的合同性质，即直接销售合同（Direct Sales Contracts）、抵消和外币销售（Offset and Foreign Monetary Sales），一直是 HAI 未来研发和生产计划的关键因素。[74] 当麦克唐纳公司在 20 世纪 80 年代中期开始兜售 F-18 时，希腊政府想要该公司弥补售卖 F-4E 时所欠的人工时。尽管最后没有成交，但麦克唐纳最终还是资助了希腊，使其原材料出口到美国，其中包括棉花、烟草、水果、纺织品和铝土矿。圣路易斯（St Louis）的麦克唐纳员工认为，这一决定对公司的财务状况产生了影响，明显地影响了他们的福利，比如自助餐午餐。最初 F-4E 和"鬼怪"战斗机的合同项目以不同的方式帮助了希腊的经济。[75]

在许多情况下，最终协议的决定是为了实现政治目标而不是军事目标。[76]我们反复提及的例外，即希腊空军购买法国的"幻影"飞机，就是一个实例。希腊的"幻影"2000 因其雷达性能方面存在诸多问题而备受指责。许多分析人士认为这些问题源自对雷达类型的选择，而不是其实际性能。他们还认为，法国的导弹也不值得希腊花钱购买。这迫使希腊空军总部在多个场合表达了他们的不满。[77]

1999 年 2 月，尽管希腊空军付出了两年的努力试图重振这些项目，但由于希腊政府公开承认了资金短缺，这些努力最终宣告终止。希腊总部原本选择了测试评价最好的 F-15H"攻击鹰"战斗机，但其价格高昂，每架飞机约 7500 万美元，使得购买这种型号的飞机变得遥不可及。F-16 的价格约为 4500 万美元，"幻影"约为 5800 万美元。竞争末期，当时的希腊国防部长阿波斯托洛斯·索哈佐普洛斯（Apostolos Tsohatzopoulos）宣布，希腊将开启谈判，希望能参与欧洲"台风"战斗机（Eurofighter Typhoon）的生产，并计划在 2005 年之后购买 60 至 80 架飞机。[78]希腊政府考虑到 2004 年举办奥运会的费用支出，再次决定推迟购买"台风"战机。取而代之的是在 2000 年 6 月订购了 50 架全新的 F-16 第 52+ 批次战斗机（F-16 Block 52+fighters），并保留了在 2001 年 9 月增购 10 架飞机的选择权。[79]

航空电子设备升级项目

如前所述，1997 年，因为 F-4E"鬼怪"II 战斗机（即和平伊卡洛斯

2000 计划）无法满足最新的战场要求，希腊政府决定对其进行升级，并特别关注航电系统的升级改造。政府将航空电子设备升级项目交由欧洲宇航防务集团（EADS）负责。该公司在处理这类项目方面已经拥有许多宝贵经验，曾为德国空军 F-4F 提升战斗效率计划（F-4F ICE Programme）成功升级了 110 架 F-4F 战斗机。EADS 公司升级了原型机，HAI 公司升级了其余 35 架飞机。这是一家欧洲公司为战斗机上的美国系统升级的案例。然而，由于美国研发转让政策的缘故，EADS 面临着延期交付。美国在向第三方国家输出技术的规模和类型方面一直非常谨慎，即使这些国家是它的盟友也是如此。[80] 2002 年 8 月，希腊决定升级 C-130"大力神"飞机的航电系统，以符合新的国际飞行规则。在过去的几十年里，希腊"大力神"飞机的两起事故都被认定为可控飞行撞地（CFIT）问题引发。[81] 舆论迫使希腊政府升级希腊 C-130 飞机。2003 年，希腊空军开始让 L3 通信公司的子公司斯帕尔航空航天有限公司（L3/SPAR）对 C-130 机队进行航电升级，这距离第一次宣布升级已推迟了 10 年之久。[82] 由于负责该升级项目的公司背景特殊，该项目的延误问题显得格外明显。

关于新技术的采购，必须建立一个确切、详细的合同，说明新技术的购买情况，包括规格、条款和条件、验收、交付时间表和付款方式。过去的 15 年到 20 年间，在这一领域已经积累了大量的经验。可以看到存在这样一个常见的失调现象，即："过度"购买的技术与分配的人力资源和空军的既定目标和宗旨不匹配，从而导致了新技术的"逐渐消失"。这种反常现象与特定的个人技术适应和技术吸收能力无关。相反，它与国防部和希腊空军的组织问题有关。[83]

本章小结

与冷战时期类似，爱琴海"竞技场"多年来主导着希腊军事航空项目的形成。尽管作为北约成员，希腊不得不将其防御重点放在阿尔巴尼亚、保加利亚和南斯拉夫等东欧国家上，但希腊总部主要关注的还是土耳其的活动以及建立新的防空理论。几十年来，希腊防空理论一直关注拦截任务，侧重于特定类型的飞机，因而失去了战略优势，这与美国的经验背道而驰。[84]

影响希腊军事航空项目合同订立的主要因素可以分为三类。第一类包括希腊政党和政府的腐败以及对军方建议和决定的忽视。由于高层官僚机构占主导地位，希腊的工业军事管理部门缺乏政治影响力，也未能将其能力提升到更高的水平。[85]希腊的军事项目费用由希腊基金承担，在技术转让的来源国和地区方面，其背景比较复杂，包括从美国到欧洲和法国的技术转让。[86]第二类包括希腊与土耳其、美国和塞浦路斯的外交政策。希腊加入欧盟，以及美国和欧洲工业之间的竞争，都影响了军事航空项目的技术协议签订。[87]第三类是缺乏公共审议；社会团体和机构、专家智库以及希腊科技界在公共讨论中的作用很小，甚至根本不存在。[88]

土耳其的军备项目是促使希腊军事项目发展的关键因素。在许多情况下，希腊政府被迫或有意利用公众舆论，作为对土耳其军事项目的即时回应，遵循防控理论中坚持缩小拦截任务的原则行动。[89]希腊政坛对于技术变革的方向并不明确，政府多次与那些技术附件没有得到希腊空军总部批准的公司签署协议。[90]许多政治分析人士认为，希腊政府通常只是出于政治目的，宣布加入欧盟并购买欧洲军事系统，从而在欧洲建立外交联盟。

在对希腊经验的分析中，技术是评估采购的关键因素。像希腊这类没有大规模国防工业的小国似乎对欧洲项目极为谨慎，在最后阶段更倾向于财政上有保障的解决方案，如美国军方的项目。[91]欧洲项目似乎仍然只是替代方案（例如，当美国限制武器出口和技术知识转让或技术升级计划时），而不是作为欧洲统一的象征。[92]

在国防部的采购中，一直参考这样的政策，即供应品的逐渐希腊化，旨在以这种方式使国内国防工业成为武装部队武器系统的主要供应商。[93]
无论技术、专利和对现有技术方案的创新改造如何，其总体性能都受制于
每个军事航空项目合同最初商定的限制条目。本章的一个结论是，电子技
术在希腊军事航空项目中的应用主要是基于初始合同和形象建设，而非反
映了行为体的能力，也不像通常认为的那样，是希腊空军出色表现的结果。

第四章

第二次世界大战后希腊的医疗技术和卫生政策

本章介绍了希腊医疗技术使用历史的相关研究，涉及卫生政策及其与私人机构间日益复杂的关系。本章聚焦战后医疗技术应用的多方面过程，关注特定的政策方案、医疗保健服务、政治经济和社会环境，作者选择了三个案例研究，它们代表了关键的医疗技术：

（1）医学影像技术（medical imaging technologies），因为希腊的人均系统安装率相对较高。

（2）输血服务中的分子诊断技术（molecular diagnostic techniques），这是希腊卫生系统有史以来最大的公共投资。

（3）远程医疗（telemedicine），这项技术适用于多山区、多偏远岛屿的国家。

基于技术史以及医学的历史与社会研究，本章针对以下案例进行研究，重点关注医疗技术的引入和应用过程，并特别关注其在特定环境中的动态变化。[1]本章的研究基于"科学和技术占有"（appropriation of science and technology）这一概念，将其视为一个积极的过程。[2]正如阿米特·普拉萨德（Amit Prasad）在谈及医学影像时所指出的，占有一项技术需要考虑到它与更广泛的社会–经济–知识网络的相互作用，而这些网络的优先事项可能会随时间的推移而发生变化。[3]本章的研究还受到了一些历史和社会学研究的启发，这些研究重点关注新医疗技术的开发和使用与社会文化现象之间的联系。[4]

本章涉及高水平医疗技术。[5]第一小节简要介绍了希腊医疗保健系统的发展，同时考虑到技术驱动的政策评估不能脱离总体预算的限制。在随后的小节中，将通过三个案例研究来展示，医疗技术的采用，既不取决于针对特定情况制定的综合政策，也不取决于有关医疗保健需求优先次序的公众舆论。投资被引向私人机构能够迅速实现盈利的领域，而未顾及对医疗保健系统的整体影响。不出所料，这种技术的采用导致资源从公共部门向私人机构转移。本章的研究注意到了希腊正在经历的社会和金融危机。自 2008 年以来，希腊经济一直处于衰退状态，国内生产总值下降了约 25%，失业率也高达近 25%；自 2010 年"救助计划"实施以来，希腊政府采取紧缩措施削减公共开支，这严重影响了公共医疗卫生服务和希腊居民的健康。[6]希望通过本章揭示医疗技术过度消费的现象，引起人们对这种现象的重视和关注。

战后希腊卫生部门的几个侧面

本章无法全面概述希腊医疗卫生系统的历史，在这里主要介绍从第二次世界大战后到 21 世纪的发展概况。[7]在第二次世界大战和随即的内战之后，希腊医疗保健服务的不平等现象普遍存在，部分人口仍然无法获得医疗保障。直到 20 世纪 80 年代，希腊的医疗保健服务开始具有俾斯麦模

式（Bismarck-type）^① 的特征，并与社会保险密切相关。到了 20 世纪 60
年代和 70 年代，私人卫生机构的发展与总体经济增长相匹配，而公共卫
生方面的支出仍然相当低。[8] 1974 年希腊恢复民主制度后，历届保守派
政府都在谋求希腊加入欧洲经济共同体（希腊于 1981 年成为其成员国）。
1981 年上台的民粹主义政党，即泛希腊社会主义运动党（PASOK），提出
了一项综合了贝弗里奇（Beveridge）模式^② 和俾斯麦模式的中央医疗保健
计划。1983 年，主要的改革是创建了国家医疗卫生系统（National Health
System，简称 ESY）。这是希腊首次尝试建立一个全民覆盖的、完全由国
家负责提供医疗卫生服务的系统。[9]

　　卫生部门包括国家医疗卫生系统的医院和初级卫生中心、社会保险基
金的医疗设施以及私人机构的设施。[10] 国家医疗卫生系统的资金来自公共
医疗保险基金和税收，而私人卫生机构的资金来源包括公共和私人医疗保
险（在希腊相当有限）以及患者直接支付的费用（自费）。[11] 国家医疗卫
生系统的初级保健使希腊公民获得基本医疗卫生服务的权益得到了保障。

　　国家医疗卫生系统最初的目标之一是实现卫生系统的分散化，以减少
农村、近郊和城市地区之间的不平等。然而，由于 1983 年设想的许多政策
未能实现，卫生系统变得相当集中。20 世纪 80 年代末以后，主要的变化
是在城市人口密集地区逐渐增设了新的公立医院。[12] 国家医疗卫生系统通
过在小城镇建立 200 多个卫生院和在乡村地区建立农村卫生站，使农村地
区的初级医疗保健得以实现，并力求将其覆盖到整个希腊领土。在国家医
疗卫生系统的公立医院和卫生院工作的医生被聘为终身制公务员；其他工
作人员则是长期雇员。1983 年的法律禁止通过私立医院牟利，因此，私人

---

① 俾斯麦模式：因其在德国俾斯麦时期（1883 年）首创而得名，是世界上被效仿最多的社
会医疗保障模式。

② 贝弗里奇模式：其正式名称为国民医疗服务，系按照 1942 年英国威廉·贝弗里奇
（William Beveridge）爵士的蓝图设计而成并因此而得名。

投资转向开设初级医疗诊断服务。到 20 世纪 80 年代末，人们普遍认识到此类服务供应过度增长。

1981 年至 1989 年期间，国家医疗卫生系统的建立使公共开支占国内生产总值的比例从 3.86% 上升到 4.77%。[13] 增加的公共开支用于建设房屋和基础设施，购买设备和聘用人员。尽管已经建立了国家医疗卫生系统，这些年私人医疗卫生支出也依然在增加，到 1989 年达到 GDP 的 2.8%。卫生支出的普遍上升也与高水平医疗技术的大幅增长有关。[14]

1990 年至 1993 年期间，希腊执政的中右翼保守党——新民主党（Nea Demokratia）试图推动改革，以支持私人卫生机构的扩张。私人投资被引向有利可图的领域，如诊断技术和服务。[15] 从 1993 年到 2004 年，在新的泛希腊社会主义运动党政府的领导下，多次考虑对 ESY 进行改革，[16] 但是只有少数改革得到了推进。在 2000 年至 2001 年间，新一届泛希腊社会主义运动党政府提出了现代化的口号，将整个医疗系统的重大改革列为政治议程的重点。这一届政府比以前更加倾向于新自由主义，而不是民粹主义社会主义。[17] 这次改革旨在合并保险基金，分散系统权力，改善医疗卫生服务规划，以及建立一个基于广泛的地方卫生院和个人医生网络的初级医疗保健系统。然而，真正落到实处的改革措施却很少。[18]

20 世纪 90 年代中期，私人卫生机构开始扩张，私人医疗保险也随之增长。2000 年以后，大型企业集团日益主导私人卫生机构。私人机构的扩张与公共部门的资金不足相伴而生。[19] 与此同时，由于新的立法支持在基础设施建设、技术供应以及服务方面的公私合作，卫生部门公私之间的边界正在逐渐消失。[20] 此外，由于医院将保安、清洁和维修等非临床服务外包，公共医疗服务正逐渐让位于私人医疗服务。

希腊卫生部门的发展与国际趋势相吻合，均采取新自由主义的做法，即在卫生系统中减少国家的角色。[21] 自 20 世纪 90 年代后半期以来，希腊医疗卫生服务的私有化也得到了欧盟（European Union，EU）指导方针的支持。[22]在这一时期，国家政策的主要目标是达到加入欧洲经济与货币联盟（Economic and Monetary Union）的标准。尽管希腊的经济增长相当可观，但是若想实现 2000 年之前加入欧洲经济与货币联盟这一目标，仍需要限制公共开支的增加。这种限制也同样适用于卫生部门。

在 1996 年至 2005 年期间，希腊和其他一些欧洲国家（如塞浦路斯、波兰、意大利、芬兰、丹麦和匈牙利）的公共卫生支出水平相较于政府支出能力而言显得更低，这表明这些国家对公共卫生部门的重视程度不够。[23]就希腊而言，从 1996 年到 2005 年，卫生总支出占 GDP 的比例略有上升；与此同时，公共支出的比例下降，而私人支出在卫生总支出中的比例上升。[24]2004 年，卫生总支出几乎达到 GDP 的 10%，高于经合组织（OECD）的平均水平；私人支出的部分高于经合组织的平均水平，是欧洲较高的国家之一。[25]2007 年，希腊分配给公共卫生支出的 GDP 比例为 5.8%，是经合组织国家中较低的国家之一；卫生总支出占 GDP 的 9.6%。[26]

私人支出占卫生总支出的比例很高，原因是公共部门的诊断和技术供应不足，初级保健组织混乱，公共部门的非正规支付越来越多，以及牙科保健覆盖范围有限。[27]私人支出中绝大部分是自费的。经济增长使希腊家庭平均收入增加，家庭的购买力也随之提高，这就促成了高额的私人支出和对私人医疗卫生服务的需求。[28]根据 1998 年针对希腊医疗卫生资金的分析，公共和私人融资计划的结合表明，低收入家庭支付的医疗保健费用占其收入的比例高于富裕家庭。[29]由于新自由主义政策的普及以及将外国医疗保健模式直接引入希腊，公共医疗保健系统的价值被削弱。[30]

本章的分析表明，卫生政策变迁的历史与医疗技术的盲目使用有关。这种盲目使用反映出希腊长期以来缺乏对卫生系统的全面规划。下文借鉴了各种资料对医学影像技术、输血服务和远程医疗开展研究。对于每个案例研究，作者都参考了专业的文献资料，主要是已出版的文献，包括希腊科学和医学杂志、医学期刊，以及其他特刊和会议论文集。作者还参考了立法文件，包括国家法律、命令和决定、欧洲指令（European Directives）等。此外，作者还研究了科学协会、专业组织、咨询机构以及参与卫生决策的机构提供的报告和文件。作者采用的资料中还包含报纸文章。

医学影像技术

医学影像技术从 20 世纪 70 年代末到 2013 年在希腊社会得到广泛应用，本节将讨论这一昂贵技术的具体应用情况。作者考察了不同的行为体（如医生、商人）是如何出现的，以及对医疗卫生服务的需求是如何形成的，同时也考察了更广泛的社会经济背景，其中主要是小企业、个体经营户和小业主。这些人形成了一个庞大的中产阶层，他们能够负担得起高额的医学检查费用，也持有中小规模的资金可用于投资初级医疗保健市场，特别是注资到诊断中心。而且，由于从 20 世纪 60 年代开始，更多的人有机会接受大学教育，因此出现了大量卫生科学相关领域的专家。此外，诸如对医学影像的过度信任、专家之间的权威和利益之争以及缺乏中央规划等因素，促成了这项前沿技术的广泛使用。

作者的分析集中在希腊广泛使用的计算机断层扫描（Computed Tomography，CT）和磁共振成像（Magnetic Resonance Imaging，MRI）两个方面。在 CT 扫描仪和 MRI 扫描仪中，在 X 射线照射和磁场作用后，通过图像重建算法生成人体解剖切片图像。如前所述，希腊政府于 1983 年引入了国家医疗卫生系统，并重点关注二级医疗保健服务。在该体系下，固定资本主要投资城市地区的基础设施建设（尽管企业家认为这是一个高风险的做法）。政府对初级医疗保健服务进行了规划，在农村地区建立了卫生院。然而，由于资金不足和人员短缺，这些卫生院在国家医疗卫生系统的集中管控中逐渐处于次要地位。自 20 世纪 80 年代末开始，由于农村卫生院的上述状况，患者不得不被转送到城市地区的医院，这往往会造成病人排长队等候看病。[31] 与此同时，私人资本越来越多地转向投资初级医疗保健服务，这主要是在市区中一些缺乏公共服务设施的区域。如此一来，初级医疗保健部门就有机会投入中小规模的资金实现快速盈利；拥有尖端技术设备（CT 扫描仪和 MRI 扫描仪）的私人诊断中心迅速成立。

值得注意的是，就这种快速投资而言，据《健康评论》（*Health Review*）期刊报道，仅在 1987 年这一年，就有多达 10 家新的医疗卫生企业成立，它们拥有可观的资本和更大的投资潜力。[32] 关于私人医疗卫生机构的进一步扩张，从 20 世纪 90 年代中期开始，出现了市场向商业集团集中的趋势。[33] 在这种情况下，医生重新成了这个领域的重要行为体。1998 年国务委员会规定，私人医疗卫生公司的大多数股东应是医生。[34]

在 20 世纪 70 年代末，对 CT 设备有需求的主要行为体是私人医生和企业家。1977 年，神经外科医生扎卡利亚斯·卡普萨拉基斯（Zacharias Kapsalakis）创办的艾格凯法洛斯（Egkefalos）私人诊断中心开始运营，该中心安装了第一台用于脑部检查的 CT 扫描仪。在同一时期，一台全身 CT 扫描仪在阿吉奥斯·潘特莱蒙（Agios Panteleimon）的私人诊所投入使用。也几乎在同一时期，又有私人诊所安装了另外两台 CT 扫描仪：一台由私人诊断中心的放射科医生团队安装；另一台由一个企业家团队和一个神经外科医生团队安装，并由一名放射科医生负责科学管理。[35] 放射科医生组成的希腊科学协会成立于 1933 年。他们既是传统 X 射线成像的唯一行为体，也是 CT 扫描成像领域的主要行为体。[36] 值得一提的是，阿雷塔埃奥（Aretaieio）大学医院于 1980 年安装了公共医疗卫生部门的第一台 CT 扫描仪。在随后的两年里，空军医院、佩特雷综合医院以及阿吉奥斯·萨沃斯（Agios Savvas）肿瘤医院均安装了 CT 扫描仪。[37] 至于 MRI 扫描仪，在企业家的倡议下，"磁共振成像（Magnitiki Tomografia）"诊中心于 20 世纪 80 年代中期安装了第一台 MRI 扫描仪。MRI 被宣传为一种不需要电离辐射的尖端安全技术。[38]

如前所述，从 20 世纪 80 年代后半期开始，诊断成像技术领域的盈利能力便吸引了私人投资。私人诊断中心得以存在，是建立在从医疗保险基金直接融资的基础之上，医疗保险基金为其受益人报销部分或全部医疗费用。融资方案一直是由政府集中制定的，其决定似乎促进了高科技综合检查技术（即 CT 扫描和 MRI 成像）的发展。[39]因此，相当一部分公共融资（包括社会保险基金和公共补贴）被转移到了私人机构。然而，先进生物医学技术的适当使用似乎仍不在政府公共卫生部门的规划范围之内，这一点也可以从卫生管理和经济学专家所表达的强烈关注中得到证明：《健康评论》期刊第一期的社论就提到了对生物医学技术这一关键事项的管理不善和规划不足。[40]

政府除了针对国家医疗卫生系统立法外，还制定了一个规范辐射防护的法律框架。后者是依据国际原子能机构（International Atomic Energy Agency）的建议和国家政策来制定的。1974 年，希腊颁布了关于电离辐射防护（包括 X 射线和核医疗机器的辐射）和相关机器许可证的立法。[41] 1985 年，希腊原子能委员会（EEAE）从国家核研究中心“德谟克利特斯”（Democritus）分离出来。[42]根据 1988 年的一项决定，希腊原子能委员会内部成立了一个特别委员会负责许可证的颁发和管控。2001 年，除辐射防护条例外，还规定了关于使用电离辐射医疗成像系统操作的系统化许可证授予程序。[43] 2008 年，规定了授予安装新机器可行性许可证的标准和程序，而对于某些被视为高科技的机器，还将授予额外的可行性许可证。[44]

自 2010 年以来，这一法律框架已经有了进一步的变化。2013 年 10 月，政府发布了一项关于取消人员标准的部长决定，即关于 CT 扫描仪和 MRI 扫描仪安装和操作的人均机器数量的规定。特许经营的诊断中心早已成为日益扩大的医疗卫生服务市场的主要利益相关者，因此，他们似乎从这一决定中受益颇多。[45]据希腊《论坛报》（*To Vima*）报道，社会保险基金向私人机构转移，本质上是通过在私人中心进行检查而得以实现。[46]该报纸公布的数据显示，在部长决定发布之后，立即就有22份关于安装CT扫描仪和MRI扫描仪的申请被提交上来。值得注意的是，这些申请中的三分之二是由两个商业团体提交的，它们分别是"维奥亚特里基"（Vioiatriki）和"伊阿特罗波利斯"（Iatropolis）。[47]医院医生工会联合会（Federation of Unions of Hospital Doctors）对这一部长决定表示反对，并将检查数量的显著增加归因于CT扫描仪许可证的发放。基于这一增长，右翼部长M.沃里迪斯（M. Voridis）试图在经济危机时期减少公共开支，并建议削减为保险人提供的其他免费低成本预防性检查，如巴氏宫颈涂片检查（Pap smears）。[48]

根据希腊原子能委员会的统计，希腊已安装的扫描仪具体数据为，2010年有364台CT扫描仪在运行，2012年为369台，而2013年，在放宽人员标准后，数量增加到377台。[49]2004年后，私人医疗机构新增加了153台MRI扫描仪，这加剧了公共医疗部门和私人机构之间的不平衡。[50]随着私人医疗机构MRI扫描仪数量的增加，2013年，希腊一共拥有了249台MRI扫描仪，按每百万人口的机器数量来计算，位居世界第四。[51]其中，86%的MRI扫描仪安装在私人机构，只有14%安装在公共医疗部门。[52]

如前所述，CT和MRI设备都是通过软件来操作的，这就要求放射科医生具备新技能和新知识。以前，放射科医生的工作主要集中在纠正患者的体位、对机器进行机械调整，以及根据X射线投影图像做出诊断。现在，那些使用全新断层成像设备的放射科医生，在根据人体横截面的数学计算重建图像进行诊断时，就面临着困难。社会学家V.布里（V. Burri）认为，这种情况迫使放射科医生重新探讨他们的视觉专业知识，并重新获得专业权威。[53]在希腊，这种情况在放射学学科的专家中尤为显著，例如使用计算机技术的专家和从事传统放射学的专家。

设备供应由大型跨国企业的本地经销商控制。21 世纪末，各医用 MRI 扫描仪公司的市场份额分别为：西门子 109 台（45.8% 的市场份额）、飞利浦 69 台、通用电气 50 台、东芝 6 台和日立 4 台。[54]除销售机器外，公司还正式承担质量控制、维护、修理损坏和提供备件的技术任务。尽管公立医院有生物医学工程部门，负责同样的任务，但他们仍将上述任务交给设备供应商承担。因此，对于供应公司以外的技术专家来说，技术活动（包括控制、维修服务等）就变成了一个"黑匣子"；在某些情况下，设备供应公司还向公立医院出租机器设备。[55]

对在希腊进行的检查数量的分析，进一步评估了医学影像技术在希腊的广泛应用。2013 年，卫生和福利服务检查机构（Body of Inspectors for Health and Welfare Services，SEYYP）进行了一项关于 CT 扫描的调查。调查显示，与其他欧洲国家相比，希腊进行了大量的 CT 扫描检查，并且希腊的 CT 扫描仪数量远远高于其他欧盟国家的平均水平（希腊 2013 年有 383 台 CT 扫描仪和 262 台 MRI 扫描仪）。[56]自 20 世纪 90 年代初以来，关于希腊医学影像检查数量的问题就一直存在，诱导需求（induced demand）成为直接影响卫生医疗经济的问题。[57]与诱导需求相关的问题包括：医生的经验、对医学影像的过度信任、防御性医疗实施（与保险和司法焦虑有关）以及与放射科医生缺乏合作。此外，患者本身非常信任影像检查的结果，因此愿意按照医生开出的处方去接受扫描检查。除了诱导需求，还有一个问题是私人中心的诊断检查定价过高。

私人医疗机构安装的机器的营业额比公共医疗部门的同类机器更大，造成这种情况的原因是公共医疗部门人员短缺以及相应的工作周期有限。[58]因此，公共医疗部门的高水平技术设备逐渐贬值。根据卫生和福利服务检查机构的调查结果显示，公立医院每台机器的检查次数波动很大

（每年从 3000 次到 18000 次不等），而私人诊断中心的数字波动较小（从 6000 次到 14000 次不等）。对开展了大量检查的公立医院进行调查后发现，在 10 家医院中，有 9 家医院的机器状况都是良好至优秀；其中有 3 家医院是肿瘤医院，其余医院均接受外州患者转诊。在科林西亚（Korinthia）、埃维亚（Evia）和维奥蒂亚（Viotia）等特定州，尽管他们的机器状况也是良好至优秀，但与公立医院的平均水平相比，他们进行 CT 扫描检查的次数明显偏少。但在同一时期，在这 3 个州的私人中心进行的检查数量要高得多：2012 年，大约进行了 440840 次 MRI 扫描检查和 1391818 次 CT 扫描检查。[59]

需要注意的另一个问题是，希腊的科学协会没有提出调查临床事件和进行检查的任何具体方案或标准化程序。在私人机构安装机器设备的过程中，缺乏控制机制，这就导致大量的机器得以安装，最终使得希腊的人均机器比率和检查比率偏高。机器数量的增加，部分原因是在西方文化中，人们普遍认为机器生成的图像可以揭示物理世界的真实面貌，这种观念导致无论是专家还是普通人都过度信任医学影像，从而催生了更大的需求。[60] 在这种情况下，医学影像技术似乎使人体变得透明，因此，相比于其他诊断技术，影像技术更受青睐。此外，由于需要从固定资本的投资中获得利润，这也进一步刺激了需求的增长。[61]

综上所述，私人医疗机构对尖端技术进行了大量投资，许多私人诊断中心投入运营。总的来说，公共医疗部门的机器数量较少，运营也不够顺畅，其主要原因是人员配备不足。绝大部分的检查都在私人中心进行，社会保险基金向私人医疗机构的资金流入增加。此外，尽管生物医学工程相关工作（如设备质量保证和服务工作）是在配有专业人员的公共部门内开展的，但其中很大一部分收益归私人所有。上述两点都表明私人医疗机构和公共医疗部门之间的界限正在逐渐模糊，医疗卫生服务正朝着更广泛的私有化方向发展。希腊广泛且过度地使用尖端医学影像技术的原因颇为多元，主要包括：主流的观念将成像技术视为透视人体的工具；受技术决定论和个人发展信念驱动的中产阶级社会阶层不断扩大；活跃在放射学领域的专家和各种非专家都在争夺对尖端技术的控制权，将其视为权力和利润的来源；现行卫生政策缺乏关于初级医疗保健的全面规划，这进一步催生了新的经济活动领域。

输血服务

本节重点关注希腊的输血服务，这是卫生系统基础设施中的一个关键要素。在 20 世纪，输血逐渐发展成为一种常见的治疗性医疗实践，涉及一个复杂的社会技术体系，包括献血者、器具、医院和血库，以及医疗、伦理和法律要求。[62] 血液供应体系由国家组织，并负责收集、处理和分配用于输血的血液及其成分。[63] 血浆衍生物的生产和分配则采用了不同的组织方式，主要基于营利性的血浆行业。在讨论希腊输血服务的组织结构时，重点关注血液筛查技术，特别是 21 世纪引进和使用的分子筛查技术。卫生和社会团结部（Health and Social Solidarity）部长称，对分子诊断的投资是希腊卫生系统有史以来最昂贵的单笔采购。[64]

希腊红十字会（Hellenic Red Cross）在 1935 年承担了建立输血服务的任务。[65] 第二次世界大战之后，一些医生主张建立一个由国家组织的中央输血系统。1952 年，社会服务部（Ministry of Social Services）成立了一个国家执行机构，即全国输血服务中心（National Blood Transfusion Service）。该中心的运营基于两个主要原则：自愿无偿献血和免费向病人提供血液，以此形成一个统一的服务体系。[66] 然而，三十年来，由于私人血库从有偿的"职业"献血者那里收集和出售血液，因此存在一个混合系统。[67] 1968 年，输血咨询委员会（Consulitary Committee for Blood Transfusion）建议禁止任何以营利为目的的血液供应活动，但这一提议直到 1979 年才被采纳，私人血库最终才依法停止运营。[68]在此期间，理查德·蒂特马斯（Richard Titmuss）于 1970 年提出的自愿无私献血概念，在希腊和其他地方引发了辩论，而最终这一概念逐渐成为国家和超国家血液政策的一个重要组成部分。[69]

随后，血液服务部门着重加强献血者招募，以实现自给自足。[70]然而，这一目标很难实现。自 1977 年以来，希腊一直从瑞士红十字会进口少量血液，用于治疗地中海贫血症（thalassaemia）。[71]自 20 世纪 80 年代初以来，发现了与输血有关的艾滋病病例，这对全世界的血液安全问题产生了持久而深远的影响。[72]希腊执行了国际和欧洲的献血者筛选和血液筛查指南，以降低输血传播艾滋病病毒的风险。[73]这里需要注意两点：第一点是，希腊血液供应中的血液安全问题与献血的类型有关。大多数献血者是偶然的被动献血者（即朋友或亲戚为需要输血的人献血）。因此，吸引和留住定期志愿献血者一直是一个持续的目标。[74]相较于定期志愿献血者，首次献血者的传染性标志物更高。

第二点与 20 世纪 80 年代和 90 年代国家血液供应组织的讨论有关。[75]1988 年新的立法获得批准。[76]卫生部将通过血液输注总局（Directorate on Blood Transfusion）监督输血服务，并建立国家血液中心；然而，尽管输血医学工作者在很早以前就一直要求建立国家血液中心，作为国家机构提供协调，但直到 21 世纪初此事才得以实现。20 世纪 90 年代中期，国家输血服务结构包括位于人口密集地区的区域输血中心（14 个）和全国各地医院内的众多小型机构（90 个）。输血中心位于三级医院，负责辖下较小的区域单位。输血医学从业人员对输血中心的分散设置和实践中缺乏组织协调表示担忧，特别指出，"众多血液服务机构的规模不同且高度分散，导致沟通、培训和质量控制等方面的问题；随着国际组织对血液服务的要求越来越高，这些问题可能会变得更加严重。"[77]然而，希腊血液警戒协调中心（Hellenic Centre for Coordinating Haemovigilance）主任 C. 波利提斯（C. Politis）表示，尽管服务分散，但对于血液中 HIV 和其他传染性标志物的实验室检测一直是统一管理的。[78]

2005 年，希腊颁布了一项总统令和一项法案对输血体系进行重组，以使希腊的立法与相关的欧洲指令相一致。[79]在欧盟血液系统的超国家治理中，采取了非法律约束的方式，但有一个值得注意的例外——血液指令（Blood Directive），它规定了与血液和血液成分使用有关的最低质量和安全标准。[80]新的法律规定，通过建立国家血液中心（National Blood Centre，希腊语简称"EKEA"）来重组服务，该中心将负责全国各地所有血液中心和小型医院的血库，为血液的安全和质量、血液的可追溯性和血液监测制定标准。

从 20 世纪 90 年代末开始，希腊的一些执业医师就在考虑使用分子诊断法（molecular diagnostics），即核酸扩增检测（nucleic acid amplification testing，NAT），作为血清学血液筛查（serologic blood screening）的补充，通过缩短感染艾滋病病毒、丙型肝炎病毒（HCV）和乙型肝炎病毒（HBV）的诊断窗口期来提高血液安全性。[81]这些考虑与 1999 年初报告的一个因输血而感染艾滋病病毒的案例有关。[82]其他出版物主要是为医学界提供信息，没有特别提到核酸扩增检测在特定环境下的应用方式。[83]2002 年，一家输血中心的主任提出了这样一个问题，"血清学血液筛查辅以核酸扩增检测。这就是血液检测吗？"根据该主任的说法，应优先考虑提高输血安全性的措施，然后再考虑预期效益。因此，应该根据具体的需求和其他可能提高安全性的方法，来评估分子诊断的技术驱动型转变。[84]其他从事该领域工作的医务人员也指出，由于资源有限，应考虑其他干预措施的问题。[85]研究结果表明，在希腊，就输血服务的需求和组织结构而言，核酸扩增检测的使用不存在争议。

希腊在输血服务中引入核酸扩增检测并不是按照一个中央计划统一进行的。自 21 世纪初以来，其他欧洲国家也在逐步采用分子诊断技术。由于核酸扩增检测筛查技术成本高昂，人员需要经过专门的培训并配备专门的基础设施，在大多数国家，该检测是集中进行的。在希腊，输血服务比较分散，因此，该技术的采用就存在问题。自 2003 年起，一些地区的输血中心（14 个输血中心中的 8 个）已逐步采用了分子检测手段。2006 年 3 月，媒体广泛报道了一个通过输血而感染爱滋病病毒的案例，随后，根据部长通知，核酸扩增检测成为强制性的检测手段。[86]这一事件对相关卫生政策的形成至关重要。卫生和社会团结部部长曾承诺在全国范围内迅速实施核酸扩增检测，但是直到 2008 年年底才实现。自 2006 年 3 月开始，输血系统的运作和卫生部的行动受到了各政党、患者团体和媒体的监督。在希腊议会（Hellenic Parliament）中，反对党成员就拟议政策的实施情况和负责普及核酸扩增检测的部门所采取的行动提出质疑，并经常谴责政府的拖延行为。之后，议会展开了诸多相关讨论。[87]

2006 年 11 月，政府宣布了一项国际招标。采购过程由一个跨党派的议会委员会负责监督。[88]招标公告明确指出，委托期限最长为 5 年，将包括：必要的设备及其安装和维护；试剂；对使用核酸扩增检测的人员进行培训；以及血样的运输和处理。这些费用将由每家医院的预算支付，具体取决于从每个血库发送到与其相连的 9 个血液中心之一的血液样本数量（这些中心的数量从 14 个减少到 8 个，再加上 1 个国家血液中心）。采购过程很漫长，并涉及司法纠纷。最初的投标因不符合需求而被拒绝，2007 年 8 月重新投标后，程序被更改为谈判。2008 年 4 月，对这些投标进行了评估。与此同时，媒体报道称，两家核酸扩增检测设备全球供应商的本地经销商在采购过程中涉及了"经济丑闻"。[89]2008 年 8 月，跨党派议会委员会会议做出决定，将五个血液中心的分子筛查工作交由其中一家公司负责，其余四个则由另一家公司承担。

2008 年，核酸扩增检测血液检测的费用估计为 2200 万欧元，血清学检测和免疫血液学控制（immunohematology control）为 1850 万欧元。[90] 2008 年 3 月，希腊血液学协会（Hellenic Society of Haematolo-gy）理事会以及希腊输血协会（Hellenic Blood Transfusion Society）和患者团体等行为体，致信卫生和社会团结部部长，批评了血液服务的有限重组（在 2005 年的法律中已预期），国家血液中心的资金不足和人员短缺，以及因延迟普遍采用核酸扩增检测所导致的输血质量差异。[91] 希腊血液学协会成立了一个咨询委员会，专门为输血体系的组织制定具体提案。该委员会也于 2011 年 4 月，表达了类似的关切，[92] 并特别谴责了国家血液中心作为国家血液系统监督机构未恰当履职，缺乏吸引和留住志愿献血者的综合国家计划，以及未能遵守欧洲血液指令中关于血液安全和质量的具体规定。

总而言之，2005 年到 2006 年期间卫生政策发生了转变。2005 年通过的新立法引发了人们对重组和投资血液服务的期望。然而，大部分投资被用于生物医学技术的使用。值得注意的是，虽然基因筛查技术在成本效益比方面存在争议，但却可以降低输血传染病的风险。该技术已经在许多发达国家得到应用，但希腊的卫生系统却没有制定政策和长期规划来引入该技术，这表明国家在执行综合卫生政策方面存在不连续性。重组输血服务可以加强志愿献血、实现服务互联互通、确保血液供应充足，并促进从血液采集到病患护理整个过程的质量保障。然而，在媒体和议会压力的影响下，2006 年的政治议程却优先考虑采用创新技术，将其作为提高血液安全性的一项重要措施。因此，输血服务的现代化进程与生物医学技术的应用紧密相连，并得到加强。尽管核酸扩增检测的实施过程曲折复杂，但它确实对血液安全性的逐步提高有所贡献。尽管如此，考虑到公共卫生资源有限以及替代性医疗干预措施的预期效益，还应谨慎看待这一决定。[93]

希腊的远程医疗

本节将重点讨论在希腊卫生系统中，特别是在初级医疗保健领域，开发和实施远程医疗的尝试。自 20 世纪 70 年代以来，信息学和电信技术的发展已经影响到诸如医学等各个科学领域。远程医疗是将信息学和电信技术融入医疗实践的典范。然而，远程医疗不仅仅是一种医疗技术，更是通信、信息和计算技术的混合体，有望成为医疗技术的内在组成部分。[94] 虽然远程医疗有许多定义，但作者认为以下两个定义是目前最具包容性的。[95] 吉姆·瑞德（Jim Reid）认为，"远程医疗利用电信技术打破地理、时长、社会以及文化的限制，为人们提供医疗服务"。丽莎·卡特赖特（Lisa Cartwright）则认为，"远程医疗是在全球卫生框架内重塑社会生活的一种方法"。[96] 根据相关文献，远程医疗特别适合地理环境中存在偏远和孤立地区的国家。[97]

鉴于希腊有数个偏远的山区和人口稀少的岛屿，生活在这些地区的公民在获得初级医疗保健服务方面存在困难。[98] 根据国家医疗卫生系统的计划，希腊边远地区的所有公民可以通过农村卫生站的乡村医生或当地卫生院获得初级医疗保健服务。这些乡村医生是医学毕业生，他们在开始医学专业进一步学习或培训之前，必须在农村卫生点实习一年。但是，由于缺乏经验，乡村医生不愿意为这些地区面临严重健康问题的公民提供医疗服务。这一问题往往由于缺乏可用的设备而变得更加严重。反过来说，卫生院通常也没有配备足够的护士、技术人员和医生以及医疗设备。[99] 因此，如果出现健康问题，无论是轻微还是更严重的情况，农村地区的患者通常必须前往城市或半城市地区看病。换句话说，根据报纸的报道，希腊的患者为了获得医疗服务，已经变成了"内部移民"（internal immigrants）。[100] 此外，在紧急情况下，当没有其他医疗服务的选择时，唯一的解决办法就是医疗撤离（medical evacuations）。①[101] 但患者的内部移民和医疗撤离

---

① 医疗撤离：是指医务人员使用配备医疗设备的地面车辆（救护车）或飞机（空中救护车）向从战场后送的伤员、从事故现场后送到医疗设施的伤员或需要在设备较好的设施接受紧急护理的农村医院病人提供及时和有效的移动和途中护理。

对国家医疗卫生系统、社会保险基金以及对其家庭本身的预算来说都明显是一笔巨大的开支。

远程医疗服务可以为希腊的特殊地理环境给初级医疗保健系统带来的问题提供可行的解决方案。从 20 世纪 80 年代末开始，希腊医学专家就认为采用远程医疗及其服务尤为合适。对他们而言，远程医疗是一种"技术"，可以为生活在偏远地区的人们提高医疗服务的可及性，同时也能改善医疗服务的质量。[102]例如，负责西斯马诺盖里奥综合医院（Sismanogleio General Hospital）远程医疗部门的米卡利斯·茨卡利斯（Michalis Tsag-karis），在接受《每日报》（*Kathimerini*）采访时表示，远程医疗的应用可以将偏远地区的小型卫生院转变为一个大城市的医院。[103]

在 20 世纪 80 年代末，希腊首次尝试将远程医疗引入医疗保健系统。当时，远程医疗被认为是不可或缺的医疗"应用"。雅典大学医用物理学实验室（Medical Physics Laboratory，EIF）主任迪米特里奥斯·索蒂里奥（Dimitrios Sotiriou）表示，希腊应该成为这个领域的先驱。[104]EIF 在这些最初的尝试中发挥了关键作用。1988 年，索蒂里奥建议开发新的远程信息处理服务，以支持希腊初级医疗保健系统的发展。[105]两年后，即 1990 年 10 月，希腊远程医疗协会（Hellenic Society of Telemedicine）成立，目的是在希腊社会，特别是在医学界推广远程医疗。[106]同时，在 20 世纪 80 年代，欧共体宣布了许多资助机会，以进一步扩大和发展远程信息处理服务。欧洲对资助和发展远程信息处理服务很有兴趣，索蒂里奥受到激励和鼓舞，提出了明确的目标，即：让希腊成为可以申请欧共体相关资金的国家。

希腊第一个远程医疗试点项目始于 1989 年。这个项目是雅典大学物理学实验室和西斯马诺盖里奥综合医院第一内科合作的成果。该项目具有双重目的：一方面，展示如何利用现有的技术来改善偏远地区的医疗保健服务；另一方面，通过与大医院经验丰富的医生和专家进行交流、指导，来培训卫生院的医务人员。在斯帕塔（Spata）和帕罗斯（Paros）的卫生院安装相关基础设施后，进行了几次试验。这些基础设施包括装有相关软件的个人计算机，用于观察医疗影像的高清屏幕以及调制解调器。希腊远程医疗最初的成功，使人们对其未来持乐观态度，雅典大学物理学实验室和西斯马诺盖里奥综合医院等参与者均期望能够进一步扩展远程医疗服务。[107]

1990 年，雅典大学物理学实验室与希腊卫生、福利和社会保障部（Greek Ministry of Health，Welfare and Social Security）举行会议，提议为初级卫生医疗中的远程医疗服务制定一个运作框架。EIF 负责培训该部的员工，以便他们有资格参与远程医疗服务的开发过程。1991 年，卫生、福利和社会保障部副部长乔治斯·苏尔拉斯（Georgios Sourlas）决定将远程医疗服务网络扩展到全国各地的 13 个卫生中心。[108]在这一决定之后，明确了西斯马诺盖里奥综合医院和雅典大学物理学实验室的角色以及卫生中心主任和医生的职责。具体而言，西斯马诺盖里奥综合医院同意成为希腊提供远程医疗服务的中心医院，而雅典大学物理学实验室同意负责网络的正常运行，并随后对相关参与者，即医生和技术人员进行培训。[109]

从 1989 年到 2015 年，希腊已经开发了大约 20 个远程医疗项目，提供了不同类型的远程信息处理服务。这些项目中，有的是希腊相关机构参与欧洲项目的成果，有的是基于市政当局、公立医院和大学实验室的倡议，另有一些是公共部门和私人机构之间合作的结果。雅典大学物理学实验室承担了数个欧洲项目，所以其作用非常突出。此外，索蒂里奥提出了不少倡议，试图说服国家和医疗保健部门的代表将远程信息处理服务纳入医疗保健系统。精神病学教授、远程医疗领域经验丰富的临床医生彼得·耶洛利斯（Peter Yellowlees）认为，远程医疗发展的一个典型特征是，临床医生，或者他称之为"临床驱动者"（clinician driver），积极主动，他们愿意

用任何方式来完成他们的任务。[110] 在作者的案例中,索蒂里奥就是这种
"临床驱动者",他还能够说服国家代表为开发小规模的远程医疗项目提供
资金。

　　远程医疗项目覆盖领域较广,从较一般的领域(如在国内和欧洲范围
内传递医疗记录和建立远程信息处理网络)到较具体的领域(如用于心脏
病方面的服务)都有涉及。更具体地说,关于第一个主题,即传递医疗记
录和医学影像,已经开发了两个项目。第一个是甚小孔径终端(VSAT)
项目(1994—1996),旨在传递偏远地区的电子文件或医疗记录;第二
个是尼卡(NIKA)项目(1995—1997),这是一个欧洲研究项目,旨在
设计一个管理和编辑医学影像的系统。此外,还有其他一些项目,具体
为:赫尔墨斯(HERMES)项目(1996—1998),旨在建立一个欧洲平
台,为欧洲各地发展高质量的远程医疗服务;海及娅网(HYGEIAnet)项
目(1998—2001),旨在连接地方卫生院和克里特岛大学医院(University
Hospital of Crete)。塔洛斯(TALOS)项目(1995—1998),旨在为爱
琴海的公民提供特定的远程心电服务。1991 年,雅典医疗中心(Medical
Center of Athens)私立医院进行了一项重大尝试,宣布提供远程放射学
服务。[111]

　　目前,希腊在运行的远程医疗项目数量有限,其中一些是由市政当
局发起的,另一些则是由私人机构在国家的支持下开展的。沃达丰希腊
远程医疗项目(Vodafone Greece telemedicine programme)就是一个
例子。在私人机构的倡议下,该项目于 2006 年启动。作为沃达丰基金会
(Vodafone foundation)的一个试点项目,它得到了卫生部(Ministry of
Health)和航运和岛屿政策部(Ministry of Shipping and Island Policy)
的支持。该项目旨在向居住在偏远地区的公民提供初级医疗保健服务。雅
典医疗集团(Athens Medical Group)、维达沃(Vidavo)公司、地方政府
当局市际卫生和福利网络(Local Government Authority Intermunicipality

Health and Welfare Network），也参与了该项目的实施。[112]

一开始，只有五个偏远地区加入了该网络。2006 年至 2014 年期间，有近百个偏远地区加入。乡村医生以及普通医生都配备了平板电脑和便携式设备，以便测量血压、血糖，和 / 或做心电图或肺活量检查。该项目包括五种基本的免费医疗测试。当需要专家支持时，医生会将这些信息发送给参与该项目的私人医院"雅典医疗诊所"（Athens Medical Clinic），并能在 24 小时之内收到相关专家的反馈。[113] 除此之外，为满足公民的需求，爱琴海小岛的一些市政当局也采取了一些措施，发展远程医疗服务，例如塞里福斯岛（Serifos）和蒂洛斯岛（Tilos）当局已经提议要发展类似服务。[114]

尽管在 20 世纪 90 年代，人们对开发和使用远程医疗服务充满热情，但在 21 世纪，这种热情开始减退。值得一提的是 2001 年在欧洲最南端的希腊加夫多斯岛（Gavdos）发生的一个事件。当时，希腊共和国总统科斯蒂斯·斯特凡诺普洛斯（Kostis Stefanopoulos）访问加夫多斯岛，出席远程医疗系统的落成典礼。对于小岛上的公民来说，这是一个非常重要的时刻，因为这是共和国总统首次访问该岛。更重要的是，总统此行目的是为他们获取医疗保健服务的重要系统揭幕的。[115] 然而，在这次"庆祝活动"两天后，总统刚离开，发电机插头就被拔掉了，系统自那时起一直停用至今。[116]

远程医疗试验并没有得到行为体所预期的结果。索蒂里奥将发展缓慢归因于国家不愿意将远程信息处理服务应用于医疗保健系统。[117] 尽管希腊公共机构在 20 世纪 80 年代和 90 年代积极参与并获得了各种远程医疗项目，但在每个项目的三年期过后，几乎没有一个项目被国家医疗卫生系统继续使用。这种情况并不是仅仅出现在希腊。耶洛利斯发现，远程医疗服务实施过程中的一个共同特征是缺乏对项目进行两到三年以上的投资。[118] 对于决策者或利益相关者来说，从远程医疗的试验阶段过渡到远程医疗的使用和应用并不是优先考虑的事项。换句话说，远程信息处理技术被视为"试验或试验性服务"，只有在研究资金的支持下才能持续一段时间。[119]考虑到这一点，由西斯马诺盖里奥综合医院和雅典大学医用物理学实验室于 20 世纪 80 年代末开发、从 20 世纪 90 年代初开始投入使用的远程医疗项目在 21 世纪中期开始崩溃瓦解也就不足为奇了。

普遍存在的医院人员不足，特别是远程医疗部门的人员不足，以及无法解决农村可能出现的基础设施问题，这些都是远程信息处理服务未能恰当地纳入希腊医疗系统的原因。以西斯马诺盖里奥综合医院和加夫多斯岛事件为例，希腊在正确使用远程信息处理服务方面缺乏协调，并且远程医疗系统非常复杂。作者所说的缺乏协调，是指没有特定的单位或机构来负责这些服务的合理使用。梅（May）及其同事在英国采用远程医疗时提出了类似的观点：缺乏特定的"机构"负责远程信息处理服务是英国迟迟不采用该服务的主要原因之一。[120]远程医疗系统比较复杂，各种异构元素均参与其运行，包括临床医生、信息学家、电信网络和设备等。即使基础设施已经建好，但医院人员配备不足或网络中某一环节功能失常等问题都可能阻碍远程医疗的正常运行。

本章小结

本章介绍了战后希腊关于医疗技术应用的三个案例研究，分别是医学影像、核酸扩增检测和远程医疗。作者分析了采用这些技术的各类行为体，以及在公共部门和私人卫生机构密切关联的背景下，与医疗技术有关的卫生政策的形成和实施过程。希腊缺乏全面的医疗保健系统，这为作者的研究提供了一个契机，从而得以针对提出技术需求的各种社会群体开展研究。

医学影像技术似乎特别适应希腊的社会环境，在这样的环境中，中产阶层不断扩大，他们期望投资能快速获利。由于缺乏全面的初级医疗保健系统，所以，私人诊断机构过度发展，尖端医学影像技术也得以广泛应用。在这一过程中，专家和非专家对科学成像过度信任，导致了人均拥有的系统数量占比过高和对技术的过度使用。因此，资源通过社会保险基金从公共部门转移到私人机构。在血液分子筛查的案例中，对现代化的要求与生物医学技术的使用相关联，并加强了生物医学技术的使用；然而，这项技术是公共部门投资引入的。尽管医生们在可能带来更大效益的替代医疗干预措施上存在争议，但政府还是决定采用核酸扩增检测，而且这一决定得到了所有政党的支持。在同一时期，公共开支的减少影响了输血系统的有限重组和现代化。使用这种昂贵的技术给公立医院不断缩减的预算增添了负担。关于远程医疗的发展，尽管它似乎很适合用于提高边远和偏僻地区公民获得医疗保健服务的公平性，但它基本上仅限于研究和实验项目。虽然所需设备的成本相对较低，但由于缺乏长期规划，政府并未进行必要的投资，也没有开展协调工作。

　　这三个案例研究揭示了近代希腊医疗技术使用中的一些共性。迄今为止，对希腊卫生政策相对失败的解释，皆是强调两个论点——缺乏中央规划和政策执行不连贯。本章的研究证实了这些解释。作者观察到公共医疗设施持续人手不足（在三个案例中都存在），缺乏长期的协调工作（远程医疗和输血），以及公共机构减少了高成本技术的使用（医学影像）。卫生政策失败的原因还包括过多地向私人机构倾斜。作者认为应该结合私有化工作中的政策连续性来看待这些评价。政府将资源和服务直接或间接地转移给私人机构，从而不断地重新划定公共部门和私人机构的界限。[121]在作者看来，采用新的尖端技术也为卫生部门开辟了广阔的经济活动领域，这是持续走向私有化的基础。因此，在某种程度上，这种需求并非严格依附于医疗保健的需求。

　　1983年，希腊建立了卫生系统，这在一定程度上是对后独裁时期希腊发展起来的社会和政治运动的回应。国家医疗卫生系统的创立和运作使日益壮大的私人医疗卫生机构得以进一步发展。自那时起,公共部门和私人机构之间的互动日益增加,并朝着前者私有化的趋势发展。总而言之,通过对这些案例的分析,使对医疗技术使用的研究与对卫生政策的分析相结合,并与政治战略和各种利益集团的干预联系起来,可以帮助解释希腊缺乏全面的医疗卫生系统和医疗卫生服务机会不平等现象的成因。技术驱动的政策与私人机构的盈利能力有关,并且人们普遍认为这类政策也与其效力和改善健康的效果呈正相关。过度使用昂贵的高级技术,再加上公共卫生支出较低,也导致了家庭支出的增加。

第二篇

技术与社会

第五章

1864—1887 年的希腊技术教育

本章探讨 19 世纪下半叶希腊公共话语中的技术含义及其与科学的关系，重点关注 1864—1887 年这一时期。当时，希腊的工业基础在新的政治环境下已经建立起来，尽管关于技术教育的讨论仍处于口头层面，但却正在逐渐展开。直到 1887 年，雅典理工学院（Polytechnic School of Athens）才开始为土木工程师和机械工程师提供高等教育学位，而大概在同年，第一批技术中学也成立了。通过研究三个开展技术教育的公共场所 / 机构，本章试图展示在官方机构实施技术教育之前关于技术的公开论述、其在社会和国家中的作用，以及其与科学的关系是如何形成的。

社会学家和科技史学家已经清楚地表明，公共话语中的言论对于巩固概念范畴和形成认知等级所代表的社会文化边界，具有重要影响。[1] 技术史学家特别关注 19 世纪的一些重要概念，这些概念在文化上将技术置于科学之下，从而决定了公众对"技术"一词的认知（这个术语直到 20 世纪初才在公共话语中确立）和针对它的各种历史学研究方法。[2]

一些研究反对将技术与应用科学相提并论，并指出，在 19 世纪下半叶，"纯科学"（pure science）与"应用科学"（applied science）之间的界限是社会建构出来的，并且这一界限为那些利用它来推进自己职业追求的人（科学家和工程师）提供了社会合法性。[3]另有一些研究指出，在"应用科学"确立之前，"艺术"这一包容性概念是广泛的实用知识领域的总称。当"应用科学"开始主导公共话语时，"艺术"在社会层面上被边缘化，并与社会下层的工作场所相关联。[4]考虑到希腊语词汇中类似概念的使用，本章将展示一个更广泛的社会背景，其中知识、思想和实践构成了现在所关联的"技术"概念。它将展示这些概念和相关术语如何相互作用，从而形成 19 世纪末希腊关于科学、技术和政治的公共话语。

1862 年，奥托国王（King Otto，1815—1867）被驱逐后，丹麦亲王乔治一世（Prince George I，1845—1913）继位，其统治期从 1863 年持续到 1913 年。乔治一世于 1864 年引入了民主宪法，自此，希腊从君主立宪制转变为君主民主制。在这些年里，所谓的"民族问题"（National Question）对国家的政治和文化格局产生了决定性的影响。它以"两副面孔"出现在公共话语中，对外是国家一体化，对内是现代化计划。[5]现代化计划中将进步的理念置于其话语的核心位置。科学技术的主要倡导者，即科学家和工程师，致力于将科学知识融入国家优先领域的生产技术和实践中，如工业和农业。[6]通过将科学、技术和经济融为一体的论述，不同学科的专家都期望用技术教育来改善工业领域。这种意图在当时的许多欧洲国家和美国很普遍。[7]

本章详细阐述了希腊这一相对较小的国家在技术教育和工业化方面的特殊性。尽管希腊与工业化西方保持着联系，但在技术教育与工业化方面仍然处于边缘地位。具体而言，本章重点关注了三种不同的技术教育论述：人民之友协会（Society of Friends of the People）、国家工业促进委员会（Committee for the Encouragement of the National Industry）和《希腊工业家》（*Greek Industrialist*）期刊。关于技术教育的公开论述揭示了产业组织不健全、国家对技术教育缺乏兴趣和主动性不足，以及地方科学界的努力。他们已逐渐形成了自我意识，但仍然无法说服各地政府相信其职业追求对国家和社会事务的重要性。所有这些导致了技术教育的宣传与其实际制度化之间的不匹配。

为国家服务的科学技术教育

"民族问题"作为"东方问题"（Eastern Question）的一部分渗透到19世纪希腊的公共话语中。19世纪20年代，脱离奥斯曼帝国的独立战争或许能够促使希腊人在1830年建立一个民族国家。然而，希腊在满足人民愿望方面无疑在很大程度上受限。"民族统一主义者"融入希腊国家的可能性被框定在"伟大理想"的言论框架中，19世纪60年代末以后，"伟大理想"在巴尔干民族主义的光环下蓬勃发展，并在领土主张、战争以及希腊国家内外社区之间的经济和文化联系中得到了体现。[8]

直到19世纪60年代，希腊经济一直以农业生产、贸易和航运为基础，这些领域吸引了大部分本地和海外资本投资，因为耕地和海洋随时可供开发。相反，工业化被认为是一项艰巨的任务，因为它需要更多的资金流入、系统的组织和技术创新的引入，而这些往往遭遇到根深蒂固的观念和态度的阻碍。[9]1864年的宪法改革确认了国家朝自由主义原则的方向发展，而在19世纪60年代末和70年代初，希腊工业的基础是针对该领域投资的基础设施、资本和银行贷款。1867年至1875年间，雅典、比雷埃夫斯、锡罗斯和帕特雷建立了100家蒸汽动力工厂，主要生产消费品，同时也生产少量的原材料。[10]然而，在19世纪90年代初之后，希腊的工业领域出现了更系统的组织，主要集中在采矿、酒精、化学、电力和混凝土行业。正是在这一时期，工业化反映了经济和社会的重新安排，例如城市中心人口迅速增长、大量劳动力供应、低工资、罢工，以及有自我意识的工人阶级。[11]

希腊的工业化是 19 世纪 70 年代提出的现代化计划的一部分，与改革派领导人查利劳斯·特里库皮斯的政府政策有关。在 1875 年至 1895 年期间，特里库皮斯是现代主义党的领导人。[12]在同一时期，科学的进步被视为国家发展财富生产领域和繁荣的一个不可或缺的特征，这将进一步强化国家在巴尔干和近东地区的领土要求。[13]希腊年轻一代的科学家和工程师将进步的概念与科学技术进步联系了起来。他们在国外接受过教育（主要是在德国和法国），并带来了一种以实证主义价值观和实践培训为导向的新科学文化。这一代人为建立专业的科学和工程团体奠定了基础，这些团体在高等院校以及公共领域得到了合法认可。他们依靠这些团体，组织国家的科学技术教育，建立技术学校，传播科技知识、思想和实践。[14]

一些新一代科学家和工程师在成立于 1837 年的雅典大学（University of Athens）任职，并为科学从哲学学院中独立出来以及为学生的实践活动建立实验室而奋斗。[15]他们也在伊夫皮顿军事学院（Evelpidon Military Academy）和理工学院授课。伊夫皮顿军事学院成立于 1828 年，一直到 19 世纪 80 年代，它都依照法国综合理工学院（French École Polytechnique）的模式，专门为国家培养专业工程师，同时，不仅为军队提供人员，还为国家提供合格的行政官员。[16]理工学院于 1837 年在雅典成立，最初是一个"艺术学院"，将技术和艺术学习相结合。起初，学校为那些想成为建筑工匠的人提供基础学习，并提供美术高等教育，这反映出当时的古典美学将美术作为优先发展的领域。在 1863 年之后，按照法国工艺美术学院（French Écoles d'Arts et Métiers）的模式，技术系的课程进行了彻底改革，学校的技术学习才得到了提升，技术系也被升级为一所二级学院，这反映了国家对工业的兴趣开始觉醒。[17]

这所"艺术学院"的科学专业人员负责教授几何学、三角学、静力学、建筑学、建筑原理、力学、物理学、化学、桥梁建设、道路建设、水力学和材料强度等课程。因此，除了军事学院之外，还有这个机构可以为土木工程师提供合适的教育，尽管人们经常对教学质量表示怀疑。[18]1887 年，理工学院转变为一所地位较高的技术科学机构，命名为工业艺术学院，这也证实了国家发展工业的定位。这所学校包括两个系，分别为土木工程师和机械工程师提供高等教育学位。1882 年，特里库皮斯政府决定允许理工学院的毕业生负责公共工程的管理工作，1887 年的改革推动了土木工程师团体的成立，使其成为与该学校密切相关的科学专业团体。对理工学院毕业生的统计表明，在现代化的政治背景下，他们更倾向于选择土木工程方面的职业，因为当时正在进行大型公共工程建设。相反，在当地不发达的工业中，机械工程方面提供的就业机会要少得多。[19]

直到 19 世纪 80 年代末和 90 年代，面向更广泛公众群体的技术教育才开始出现，当时比雷埃夫斯、雅典、帕特雷、沃洛斯等地建立了许多技术学校，这些学校由城市的志愿组织和协会建立，或由私人创办。[20]这些学校提供技术教育，将其与工业、商业和农业领域的职业联系起来。[21]或许，最引人注目的是商业和工业学院（Commercial and Industrial Academy），该学院于 1894 年在比雷埃夫斯成立，后来迁至雅典。它由化学家奥托恩·鲁索普洛斯（Othon Roussopoulos，1855—1922）创办，他毕业于柏林大学（University of Berlin），并曾在雅典大学和军事学院的物理系任教。[22]

工业和农业：公共话语中的共同轨迹

人们在鼓励农业培训的同时，开始就技术和工业教育展开讨论。1871年，通过分配自希腊建国以来一直未开发的国有土地，无地农民获得了或多或少的土地，由此，"农业问题"在一定程度上得到解决。1881 年，色萨利并入希腊，这也意味着富裕地主在色萨利平原上所拥有的大片土地纳入了希腊的领土范围。上述两种情况都引发了一些社会问题，但最主要的问题是如何实施更有效的耕作方法，这需要通过适当的指导才能解决，为此许多农业学校应运而生。[23]

尽管国家优先考虑农业发展，但由于工业和农业之间的关系非常紧密，所以两者的发展轨迹经常被放在一起讨论。农业领域（第一产业）的进步被视为工业领域（第二产业）发展的先决条件。同时，农业生产的工业化（即引入和使用机器代替过时的农具和方法，以及技术创新）被认为是农业增长的必要手段。因此，这两个领域之间不仅为获取更多的资金而相互竞争，同时也相互合作。[24]

农业和工业之间发生联系的一个关键点还在于用来描述其认知状况所使用的术语和概念。希腊语中的"工业"一词是"βιομηχανία"。它来源于希腊化时期的语言，由"βίος"（生命）和"μηχανή"（机器）两个词组成，意思是"获取生活所需的能力"。这个术语在 18 世纪被重新引入希腊语中，相当于法语中的"industrie"（工业）一词，指的是基于原材料转化的经济活动。[25]尽管如此，在 19 世纪 30 年代，"βιομηχανία"一词仍然用于描述任何生产活动，而不仅仅是生产制造。[26]1837 年，国家工业促进委员会的主要目标是增加农业生产，其次是促进工业和贸易。[27]

19 世纪中叶以后，"科学的应用"一词在希腊的公共话语中传播开来，主要表达科学和各种技术在工业和农业中的实际应用。[28]新兴的科学界在其中发挥了重要作用。19 世纪 50 年代和 60 年代，科学像历史、地理和神学等领域一样，被认为是一个"有用的"知识领域，这种有用性主要从道德角度来理解。19 世纪 70 年代，科学被其倡导者描绘成有用的知识，主要是因为其在社会的财富生产领域，即工业和农业中具有多种应用和实践。[29]然而，农业和工业本身往往被视为科学的"应用"。

另一方面，"应用科学"一词尽管没有具体内容，但它从 19 世纪 60 年代就已经进入希腊的公共话语，因为人们经常将它与"科学的应用"相混淆。1866年，雅典大学植物学教授西奥多罗斯·奥尔法尼迪斯（Theodoros Orfanidis，1817—1886）发表了关于科学农业的公开讲座，将其与"应用植物学"联系起来。[30] 1872年，奥尔法尼迪斯出版了一本名为《科学农业》（*Scientific Agriculture*）的期刊，并呼吁希腊和奥斯曼帝国的富人赞助该期刊，因为它对两个气候相同的国家同样"有用"。在这本期刊中，科学农业并没有被视为一门应用科学；它只是一种实际的"应用"，建立在三种特殊的科学之上：植物学、化学和物理学。[31] 然而，在19世纪80年代和90年代，科学农业从科学的"应用"转变为"应用科学"，因为在国外（主要是法国）农业学校学习过的农业学家以专家的身份就各种农业问题发表意见，在教育和科学界的形成方面发挥了积极作用。[32]

在19世纪最后20年里，像欧洲和美国一样，希腊也确立了"应用科学"这个术语。在那一时期，雅典大学、理工学院和商业和工业学院设立了各种教授职位，这些职位涉及特定的学科领域，如"应用物理""应用化学""应用力学"。[33] 与此同时，《普罗米修斯》（*Prometheus*，1890—1892）由雅典大学和理工学院的科学教授和讲师出版，这是第一本科普期刊，自我定位为"纯科学与应用科学"期刊，将科学的这两个基本类别并列，这也成为后来几代人对科学和技术的认知基础。然而，《普罗米修斯》所指的"应用科学"并不仅仅是指技术或工业，还包括农业，这是19世纪末希腊公共话语中的普遍趋势。这就强化了这样一种观点，即"应用科学"、农业和技术之间的关系比通常描述的更为复杂。

人民之友协会：技术教育还是道德教育？

1864年的新宪法使希腊社会发生了重大变化，因为它使结社权合法化。在19世纪的最后三分之一时间里，政治和文化精英（包括大学教授、政治家、学者、科学家、教师、神职人员等）在雅典和希腊其他大城市成立了数十个志愿协会。这些协会代表了（男性）资产阶级社交的新习俗和价值观，并在国家的社会、政治和文化事务中发挥了关键作用，因为它们在国家内部和海外希腊社区（特别是在奥斯曼帝国和欧洲的希腊社区）之间，建立了一个重要的网络。这些强大的志愿协会独立于国家运作或与之并行运作，其目标是全国性的，即为国家一体化做出贡献。[34] 它们的目标和活动也与 19 世纪末希腊的社会和文化方面有关，旨在实现"普遍进步"。它们开设公开讲座和课程，为社会底层的儿童和年轻人创办学校，并组织社会活动、慈善活动和竞赛，从而在首都和全国经济最发达地区的公共领域获得社会声望。[35]

其中一个最重要的志愿协会是人民之友协会，该协会于 1865 年在雅典由政治家和知名学者共同创立。人民之友协会的名字会让人想到 18 世纪末英国的辉格党（Whigs）的人民之友协会和 1830 年在巴黎成立的法国共和主义协会的人民之友社（La Société des Amis du Peuple）。[36] 然而，希腊的人民之友协会与共和主义无关，其名称的选择可能与社会背景中"人民"概念的重要性有关。正如其《章程》所写的那样，希腊人民之友协会的目标是提高工人阶级的物质和道德水平，它经常将"人民"一词与社会底层联系起来。[37] 人民之友协会的目标是合理的，因为到目前为止，包括理工学院、雅典农业学院（Agricultural School of Athens）以及帕特雷和锡罗斯的商业学校（Commercial Gymnasia）等在内的技术学校，均未能提供"特殊教育或技术教育"，也未能提供对人民进行"道德培养"的必要手段。[38] 为了填补这一空白，人民之友协会打算在首都开设课程、建立图书馆并出版书籍，以"传播实用知识"。[39] 该协会的一位创始人在其一篇关于欧洲机构技术教育的文章中表示，人民之友协会试图借鉴英国机械师协会（Mechanics' Institutes of Great Britain）的经验，后者的主要目的是对工人进行技术培训。[40]

人民之友协会对工人阶级的关注也体现在以下事实中：课程安排在晚

上和周日，以便工人能够参加，而且这些课程是免费的，这与其他志愿协会为中产阶级和上层阶级的听众提供付费公开课程不同。此外，根据《章程》规定，课程应以工人能理解的语言进行讲授。[41]尽管工人阶级是这些课程的主要受众，但事实上17岁以上且"穿着得体"的人都可以免费听课。[42]这样一来，人民之友协会的目标群体就扩大了，这一点从历史、化学和伦理学等课程的高出勤率中也可以看出，证明了"工人阶级和雅典人民对协会十分欢迎"。[43]在这一点上，"工人阶级"一词与"人民"一词不同。对于人民之友协会的成员来说，人民可能不具有某些社会特征，况且这是一个"人民"的含义比较模糊的时期，但他们肯定与人民之友协会的精英成员不同。

课程包括物理学、应用化学、应用植物学、实用机械学、建筑学、实用几何学、平面图法、装饰艺术、商法、政治和工业经济，其中大部分课程在1866年内开设。至少在人民之友协会成立后的前五年里，植物学和化学是最受欢迎的课程。用同时代人的话来说，人民之友协会提供了"当今任何工匠都不可或缺的科学知识"。[44]此外，正如行政委员会所说，该协会还为化学课程购买了材料和仪器，以便使教学更加"实用"。[45]科学和技术课程由教授和讲师授课，他们大多来自理工学院和军事学校，少数来自雅典大学。在19世纪70年代，这些来自雅典大学的教授和讲师将注意力集中在竞争对手帕纳索斯文学协会（Literary Society of Parnassos），率先尝试组织形成科学界。[46]教授科学课程的学术人员提高了人民之友协会的声誉，同时他们"通过传播科学"对社会和国家做出贡献。[47]

尽管人民之友协会成立的主要目的是为工人阶级提供技术教育，但其相当一部分课程侧重于对较低社会阶层的道德和民族教化，引入了伦理学、历史学、地理学和卫生学等通识课程。[48]此外，1869年，人民之友协会还出版了一本书，名为《劳动人民手册》（*Handbook of Working People*）或《给劳动者的建议》（*Advice for Labourers*）。[49]这本书是Th. H. 巴罗（Th.

H. Barreau）所著法语书《给工人的建议》（Conseils aux Ouvriers）的译本。[50]该译本根据希腊习俗和工人阶级的特点进行了调整，就工人在工作场所、家庭、教堂、性生活、财务管理和营养方面的行为提供建议。[51]据译者、著名学者尼古拉奥斯·德拉古米斯（Nikolaos Dragoumis）所说：

> 类似的建议在欧洲和美国也得到了有效传播，以启迪这个最庞大阶层的人群。由于工作性质的原因，他们缺少时间和资源，因此，需要对他们进行持续的协调和引导。这就是该《手册》的作用，它手把手地指导没有经验的工人，教导他们如何在这个世界上获得道德和物质方面的幸福，以及应该接受什么、应该避免什么。[52]

关于英国机械师协会的研究表明，科技教育和科学普及不仅是为了实用，而且也被用作实现进一步的社会、政治和意识形态目标以及社会控制的工具。[53]同样，一位希腊的马克思主义历史学家认为，由于人民之友协会成立于一个工业没有蓬勃发展的时期，且该时期也不存在拥有自我意识的工人阶级，因此该协会的成立在两个方面为国家的精英阶层服务：一方面，按照其价值观，对较低社会阶层进行道德教育，保持对他们的社会控制；另一方面，阻止社会主义思想的扩张和新兴劳工运动带来的社会动荡。[54]的确，面向大众读者的期刊《潘多拉》提到，人民之友协会的成员（其中一些也是编辑和撰稿人）应该受到赞扬，"因为他们努力让人理解，并教导、激励每个人以道德的方式生活，热爱工作，尊重国家，遵守法律"。[55]

国家工业促进委员会：农业优先

希腊第一个旨在促进工业发展的机构成立于 1837 年——国家工业促进委员会（CENI），效仿 1801 年成立的法国国家工业促进会（Société d'Encouragement pour l'Industrie Nationale）。[56] 国家工业促进委员会的目标是促进农业生产，鼓励工业和贸易，以及增加国家财富，其成员大多是政治家和学者，他们的任务是寻找并提出实现这个新成立机构目标的方法。

虽然国家工业促进委员会在这个新生的国家成立得很早，但直到 19 世纪 50 年代才开始活跃起来，当时希腊侨民中一位富有的企业家埃万格洛斯·扎帕斯（Evangelos Zappas，1800—1865）对其进行了升级，并将活动重点转向组织希腊产品在本地和国际上展出。[57] 事实上，国家工业促进委员会在 19 世纪 70 年代末开始发挥重要的政治作用，当时其成员数量大大增加，包括许多科学家和工程师。此外，1877 年，《国家工业促进委员会公报》（*Bulletin of the Committee for the Encouragement of National Industry*）创刊，一直持续到 1880 年。该期刊为月刊，共 50 页，由委员会的五位成员出版，其中包括植物学教授西奥多罗斯·奥尔法尼迪斯、在军事学院任教并在矿业公司担任各种重要职务的著名矿物学家工程师安德烈亚斯·科尔德拉斯（Andreas Kordellas，1836—1909）和在财政部工作的矿物学家、物理学家兼帕纳索斯文学协会主席埃马努伊尔·德拉古米斯（Emmanouil Dragoumis，1850—1917）。

这份《公报》的目的是向从事农业、工业和贸易的人员传播有用的知识，并为促进这些领域的发展做出贡献。因此，农业和工业教育是委员会倡议的核心。该《公报》的发布还重点指出希腊在农业和工业方面缺乏教育政策。在谈到工业教育时，《公报》赞扬了西欧国家的一些做法，比如建立专门学校、出版实用手册、发行专门的工业期刊、为工人组织公开讲座以及建立夜校等，这些都有助于工人阶级的技术教育，从而促进工业领域的发展。[58]

在这份《公报》中，工业教育是一个被广泛讨论的问题。埃马努伊尔·德拉古米斯特别建议将工业教育引入雅典大学的学位课程中。根据他的观点，由于自然科学和数学的进步及其在工业领域的"应用"，工业作为一个整体应该被"提升"为科学。德拉古米斯认为，"真正的工业家"是对数学、自然科学和经济科学有确切了解的人，"像其他科学家一样需要大量的科学知识"。德拉古米斯主要将"科学工业家"描述为公司的管理者，他们在希腊特定的国家背景下经营公司。他主张由国家提供适当的科学教育，以便国家工业能找到适合希腊特点的类型。[59]

1877 年，德拉古米斯认为大学是唯一能够承担"工业科学"教学的学术机构。二十年后，雅典大学校长兼化学教授阿纳斯塔西奥斯·克里斯托马诺斯（Anastasios Christomanos，1841—1906）建议，在他任教的理工学院，按照德国模式建立工业高中和专业学校，组织"工业 / 技术"教育。[60]

该《公报》的内容包括会议记录、报告、备忘录、统计研究、新闻、委员会成员参加的国际展览的报告和一个杂文专栏。同时，它还发表原创或翻译的文章和研究。其中许多文章与希腊的农业状况、种植方法和耕作工具以及农业领域的潜力有关，反映了政府农业政策方面的重点。

国家工业促进委员会的目标是向广大读者群体推广《公报》。其成员设想，它"将进入农民的小木屋、工业家的车间和商人的办公室"，他们主张使用含义明确的语言，并提供实用而非理论性的指导。[61]此外，他们还支持在《公报》中加入插图，展示各个实用的农业和工业新工具的形状和结构。[62]然而，《公报》的实际读者群相当有限，因为其文章非常专业，语言也并不简单，与国家工业促进委员会成员的最初设想大相径庭。无论如何，对于住在小木屋里的农民来说，这本期刊似乎都是相当遥不可及的。

在公共话语和政府政策中，农业与工业的紧密关联至少一直持续到了

19 世纪末，这在国家工业促进委员会成员的观点中得到了完美体现。正如西奥多罗斯·奥尔法尼迪斯所说：

> 农业和工业是如此紧密相连、不可分割，后者的进步促进了前者的发展。因为当有人研究那些农业取得进步和发展的地方时，他会发现这些地区的工业皆有较好的发展。这样的地方包括比利时、荷兰、苏格兰、辉煌的莱茵河沿岸、法国以及欧洲和美洲的其他国家。[63]

《希腊工业家》：一本面向"实用科学家"的期刊

19 世纪下半叶，农业、制药和工业等领域的期刊开始出版，它们自称为"科学应用"或"应用科学"期刊。这些期刊出现在 19 世纪 80 年代末科普期刊出现之前，也远早于 19 世纪 90 年代末和 20 世纪初工程师和科学家专业社群的第一批"科学"期刊的出版。[64] 这些期刊由科学界人士在雅典出版，针对特定的专业相关读者群体。出版者并不以赢利为目的；相反，他们的举措隶属于传播有用知识的总体项目，不是面向广大公众，而是针对特定的受众，这些受众是"需要"技术指导和信息的人群。这些期刊将希腊的科学进步与知识提升联系起来，将科学的有用性及其在财富生产领域的应用与国家的民族和经济进步联系起来，成为国家利益的捍卫者。

在所有应用科学期刊中，只有一份专门针对工业的期刊，即《希腊工业家》。该期刊在很多方面都独具特色。1882 年，《希腊工业家》由一位独立的机械工程师斯塔莫斯·卡格卡迪斯（Stamos Kagkadis）出版，每两周一次。他的办公室位于锡罗斯岛的埃尔穆波利斯。锡罗斯岛曾是地中海的一个重要国际贸易中心，也是一个以工业为主的地区。《希腊工业家》作为一本指导性的期刊，面向工业领域的众多专业群体，包括工匠、工厂主、工程师、机械师、冶金师、制革师、面点师、建筑师、造船师和染色师，他们都被称为"实用科学家"。

卡格卡迪斯的明确目标是向与工业密切相关的专业读者群提供各种技术和实用知识及建议。正如《希腊工业家》中所述，其目的是讨论希腊"所有工业学科逐步发展的方式"，并定期监测"希腊工业家的知识进步"情况。[65]基于这一目的，卡格卡迪斯请求全世界的希腊工业家为他的期刊提供智力支持，同时他愿意将该期刊免费提供给"贫穷的工业家"，因为他们是"进步之友"。[66]

卡格卡迪斯不久后离开了锡罗斯岛，搬到了希腊新兴的工业中心比雷埃夫斯，在那里他开设了一个工程建筑办公室和一个发动机和机器的"国际仓库"。该仓库的功能是展示进口的外国机器，并成为世界各地工业产品专业工厂的总代理。[67]卡格卡迪斯负责各种机器和工业产品的销售、建造和订购，公布建立工厂、房屋和机械工程的设计，以及分配各类机器。[68]《希腊工业家》这本期刊现在在比雷埃夫斯出版，定期发布上述活动内容，因此，有助于宣传卡格卡迪斯作为合同/咨询工程师的工作。

《希腊工业家》涵盖了各类工业领域的主题：蒸汽机、火车头、蒸汽锅炉和各种机器的结构和功能，不同行业的新技术和方法，冶金、造船和航运、工业化学、制革、面包制作和染色，以及科学理论和实用建议等。杂文专栏包括来自希腊和外国媒体的各种文章，涉及电力、地质、冶金、卫生、商业、承包商、考古，以及关于工业、制造业和技术工程状况的新闻、报告和统计数据。[69]该期刊几乎没有关于农业的文章，但有许多与农业机械相关的插图广告，如脱粒机和面粉生产设备。各期期刊还包括描绘机器、其部件和功能的版画，以及卡格卡迪斯代理的公司产品插图广告。此外，它们还包括工业领域和各种工业服务的招聘启事，如招聘司炉工、机械师、工程师等。

《希腊工业家》定期开设题为"司炉工和发动机管理员学校"和"工程师和机械师学校"的专栏。这些专栏通常由匿名作者撰写，也许是从外国新闻媒体翻译过来的内容，提供各种相关主题的指导。通常的指导"方法"是展示出简短的问题和答案，以便针对司炉工和发动机管理员进行"快速有效的教育"。这也是普通读者期刊传播科学和技术知识的一种常见做法。以下是一个典型例子："如何才能获得用于驱动蒸汽机的蒸汽？——通过在一个密封的容器中加热一定量的水，这个容器被称为（蒸汽）锅炉。"[70]

《希腊工业家》具有明显的实践性特征，科学只在与工业和技术应用相关时才会成为其内容的一部分。化学的作用被高度提升，因为期刊中描述了许多化学与工业相关的例子。一篇文章对这种相关性做了如下探讨：各种技艺和工业的目标是使原材料变得有用并能够满足人类的需要；技艺和工业依赖于机械和化学；科学的进步给工业带来了许多改进。[71]"技艺"和"工业"对科学的从属地位以及后者的优越认知地位是显而易见的。

总而言之，《希腊工业家》的主要使命是技术教育，同时它也致力于传播"纯洁"和"进步"的科技知识。但这并不意味着该期刊没有提供技术知识。事实上，它确实致力于为工业领域的专业人士提供技术指导，满足后续技术期刊无法完全满足的受众需求，因为这些后来的技术期刊代表的是土木工程师的科学界。然而，关于技术教育的论述也为其编者（卡格卡迪斯）服务，通过将其作为一个广告平台，以实现他在专业活动方面的个人追求和利益。

本章小结

19世纪60年代至80年代，即希腊工业基础形成之时，不同的社会和专业团体从不同的角度和利益出发，要求提供有助于推动希腊工业领域发展的技术教育。由于政府没有出台关于技术教育的政策，针对这一事项的举措似乎是零散且不完整的。

首先，在社会和文化压力下，技术教育的问题主要是由人民之友协会提出并解决。这个协会不仅重视新兴工人阶级的技术教育，也关注他们的道德和民族教化以及社会控制。然而，这并不是个例，19 世纪上半叶英国机械师协会的社会功能就证明了这一点，它被视作人民之友协会的一个榜样。这两个协会的区别在于课程中科学和其他认知领域之间的平衡。尽管所有英国机械师协会的课程都非常重视自然科学和实验科学，[72]但在 19 世纪 60 年代末的希腊的政治环境下，以社会利益的名义，更侧重于道德和历史教育而非科学和技术教育。此外，通过进步的概念将科学应用与社会紧密联系起来的关键话语，并未像 20 年后那样主导希腊的公共话语。

其次，在 19 世纪 70 年代末，当工业化的第一阶段已经实现时，国家工业促进委员会宣布要进行技术教育以促进工业发展，然而其主要举措却是鼓励农业发展，这表明在这个以农业为主而对工业前景持保守态度的国家，农业被赋予了优先地位。此外，尽管少数科学家和工程师提出了工业教育的问题，但 19 世纪 70 年代初，解决"农业问题"需要通过加强农业教育的组织和推广来支持，这对该委员会来说是更容易实现。正如法国各省的例子所示，在 19 世纪 70 年代，重点仍然要理所当然地放在农业教育而不是工业教育上。[73]

再次，直到 1882 年，《希腊工业家》仍是唯一一本专注于推广技术和工业教育的期刊，目标读者是制造业的各种专业群体，他们可以在工作场所利用这些知识。但是，《希腊工业家》虽然顺应了现代化的政治环境，但仍然是一个人的事业，没有得到国家、私营部门的支持。最重要的是，该期刊没有得到当地科学界的支持，他们本可以将其作为一份科学或应用科学期刊得到认证。其中一个原因是，它属于一类特殊的期刊，具有双重目的：传播有关制造业和机械工程的新技术和新进展的信息，以及为其编者的商业和咨询活动进行宣传，即为编者的私人利益服务。意大利在 1871 年到 1877 年间出版的《工业家》（*L'Industriale*）就是如此。[74] 此外，《希腊工业家》与当地科学环境的"隔离"也可能归因于希腊缺乏"低端"科学文化传统。19 世纪 20 年代和 30 年代，这种传统在英国和法国催生了大众科普期刊，主要面向工人阶级，尤其是机械师。[75] 它们的后继者是像 1865 年到 1926 年出版的《英国工匠》（*English Mechanic*）这样的期刊，既面向制造业工人，也面向中产阶级读者，通过融合科学普及和技术教育，吸引了科学界成员的兴趣。[76]

在 19 世纪末，关于技术教育的公共话语是探索科学与技术之间关系的一个重要领域。正如许多科学和技术史学家所观察到的那样，那个时期的科学已经形成了学科，并通过关于其"应用"或"应用性"特征的言论在社会上取得合法地位，而技术知识则完全依靠其倡导者在各种社会和文化背景下所使用的类似言论来获得其科学地位。[77] 从 1864 年到 1887 年，希腊公共话语中"纯科学"和"应用科学"之间的区别尚未明晰，与技术有关的问题主要由科学界用"科学应用"一词来表达。此外，"应用科学"既适用于工业也适用于农业。这就是为什么我们不应该将工业技术视为"应用科学"合理衍生物的另一个原因。

"应用科学"这一术语在学术界和公共话语中确立之前，工业的认知地位也是模糊的。19 世纪 70 年代末，一些（诚然很少）科学家和工程师在德国接受过培训，熟悉通过科学专业知识组织工业领域的活动。他们认为，工业可能成为一门潜在的科学学科，在高等教育中占有一席之地。但是，在这十年间，科学的概念本身也仍在探讨之中。若干年后，从事工业业务的工人反而会被称为"科学家"，尽管是"实践型"科学家。这样一来，他们似乎与"纯"科学家并驾齐驱，实则却被"纯"科学家超越。在知识和文化层面上，工业比科学落后一步。因此，"纯科学"和"应用科学"的区分不仅导致了技术受科学支配，而且还促成了科学本身的认知和文化界限，这一观点似乎相当有说服力。

第六章
希腊科学工程社群的形成

现代性的研究方法强调了这样一个事实，即现代性在不同的国家、政治和社会环境下具有不同含义。本章所讨论的时期是各种现代性愿景在国际上被建构和争论的时期。[1]

在这个背景下，有关近现代希腊史的研究强调了 19 世纪末期地理和意识形态－政治一体化的共同构建过程，其基础是一种关于遥远的古希腊辉煌历史的叙述，这种叙述被用来支持和服务希腊这个坐落于亚欧大陆上的国家关于未来荣光复兴的愿景。20 世纪 10 年代，在现代巴尔干民族国家取代奥斯曼帝国后较长时间内，这种民族主义论述促使现代希腊民族国家参与到一系列战争中，这些战争使其领土扩大了一倍。[2] 关于希腊工程师的论述，现有的历史学假设与欧洲战间期关于反动现代主义（reactionary modernism）的标准叙述相一致。在希腊的案例中，反动现代主义实际上与丰富的民族主义相互作用，这是一种民族主义法西斯主义意识形态（nationalist-fascist ideology），指的是古希腊理性和当时主流技术官僚意识形态的结合。[3] 同样，对大型希腊技术项目（如水坝等）的研究也被视为一种实现国家西化或现代化所做的努力。[4] 在这种叙述中，抛开某些特殊性不谈，20 世纪 30 年代的希腊或许能很好地融入更大的欧洲图景。

从技术的社会和文化史的角度来看，工程机构和技术的形成既不是自动的，也不是线性的。[5] 研究专业科学技术社群的建立，以及研究专家们关于"一种技术主导另一种技术"的辩论和争议，已经表明不同的文化、教育、意识形态和其他社会要素都在这一形成过程中发回了中介和调控的作用。[6] 本章重点关注希腊工程师专业社群及其机构（包括第一批工程期刊在内）的构建，工程师之间的技术争论，以及 19 世纪最后几十年和 20 世纪初希腊工程专业知识和技术思想及文化的同时形成。本章回顾了其中的连续性和不连续性，从而使希腊案例能够达到融入长篇叙述的标准。

为了理解希腊战间期历史上的这一高潮时期，人们应该通过重点关注具有代表性的案例研究，来聚焦希腊工程师社群形成的初期，这些案例研究涉及 19 世纪末希腊工程师科学界机构的形成。其中至关重要的是关于近现代希腊的两个大型标志性城市技术项目的争论：一是解决雅典的供水问题（1887 年，1899 年）；二是扩大比雷埃夫斯港吞吐量（1899—1912）。这两个项目的关键人物是伊莱亚斯·J. 安哲罗普洛斯（Elias J. Angelopoulos），他是著名的土木工程师，曾在法国国立路桥学校接受培训。

这种研究方法表明：强烈的民族主义，作为一种战间期意识形态，在当时的希腊被描述为反动的现代主义，这一方面是科学与工程社群共同建构的动态过程的结果，另一方面是由于 19 世纪末实施或计划的大型技术项目。在此基础上，现代主义在希腊出现的时间要早得多，不仅显著地体现在国家意识形态、工程机构、期刊和文本中，还体现在希腊人居住的物质世界中。19 世纪末期的技术项目被视为近现代技术和古希腊历史的体现。它们是本土版现代主义的物质表现，对此进行研究可以显著增加人们对西方现代性的理解。

希腊技术协会成立之前：希腊科学工程概述

19世纪的最后25年是专业社群构建过程的巅峰时期，这一时期贸易和工业得以发展，新的工业、专业部门和机构成立，新的职业阶层形成，城市民族国家的立法发生变化。诸多社群在国际上致力于重新定义旧的机构或建立新的机构，其中工程师社群就是如此。这些社群的主要目标是开发与国家对话和保护其行业需求的新方式。专业工程师通过被认可为科学教育和培训的专家，以及努力整合其他职业社群（但并不仅限于此），来提升他们的社会地位，从而发展他们的机构和管辖范围。[7]同时，共同塑造工程专业知识和文化的意识形态因素已成为现代主义的"最佳"渠道。[8]

1870年到1908年间，资本在希腊的主导地位进一步稳定。随后的几年，直到1925年，希腊过渡到了相对剩余价值的资本主义。[9]这也是一个漫长的过渡时期，希腊工程师的职业化在这一时期（20世纪20年代）达到顶峰。希腊的工程师们在国际和希腊经济发展或衰退的变革中进行了调整和适应。19世纪末期和1910年后，两任自由派政府，即查利劳斯·特里库皮斯政府和埃莱夫塞里奥斯·韦尼泽洛斯政府，先后实施了一系列城市现代化改革。这些改革与希腊在奥斯曼帝国瓦解时期的地缘政治规划相一致，成了推动民族国家一体化和扩张的政治项目。这个时期的历史特点包括：漫长的战争准备（1895—1896，1900—1911）和战争行动（1897，1912—1922），金融领域的变革，以及大规模的外部贷款，以期促使希腊从农业经济转型为工业经济。[10]

在同一时期，希腊工程师试图建立专业社团和协会。通过出版期刊、深入参与公共领域，他们中的一些人创建了希腊社会中的第一个技术社群，并逐渐通过技术争论、行业战略和联盟，逐渐促进了这些机构基础设施的形成。他们的最终目标是通过政府机构和部门的人员配备来制定国家技术项目政策。同时，他们在更广泛的劳动领域传播他们的专业知识，这些领域此前一直由其他专业群体管控。在 20 世纪前 30 年间，希腊理工协会（Greek Polytechnic Association，成立于 1898 年）是确定上述基本原则的主要社群。该协会成立后不久，其他工程专业联盟和协会也相继成立，这些机构要么是因为行业差异而成立，要么是为了迎合不同的科学目标而设立，其中包括 1906 年成立的梅索维恩理工学院工程师协会（Association of Engineers of Metsovion Polytechnic School）、1908 年成立的承包商协会（Association of Contractors）、1916 年成立的科学家俱乐部（Club of Scientists）、1918 年成立的高级技术官员联合会（Union of Senior Technical Officers）、1920 年成立的希腊工程师协会（Association of Greek Engineers）和 1920 年成立的希腊科学家和工程师总工会（General Union of Hellenic Scientists Engineers）。其中一些机构成立后能够独立运行，而其他机构则未能长期站稳脚跟，大多数于 1923 年并入希腊技术协会（Technical Chamber of Greece）。

希腊工程师不仅参与了国家的科技组织，而且还参与了国家的政治、经济和文化改革。工程师们在对国家和城市的未来进行技术预测时常常提到效率，这滋养了战间期盛行的技术官僚思想和对技术劳动的"合理化"追求。[11]

希腊科学家和工程师在公共领域的社会地位和专业身份在一系列争议中逐渐成形。他们所接受过的科学训练赋予了他们特定的庄严性。他们在国外或希腊的理工学院接受的培训以及他们的专业化类型，可能由他们专业的类型和内容（如土木工程师、化学工程师或建筑师等）决定，或由他们在各种专业领域的成功职业生涯决定。然而，这种庄严性主要体现在他们赋予正式隶属的每个集体／私人或国家机构的特性上。[12]

1878 年是国家部门设立和招聘的里程碑，因为在这一年成立了公共工程部和土木工程兵团，取代了军事工程兵团。此前，军事工程兵团一直是技术项目和服务的主要控制机构和管理者。从这些军事兵团发展而来的国家工程师逐渐开始获得民用工程有关的职业技能。[13] 这些机构变革和特里库皮斯政府（1880，1882—1885，1886—1890）与国外（主要是法国）的联系同步发生，目的在于引入专业知识并利用外国工程师的专业经验，这些经验在欧洲、奥斯曼帝国和地中海地区的技术工程中已得到成功验证。在 1880 年至 1882 年间，一支小型的法国工程师代表团来到希腊，他们在监督公共工程部门工作的同时，与希腊的工程师和技术人员合作，并充分利用了他们的力量，这在将法国的教育和文化传播给希腊工程师方面起到了重要作用。在这一时期，工程师们精心设计了许多重大公共工程项目，如雅典和比雷埃夫斯的供水工程，城市中心的街道照明工程，城市和区域的铁路网络工程以及港口的建设工程。前一时期开始的技术建设工程在 19 世纪最后十年中完成，如 1893 年的科林斯运河工程，还有公路工程和其他一些重大项目的延续，例如铁路基础设施建设（1880—1912）、科派斯湖（Lake Copais）的填湖工程（1880—1930）。[14]

从 19 世纪后期开始，希腊工程师在技术工程的监督以及国家和市政服务的等级制度中越来越占据主导地位。他们还与法国同事展开了辩论。希腊工程师的地位越趋重要的一个关键因素是 1887 年"工业学校"更名为"工业技术学校"，并根据法国工业技术学校（French Écoles des Artes Industrielles）的标准修改了课程设置。工业技术学校的目标是培养"技术科学人才"，这些人才能够在即将到来的现代化改革中，充实国家技术和行政机构的岗位。在此之前，这所学校的规划中存在着不同且相互冲突的学生培养定位，这是因为军事工程师的训练精神，以及艺术文化精神和新古典主义理想自该校成立之初（1836—1837）就已融入其中。[15]

第二个重要因素是，一些资产阶级家庭（主要是商人或地主）引导他们的后代在法国国立路桥学校等高级理工学院学习工程学，并于 19 世纪末在德国慕尼黑、德累斯顿、卡尔斯鲁厄、柏林，以及主要是苏黎世等地的高等技术学院学习，这被称为"苏黎世圈"（circle of Zurich）。他们回国后担任技术科学家，在希腊社会和经济中占据重要地位。[16]他们中的一些人将自己的家族资本用于创办、参与或代表工业和技术公司，而另一些人则开始作为技术专家在各种工作场所开展活动。有些人致力于学术教学，有些人在公共工程部和各个市政和港口服务部门工作，还有一些人则负责小型和大型技术项目的研究或作为公司技术顾问参与其中。大多数人在其职业生涯中都经历过上述职位。这些工程师开始借助自身专业知识所带来的优势为自己创造价值。[17]

他们利用这些专业知识，既建造了大型土木工程，也保留了希腊工业的老部门，如纺织业，同时还加强了希腊的新兴工业部门，即电力、化工、造纸、烟草和水泥等。科学家和工程师开始积极融入新时代的专业环境，他们担任重要的职位，如作为公共事业服务的国有/公共和大多数私营技术公司的工程师和顾问，外国工程公司的商业代理，以及金融公司和银行的顾问。[18]与此同时，他们开始与当时其他占据重要地位的群体（如法学）展开辩论，努力使自己的专业知识在新的专业环境中合法化。[19]

在第一次世界大战爆发之初，成立交通运输部的决定给公共工程带来了新的推动力，同时它也与 1910 年以来为重组公共服务而进行的变革有关。这个新成立的机构体现了国家政策的技术导向，符合"社会工程"和劳动"合理化"的标准，也符合国际上占主导地位的技术官僚主义（technocracy）思想的标准。此外，在同一时期（1914—1917），雅典国立技术大学的土木工程、机械和电气工程、建筑工程、化学工程和测量工程等院系设立并升级，其毕业生进入国家机构，从而充实并加强了国家机构的人员配置，也加强了公共工程的监督和实施。[20]

然而，希腊从 1918 年起才开始建设大规模的工程项目，这些项目主要是在新并入的马其顿地区，例如塞萨洛尼基（Thessaloniki）；1924 年后，得益于国际公司的资金援助，马拉松（Marathon）大坝等大型技术基础设施的建设条件开始发生变化。[21] 1923 年 11 月新成立的希腊技术协会也发挥了推动作用。根据其章程，该协会的目的是推动国内的技术创新，与其他有资质的官方机构合作，就任何技术问题提出建议并进行研究，为国家在技术合同编制方面的技术问题提供咨询，以及组织技术教育等。从那时起，该技术协会就成了希腊政府的官方技术顾问。[22]

在希腊技术协会成立之初的很长一段时间里，希腊工程师所面临的问题，以及他们通过技术辩论所形成的社群的问题，一方面与他们在引导希腊社会适应国际上发生的重大科学技术变革有关，另一方面与国内问题有关，这些问题要么是长期存在的，要么是由新地理区域的整合以及吸纳新人口（城市中心的国内移民和难民）所导致的。[23] 除上述问题外，还出现了一些实际问题，这些问题与从军事治理到国家治理的转变有关。更具体地说，这些问题与"平稳"或"被迫"适应在希腊所征服的地理区域内存在并活跃的专业机构、工会、企业和行业以及这些区域技术管理议程的相应变化有关。[24]

随着新的地理区域不断并入，城市中心人口和劳动力激增，由此产生的困难决定了工程师在解决技术问题上的提案和研究内容，以便为技术问题找到关键的"解决方案"。关于工程的辩论主要涉及以下内容：供水和卫生设施、土地复垦项目、电气化项目、城市中心和港口地区基础设施与铁路的技术连接、城市规划和大型建筑的建设、工业开发和自然资源的利用、改进旧的和发展新的工业类型（如化学工业），以及增加农业生产和机械化。[25] 20 世纪 30 年代，在技术协会的保护下，希腊工程师成为一个统一的、占据主导地位的社会职业类别。他们正在选择的特定技术变量，不仅将决定国家政策，而且决定了在第二次世界大战之前希腊意识形态的转向。

希腊技术协会成立初期的工程师期刊及其社群

近期技术史研究强调了工程期刊和技术期刊的关键作用，它们是在世界范围内形成工程社群的一种惯用方式。[26] 就希腊而言，自 19 世纪末以来，这类期刊的创立就显得至关重要。希腊工程社群的专业度因这类期刊的存在而得到肯定，特别是利用这类刊物就相关技术问题进行讨论，并在技术风险方面达成共识。本节将研究自 19 世纪末到希腊技术协会成立的头几年间（也就是战间期）出版的工程师期刊，因为它们与科学 – 专业协会以及技术争议一起，是希腊工程师社群的重要组成部分。这些期刊构成了希腊工程师社群共同建设的第二支柱。[27]

《机械评论》(1887—1888)

第一份工程期刊是《机械评论》(*Mechanical Review*)，由在法国受训的土木工程师伊莱亚斯·J. 安哲罗普洛斯于 1887 年到 1888 年间出版。1886 年，安哲罗普洛斯从巴黎回到希腊，主动发起出版了一份工程期刊，汇集了在公共服务、公共工程，以及希腊学术界工作并在科学上有联系的希腊和外国工程师。安哲罗普洛斯试图在期刊中涵盖希腊工程师必须处理的主要技术及工程问题。

《机械评论》只能通过订阅获得，除希腊外，还在巴黎和比利时保持着订阅者网络。在《机械评论》中，安哲罗普洛斯提出了在公共项目中优先考虑和划分主要、次要工程的方法，为国家和私人工程师以及建筑工头和工匠的合作和专业化创造了沟通方式。[28] 他试图建立一个高效的等级系统，该系统根据法国公共工程和技术服务中相应专业人员的工作方式"科学地"运作。[29] 该期刊包括以下内容：①关于工程师在公共工程项目中面临的各种技术问题的文章；②在欧洲国家生效的法律和法令；③关于在希腊进行的项目的报告；④即将举行的技术项目拍卖；⑤来自国外的科学新闻；⑥关于理论力学与应用力学的新书发布。其他文章则是关于雅典建筑的未来，道路建设、港口工程和港口项目，以及通过铁路系统连接城市中心的研究。还有许多文章讨论了希腊"科学工程"的专业整合以及学术、国家和工业工程之间的网络发展。[30]同时，安哲罗普洛斯还关注工程师的继续教育问题。他经常发表关于技术论文的评论、关于翻译或原版技术手册的公告以及其他国家实施大型技术项目的特别介绍。

　　《机械评论》是第一种系统介绍雅典和比雷埃夫斯供水研究的出版物，也是报道希腊境内正在进行或即将进行的卫生和净化工程的出版物。1887年的最后一期专门用来介绍安哲罗普洛斯对雅典供水项目所做的广泛研究。在这项研究中，他首次表达了自己的愿景，即通过解决供水问题，将古代雅典的"光辉历史"与现代城市联系起来。通过《机械评论》期刊，安哲罗普洛斯推广了一种方法模型，并认为工程师在对国家的关键问题（如供水）进行技术研究时应采用这种方法模型。他宣称，该期刊的目的是"突出最具有经济效益和科学凝聚力的建议"。[31]此外，他还在该期刊上发表了他与巴黎国立路桥学校的"睿智教授"、巴黎卫生工程主任阿尔弗雷德·杜兰德·克莱耶（Alfred Durand-Claye，1841—1888）的私人通信。[32]到1888年年底，由于没有工程机构的支持，该期刊已无法继续维持，安哲罗普洛斯停止了该期刊的出版。

《阿基米德》（1899—1925）

　　第二种工程期刊《阿基米德》（*Archimedes*）于1899年至1925年间由希腊第一个科学工程社群"希腊理工协会"出版。到1899年，由于希腊经济、社会和技术环境的转变，工程期刊的出版已经与1887年伊莱亚斯·J.安哲罗普洛斯独自创办《机械评论》时的做法大不相同。这种转变当然与一些技术项目的发展、国外投资和资本的引入，以及技术、科学和工程教育机构（如雅典大学和雅典国立技术大学）和其他专业机构的改革有关。
希腊理工协会成立于 1898 年 3 月，是由国外理工学院和技术大学的毕业生
以及希腊理工学院的教授和讲师们倡议成立的。创始人主要包括来自不同
教育和科学专业的工程师，如 A. 科尔德拉斯、E. 安哲罗普洛斯、F. 内格里
斯（F. Negris）、P. 佩特罗帕帕达基斯（P. Petropapadakis）、K. 维利尼
斯（K. Velinis）、L. 伊科诺米德斯（L. Economides）、N. 特里安塔弗利德
斯（N. Triantafyllides）、I. 伊西格尼斯（I. Isigonis），以及 C. 斯特凡诺斯
（C. Stefanos）等物理科学家。在成立之初，该协会有 72 名成员，到 1899
年年底达到 114 名。[33]

　　该协会成立的主要目的是成为社群成员之间的调解人，促进他们团结
互助，并按照国外相关社群的标准，用批判性的眼光审视他们的科学和技
术工作。该协会创始人的目标一方面是推动应用科学的发展，另一方面是
强调教育和工业的重要性和价值。出版像《阿基米德》这样的工程期刊是
该协会的一个优先事项。[34]

　　1899 年,《阿基米德》第一期出版，希腊理工协会选择了伊莱亚斯·J.
安哲罗普洛斯担任期刊主任和编辑。安哲罗普洛斯对这本期刊的愿景与十
年前相同。《阿基米德》被视为重大工程争论的"竞技场"，并在很长一段
时间内被确立为希腊工程师进行讨论的论坛，对希腊关键技术项目做出了
重要贡献。从协会成立以来，该期刊的主题与协会的科学和社会活动共同
发展，同时它构建了影响希腊工程师文化的科学和意识形态模式。

　　《阿基米德》的作者主要是希腊理工协会的成员，他们在公共和私营
建筑部门担任重要职务，或者是在希腊和国外各学科颇具影响力的科学家。
该期刊将技术大学和协会作为国家引入现代性的"担保机构"来宣传，同
时促进综合性大学和技术大学之间的制度平等化。一些教授将《阿基米德》
视为在希腊工程社群和整个社会实现科学知识合法化的特权论坛之一。他
们发表了大量关于工程师计算的原创文章和教育研究，从学术和理论的角

度去探讨技术问题。该期刊还举办讲座，对希腊和国际科学文献进行评论，发布会议公告以及技术界杰出成员的讣告。《阿基米德》主持了多种技术辩论，辩论主题广泛，如国家首都的城市发展计划等。最关键的一个就是从1899年到1925年长达26年的关于雅典和比雷埃夫斯供水项目的辩论，这也是希腊理工协会成立的基础。[35]

《阿基米德》的主题根据协会的科学和社会活动以及整体工程文化来选择，例如在雅典和比雷埃夫斯的新建工业区进行"科学实地考察"，目的是对工程师进行科学教育，但更主要的是推动他们的专业网络建设。工程师们不仅撰写文章对来自国外的发明和最有趣的专利进行评述，还就这些发明如何与希腊经济相联系以及如何保障其法律地位提出了建议。[36]

1913年，著名的工业工程师安吉洛斯·斯金佐普洛斯（Angelos Skintzopoulos）担任了《阿基米德》的编辑。他将期刊的内容定位于当时的主流政治和经济问题，如军事工业、国家财富生产资源的工业利用，以及化学和电气等工业在国内外的发展。此外，斯金佐普洛斯确定了希腊工程社群在制定希腊民族国家现代化的科学、经济和工业政策方面的主导地位和干预角色。1925年，《阿基米德》在连续出版26年后停刊。同年，为了实现大规模的国家现代化计划，希腊工程师和技术科学家社群进行了机构建设，创建了一个新的协会，即希腊技术协会。[37]

《理工评论》（1908—1918）

《理工评论》（*Polytechnic Review*）是由梅索维恩理工学院工程师协会于1908—1918年出版。该协会反对希腊理工协会对那些可能挑战工程学术培训主导地位的成员持相对开放的态度。其主席是土木工程师康斯坦丁诺斯·维利尼斯（Konstantinos Velinis），出版总监是土木工程师乔治·苏里斯（George Soulis）。[38]

《理工评论》的主要撰稿人是土木、机械、化学工程师和建筑师。他们中的许多人也继续在《阿基米德》上发表他们的研究。这本期刊发表当时主要技术项目的最新报告、关于比雷埃夫斯港口工程的研究、关于在建筑工程中使用现代钢筋混凝土技术的论文，以及城市中心主要水利工程的报告等。这些文章允满了对各种技术理论的解释，并包含大量的函数和计算。在期刊的形式上，其独创性在于使用了大量彩色的项目技术图纸，以及许多在建筑和工业生产现场拍摄的令人印象深刻的照片，这使文章的呈现具有特别的吸引力。[39]

《理工评论》发表的研究报告，结合了作者在特殊技术问题上的理论知识和经验，并反映了他们自己作为学术教师和专业工程师的观点。在这种情况下，技术大学理论教学中使用的计算工具在期刊中得到了介绍。此外，该期刊还经常发表一些文章和新闻，以加强协会成员和技术大学之间的联系。协会创始成员、政治地位最高的 D. 迪亚曼提迪斯（D. Diamantidis）被任命为交通部部长。《理工评论》对此进行了报道，在报道中使用了迪亚曼提迪斯的几张照片，并配有对希腊技术界未来充满乐观情绪的文字。据该期刊报道，任命迪亚曼提迪斯的决定是在 1912 年做出的，但由于巴尔干战争，这项任命实际始于 1914 年。直到 1918 年《理工评论》停刊之前，该期刊一直在宣传迪亚曼提迪斯担任部长期间的工作，以及技术大学教授们在机构组织改革方面的行动。尽管期刊于 1918 年突然停刊，但该协会仍在继续开展活动。[40]

希腊技术协会成立

1923 年 11 月，希腊技术协会成立，并在 1925 年至 1927 年期间开始运作。该技术协会是战间期最优秀的社团主义技术机构。它已成为希腊工程专业的独特代表，直到今天仍然是国家的技术咨询机构。[41]其首任主席是当时已退休的伊莱亚斯·J. 安哲罗普洛斯。选择将这一职位授予安哲罗普洛斯对这个新机构来说具有深刻的象征意义，因为他是一位能够将希腊理工协会的文化注入希腊技术协会的人物——希腊理工协会是上个历史时代的一个成熟社群，为不同的需求提供服务，而希腊技术协会则是一个在不同背景下建立的、有前途的新兴机构。[42]

　　1925年，《阿基米德》停刊后，在一位化学工程师克利斯提尼·费拉列托斯（Clisthenes Filaretos）倡议下，出版了关于工业、交通运输和技术工程的带插图的半月刊，名为《工程》（*Erpa*），该期刊后来成为希腊技术协会的出版物。费拉列托斯强调了化学、电气和水泥工业的发展，以及希腊的金融环境与技术协会的关系。[43]

　　《工程》在每期的开头都配有插图，并包括4~5篇主要文章，介绍工程师和实业家对于在希腊国内外实施的项目的观点和研究成果。作为一名化学家，费拉列托斯特别关注化学家社群，以及化工业的发展。同时，他对电力和电气工业也表现出极大的兴趣。其他重要的工业部门，如混凝土工业，则通过具体的参考资料或重要工程师的介绍来展示，这些工程师在技术项目中使用了希腊混凝土和钢筋混凝土。在每期的主要社论末尾，费拉列托斯都有一个专栏，用来提供信息、新闻、工业和技术公司的公告、生产部门的发展新闻以及《工程》在希腊国内外的订阅者的文章。[44]

　　该期刊的主题各不相同，取决于工程师和特定行业在每个时期所处理的问题以及对这些问题的公开讨论。《工程》的目的是讨论科学管理技术劳动力、技术教育以及在工业和工程中引入创新等问题。中等和初级技术学校的建立，为发展中的希腊工业培训了技术人员和工匠，同时将国外发展的创新和新技术与希腊的情况进行比较，寻找将国际技术经验应用于希腊的方法。工程师们的辩论方式也与以往有所不同。工程师/订阅者的来信发表成了争论的主要"竞技场"。

　　正如关于供水网络的辩论促成了希腊理工协会和《阿基米德》期刊的创立一样，关于希腊电网选择交流电还是直流电的辩论形成了希腊技术协会和《工程》期刊最初几年的辩论主题。在有关辩论的报道中，呈现了

来自国外的几位工程师和电学家的观点。这场辩论从 1928 年一直持续到
1932 年期刊停刊,当时费拉列托斯和希腊技术协会就期刊的方向发生了冲
突。[45]技术协会决定与费拉列托斯的出版公司断绝关系,并在 1932 年推
出了《技术纪事》(*Technical Chronicles*)期刊。直到现在,《技术纪事》仍
是希腊的主要技术和工程参考期刊。[46]

借鉴古代:希腊技术现代性的构建

雅典供水系统案例(1887—1900)

在 19 世纪末期,希腊工程师在城市供水系统方面的争论似乎决定了
他们的专业科学机构(如社群、期刊等)以及国家城市技术网络的形成。
1930 年,当马拉松大坝竣工时,雅典市与 1880 年首次提出供水工程建议
时相比,发生了巨大变化。在这 50 年里,城市技术网络正在塑造一个吸
引越来越多市民的首都。工程师们的技术选择、建议和项目改变了这些网
络和这座城市。与此同时,在这个漫长的时期内,关于这些网络形式的争
论也为雅典和比雷埃夫斯未来的人口增长奠定了基础。19 世纪 70 年代中
期,关于在现有供水系统中增加供水量的技术提案开始时进展缓慢,但到
19 世纪 80 年代后期,随着特里库皮斯寻求"永久"解决方案的政治意愿
增强,这一提案得到了加强。雅典和比雷埃夫斯这两个城市的两次严重干
旱(1888—1889 和 1898—1899),凸显了供水问题的紧迫性。[47]

从 1887 年到 1888 年,土木工程师伊莱亚斯·安哲罗普洛斯曾试图
通过《机械评论》来说服希腊工程师们相信引水工程的益处,即通过一
条长长的输水渠,从位于伯罗奔尼撒半岛北部的斯蒂姆法利亚湖(Lake
Stymfalia)取水,并把水引入城市。对于这个特定时期而言,这是一个相
当乌托邦的建议。在论证斯蒂姆法利亚湖的永久解决方案的同时,安哲罗

普洛斯还主张同时保留罗马哈德良引水渠（Roman Hadrian Aqueduct），作为城市供水问题的临时解决方案。从 19 世纪 70 年代中期开始，一些著名的工程师，如希腊采矿工程师安德烈亚斯·科尔德拉斯和法国驻希腊技术代表团总工程师爱德华·凯莱内克（Eduard Quellenec），就已经提出了使用哈德良水渠作为雅典供水主要解决方案的建议。[48]自 19 世纪 70 年代起，考古发掘工作便已经揭示了阿提卡地区罗马哈德良引水渠的部分情况。然而，直到 1885 年到 1886 年之后，雅典市政府的水利部门才慢慢开始维护和修理该引水渠。伊莱亚斯·安哲罗普洛斯在巴黎接受现代西方工程训练后，正是在这个部门开始了他在希腊的职业生涯。[49]

正如作者和亚里士多德·廷帕斯和雅尼斯·加里法洛斯（Yiannis Garyfallos）在其他论文中所论述的，工程学的自发历史与技术文本密不可分。[50]这种历史一直是工程文章和论文的自发内容，通常出现在引言段落或章节。安哲罗普洛斯认为，这种自发的历史是计算和它所依据的技术方程的一个有机组成部分。[51]安哲罗普洛斯反对垂直替代方案，而对哈德良引水渠功能非常感兴趣。对他来说，古代希腊的这条引水渠不亚于西方的现代技术。他在 1888 年写道："许多欧洲城市都采用了水平集水系统，雅典的哈德良引水渠就是水平集水系统正式使用的最好范例。它证明水平集水系统比垂直集水系统要好得多。"[52]在没有更好的措施，如从斯蒂姆法利亚湖供水的情况下，清理更多的古引水渠并修复已清理好的引水渠，在安哲罗普洛斯看来是正确的做法。

如前所述，需水量的计算始于西方城市日常生活的理想，而不是希腊城市日常生活的现实。[53]确实，安哲罗普洛斯的计算并不足以解释西方供水技术的适当运用。为了推进他的现代化观念，安哲罗普洛斯使用了这样一种论述，将城市的古老历史作为其现代化计划的支持。这种论述手法比将城市作为东方文化的一部分来解释更为方便。安哲罗普洛斯关注罗马皇帝哈德良在雅典修建的引水渠。他将古老的引水渠解释为现代长距离供水技术的等价物，并因此坚持主张修复该引水渠并将其用作所谓的水需求问题的最佳中间解决方案。[54]

参加希腊理工学院（Greek Polytechnic Institution）聚会的人士形成了一个圈子，他们在《阿基米德》期刊发表对供水问题的看法，这个圈子也包括一些有影响力的工程师。其中一位便是部长兼工程师福克昂·内格里斯（Fokion Negris），他是在阿提卡土壤深处寻找水源项目中最引人注目的捍卫者之一。安哲罗普洛斯将这种"垂直"供水项目与他自己的"水平"集中式供水和传输供水项目进行了对比。[55]

在这一时期，选择合适的供水技术一直是希腊理工学院关注的关键问题。安哲罗普洛斯在其 1887 年关于雅典卫生研究报告的导言中写道："对于这座城市来说，这是一个生死攸关的问题……用如今这个时代不可或缺的科学方法来改善他们的城市，符合现代雅典居民的巨大利益。"[56] 这个问题特别复杂，因为雅典的日常城市生活正遭受着一系列"危机"的困扰。这些危机包括缺水、缺乏下水道、现有的下水道状况不佳、缺乏控制洪水必不可少的森林和林场、周围有许多沼泽地、灰尘含量高和道路状况不佳，等等。在巴黎工作六年后，安哲罗普洛斯刚好完成了他在雅典市政部门主管水利和道路的第一年工作。他明确表示，需要基于科学工程的技术官僚解决方案。科学工程可以解决所有这些问题，使雅典"像希腊人所希望的那样，恢复其古老的美丽和声誉，成为希腊的中心，成为东方的典范，让目前生活在国外的所有希腊人都为之高兴"。[57]

正如人们所看到的，安哲罗普洛斯在推广从斯蒂姆法利亚湖长距离引水方案时，坚持认为清洁和维护 20 千米长的哈德良引水渠是一种过渡性解决方案。在他随后的工程出版物中，这条古老的引水渠被逐渐描述为古雅典辉煌的原因。现在，对哈德良引水渠的看法进行了相应的调整，用对引水渠修复工程的描述，取代了对其历史用途的描述。随后，安哲罗普洛斯于 1899 年在《阿基米德》发表的一篇文章中写道："哈德良引水渠的建造及其建造期间雅典经济状况的历史细节，可以让所有人相信，在哈德良时期，雅典已经变成了一个全球中心，以其美丽的建筑和以教育为基础的工艺而闻名，而这个得到慷慨资助的引水渠旨在满足城市富裕居民的需求。"相比之下，缺乏类似的现代举措导致了雅典的增长速度明显放缓。他写道："一个连续几个月都不向居民供水的城市，怎么能吸引人口？当外国人看到雅典人深受缺水和尘土之苦，看到雅典人在寻求逃离雅典的机会时，又怎能吸引他们来这座城市？"[58]

在同一篇题为《雅典供水研究》的文章中，安哲罗普洛斯调查了从希腊时期到哈德良统治时期（117—138）采取的各种技术举措。[59]他回顾了古代铭文的残余内容，并借用了帕萨尼亚斯（Pausanias）、斯特拉波（Strabo）、普鲁塔克（Plutarch）、柏拉图（Plato）、维特鲁威（Vitruvius）等人的著作和论述。他的研究提供了关于古代供水技术的细节。在这段叙述中，丰富的水资源成为雅典人各个时代的头号问题，解决这个问题是雅典荣耀的先决条件。由于垂直解决方案（即更好地管理阿提卡的水源）无法提供充足的水资源，水平解决方案（即长引水渠）因此成为最合适的方案。当然，这是基于假设，即如果有人想让雅典恢复其古代的辉煌，那么选择水平解决方案是最好的。安哲罗普洛斯试图推广一种类似于古代引水渠的水平解决方案，他认为这种古代引水渠是古代辉煌的代表。他写道："很少有人确切地知道它的重要性，以及它是如何将雅典变成'一个全球焦点和一个受人赞誉的焦点'的。"[60]他对辉煌过去的自发历史描述被视为他工程方法的一个不可或缺的部分，而这种工程方法则被认为是通向未来辉煌的道路。[61]

比雷埃夫斯两个永久性干船坞的建造案例（1898—1912）

到19世纪末，比雷埃夫斯港的运输量在欧洲排名第八。为了适应运输量的进一步增长，安哲罗普洛斯负责设计永久性干船坞并监督其实施。他还主导了关于干船坞建设选址的辩论。作为项目的主要推动者，他对比雷埃夫斯港的古代和现代航运设施进行了类比，并以此来庆祝工程的开工。他在 1899 年发表在《阿基米德》上的技术报告中一开始就写道："自从苏拉（Sulla）遗弃比雷埃夫斯那些广为诟病的航运设施以来，我们第一次看到大型港口工程的重建，包括建造两个用于修理和清洁船只的石制干船坞。"[62]

该项目后来出现的各种问题证明，选址确实是一项重要的任务。该项目由 L. 佩蒂特默尔曼（L. Petitmermen）和 G. 拉斯皮尼（G. Raspini）公司承包，总成本约为 550 万德拉克马，最终成为现代希腊历史上最大、最困难的技术项目之一。该工程于 1899 年开始，直到 1912 年才结束，这是由于工程实施遇到了很多问题：反复受损、地质问题、多次中断、疏忽遗漏、工程辩论和技术仲裁、承包商变更，以及为了对最近建造的著名战列舰阿韦罗夫号（Averof）进行可预测维修而改变其宽度尺寸，等等。干船坞的开放时间恰好是第一次巴尔干战争爆发的那一年。[63]

1898 年，当安哲罗普洛斯被要求绘制两个码头的图纸并决定它们的建造方式时，选择合适的地点就成为一项紧迫的任务。同年，他出版了长篇研究报告《论比雷埃夫斯及其古代港口》。根据他自己的说法，这是基于文献资料和现场调查的研究成果，其目的是确定古代比雷埃夫斯港口设施的准确位置。安哲罗普洛斯认为，进一步了解古代设施、其建造方式以及技术能力，是一项艰巨的任务，"就像解代数方程一样"。这个任务很复杂，因为古代作者对技术细节漠不关心，而且现代和古代希腊对港口的命名不同，这些都曾误导了以前研究古代比雷埃夫斯港口的学生，以及历史学家和考古学家。[64]

安哲罗普洛斯选择了一个在古希腊语中称为科孚斯（Kofos），在现代希腊称为克里米达鲁（Kremmydarou）的港口（对他来说这个名称相当粗俗）。根据他的研究，这也是古希腊人建造三列桨座的战船所选择的地点。有人曾提议将泽亚（Zea）港作为安哲罗普洛斯选址的备选地点，为了排除这一方案，他邀请他的读者与他一起爬上比雷埃夫斯的卡斯特拉山（Castella），然后跟随他想象一下各个港口的情况。

难道这不能让他们信服，推理的自然演变只能遵循一条路线，而且是不可改变的吗？难道这不能让他们信服，经过这么多世纪后，同样的思想、同样的计算、同样的规则，影响着健康、幸福和繁荣的问题，决定着现代比雷埃夫斯的人们如何选择地点，从而在古人建造船只的地方修建他们嘈杂的工厂和高大的烟囱吗？难道不应该认为，古人和现代人一样，没有选择将他们的船厂放在城市中心的泽亚港口，这并非偶然吗？[65]

值得注意的是，这种关于古代的辉煌过去和现代的光辉未来之间的关系，其意识形态特征并不仅仅停留在安哲罗普洛斯关于建造港口的首选地点的论述中。可以看到，在项目建筑材料的选择和项目实施过程中，这一论述与他的技术和创业议程是相辅相成的。安哲罗普洛斯提出了一个材料选择方案，在他看来堪称完美的组合方案。该方案最终在建造过程中由承包商实施，其中包括大理石和圣托里尼岛火山灰石（theraiki gee）等各种国产建筑材料，以及由新成立的泰坦（Titan）水泥工业公司生产的"优秀的希腊水泥"（即波特兰水泥类型），该公司宣传其水泥可与欧洲水泥相媲美。[66]此外，在两个干船坞的建设中，这些材料得到了应用，这是安哲罗普洛斯的工程公司当时在希腊引入现代钢筋混凝土技术后的首次应用。[67]

安哲罗普洛斯关于古代比雷埃夫斯港口航运设施的历史论述是他选择科孚斯港建造现代船坞的一个内在考量。这部自发的工程史著作代表了一个工程师的特例，即他竟然发表了一篇关于现代项目的研究论文和一篇关于其古代对应物的独立研究论文。通过这本独立出版物，安哲罗普洛斯从与工程师的辩论转向了与历史学家的争论。他关于比雷埃夫斯港口历史的著作引起了专业考古学家和历史学家的关注。[68]他本人在一本笔记集的前言中回顾了他们的批评，该笔记集在他去世一年后于 1932 年由他的妻子出版，题为《阿里斯托芬和他对苏格拉底的看法》(*Aristophanes and his views on Socrates*)。[69]

本章小结

本章以不同于现有希腊历史学的视角呈现了希腊科学工程社群的形成过程。本章通过两种方式实现了这一目标：一方面，追溯了 19 世纪末工程社群的形成历程，强调了协会和社团的建立、期刊的出版和教育举措。另一方面，关注了同一时期的特定大型技术项目，从有关其建设的争议和使用的具体人工制品的角度进行了探讨。关于雅典供水系统的辩论在 19 世纪末至战间期的这段时间至关重要。在比雷埃夫斯建造的两个干船坞，是现代新型工程社群逐渐在希腊建立起来的首次实质性展示。伊莱亚斯·安哲罗普洛斯在社会变革和技术发展方面都发挥了关键作用，本章通过他的视角讲述了这个全新且丰富的故事。

安哲罗普洛斯的科学工程方法有两个维度。首先，他将希腊的古代历史项目与现代大型技术项目关联起来阐述。在雅典的供水问题上，他主张通过修建一条从伯罗奔尼撒半岛通往雅典的引水渠来解决问题，这是欧洲同类水渠中最长的一条，再现了哈德良时代雅典辉煌历史的技术和文化原因。在扩大比雷埃夫斯港口容量的问题上，他主张在科孚斯港建造两个永久性的干船坞，用于修理和清洗船只，他本人认为这是古代雅典人建造船只的地方。他还为此写了一本学术研究著作。其次，他将古代辉煌的连续性从论述扩展到实际应用中，主张并成功地使用大理石和其他国产建筑材料（如圣托里尼岛火山灰石）与最现代的建筑材料钢筋混凝土相结合。对于引水渠来说，虽然他提出的解决方案似乎失败了，但他的方法在实际

"解决"雅典供水问题的项目中得到了体现。马拉松大坝是几年后（1926—1929）用钢筋混凝土和与帕台农神庙相同的大理石建造的。[70]

因此，早在 19 世纪末，安哲罗普洛斯和其他希腊工程师就已经通过协会、期刊和教育机构，以及通过大型工程项目，建立了他们的科学地位。一般认为，技术决定论是一种意识形态，只依赖于对未来的表现形式，但 19 世纪末希腊现代主义的特征表明：相较于技术决定论的标准观点，希腊的现代主义要更为灵活，因为它可以在对过去的观点中找到支持。[71] 在这种情况下，技术决定论是基于对过去的某种借鉴。[72]

有趣的是，1933 年，奥托·诺伊拉特（Otto Neurath）、勒·柯布西耶（Le Corbusier）带着他们的科学现代主义议程，乘坐"帕特里斯"二号船（Patris Ⅱ）抵达比雷埃夫斯港口，参加第四届 CIAM 会议，并"努力在古典希腊的遗迹中寻找欧洲现代主义"。[73] 他们没有看到的是，一英里之外，科福斯永久干船坞就在他们眼前，由用现代钢筋混凝土和"古老"的圣托里尼岛火山灰石和大理石建造而成。

第七章

阿刻罗俄斯河的治理

2014年1月19日，位于色萨利地区中心城市拉里萨的一份历史悠久的报刊《自由报》（*Eleftheria*）发表了一篇题为《阿刻罗俄斯：祝福还是诅咒？》的文章。[1]文章报道了关于大坝的持续冲突，并建议修建隧道用于改道阿刻罗俄斯河。著名的阿刻罗俄斯河改道计划，是近现代希腊最为重要但尚未完成的技术基础设施之一，关于该计划的辩论在当地和国家媒体上频繁出现。自20世纪70年代以来，这一项目一直备受争议，是改道支持者（包括电力工程师、水利和土木工程师、农民协会、色萨利地区的地方政治家和政党）和反对者之间进行的持续不断的技术、政治和文化斗争。在希腊和欧洲高等法院，这场争议引发了激烈的法律纠纷和诉讼。[2]

阿刻罗俄斯河是希腊第二长的河流，全长280千米，也是年平均流量最大的河流（达137立方米／秒）。[3]在希腊神话中，阿刻罗俄斯是河流之神、河流之父，自古以来，阿刻罗俄斯河的历史、功能和对邻近地区人口和环境的作用一直是集体记忆的重要组成部分。该河流域估计有5472平方千米，位于希腊西部，流经五个不同的区域：埃托利亚阿卡纳尼亚

（Aitoloakarnania）、卡尔季察（Karditsa）、阿尔塔（Arta）、特里卡拉（Trikala）和埃夫里塔尼亚（Evritania）。其源头位于品都斯山脉（Pindos mountain range）南侧的拉克莫斯山（Mount Lakmos），并最终流入爱奥尼亚海。据估计，阿刻罗俄斯河的年出水量在25亿—35亿立方米。该河的前160千米被称为上游，这部分的水资源管理是引发当代冲突的原因。在河流的下游部分，自20世纪60年代开始规划和建造水坝。

阿刻罗俄斯河的流域包括：四个天然湖泊，即特里科尼达（Trichonida）、莱西玛奇亚（Lysimachia）、阿姆瓦拉基亚（Amvrakia）和奥泽罗斯（Ozeros）；一系列因四座大坝而形成的人工湖，如克瑞马斯塔（Kremasta）、卡斯特拉基（Kastraki）、斯特拉托斯一号和二号（Stratos I and II）；一个带有湿地和潟湖（lagoon）的河口。这些区域的自然环境至关重要，受到《拉姆萨尔公约》（Ramsar Convention）的保护，属于欧盟自然保护区网络（NATURA 2000）中极其重要的保护区域。[4]居住在该河流域周围地区的绝大多数人口从事农业工作，而潟湖已被广泛用于水产养殖。在河流下游的排水区，有一个巨大的灌溉和排水渠网络：埃托利亚阿卡纳尼亚地区超过40%的土地已用于农业。[5]作为一个重要的棉花生产地区，色萨利需要水来加强相关农业活动。因此，河流改道被认为是确保该地区灌溉用水的一个重要项目。目前，色萨利地区消耗了希腊国内五分之一的水资源，因此实施引水计划成了非常关键的基础设施工程，并且也将会带来长期的压力。[6]

在近现代希腊历史上，阿刻罗俄斯河的水资源管理案例已成为具有象征意义的事件，它涉及一系列公共基础设施，将"发展现代化"等公共论述与相关主导意识形态和技术决定论的方法结合起来，贯穿了希腊当代政治史。本研究旨在将技术史与环境史结合起来，以阿刻罗俄斯河为例，研究公共自然资源和技术基础设施如何共同产生能源、农业和环境。作者重构了从第二次世界大战之前就开始的历史故事，涉及河水利用、工程规划、愿景和印刻于其中的意识形态。现有的历史学研究认为公共自然资源通过工程师和专家提出或争论的技术及其基础设施而获得了意义。

本章直接受到迪斯科（Disco）和克拉纳基斯（Kranakis）的开创性研究方法的影响。他们最近提供了一种历史方法来帮助人们理解公共自然资源概念，并试图在技术制度、工业资本主义和国家政策的背景下理解公共自然资源。在此过程中，他们引入了"资源空间"一词，以表明公共自然资源的空间不仅由地貌界定，而且由技术、政治和自然资源界定。他们认为需要对"资源空间"的形成及其政治过程进行历史化处理，并揭示在不同时期和不同社会技术制度下公共自然资源的含义和概念的变化。[7]迪斯科和克拉纳基斯强调，技术扩大或缩小了"资源空间"，包括和排除了人类和非人类行为体。在这个框架中，公共资源的"技术化"可以成为界定国家、地方社区和当局之间新紧张关系的条件。这种方法提出了关于谁控制"资源空间"的问题，以及由于规模的扩大和社会技术组合的复杂性，技术和工业化可能给环境带来的风险和不确定性。

在这一史学框架下，作者正在研究专家在阿刻罗俄斯河作为"资源空间"的构建和重构中所发挥的作用。作者认为，直到 20 世纪 70 年代末，水资源管理和相关专家论述都将河流的水利潜力优先用于能源目的，并且自此以后，河流的改道已经与农业相关的国家优先事项以及边缘"发展"的论述联系在一起。20 世纪 90 年代，由于国家和跨国监管与立法专家机构、工程和环境专家以及民间社会行为体对阿刻罗俄斯河的"资源空间"有不同的反响和理解，河流改道计划面临着意见分歧的局面。

20 世纪希腊的水资源、技术决定论和自然资源管理

对于每个国家，尤其像希腊这样的贫穷国家，水资源的高效

利用对于人民福祉的提升来说至关重要。可以认为，解决水资源
管理的经济问题是国家发展的必要条件。这是一个众所周知的原
则，它超越了这个问题的任何其他方面。[8]

1942 年 1 月，希腊正处于被德国占领的时期，工程期刊《技术纪事》
发表了一份关于水资源管理的报告，该报告被视为希腊成长和发展的国家
基石。这份报告对希腊的工业前景持悲观态度，认为通过与外国开展贸易
以及进行工程创新来开发自然资源并使经济能源生产最大化，可以解决希
腊工业化落后的问题（这是由于希腊地理上的缺陷所导致的）。该报告由交
通部公共工程部门的技术人员撰写并签名，明确指出需要进行技术和科学
研究，以实现"理性"的水资源管理和实施国家水资源政策。根据该报告，
技术科学理性主义将提高生产力，有助于方法的系统化，并减少由于地方
需求而引发的问题以及对问题作出的零散响应。反过来，技术和技术官僚
对问题的理解将为有组织地利用水资源和有组织地应对洪水等自然灾害提
供条件。[9]

这些观点代表了希腊 20 世纪水利基础设施的管理者在社会技术问题
及其解决方案上所持有的主要观点和理念。自 1917 年交通部公共工程部门
成立以来，水利工程项目开始吸引技术界的兴趣，这些项目包括面向供水、
灌溉或能源的大规模水利管理基础设施的建设项目等。该部门成为国家技
术基础设施的政策制定中心，规划了港口、桥梁和水利工程，旨在使国家
政策和技术基础设施合理化。1917 年，国家成立了水利工程研究办公室
（Research Office of Hydraulic Works），强调了水利研究的重要性。[10]
第一次世界大战后，该办公室促进了大量的项目建设，并在 1922 年后进一
步强调了对水资源的系统管理。

20 世纪初期，主流论述将水资源视作"天赐之源"，并将其与希腊的
重建和发展联系在一起。工程师的观点受到新兴的技术官僚主义意识形态的

影响。最初，供水是技术界的主要关注点，但到第二次世界大战前夕，水利资源的利用和相关公共工程的建设成为工程师关注的焦点。[11] 其中一项具有象征意义、政治意义、社会意义和技术意义的重大公共工程是雅典的供水系统项目，水源来自马拉松人工湖，该湖位于瓦尔纳瓦河（Varnava River）和哈拉德鲁河（Haradrou River）的交汇处。[12] 工程师们推动了技术官僚的愿景，即在工业生产和社会治理中使用技术来发展国民经济。[13] 这是埃莱夫塞里奥斯·韦尼泽洛斯总理在城市化进程不断加速、与土耳其的人口交流日益增加之际，所推行的资产阶级现代化议程的一部分。[14]

西奥洛戈斯·格尼多尼亚斯（Theologos Genidounias）是特别杰出的工程师，他在确保工程的适当性和可行性方面发挥了关键作用，还说服了政府相信工程的可行性。在格尼多尼亚斯看来，未来的人工湖证明了技术官僚理解和管理世界的能力。格尼多尼亚斯曾在苏黎世联邦理工学院（Eidgenossische Technische Hochschule in Zurich）接受教育，并在土耳其和埃及的水利工程方面积累了丰富的经验。他希望看到大规模的公共工程和农业灌溉渠道，利用水力潜力促进工业生产，并为城市中心建立广泛的供水网络。格尼多尼亚斯认为，只有工程师站在重建的最前线，并以公共工程为治理手段，战后经济重建才能实现。他认为：

> 实现国家富裕是一个庞大的计划，不应该再拖延了。如果希腊想要保持迄今所取得的成就，如果希腊希望跻身于发达和进步国家之列、抑或是成为不消亡的国家之一，那么希腊必须立即采取行动。因为，希腊拥有足够的人才和智慧来实现这个目标。[15]

在战间期，人们对国家的水利潜力仍有浓厚的兴趣，但对水资源利用的尝试却依然零散无序。水资源管理和河水的优化利用主要与水力发电和灌溉前景有关。人们认为只有在雅典和塞萨洛尼基这两个最大城市的中心地区，河流、湖泊和溪流才被认为是水力发电的来源。1922 年，格尼多尼亚斯建议利用北伯罗奔尼撒半岛的 3 条溪流为雅典发电。[16]加利洛斯（Galileos）工程公司建议利用斯蒂姆法利亚湖在雅典进行水力发电和电力传输。1932 年，电气工程师亚历山德罗斯·加拉蒂斯（Alexandros Galatis）在其发表的关于希腊水力潜力的 66 页论文中表示，公共水利工程对于国民经济是必要的。加拉蒂斯认为斯蒂姆法利亚湖应该用于为伯罗奔尼撒半岛生产电力，而伯罗奔尼撒半岛的拉冬河（Ladonas），以及埃托利亚阿卡纳尼亚地区的菲达里斯河（Fidaris）、莫尔诺斯河（Mornos）和阿刻罗俄斯河可以用于生产电力以供应雅典。他认定，希腊北部的阿利亚克莫纳斯河（Aliakmonas）是水力发电的主要水源，但塞萨洛尼基的电力需求较低，还不足以吸引投资。[17]

在第二次世界大战后的希腊重建时期，即所谓的"技术民族主义"时期，利用自然资源发电成为人们关注的核心问题。[18]政治上的中右翼工程师西奥多·I.拉夫托普洛斯（Theodore I. Raftopoulos）曾是国家银行的顾问，他提出了一个电力网络计划，并将希腊北部边境的德萨雷蒂安湖泊（Desaretian lakes）视为国家公共自然资源。另一方面，左翼工程师在主张大规模发电的同时，还将德萨雷蒂安湖泊视为一种跨国自然资源，认为应该由几个巴尔干国家来共同开发。最终，被认为更权威、更可信、更"理性"的美国工程师，因山地形态和湖泊毗邻共产主义国家而否决了这一提议。[19]第二次世界大战后，美国咨询公司电气债券和股份公司（EBASCO）试图通过推行综合电力生产计划，将希腊本土自然资源（水和褐煤）与大规模电力发电相结合。阿格拉斯河（Agras）、拉冬河（Ladon）、阿刻罗俄斯河和卢罗斯河（Louros）的水资源管理基础设施被构想为综合系统中的关键基础设施，能够利用本土能源资源来提供电力。[20]

1950 年，随着希腊公共电力公司（Public Power Company，简称 PPC）的成立和国家电网的设计，这些计划成为国家能源计划的一部分，水力发电逐渐被纳入希腊的能源结构中。"技术民族主义"的精神成了公共政策范式的一部分，该范式优先考虑使用本土自然资源进行电力生产，尤其是使用褐煤和水资源。[21]这种范式和相关的公共政治论述在 20 世纪 70 年代进一步形成，特别是在 1973 年能源危机之后，石油的使用开始急剧减少。[22]希腊公共电力公司的水电项目旨在同时用于电力生产和灌溉，因为从 1959 年开始，希腊实施了为期五年的国家规划方案，以增加灌溉农田的数量。[23]

在 20 世纪 70 年代末，环境影响和责任问题开始在自然资源管理中浮出水面。然而，以大型水利基础设施为优先事项的水资源管理范式在公共政策中仍然占据主导地位。[24]塞米斯托克利斯·克桑索普洛斯（Themistoklis Xanthopoulos）教授是雅典国立技术大学的重要水利工程师。过去 20 年里，他在相关基础设施的技术政策方面具有举足轻重的地位。他于 1996 年提出了"技术民族主义"观，认为大型水电基础设施过去是、将来也会是具有多种用途的公共基础设施。[25]他认为，大型水电基础设施对于水资源管理来说是必要的，因为国家对水资源及其水利潜力的开发利用率低，这意味着大型水坝应该被视为能源和农业部门的关键基础设施，其目的是增加希腊中北部平原的灌溉农场数量。克桑索普洛斯主张将技术基础设施视为国家经济增长的主要因素。尽管他承认小型水坝在水资源管理中的贡献，但他仍强调大规模基础设施的时代远未结束。在 20 世纪 90 年代末，克桑索普洛斯倡导基于科学的"理性"水资源管理模型和实践。他认为，在新兴的欧洲自由主义水资源管理范式和市场主导的治理模式中，强调水资源管理的科学原则，有望实现成本效益高且行之有效的本土水资源管理，同时还能兼顾基础设施的"环境成本和影响"。[26]正如将在案例研究中看到的那样，后者一直是立法并监管国家和跨国机构的主要考虑因素。此外，不同的行为体、利益相关者、知识社群会对此进行不同的框架构建。

唤醒战后希腊的河神：竞争的愿景与技术科学紧张关系

水坝、输电线路与河流

在战间期，人们对阿刻罗俄斯河的潜力进行了早期的调查和研究。1923 年，瑞士工程师森恩（Senn）对埃托利亚阿卡纳尼亚地区的莫尔诺斯河和阿刻罗俄斯河的水利潜力进行了研究。同一时期，国家聘请了国立技术大学技术力学教授亚历山德罗斯·希诺斯（Alexandros Sinos）对这些河流进行研究。[27]然而，第一个有远见的计划和提案是 1925 年由雅典国立技术大学的阿波斯托洛斯·库索科斯塔斯（Apostolos Koutsokostas）教授制定的。他提出将阿刻罗俄斯河作为提高色萨利农业土地生产力的关键基础设施。1936 年 8 月，在民族主义法西斯主义政权，即扬尼斯·梅塔克萨斯将军（General Ioannis Metaxas）的独裁政权上台几天后，政府允许美国休·L. 库珀（Hugh L. Cooper）工程公司和纽约化工建设公司（New York Chemical Construction Corporation）对阿刻罗俄斯河的水利潜力进行研究。[28]他们在 1938 年的报告中确定了这条河流具有巨大发电潜力。[29]两年后，即 1940 年 1 月 24 日，梅塔克萨斯独裁政权与希腊水电冶金公司（Hellenic Hydroelectric and Metallurgical Company）签订了一份合同，授予该公司阿刻罗俄斯河的水资源及河岸的独家使用权，期限为 70 年。合同中详细规定在克瑞马斯塔、卡斯特拉基和普雷维察斯（Prevetzas）等地建造三座水坝和水电站。此外，该合同还赋予该公司在该地区建立电冶金和电化学工业的权力。他们计划在该地区建立生产氮肥和铝的工厂，其中铝的生产是因为该地区拥有丰富的必要矿产资源。[30]

由于第二次世界大战的爆发，这些计划未能实现，但从那时起，阿刻罗俄斯河就成为了纳粹占领期间（1941—1944）[31]和内战期间（1946—

1949）[32] 所有提案和能源研究的一部分。然而，在此期间和之后不久，左翼经济学家和工程师严厉批评了给予私营公司独家权力的协议。马克思主义经济学家、律师兼学者迪米特里斯·巴齐斯（Dimitris Batsis）认为，所谓的"库珀合同"实际上是帝国主义对希腊自然资源和工业潜力进行剥削的结果。该合同利用发电来满足工业需求，使得外国资本和垄断利益有利可图。[33] 该合同是独裁和专制政权的公共政策的一部分，通过干预政策来促进外国资本的利益。[34] 这些做法严重损害了国家利益。1945年，政治左翼工程师斯塔夫罗斯·斯塔夫罗普洛斯（Stavros Stavropoulos）呼吁"今天就取消合同，不需要事先与任何人讨论"。[35] 巴齐斯和斯塔夫罗普洛斯都要求实行国家规划和国有化的工业单位与发展模式。

1950年，美国电气债券和股份公司建议建立一个全国一体化的输电和配电系统。该公司认为阿刻罗俄斯河是一个重要的自然资源，应该被用于确保电力生产的稳定性、实现电力体系的自给自足以及帮助希腊摆脱对进口石油的依赖，就像第二次世界大战前以石油为燃料的发电厂时期一样。该公司还将克瑞马斯塔推荐为大坝的建设地点。电气债券和股份公司的网络设计方案使克瑞马斯塔大坝成为石油发电厂替代计划实施中不可或缺的基础设施。因此，阿刻罗俄斯河被构想为一个在系统集成和电网建设的早期阶段至关重要的自然资源。报告建议在1955年之前完成克瑞马斯塔大坝的建设。为了进一步强调该项目的必要性，电气债券和股份公司表示克瑞马斯塔大坝将大大有助于下游地区的防洪。[36] 这是一个很有说服力的观点，因为排水区域是农业区，而邻近地区的农村人口靠农耕和畜牧业谋生。[37]

到20世纪50年代末，工程咨询公司和国家工程师们开始将阿刻罗俄斯河的水资源管理与能源生产联系起来。希腊公共电力公司实施了技术官僚计划，以全面开发阿刻罗俄斯河和塔夫罗普斯河（Tavropos）的水利资源。对阿刻罗俄斯河的干预包括在埃托利亚阿卡纳尼亚区域阿刻罗俄斯流域的克瑞马斯塔、卡斯特拉基和斯特拉托斯地区沿河下游建造三座水坝。在斯特拉托斯和塔夫罗普斯的水坝计划旨在增加河流"资源空间"的能源生产潜力。希腊公共电力公司计划通过在阿夫拉基（Avlaki）和梅索霍拉（Mesohora）再建两座水坝来进一步开发阿刻罗俄斯的水力动力。

由于希腊公共电力公司日益关注阿刻罗俄斯河水力潜力开发计划，受其影响，欧洲的咨询公司，[38] 即主要来自意大利[39] 和法国的公司，[40] 也表达了向希腊政府提供咨询和承包服务的兴趣。[41] 尽管欧洲咨询公司表现出了浓厚的兴趣，但是美国工程公司，如 EBASCO 等，已与电力公司建立了信任关系，它们在能源政策方面的既定角色，意味着希腊会优先考虑美国的咨询服务。美国工程师强调了新兴的技术官僚思想，认为大规模基础设施建设有望提高国家生产力。[42] 在这个框架下，克瑞马斯塔大坝，又称保罗国王大坝（King Paul Dam），于 1959 年开始建设，到 1965 年已完成四个发电机组的建设，用于将水力能转化为电能。

从 1960 年到 1966 年，科罗拉多州丹佛市的工程顾问公司担任整个项目的设计顾问、监督员和协调人。[43] 他们建议并建造了一座填筑式大坝，该大坝高 160 米，在 20 世纪 70 年代仍是西欧最高的填筑式大坝。到 1963 年年初，他们已经在讨论在克瑞马斯塔发电站增设第五个可逆式涡轮发电机组。[44] 该机组的引入至关重要，因为它是关键的基础设施，不仅关系到希腊整个电力系统的稳定，而且关系到未来核电站的引入及其经济可行性。[45] 希腊公共电力公司的电站工程师帕帕马提亚基斯（Papamatheakis）在向公司技术规划部门提交的报告中指出："从 1974 年或 1975 年开始，公司将被迫使用核电来满足基本负载需求。"他继续强调说，"在 1974 年之后，希腊公共电力公司需要整合更多的混合机组用于灌溉和发电，以增加核机组的负载。"[46] 他对过早地整合第五个机组持有保留意见，认为这可能会因为必要的投资导致生产成本增加。然而，讽刺的是，他清楚地知道水是希腊能源组合中能够确保核电生产的一种资源，这是因为技术原因致使核能发电站需要稳定的电力供应，以确保其连续运行；如果核电站产生的电力超过当地需求，这些电力就可以被引导到灌溉系统中，以反向模式用于灌溉。1966 年上半年，希腊公共电力公司考虑并设计了一条从阿刻罗俄斯发电站到雅典市区的高压输电线路。该线路被设计为关键基础设施，用以确保：第一，以最优方式开发该河流的水利潜力；第二，满足大都市在 20 世纪 90 年代的能源需求；第三，作为将阿刻罗俄斯水利综合设施与 20 世纪 60 年代中期拟建在首都附近的未来核电站互联的最佳方式。[47]

20 世纪 70 年代阿刻罗俄斯河被重新定义为"资源空间"

在乔治·帕帕多普洛斯上校的独裁统治时期（1957—1974），人们重新考虑了对阿刻罗俄斯河的使用。帕帕多普洛斯的政权是一个具有明确的反共产主义、民族主义和军国主义议程的政治体系，其民粹主义的经济和农业政策旨在克服公众对非民主政府的反对和反抗。[48]一些外国和本地顾问提出并扩展了"资源空间"的概念，将阿刻罗俄斯河视为一种能源和农业的自然资源。一些工程公司，包括瑞士电瓦特工程公司（Electrowatt，1968 年），加拿大测量师、工程师和建筑师公司（Surveyer，Nenniger and Chenever，SNC，1972 年），雅典国立技术大学的希腊专家，以及多夏迪斯工程咨询公司（Doxiadis Consulting Engineering Company）为阿刻罗俄斯河流域的水资源管理战略提出了另一种框架。他们对阿刻罗俄斯河在色萨利地区以及整个希腊所追求的"发展"中的重要性提出了不同的理解。正是在独裁统治时期，希腊的主要农业中心色萨利开始在工程计划和围绕阿刻罗俄斯河的使用所展开的论述中成为焦点。

1968 年，瑞士公司应独裁政府的要求对阿刻罗俄斯河的水资源管理撰写了一份报告。这家公司考虑了色萨利地区灌溉和能源问题的不同方案，并将其与阿刻罗俄斯河的水资源和上游流域的管理以及必要的水坝和引水隧道联系起来。该公司还考虑了不进行河流改道的情况，并计划

在色萨利平原修建五座小型水坝，包括克里亚斯·弗里西斯 / 皮内奥斯
（Krias Vrisis/Pineios）、皮利斯 / 波尔塔克斯（Pylis/Portaikos）、莫扎
基 / 普利欧里斯（Mouzaki/Pliouris）、斯莫科沃 / 索法迪蒂斯（Smokovo/
Sofaditis）、帕洛德里 / 恩尼佩阿斯（Paleoderli/Enipeas），以及相关池塘，
以灌溉 136720 公顷（1 公顷 =10000 平方米）的农田。他们认为，从技术
和经济角度考虑，河流改道会增加不确定性以及经济、技术风险。工程师
们认为，改道会降低河流的水利潜力，并增加下游水力发电的成本。河流
改道将是一个复杂的社会技术项目，在资金方面存在重大困难，并且会对
阿刻罗俄斯河下游地区造成社会经济影响。[49]瑞士公司的报告使军政府重
新考虑他们是否要在该地区进行重大干预，以进一步促进色萨利农业发展
的计划。公共工程部开始更加关注色萨利平原的水资源管理，而不是河流
改道项目。然而，随着色萨利的水资源需求成为当时的决策者、工程师和
政府的主要关注焦点，河流改道项目在 20 世纪 70 年代又被重新提上议事
日程。

　　1972 年，由于希腊公共电力公司工程师斯蒂利亚诺斯·马格里亚斯
（Stylianos Magerias）的介入，阿刻罗俄斯河的水资源管理与色萨利流域
的灌溉问题之间的联系变得更加紧密。[50]尽管外国顾问已经对将河流用
于能源和灌溉的联合利用表示了保留意见，但是马格里亚斯作为一位来自
苏联、精通大规模公共基础设施理念的工程师，其前瞻性研究和论点为技
术官僚的论述提供了方向。[51]在一份题为《色萨利发展成为希腊主要的能
源、农业和河流航运中心》的报告中，他提出了富有远见的计划，准备将
三条河流的上游进行改道：奥斯河（Aoos）、阿刻罗俄斯河和阿拉科斯河
（Arachos）。[52]在这个计划中，色萨利将建造大型水电站，因而被构想为
希腊的能源生产中心。马格里亚斯提出了一个复杂的计划，涉及一系列相
互连接的河流流域、一些大坝和河流改道、若干池塘和两个人工湖以及五
个水电站的建造。[53]发电装机容量将达到 500 万千瓦，可确保 60 亿千瓦

时的发电量，这将使当时的全国发电量翻倍。[54]

马格里亚斯设想将色萨利作为一个农业中心，通过扩大灌溉系统来促进密集型农业生产。根据他的计划，灌溉面积将达到 350 万到 400 万平方千米。在这个计划中，皮尼奥斯河（Pineios River）将成为一个河流综合体的主干，同时在特里卡拉和拉里萨建立河港，以确保农业区与爱琴海的连接。[55]马格里亚斯和瑞士伊莱克特罗瓦特工程公司的建议之间存在明显的差异。他认为色萨利的水资源不足以保证该地区的农业发展。他制定的计划是基于色萨利不可能在水资源方面自给自足的观点。在意识形态上，他的计划是根据独裁政权对大规模技术性公共工程的优先考虑而制定的，但这些计划在希腊公共电力公司的工程圈内仍存在争议。

1972 年 12 月 14 日，成立了一个由 8 名工程师组成的特设委员会，由水利工程师 A.特里亚诺斯（A. Therianos）领导。[56]该委员会由包括马格里亚斯在内的希腊公共电力公司工程师组成，但工程咨询公司兰万灵（SNC）的 H.梅塔尼斯（H. Meitanis）除外。马格里亚斯的参与和论证，并不足以说服他所在的委员会成员相信该计划的重要性，他们对如此宏大的多河道分流计划的经济可行性持保留意见。马格里亚斯没有在委员会提交的报告上签字，并指责特里亚诺斯以及希腊公共电力公司的主任和副主任不公平地对待他的判断，并故意歪曲他的计划。[57]

结果是，电力公司内部基于不同的优先事项和对自然资源的理解产生了两种相互竞争的观点。[58]希腊公共电力公司的水力和电力工程师，如特里亚诺斯，坚持认为阿刻罗俄斯河的改道将导致河流的水利潜力从 2060 亿瓦时降至 974 亿瓦时。[59]1967 年，特里亚诺斯和其他希腊公共电力公司工程师对阿刻罗俄斯河东部（即河流下游）水资源利用进行了研究和规划，涉及建立 8 个小型水坝和小型水电站，流量变动介于 5—24 立方米 / 秒。他们强调了河岸水资源管理的重要性。[60]1972 年，特里亚诺斯支持这种解决方案，但他和委员会的其他成员承认了色萨利地区对水的需求。他们建议不要将阿刻罗俄斯河改道，而是将小阿格拉菲奥蒂斯（Agrafiotis）支流改道至塔夫罗普斯河，建造一座高175米的大坝和一条17千米长的隧道，以6立方米／秒的流量向色萨利引水。

与马格里亚斯的75立方米／秒的改道计划相比，该设计的预估流量非常低。马格里亚斯将阿刻罗俄斯河视为一种公共自然资源，它不仅是色萨利发展的重要资源，而且可以通过水力发电和供水实现农业集约化和大规模耕种，成为整个国家发展的重要资源。他主张，国家应建设一条走廊，通过色萨利的主要城市拉里萨，将首都雅典与第二大城市中心塞萨洛尼基连接起来，从而推动国家的发展。他认为雅典和塞萨洛尼基之间的高速铁路互联互通计划，与欧洲铁路网的连接，以及对色萨利东南部沃洛斯港的升级，将使色萨利转变为一个重要的农业和工业枢纽。[61]马格里亚斯否定了基于小型水坝的水资源管理以及将希腊中部的流域和水资源与色萨利的流域和水资源分开的经济可行性。他认为色萨利不断增长的用水需求会使任何温和的解决方案都成为国家经济增长和繁荣计划的阻碍。推迟河流改道将需要建造使用周期短的小型水坝，并增加单个电动水泵对地下水的使用，这也将增加能源需求。

马格里亚斯的建议强调了色萨利农业活动的集约化，但这并不是唯一的选择。规划师、工程师和经济学家为当地经济的发展和增长制定了若干备选方案。1972年11月，军政府要求康斯坦丁·多夏迪斯咨询公司（Constantine Doxiadis）向政府提供适当的国家发展政策建议。[62]该公司制定了适度发展农业并扩大旅游业和城市经济活动的方案。这些方案将需要不同的水资源管理政策，并且只优先使用当地的水源。[63]

1978年，在一次关于色萨利水资源潜力的会议上，人们就有关水资源管理和阿刻罗俄斯河在区域和国家"发展"中的作用提出了各种不同的方法。与会人员包括工程师，如潘纳吉奥蒂斯·基里亚齐斯（Panagiotis Kyriazis）和乔戈斯·哈齐拉科斯（Giorgos Hatzilakos），以及经济学家，如来自多夏迪斯联合公司（Doxiadis Associates）的托尔托皮迪斯（Tortopidis），他们支持将阿刻罗俄斯河的改道与色萨利河流域的水坝相结合的水资源管理策略。[64] 出席会议的还有政治左派的土木工程师 D. 康斯坦丁尼迪斯（D. Konstandinidis），他支持一种以复杂性和"发展"为重点的整体方法。[65] 他对农业集约化和规模经济的重要性提出质疑，并主张优先考虑产品质量和价值而非数量和大规模生产，他还认为有必要建立新的、更加综合的模型来理解这个问题。康斯坦丁尼迪斯坚持认为，一个地区的发展应该受到其"特定时期的承载能力"的限制。他设定了几个参数来定义"承载能力"，包括公共投资的经济可行性、环境容量和社会心理影响。他认为"承载能力"是有效决策的工具，也是说服投资者，最重要的是说服世界银行对该项目进行投资的手段。[66]

20世纪80年代和90年代河流改道的多面性

在20世纪80年代和90年代，关于阿刻罗俄斯河水资源管理的讨论在土木工程师、环境学家和水资源管理者等科学社群，以及当地社区、政治权威和法律机构中都产生了更大的影响。阿刻罗俄斯河被认为是解决色萨利灌溉问题的关键。随着希腊加入欧盟委员会，可能获得欧洲资金支持的前景进一步强化了这种观点。

自1979年以来，保守的新民主党（New Democracy）政府下令对该项目进行新的研究，从而加快了阿刻罗俄斯河的改道计划。而1981年，具有强烈民粹主义色彩的泛希腊社会主义运动党政府在其农业政策议程中引入了该项目。1983年3月13日，[67] 泛希社运党总理安德烈亚斯·帕潘德里欧（Andreas Papandreou）以一种高度政治化和象征性的姿态，宣布政府决定在纪念"基莱勒起义"（Kileler Revolt）期间开始河流改道。[68] 该项目作为地区和国家发展的优先事项之一列入了国家第一个五年（1983—

1987）发展计划。[69]

泛希社运党宣布的改道工程是由希腊公共电力公司的工程师于 1984 年设计的。该工程计划建造一条引水隧道（18.5 千米），每年可调水 15 亿立方米，灌溉 20 多万公顷土地。针对该项目的可行性、对农业生产的经济影响以及对环境的影响，欧洲方面提出了反对意见。[70] 1987 年至 1994 年期间，由于设计发生了变化，提案的技术细节也随之改变，从而出现了一个"设计分裂"时期，导致项目中与能源和灌溉有关的基础设施被区分开来——能源基础设施被认为比灌溉发展更有可能获得欧洲资金。1989 年，灌溉计划从提交给欧盟的资金申请中消失了。1994 年，改道工程被重新打造为一个能源项目。在社会主义民粹主义的背景下，该政党对色萨利的农民和农村社区负有高度的政治责任，必须保持"引水"项目的可行性。因此，出现了具有不同技术规格的、所谓的"短线引水"（short diversion）。

在欧洲委员会新的政治背景下，该项目制定了新的框架，并从每年15 亿立方米的引水规模缩减到 6 亿立方米。在布鲁塞尔（Brussels），希腊政府将"短线引水"作为一种环保的能源基础设施加以推广。专家们对色萨利平原的农业用水需求进行了技术评估，并提出了不同的意见。虽然摩根建富公司（Morgan Grenfell）在 1988 年估计，每年需要 10 亿立方米的水来灌溉 15 万公顷的新增农田，但由欧盟赞助的库珀莱伯兰德公司（CooperLybrand）则估计，每年 10 亿立方米的水只够用来灌溉色萨利平原现有的农田。[71] 在资金申请中，该引水工程的预算被缩减了，但事实上它所需要的技术规模非常大。引水管道的直径仍然是 6 米，而不是新计划中所要求的 4.2 米，且水坝的高度也与原计划相似。虽然在资金申请上，该引水工程可能被降低了级别，但在实践中，其技术设计却体现出了同时解决水力发电和灌溉需求的技术优先考虑。实际上，这个项目将能够满足公共领域内发展起来的政治优先事项，以及色萨利农民强大游说团体的需求。

在希腊，由不同的技术科学和政治文化驱动，专家们提出了相互竞争的愿景和方法，这些愿景和方法出现在公共领域，塑造了公共话语，进而影响了公众对于基础设施政策的看法和态度。专业知识的政治性再次在基础设施的政治性中显现出来。塞米斯托克利斯·克桑索普洛斯对该项目的规模持保留意见。他质疑了河流改道工程对于希腊的重要性，并强调了该工程的负面影响，包括高昂的成本和河流能量容量的减少。他认为，利用现有排水渠的规划是"聪明的做法"，但从技术和立法角度来看是不合适的。他坚持认为利用排水渠会导致水资源的过度浪费，并且这是一种高风险的技术解决方案，会增加雨季发生洪水的可能性，给农场和当地社区带来严重影响。[72]克桑索普洛斯并不是唯一质疑现有政策和工程实践的人。雅典农业大学（Agriculture University of Athens）的农业系统和乡村社会学教授利奥·卢鲁迪斯（Leo Louloudis）认为，阿刻罗俄斯河项目的动力基于20世纪70年代和80年代对环境有害的农业政策。[73]与此同时，生物学家和项目环境研究专家委员会（Expert Committee for the Environmental Study of the Project）成员乔治·瓦维佐斯（George Vavizos）支持现实主义的问题解决策略。他认为，任何节约水资源的结构性变化（如改变单一种植范式或色萨利的现有作物生产）都会非常缓慢且耗时，色萨利的水资源问题需要立即解决，河流改道应被视为一个多用途的项目。他坚持认为改道将增加地下蓄水层的水量，从而改善该地区环境，这与其他工程和科学专家的观点相反。[74]虽然专家之间的公开争论形成了对河流改道的争议，但是能够决定议程和优先事项的始终是国家政治和政策。

专家、公民社会、技术政治和对可持续性的追求

关于梅索霍拉大坝的辩论凸显了人们对主流发展范式的矛盾情绪和反

对意见。如上所述，160 米高的梅索霍拉大坝建设始于 1986 年。1984 年
4 月，爱琴海大学（University of Aegean）生态学教授 N. 马格利斯（N.
Margaris）对引水工程的适宜性提出质疑，因为它涉及在品都斯山中开凿
隧道。马格利斯表示，为了当地环境和区域发展，与其改道，还不如重建
卡尔拉湖（Lake Carla）。该湖在 1960 年被抽干，对过去用于灌溉的天然
水井造成了有害影响。最重要的是，他对新兴的发展模式提出了质疑。[75]
在接下来的 30 年里，他的核心论点被不同的专家和利益相关者发展和扩
大，他们反对河流改道工程，并制定了从抗议到法律斗争的各种策略。

　　1989 年 8 月 8 日，当地居民和政治活动人士发起了一份反对希腊公共
电力公司及其做法的请愿书，认为该公司在关于修建阿刻罗俄斯河引水隧
道的信息方面误导了大家。据当地人称，到 1989 年夏季，阿刻罗俄斯河上
游的水已经被引流到了色萨利地区。他们要求提供地质和环境研究报告供
公众审议，还要求赔偿征用他们土地的费用。[76] 人们普遍不信任希腊公共
电力公司，也不信任国家政策的执行，因为这些政策没有考虑到当地的情
况、当地人民的意见和其他备选方案。1990 年 6 月 5 日，社区行动协调委
员会认为，一系列高坝的建设将导致河流长度从 200 千米缩短到不到 60 千
米，使之成为一个人工湖，从而将会摧毁森林、植物、村庄，如梅索赫拉
（Mesohora）和阿玛托利科（Armatoliko），以及当地文化遗产古迹，如
教堂和古代遗址。抗议者认为，该地区的民众可以采用其他能源并采用替
代农业，但国家却仍然推动有利于其他方向的政策，未考虑当地人民的意
见和利益。[77] 来自特里卡拉市的生态学家对相关科学研究的可信度提出质
疑，尤其是那些声称该地区的地震不会因为修建大坝和土地退化引发的滑
坡而变得更加糟糕的研究。[78] 在 1993 年写给欧洲委员会的一封信中，当
地社区要求缩小大坝的规模或在该地区建立一个新的村庄，以便重新安置
居民。[79] 生态学家和左翼政党对此做出了迅速的反应。[80]

　　这场斗争被认为是西希腊 / 中希腊与色萨利之间的对抗。当地社区强

调水的所有权，努力争取更好的补偿条款。从 21 世纪初希腊技术协会埃托利亚阿卡纳尼亚分会提出的论点可以得到一些启发。2005 年，该分会认为这种引水方案不符合必要的可持续性标准，在其可行性和重要性方面缺乏专家们的一致意见。此外，当地分会还认为没有可靠的方法来衡量这些地区的用水需求。在同一声明中，该分会批评了色萨利的水资源管理过度消耗，缺乏应对灌溉问题的"理性"策略。[81] 另一方面，色萨利的工程专家和专业机构将梅索霍拉水坝的建设视为与引水方案无关的能源项目，因此在距离梅索霍拉水坝 30 千米处修建了引水隧道。[82] 希腊技术协会色萨利分会和中希地质工程协会（Geoengineering Chamber in Central Greece）将梅索霍拉水坝视为与可持续发展、增长和进步相关的基础设施来宣传。[83]

非政府组织如绿色和平组织（Greenpeace）、世界自然基金会（WWF）、希腊自然保护协会（Greek Society of Nature Protection）和希腊鸟类学会（Hellenic Ornithological Society）也积极参与了这些公共斗争，并对各种形式的项目方案表示反对。[84] 他们谴责民粹主义思想、政治游说、从地方利益出发理解环境问题，以及与欧洲可持续政策不符的农业政策等。这些组织还谴责了基础设施政策，这些政策旨在吸收欧洲资金、助长政治庇护主义以及获得建筑业大公司的赞助。[85] 环境问题是这些非政府组织讨论的核心。他们将这条河流描述为一个物理实体，是当地社区建立的文化和物质遗产。他们强调了三角洲和河岸上物种面临的危险，以及梅索隆吉湖中生态环境面临的危险，该湖受欧洲指令以及国际协议的保护，如《拉姆萨尔公约》和《关于自然栖地及野生动植物物种保护的理会指令》。因此，希腊的国家政策和技术政治被认为是违反欧洲指令和欧洲环境政策的行为。[86] 国家政策因推广不可持续的农业计划而受到谴责，这些计划增加了农药污染，并进一步加剧了希腊的农业问题。

民间社会采用了多种手段来抵制该项目，包括公开示威、举行会议和提起法律诉讼。这仍然是一场正在进行中的斗争，有一系列诉讼案件在希腊和欧洲法院审理。到目前为止，希腊国务委员会或欧洲高级法院审理的这些案件都对当地社区和非政府组织有利，要求中止所有施工工作，并对项目进行环境评估，以探讨对该地区环境的累积影响。[87]此外，他们要求对色萨利地区的发展模式及其与引水项目的关系进行研究。[88]在接下来的二十年里，法律纠纷持续不断。自2005年国务院作出决定以来，争议的焦点是，如果国家水资源管理计划没有包含《欧洲水框架指令》（*Water Framework Directive*）的规定内容，那么，任何关于水资源管理和资源开发的环境评估都不可能具有可信度。[89]《欧洲水框架指令》引入了水资源管理的环境和生态维度，[90]并在制定的监管文化中引入和定义了"流域区域""生态状况"和"流域管理计划"等概念，以及评估人类活动环境影响的标准和条件。

公共工程与环境部长约尔戈斯·索弗利亚斯（Yorgos Souflias）试图通过一项法律——所谓的索弗利亚斯法案（3481/2006法案）来绕过国务委员会的决定。[91]索弗利亚斯是新民主党的一名杰出政治家，来自色萨利地区的拉里萨。非政府组织和环保活动家认为他的立法措施是为了让他的故乡——色萨利地区拉里萨平原的当地农民谋取利益。由于这项法律的制定是基于对经济和农业发展的狭隘理解，同时又推广了一种对于环境来说并不完整且有误导性的理解，所以受到了批评，被认为是一种偏袒和裙带关系的行为。索弗利亚斯回应称，该引水项目将有可能在色萨利亚地区的供水量和供水质量方面带来改善。他认为，"引水主要出于水资源供应和环境目的，其次是为了灌溉农田。"[92]索弗利亚斯的政治言论借用了已经在希腊工程界中出现的论点。保守党政府的干预政策在国务委员会引发了一轮新的法律纠纷，这些纠纷在2012年暂时结束。[93]

在21世纪初的公共辩论中，人们既关注该项目的环境影响，也关注它在国家和地区发展中的作用，并将这两个方面的争论融合在一起。希腊技术协会的研究和咨询委员会持续研究这个项目，并于 2005 年在提交给阿刻罗俄斯河流域水资源管理国家会议的报告中宣布，他们认为该项目对于所在区域和整个国家的发展都非常重要，并强调了色萨利在希腊农业中的主导地位。委员会的一些成员认为，该项目将增加农用化学品的使用，从而助长不可持续的农业实践，同时还会由于埃托利亚阿卡纳尼亚地区的环境退化，导致它与毗邻的色萨利之间的发展不平等。[94] 尽管存在反对意见，大多数委员会成员认为该项目将有助于改善国家经济在欧洲和全球经济中的前景，因此支持该项目。[95]

日渐衰落的希腊农业需要额外的推动，而这无法在没有水资源的情况下实现，因为水可以扩大耕地面积，增加新农民的数量，并避免少数地主对农村人口的剥削。[96] 该委员会关注成本问题，并强调将水引入色萨利平原将降低生产成本，因为这将最大限度地减少使用私人钻井和水井的灌溉，这是一种能源密集型的技术解决方案。该委员会明确关注基础设施在推动社会接受方面的作用，以及这一地区农业政策结构性变革的合法化问题，这将引入新的植物品种和作物生产方式。[97] 该委员会在对项目进行环境评估研究后认为，阿刻罗俄斯河提供的水源足以满足埃托利亚阿卡纳尼亚社区的经济、社会和文化活动需求，并且人为干预确保了《欧洲水框架指令》中定义的"生态状况"或"生态潜力"。另一方面，色萨利流域的水源需要大幅的改善，以支持该地区的经济和社会生活，而该地区主要河流皮尼奥斯的水生态恶化是将水从阿刻罗俄斯河上游合法化引入的又一个原因。

像水利环境技术教授约翰·米洛普洛斯（John Mylopoulos）这样的专家支持这种引水工程，他们提倡所谓的"第三条道路"，认为应该尊重现有的基础设施和已经进行的准备工作，将其视为督促规划者和决策者采取现实主义方法的具体实践。他坚持认为，将 6000 万立方米的水资源进行"软"引水应被视为一个环境项目，并将其纳入广泛的发展和农业政策中。这样做的目的是实现农业的根本性变革以及建立可持续农业模式。对于米洛普洛斯来说，这种引水工程应被视为实现向可持续农业转变的必要条件。[98]

阿刻罗俄斯河水资源的争端引起了希腊社区、国家政治界和知识社群的分歧，并在希腊的发展政治以及国家对现代性的理解和构建中产生了深远的影响。

本章小结

阿刻罗俄斯河的资源空间在希腊公共领域中一直备受争议，并成为国家和地区新闻的头条。阿刻罗俄斯河的案例在希腊国家水资源管理政治中具有重要的象征意义。在第二次世界大战后的希腊，河流为国家能源政策和发展提供了重要的水利资源。工程师们如何看待公共自然资源、如何定义和配置国家政策优先事项等，是受到多方面影响的，包括他们所属机构和社会的合法性、他们的职业理想以及将他们置于公共事务中心的技术官僚主义思想等。[99]

阿刻罗俄斯河的资源空间配置是一场关于定义国家和区域发展方式和手段的斗争，其中涉及地区和主权国家权力之间的边界。阿刻罗俄斯河被定义为国家公共自然资源，同时又是区域资源，因此，阿刻罗俄斯河流域的水资源管理问题或被视为国家问题，或被视为地方问题。工程师们优先考虑了河流的水利潜力以及其在国家电力系统中的贡献，从而促进国家的经济增长。由于缺乏统一的全国性水资源管理政策，工程师们成为 PPC 在利用和开发河流能源潜力方面设置议程的人。鉴于缺乏中央组织的国家政策，专业工程师和经济学家通过他们富有远见的计划、个人倡议以及参与技术基础设施政治来定义问题、合法化最优解决方案，并配置国家政策。

阿刻罗俄斯河的故事不仅仅是一段地方历史。在希腊和色萨利的发展和现代化过程中出现的不同意识形态和概念影响着基础设施政策和技术设计。同时，关于国家"发展"和"增长"的表述方式与河流"资源空间"

的边界共同演变。也就是说，随着国家和地区的发展，人们对于基础设施建设的需求和对于自然资源的利用也在不断变化。这个故事包含了两个主要时期：第一个是战后到20世纪70年代末的时期，大规模基础设施建设是国家政策的一部分，旨在实现国家经济现代化发展。在这个特定时期，将阿刻罗俄斯河视为一种公共自然资源的概念深深根植于发展理念和规模经济中，并与希腊公共电力公司的能源优先事项联系在一起。这是由本地和外国发电站及水利工程师共同制定的一项政策，在法国、西班牙、印度和中国等国家也出现了类似的政策路径。关于国家或地区"发展"的言论塑造了等级制度下的水利政治，并使大规模项目和技术官僚的愿景和身份得到合法化。这些愿景和身份鼓吹无限制地开发自然资源，并表现出人类的傲慢。[100]第二个时期指的是20世纪80年代初，尤其是20世纪90年代，当时民间社会及其联盟专家在发展基础设施政治中发挥了核心作用。工程、能源和水利专家以及非政府组织和生态运动、政治活动家和当地居民等经验丰富的专家划定了阿刻罗俄斯河作为资源空间的边界，并为"发展"和"增长"赋予了新含义。这场公共冲突仍在持续，其中河流、河流流域、平原和环境已经改变并获得了新的动态意义。

第八章

"烟草换原子"：
一个从未建成的反应堆

自 20 世纪 60 年代以来，人们一直在讨论希腊的核未来以及引入核技术以满足不断增长的能源需求。[1]希腊的工程师、科学家、外国顾问、政治家和政治活动家们通力合作，为加布里埃尔·赫克特（Gabrielle Hecht）所说的"核例外论"在希腊的出现创造了条件。[2]赫克特指出，在第二次世界大战之后，西方社会的公共话语认为核能源与其他技术有着根本区别。对于支持者来说，核能的特殊地位与低成本和电力充足的核未来有关——这是一个在资本主义和自由主义背景下的乌托邦承诺。而对于反对者、政治活动家和怀疑论者来说，核能代表着一种持续的灾难性威胁。[3]一些国家和公司却试图把核能宣传为一种可控且安全的技术。赫克特认为，"与许多其他手段一样，核能可以视为一种赋权和剥夺权力的工具。其重要性取决于它的技术政治分布"。[4]她解释说，"核能"在不同国家和地区有所差异，这取决于社会文化和政治背景。不同行为体在核技术方面形成了不同的意义和愿景，并塑造了不同的话语和社会政治议程。

本章讲述了一个发生在冷战时期的"核"反应堆的故事，而故事中的反应堆却从未真正建造过。本章试图阐述从 20 世纪 60 年代到 20 世纪 80 年代初期，本土工程师和原子科学家、外国咨询公司、经济学家、政府官员、政治家、政府部长、抗议者、当地民间人士和生态运动参与者是如何构思、辩论和争议希腊"核能时代"的。在冷战时期，欧洲地缘政治在很多方面影响了希腊的能源政策、规划和愿景。对于许多行为体而言，核愿景在公众话语中的合法化，是实现国家能源自给自足以及在东南地中海（the South-East Mediterranean）和巴尔干地区巩固其地位的必要步骤。另一方面，由于核电站项目的经济可行性受到质疑，外加担忧随之而来的技术依赖和可能造成的社会政治依赖，该项目引起了一定的矛盾情绪和反对意见。对环境和公共卫生的最新关注也影响到了对核电站项目的看法。1979 年美国的三里岛事故（Three Mile Island）和 1981 年 2 月 24 日希腊科林斯湾（Corinthian Gulf）的 6.7 级强烈地震都加剧了这些担忧。这两个事件增强了环保运动以及埃维亚岛卡里斯托斯镇（Karystos）抗议活动的合法性。当时，卡里斯托斯镇被选为希腊第一座核电站的建造地点。在这种背景下，新当选的社会民主主义政府安德烈亚斯·帕潘德里欧取消了核电站的建造计划。放弃这些计划推动了希腊褐煤矿石的开发，并促使希腊更加依赖与邻国的即时电力交换以确保电力供应。有趣的是，就在面临反核批评日益高涨并放弃其核电站计划的同时，希腊却变得更依赖于从邻国保加利亚和其他巴尔干国家进口他们的核电设施生产的电力。[5]

从进口煤炭、石油到本地褐煤：网络、联通和能源流动

在希腊电气化历史上的第一个五十年（1890—1940），其组织和管理特征与欧洲其他国家相似。城市或郊区的电气化照明和电力线路规模都较

小且相对孤立，通常为私人公司或市政公司所有。电力发电基于进口煤炭或石油。直到 20 世纪 60 年代之后，褐煤才开始在发电中发挥重要作用。[6] 1938 年，只有 8% 的发电是源于褐煤。十年后，这一比例增加到 12%。[7] 第二次世界大战后，国家能源计划由 1950 年刚刚成立的公共电力公司负责实施，并在 1948 年至 1958 年的国家重建计划支持下展开。该计划强调要把能源自给自足作为首要任务。最初，来自希腊及外国的工程师和经理们对水力发电产生了兴趣。但到了 20 世纪 60 年代，褐煤成为决定希腊发电体系的主要能源。[8]

1958 年，希腊将 64.3% 的褐煤用于发电。到 20 世纪 70 年代，这一比例增加到 80.9%。由于对进口石油和煤炭的依赖以及水力发电水平相对较低，能源依赖成为 20 世纪 50 年代后的主要问题。在 20 世纪 60 年代和 70 年代，希腊对进口燃料的依赖率高达 75%。[9] 这被认为是一个不利因素，因为它容易使国家在能源危机和地缘政治压力面前变得很脆弱。[10] 1973 年的第一次和 1979 年的第二次石油危机严重影响了希腊的能源系统。值得注意的是，1973 年之后不久，石油危机带来的强大压力迫使希腊政府和民众采取措施来减少对石油的依赖，从而导致电力需求暂时减少了 9%。

第二次石油危机引发的反响和政策从根本上转变了希腊的能源体制，特别是电力体制。因 1979 年石油危机而颁布的产业和国家政策，推动了在爱奥尼亚海和爱琴海寻找石油和天然气资源的计划。国家石油炼油厂有了新的投资，但公共电力公司的主要投资还是集中在褐煤矿上。[11]

追求能源自给自足：20 世纪 60 年代围绕希腊核电站的政策和政治

20 世纪 50 年代是希腊原子和核研究兴起的时期，同时也是希腊原子能委员会成立（1954）的时期，以及核研究中心"德谟克利特斯"的筹备时期。在美国的大力支持以及希腊王室和弗雷德里卡女王（Queen

Frederika）的政治赞助下，核物理学在希腊得以发展。这一发展象征着希腊对现代化的追求和西方价值观在希腊的主导地位。[12]艾森豪威尔的"和平利用原子能计划"得到推广，旨在通过促进工业、技术和科学专业知识的传播，为美国在欧洲建立技术和政治优势奠定基础。[13]作为国家政治的关键人物，弗雷德里卡女王希望核能合法化的想法正好与这一政策相契合。为了对抗共产主义，她与美国政府、国家研究基金会、国际原子能机构以及在欧洲核子研究组织担任重要角色的欧洲主要科学家保持利益和力量的联盟关系。[14]在"德谟克利特斯"研究中心建立和希腊成功加入欧洲核子研究组织（CERN）之际，核原子物理的研究也得以制度化。

　　1963年6月28日，米哈伊尔·安哲罗普洛斯（Mihail Angelopoulos）教授在雅典国立技术大学就"核电站的发展"发表了演讲，弗雷德里卡女王和一些希腊工程师出席了演讲。这场讲座由公共电力公司赞助，该公司当时已经开始考虑在希腊建造核电站的可能性。[15]安哲罗普洛斯毕业于雅典国立理工大学电气和机械工程系，在德国的布伦瑞克（Braunschweig）获得了工程博士学位。他曾在帝国理工学院（the Imperial College）和英国原子能委员会（the UK Atomic Energy Commission）学习，熟悉核能技术。从技术和经济角度全面审视国际形势后，安哲罗普洛斯将目光投向了希腊。他认为，核电站是一种需要持续运转的发电"基站"，希腊的核反应堆容量应该超过150兆瓦，因为希腊现有的火电厂就可以与这一规模的核电站展开"轻松竞争"[16]他坚持认为，随着工业化的发展，对未来十年"本土资源"（如褐煤）的规划，必须覆盖对电力需求的增长预期。[17]他还指出，建造核电站的高成本以及技能型人才的缺乏，使核电站运营困难重重。米哈伊尔·安哲罗普洛斯还认为，更复杂的问题在于要考虑核电站的经济性。如果要建立核电站，就必须建在像雅典这样的大型城市和工业中心附近。这就需要采取额外的防范措施，以确保人民的健康和安全。[18]三年后，著名经济学家兼《新经济》（New Economy）杂志的编辑安吉洛斯·Th. 安哲罗普洛斯（Angelos Th. Angelopoulos）则持相反态度，他并没有优先考虑希腊的主要本土能源——褐煤。Th. 安哲罗普洛斯是一位颇有影响力的中间派知识分子，他对左翼的支持可以追溯到动荡的 20世纪 40 年代。作为希腊规划协会（the Greek Society for Planning）主席，[19] 他发表讲话称，他支持优先发展水电站的建设，但同时也主张建造一座 280—300 兆瓦的核电站，"以填补希腊能源经济中的巨大缺口"。[20]在他看来，核能源的优点显而易见。首先，他估计核电的成本不到传统能源的一半。其次，他认为建造核电站的成本是合理的，在 4000 万美元到4500 万美元之间。Th. 安哲罗普洛斯将此与即将花费 5000 万美元建造的两个褐煤发电机组作对比，这两个褐煤机组总共只能提供 230 兆瓦的电力，低于一个核机组提供的 280 兆瓦。最后，他表示，建造核电站可以为希腊科学界提供一个独特的机会，使其能够快速实质性地发展。[21] 鉴于铀正在成为一种商品，[22]Th. 安哲罗普洛斯认为希腊可以利用竞争激烈的铀市场，从英国、法国或甚至苏联获得优惠的铀供应。而且，他还认为核电站的高能耗并不是问题，只有当希腊的经济工业发展缓慢，国家工业落后而"成为欧洲共同市场（European Common Market）的旅游选择"时，这才是一个问题。[23]Th. 安哲罗普洛斯认为核电站是一项基础设施，可以确保能源供应，巩固希腊在欧洲的经济和外交地位。[24] 鉴于希腊的能源问题"非常紧迫"，他强调希腊必须将其发电能力提高五倍。[25] 这些论点得到了《经济邮报》（*Economic Postman*）的支持，这是一本具有影响力的希腊中间派经济期刊。[26] 友好的公共话语和政治氛围都为核电站的建设营造了相当有利的发展环境。1966 年，工业部部长 I. 图姆巴斯（I. Toumbas）公开支持建立核电站，并建议国家在其运营初期补贴高昂的发电成本。[27]到 1966 年，外国及其工业利益集团已越来越关注希腊的核未来。[28] 为了确保在新兴市场的中心地位，咨询公司、工程承包公司以及核反应堆制造商开展了激烈的竞争。瑞士电瓦特工程公司[29]和博纳德－加德尔

（Bonnard-Gardel），[30] 以及比利时牵引电力公司（Société de Traction et d'Electricité），[31] 提交了关于在希腊建造和运营核电站的建议书。美国制造商通用电气和西屋电气公司对希腊的核电站也极为感兴趣。1967 年 1 月 23 日，通用电气提议建立一座使用浓缩铀和普通水进行冷却和减速的沸水反应堆。[32] 1996 年春季，希腊开始与英国原子能委员会展开谈判。谈判的最终结果是根据英国的设计原则、实践和技术，提出一份在希腊建立核电站的详细方案。[33] 与美国利益集团同期提出的方案有所不同，该方案旨在建立一种英国设计的先进气冷堆。[34] 由希腊和英国的专家组成的联合委员会将进行相关研究。[35] 该委员会将由英国原子能委员会的 K.J. 诺曼（K. J. Norman）担任主席。玛泽（Merz）和麦克莱伦（McLellan）等全球知名咨询公司也将派代表参加。[36] 希腊方面计划派遣来自协调部（The Ministry of Coordination）经济计划中心、公共电力公司和希腊原子能委员会的经济学家和工程专家，组成小组来共同进行相关研究。研究范围是评估希腊能源系统的状况、现有和预期需求、计算传统核电站的成本，以及研究如何将核发电整合到现有的电力生产和传输系统中，并预测核电对国家经济、工业和商业生活的影响。[37]

从军政府到核民主：在政治与技术政治愿景之间

在 20 世纪 60 年代末期，公共电力公司的工程师们对核电站的前景持谨慎态度。因此，该公司对核电站的计划一直含糊其词。[38] 但在军政府执政期间（1967—1974），核电站的讨论和规划逐渐加速，并正式列入公共电力公司的议程。在欧洲冷战的背景下，军政府将核政策视为推动希腊国家主权和政治权力的一部分。军政府延续了弗雷德里卡女王的做法，继续支持希腊原子能委员会。[39] 政府强调通过全面的工业政策和能源政策，实现能源独立、消除技术依赖、打造先进的资本主义经济。[40]

军政府将原子时代的理想视为推进民族主义和军国主义意识形态的手段。到 1968 年 8 月，军政府制定了一项计划，将国家研究中心"德谟克利特斯"的实验性核反应堆从 1 兆瓦增加到 5 兆瓦。该项目于三年后的 1971 年 11 月完成，庆祝活动此起彼伏。[41]希腊原子能委员会得到了资金和资源的支持，通过面向年轻物理学家的教育计划，来推进原子时代的理想。[42]在 1967 年到 1974 年间，举办了多个教育研讨会和会议，同时，1000 余名希腊科学家和工程师前往具有核设施的国家进行教育访问。[43]希腊政府对核反应堆日益增加的兴趣，也引起了来自美国、英国和意大利的政府及公司的关注，他们希望参与希腊第一座核电站的咨询和建造业务中。[44]1969年上半年，希腊原子能协会和公共电力公司希望与英国原子能委员会进一步讨论在希腊建造核反应堆的问题。[45]

同时，政府开始在公众中宣传国家的自然资源能够自给自足，特别强调了在希腊境内已勘探到铀矿资源。1968 年，在基尔基斯镇（Kilkis）附近进行了探矿。1970 年 4 月，联合国开发计划署（Development Progr-ammes of the United Nations）的专家访问希腊，与希腊原子能委员会的代表会面并讨论了希腊铀矿开采的前景。最初的谈判结果是，希腊和联合国就在希腊寻找铀矿床的调查研究项目上达成了一致，该项目由联合国提供资金支持，总额为 50 万美元。[46]1972 年 6 月 18 日的《马其顿报》（*Macedonia*）报道称，国家核研究中心"德谟克利特斯"的科学家、国家地质研究所和其他研究机构的科学家在一次联合会议上，计划了一项在东马其顿和塞雷地区开展铀矿研究的项目。《马其顿报》于 1979 年 9 月 9 日声称："在塞雷发现的纯铀达到 1000 吨。"据估计，这足以支撑计划中的 600—700 兆瓦铀核电站运行 25—30 年。[47]

1972 年 1 月，公共电力公司总裁 P. 德姆普洛斯（P. Demopoulos）提出了一项长期计划，其中包括将于 1980 年引入核电站。[48]在军政府时期，围绕核能的乌托邦主义达到了顶峰。到 1972 年 6 月，公共电力公司提出了

到 1991 年安装 8 个 600 兆瓦核机组的宏伟计划，并在 1993 年至 2000 年
间再安装 6 个功率为前者十倍（每个 6000 兆瓦）的核机组。为了让公民
支持公共电力公司贷款，在一次新闻发布会上，总裁德姆普洛斯和副总裁
G. 潘塔佐普洛斯（G. Pantazopoulos）表示，核电站的技术顾问和选址将
在 1972 年年底之前确定。他们还补充说，将通过国际竞争方式最终确定核
电站的建设。在同一时期，人们对铀矿石的发现也寄予了厚望。据公共电
力公司工作人员称，铀矿的初步探寻结果"非常令人鼓舞"，探矿工作已经
进入"第二阶段"。[49] 为了让公共电力公司能够保障国家能源安全，德姆
普洛斯和潘塔佐普洛斯在宣布公司核能规划的同时，还宣布希腊与南斯拉
夫（Yugoslavia）之间的电力交换将翻倍，以及将其互联电压从 150 千伏
提高到 400 千伏。他们还提到了将通过研究，将一条 400 千伏的线路连接
到保加利亚、意大利和土耳其的电力网上。[50]

在制定国家基础设施发展计划的同时，公布跨国电力基础设施计划
是一件有意义的事情。这样的公告可以增强希腊在跨国基础设施建设中的
谈判能力，同时加强民族主义意识形态，这是军政府的核心所在。由于
独裁政府在希腊和西欧缺乏合法性，它宣布这些计划的目的是希望得到
国际和国内支持。这些计划既承诺通过核电站实现国家电力充沛，还承
诺进行跨国基础设施的连接。在 1972 年 9 月举行的塞萨洛尼基国际博览
会（Thessaloniki International Fair）上，潘塔佐普洛斯宣布将在 1981
年前建造一个 600 兆瓦的核电站。为了让这听起来更有说服力，公共电
力公司展览室的中心展品是一个核电装置的模型，模拟了布伦斯比特尔
[Brunsbuttel，位于德国汉堡（Hamburg）附近] 的 800 兆瓦克拉福特沃
克（Kraftwerke）核电站。[51] 1971 年，德姆普洛斯设立了核能办公室。
1972 年，希腊原子能委员会宣布了一些大胆的核计划，其中包括到 1990
年核电站将提供 4.2 万兆瓦的电力等。这些计划与同年公共电力公司宣布的
计划相似。在 20 世纪 60 年代末和 70 年代初，通过所谓"烟草交换原子

的谈判"，军政府试图获得一座核电站。1971 年，他们把 4 万吨烟草提供给英国，希望换取一座即将在 1974 年完工的核电站，但英国烟草业对此不感兴趣，因此军政府的这项提议很快就被否决了。有意思的是，苏联对此表示有兴趣，但希腊军政府没有与其开展谈判。[52]

在独裁政权倒台后，由康斯坦丁诺斯·卡拉曼利斯和乔治斯·拉利斯（Georgios Rallis）领导的保守派当选，他们对希腊核电站的计划有了进一步考虑。1975 年 7 月，第一届卡拉曼利斯政府成立了国家能源委员会（the National Energy Council），并邀请麻省理工学院（MIT）教授埃利亚斯·吉夫托普洛斯（Elias Gyftopoulos）[53] 担任委员会主席，并就能源问题提出建议。吉夫托普洛斯认为，核能发电的成本将比传统发电低 30%—40%。他预计，未来技术科学的进步将使得核电站发电的成本比燃煤发电低 20%—25%。同时，技术的进步也会降低风险。吉夫托普洛斯认为，尽管对反应堆技术和核燃料的依赖是大多数国家的主要关注点，但没有理由担心垄断利益会威胁到国家主权。[54] 1976 年，公共电力公司将核反应堆的计划纳入了十年发展计划中。该核设施原定于 1986 年投入运行。

保守派政府的计划引起了外国的兴趣，这些国家都在寻求机会来推动其地缘政治议程和商业利益。1977 年 10 月，在工业部部长康斯坦丁诺斯·科诺法戈斯（Konstantinos Konofagos）访问法国期间，法国当局表示有兴趣参与希腊的核计划。[55] 1979 年 7 月，法国总理雷蒙德·巴尔（Raymond Barre）访问雅典期间也对希腊政府施加了压力。在与卡拉曼利斯总理的会晤中，巴尔称赞了自己国家的核计划，并主张希腊应该投资 600 兆瓦的小型核反应堆，而不是 900 兆瓦或 1200 兆瓦的大型反应堆。[56] 卡拉曼利斯总理透露，他将与法国总统瓦莱里·吉斯卡尔·德斯坦（Valery Giscard d'Estaing）讨论这个问题。为了争取加入欧洲共同体，卡拉曼利斯总理也和德国总理赫尔穆特·施密特（Helmut Schmidt）、法国总统德斯坦商讨了建造核电站的计划。[57] 德斯坦总统在推动法国与希腊之间的合作方面，非常积极。法国彼施涅（Pechiney）公司推荐了 10 个核电站的选址，该公司在科林斯湾的铝制品厂自 1960 年开始运营以来，一直是希腊最大的电力消费者。[58]

最终，一家美国咨询公司真正参与了核电站选址的工作。1980 年，在赢得国际竞标之后，美国电气债券和股份公司与希腊公共电力公司签署了价值 530 万美元的合同，内容包括确定核电站选址并提供相关咨询服务等。[59]虽然不清楚美国电气债券和股份公司最早是什么时候参与此项目的，但早在 1976 年，希腊南部埃菲亚的卡里斯托斯镇（距离雅典 70 千米）就已成为安装 1000 兆瓦核电站的最合适场地。该咨询公司进行了地质、地球物理、地震学、人口统计、水生态学、生态学和电力系统等方面的调查，必要时还进行了勘探钻探，以提供证据充足的选址评估。希腊公共电力公司将从美国电气债券和股份公司提供的选址名单中进行选择。埃万格洛斯·库伦比斯（Evangelos Kouloumbis）是杰出的工程师、希腊技术协会（该协会是希腊工程师的职业协会）的主席。1982 年，他担任了安德烈亚斯·帕潘德里欧民粹主义政府的能源部部长。在一篇回忆录中，库伦比斯提到，他在其部长办公室里发现了一份美国电气债券和股份公司关于选址过程的秘密报告。据库伦比斯所述，美国电气债券和股份公司选了 10 个可能的核电站位置，均远离希腊北部边界，位于奥林匹斯山（Olympus）下，最南至伯罗奔尼撒半岛。它们也都尽可能远离城市中心和高烈度地震活动区域。[60]最初的名单包括 5 个地点：第一个地点在埃菲亚（在相关报告中编码为 ES-1-2），位于该岛极东南海岸线上，靠近卡菲雷奥斯海峡（the Strait of Kafireos）和卡里斯托斯镇；第二个地点在拉科尼亚（Lakonia）（LA-9A），位于马里阿角（Cape Maleas）西部约 5 千米处；第三个地点在伊利亚（Ilia），位于坎德隆水库（Kendron Reservoir）西北约 3 千米处（PK-1）；第 4 个地点在阿卡狄亚，位于达夫尼（Dafni）东南约 3 千米处（PC-2）；第 5 个地点距离拉里萨市 18 千米（LR-2）。希腊公共电力公司决定用拉科尼亚的一个场址（LA-7）代替拉里萨附近的场址，该位置距离阿奇洛斯（Archagelos）仅 2 千米；用第二个位于曼杜迪（Mandudi）北部 3.5 千米的埃菲亚场址（EN-5）取代伊利亚的场址（PK-1）。[61] 这样一来，卡里斯托斯镇成了潜在核电站的焦点，因此引发了抗议和示威活动。而对美国电气债券和股份公司来说，这是最合适的地点。[62]

在其报告中，美国电气债券和股份公司再三保证，"希腊有一些适合建设核电站的地区，而且具备防御能力"。[63] 这句话得到了保守派政府成员的共鸣。[64] 他们认为，鉴于国际上已经有足够的核能经验，并且其他巴尔干国家正在走向自己的核未来，希腊必须走上核能之路，以确保其地缘政治地位和满足能源需求。[65] 然而，一些专家团体并不认同这种乐观的观点，而且这些计划已经受到了市民的担忧、紧张和反对声音的破坏，特别是在卡里斯托斯镇。政治和意识形态的变化、政治活动和缺乏专家之间的共识，都是导致取消核反应堆计划和希腊核计划的原因。

在公众的争议、对抗和动荡中：从专家政治到国家政治

专家行动：围绕核电站和政策的辩论

在 20 世纪 70 年代下半叶，核电站引发了激烈的争议，各种学科的工程师和科学家参与了公开讨论。在 1972 年石油危机之后，为了在未来的能源危机中做出贡献，各个专业科学协会举办了研讨会、座谈会、会议等公共活动，公开宣传他们的观点。希腊技术协会、希腊物理学家协会（the Association of Greek Physicists）、希腊核科学家协会（the Association of Greek Nuclear Scientists）、希腊原子能委员会和泛希腊生物学家协会（the Panhellenic Association of Biologists）等机构和专业团体，都参与了公开辩论。批评者的观点削弱了公众对核电站的热情，同时也给卡里斯托

斯当地的抗议活动提供了重要支持。

希腊技术协会原则上并不反对核反应堆的建设，但指出当地条件会增加不确定性和风险。首先，技术协会强调希腊在水利资源开发方面进展缓慢，因为希腊仅利用了 16% 的水资源。1977 年，技术协会开始怀疑核能是否能降低能源成本，并认为任何有关核未来的决定都将进一步增加希腊对美国军事和工业利益的技术依赖。考虑到该地区的地理和地缘政治情况，以及最近与土耳其在塞浦路斯问题上的冲突，希腊工程师协会的官方机构还指出了在事故和战争冲突中管理核废料或核泄漏的不确定性。协会代表认为，预计的成本将超过其支持者的预估范围，同时，600 兆瓦或 1000 兆瓦的核电站将过于庞大，大量的投资可能最终无法得到充分利用。[66]

当时，技术协会希望在制定能源政策方面发挥更大的作用，因此于 1977 年组织了一场关键性会议，会议主题为"希腊当前的能源问题"。[67] 在名为"碳氢化合物或核能源"的圆桌讨论会上，[68] 多个科学团体发表了自己的观点，包括"为人类服务的物理学"科学家小组、技术协会环境问题常设委员会（the Technical Chamber's Permanent Committee on the Environment）、希腊核科学家联盟（the Union of Greek Nuclear Scientists）以及公共电力公司的代表。"为人类服务的物理学"小组基于核能源的经济和社会风险的国际经验，反对在希腊建造核电站。针对希腊这个案例，该小组提到了一项 1976 年的研究，该研究估计希腊核电站建设成本将高出 30%，因为需要额外费用来传授技术并培训技术人员。如果核电站要建在地下，成本可能会更高。但该小组认为，如果在政治不稳定的地区建设核电站，就有必要将其置于地下。[69]

该小组提出的有关核电站提供的能源在国家能源中所占比例的论点也值得特别关注。他们认为核反应堆的容量不能少于 1000 兆瓦，因为根据国际经验，即使是 600 兆瓦的反应堆，它的建设、运营和维护成本都非常高，超过了其发电所能带来的经济收益。因此，从经济角度来看，这样的核反应堆是不可持续的，可能会导致财务困境或亏损。基于现有的预测，该小组估计，所需规模的核反应堆将在 1985 年覆盖希腊电力系统整体预估容量的 15%。这是非常高的比例，也就意味着需要大量投资来定期维护发电设施或其他设备。[70]该反核小组认为，在依靠核能源发电的国家中，核能源覆盖电力的比例远远低于 15%。[71]综上所述，"为人类服务的物理学"小组的报告从分析核能源开始，以推荐研究替代能源结束。他们称这些替代能源适合希腊的气候和地理环境。[72]

希腊的地震活动频繁，这成为当时反核阵营的一个关键论据。根据外国的经验和标准，核电站应该建在远离城市中心的地方。在 1977 年的会议上，技术协会环境问题常设委员会指出，"很难在希腊找到一个不受地震影响且足够远离城市中心的地方"。[73]委员会表达了技术协会内既定的观点，指出如果发生事故，放射性物质会很容易且迅速地扩散到希腊的城市中心。特别是对于卡里斯托斯镇来说尤其如此，因为这里靠近希腊的大城市，核泄漏会威胁到希腊三分之一的人口。[74]

支持核电站的小组利用现有核国家的信息和经验表明，经过国际比较后得到的结果有利于希腊核电站的建设。支持核能和促进新核电站建设的主要力量是希腊核科学家联盟，这是一个由工程师、生物学家、物理学家、医生和农业科学家组成的科学机构。该联盟希望在能源政策制定，特别是在核电站的决策过程中起着更大的作用。希腊核科学家联盟引用了一个广为流传的国际报告——拉斯穆森报告（the Rasmussen Report）。报告列出了个人在一年内遭受事故的可能性：汽车事故为 1/4000，火灾为 1/25000，飞机坠毁为 1/100000，雷击为 1/2000000，而核事故的可能性被计算为 1/5000000000。[75]该联盟试图打破反核派的观点，即强调核邻国有可能会非法流通走私的核材料，希腊则可能成为窃取核材料的目标。[76]而公共电力公司的代表 K. 卡萨波格鲁（K. Kasapoglou）则强调邻国就是能源政策应用的典范。他指出："希腊在 1986 年之前引入核机组的这一目标并非不成熟，因为比希腊富裕或资源相当的国家已经拥有或将会在 1986 年之前建设核电站，比如南斯拉夫、保加利亚和土耳其。"卡萨波格鲁提到了公共电力公司的一项研究，该研究表明，接入核电站后，希腊电网可以保持稳定运营并能够吸收 7% 的额外电力，这意味着 600 兆瓦的核电站可以安全地并入希腊的电力网络中。[77]

1978 年 2 月，希腊核科学家联盟组织了一次关于核反应堆的公开讨论。支持建立核反应堆的联盟成员抱怨政府程序过于模糊和过于谨慎，以及联盟被排除在决策过程之外或边缘化的情况。[78] 在这次公开讨论中，该联盟的主席 Chr. 马尔科普洛斯（Chr. Markopoulos）提出应该调查希腊现有的矿产资源并绘制资源地图，为能源政策的组织和系统化奠定基础。他提出了一种在技术上更先进的反应堆，并且在浓缩过程中不需要额外的开销。[79]

1980 年，希腊核科学家联盟又组织了一次类似的会议，邀请了专业团体、科学家和专家参会。[80] 但由于与会者大部分是由亲核派成员组成，因此它被指责存在故意避开反核派（比如希腊物理学家协会）的嫌疑。与会者们一致认为，褐煤和核能才是解决希腊能源需求的方案。尽管大家都认为建立核反应堆是最佳的能源解决方案，但在其建造的条件方面，大家还存在着不同意见。演讲者们关注的话题包括国家的能源需求、反应堆类型以及希腊所拥有的科技人才在建设技术方面所发挥的作用等。一些权威专家（如前面提到的雅典国立技术大学的核物理技术教授 M. 安哲罗普洛斯）认为，希腊有必要发展核电站。当然，扩大国家能源结构将会带来技术依赖的弊端，这是在所难免的。

在反核派缺席的情况下，技术协会主席库伦比斯似乎是较为谨慎和矛盾的与会者之一。虽然他没有对建立核电站提出质疑或批评，但他坚持认为这只有在特定条件、严格的法律和制度背景下才能实现。库伦比斯强调，利用本地的工程人才专家而不是咨询美国顾问，是避免技术依赖的关键。这是对公共电力公司和希腊政府直截了当的批评，他们就曾依赖像美国电气债券和股份公司这样的外国咨询公司来确定核电站的地点以及评估核电站的技术。在这个问题上，希腊核科学家联盟主席 A. 马尔科普洛斯认为，因为很少针对技术开展研究，所以才会缺乏能够规划和设计核反应堆的专家。他认为这是领导力的问题，包括管理和政治问题，并把批评的矛头指向那些领导"德谟克利特斯"核研究中心及其项目的人。他认为，该中心对纯科学和应用科学严格区分，虽然重视纯科学并取得了成功，但他们完全忽略了更具实用性或技术性的研究，而这些研究可以使国家能够基于本土专业人士制定政策。[81]

由于当时正值核能发展的关键时期，1980 年的这次会议成为一个重要的论坛，旨在重新确认建设核电站的必要性和适当性。然而，三哩岛事故改变了人们对核电站计划的态度，动摇了人们的信心，使人们开始关注核能基础设施的不确定性和脆弱性等，更突出了安全问题。罗格斯大学（Rutgers University）工程学教授埃夫斯塔蒂奥斯·L. 布罗迪莫斯（Efstathios L. Bourodimos）在公开声明和事故分析中称，大西洋彼岸的事故将成为国家政策变化的起点。在他看来，像希腊这样地震频发的国家，没有任何专家能够设计和规划一座安全的核电站。小的机械故障和失灵可能会导致大规模的污染和灾难。尤其是在美国发生核电站事故之后，大家需要重新考虑核能源的道德、社会和政治影响，而不是仅仅寄希望于核能源的发展，同时也不能因为过度自信而忽略核能源可能存在的风险和问题。他认为，这次事故进一步证明了核电站运营的巨大风险。[82]

从地方抗议到国家政治

在专家们就希腊是否应该采用核能源进行争论时，公民团体和生态团体制定了一种更加关注当地社区和环境的保护策略。20 世纪 70 年代末和80 年代初，希腊出现了一系列公众反应和抗议活动。针对环境恶化的问题，当地居民反对建立对环境有害的工厂、石化厂或化石燃料电站。早期环境运动所催生的公共讨论，主要强调地方因素并侧重讨论本地社区环境和自然环境。卡里斯托斯市的人民斗争就是一个典型的例子。[83]当地人们对美国咨询公司电气债券和股份公司核电站选址的消息表示强烈的担忧，并逐渐将地方抗议升级到全国范围。关于在卡里斯托斯建造核电站计划的"噪音"很快变得喧闹无比。1977 年 5 月 15 日在卡里斯托斯中央广场聚集的数千人不仅来自埃菲亚，还包括政治党派选出的议员。卡里斯托斯市长 Avg. 萨拉瓦诺斯（Avg. Saravanos）在讲话中警告说："希腊将会变得依赖那个建造核反应堆并向希腊出售核反应堆的国家。"[84]接下来的四年里，还发生了几次集会。1978 年 5 月 28 日星期日，一个来自埃菲亚但居住在雅典的俱乐部主席在演讲中谴责核电厂为"军政府计划"。[85]最后一次卡里斯托斯会议于 1981 年 5 月 3 日星期日举行。卡里斯托斯市民在这次会议上抗议建设核电站，他们"挥舞着黑旗，不停地敲钟"。[86]卡里斯托斯市长迪米特里斯·查兹尼科利斯（Dimitris Chatzinikolis）发表了重要讲话。他在讲话中要求政府正式宣布不再建造核电站。他的讲话得到埃菲亚的其他小镇以及拿索斯基克拉泽斯群岛（Cycladic island）的市长们的支持。[87]保守党、主要反对党（当时是帕潘德里欧的党派）和其他政党的代表也在场。[88]

虽然像市长查兹尼科利斯和他的卡里斯托斯市民那样坚决反对核电站的人不多，但坚定支持核电站的人更少。亲苏联的共产党并不完全反对核能。1976 年至 1977 年期间，《激进者》（*Rizospastis*）发表了几篇支持埃菲亚抗议活动的文章，但同时也指出共产党将支持按照苏联模式发展核能源。但这种模式并不适用于卡里斯托斯核电站，因此该党不能为其辩护。亲苏联的共产党反对私人和私人公司建设核电站。该党认为，由私人公司建设的反应堆将增加技术风险，这是一个重大缺陷。而苏联设计和建造的反应堆在技术、道德和政治上是合适的，是一种安全的技术。[89]

亲西方的共产党规模较小，但在知识分子和工程科学界享有一定的声誉，他们普遍持反对核能源的立场。该组织的成员致力于推动希腊采用可持续的、不会对环境和人类健康造成威胁的能源替代方案，而不是仅仅从西方或东方选取核反应堆。帕潘德里欧的民粹社会党成员并不明确反对核电站，但也不急于支持它。1981年2月24日，希腊首都发生了一次里氏6.7级的地震，地震的震中位于哈尔西恩岛屿（Halcyon islands）附近，距离雅典77千米，而卡里斯托斯位于雅典东边，也是距离雅典77千米。在这次地震后，情况发生了剧变。尽管发生了地震，保守党政府仍保持对核电站强有力的政治立场。对于地震引发的担忧，保守党的工业和能源部部长斯特凡诺斯·马诺斯（Stephanos Manos）在一个月后辩称"尽管发生了地震，但公共电力公司还是将建造600兆瓦的核电站"。[90]他坚称，由于大都市的建筑物并未受到这次强烈地震的影响，所以很难支持任何关于未来电站脆弱性的论点。这种观点得到了EBASCO希腊分公司的支持。[91]

在卡里斯托斯的抗议活动和1977年技术协会会议上的反核论点的共同影响下，希腊很快就放弃了核电站计划。[92]保守派政府受到反对党领袖的强烈批评，反对党议员接连发言，认为国家没有做好应对强烈地震的准备。帕潘德里欧指出，"欧洲50%的地震能量是在希腊释放的"，随后他提出政府应该辞职。在地震之后，希腊的混乱局面为反对党领袖提供了一个为自己的政治议程争取更多支持的机会。在选举获得压倒性胜利的几个月前，帕潘德里欧抓住机会，从议程中删除了这个可能使他陷入与保守党政府一样的困境的问题。1981年3月14日，帕潘德里欧在议会演讲中，提出以下观点：

> 我们还想表明我们对另一个问题的立场。希腊地震频发，这非常危险。因此，建造核反应堆对国家来说不是理想的路径。不仅是反应堆的问题，废料也是一个问题。希腊应该在哪里建设核电站？我想知道答案……无论如何，我认为希腊都应该同意以下

立场：反对核反应堆，反对核电站。[93]

1981年秋季，帕潘德里欧赢得了选举。希腊公共电力公司的600兆瓦热核装置包含在该公司1981年8月宣布的"1981—1985—1990计划"之中。1982年9月，公共电力公司宣布了下一个计划（1983—1987—1992），其中已不再包含热核装置。[94]

本章小结

本章介绍了希腊未能实现的核电站计划，并深入剖析了这不完整的转型和这一失败的项目在政治、意识形态和文化方面所产生的深远影响。[95]希腊的核计划历经多个阶段，从最初的概念构想到后来的政治解体。在这些不同阶段中，希腊的核能发展与政治权力、政府和希腊国家的意识形态相互影响。希腊的"核例外主义"观念源于冷战时期东南地中海地区的政治和社会环境。对于20世纪60年代的保守派和中间派政府来说，将核能源整合到国家能源结构中，是一个能源经济问题。军政府试图将核电站纳入其能源议程，将核电站看作是实现国家自给自足的手段，同时也看作是国家能在东南地中海地缘政治中拥有一席之地的方式。民族主义与政治的核能愿景融为一体，旨在通过使用核能，以低成本实现能源供应和自给自足的目标。

在20世纪70年代后期，为了应对1973年和1979年的能源危机，同时期望希腊能加入欧洲共同体，保守派总理卡拉曼利斯将有关核能源的选择纳入其议程。然而，随着时代的变迁和人们对核能发电的认识逐渐加深，继保守派之后的民粹主义社会党政府对待核安全尤其谨慎，加上当地抗议活动不断升级，专家、科学家和工程师开始担心核能发电的危险性。更重要的是，一次强烈的地震进一步加深了公众对于核能的质疑，认为核能发电存在危险。

20 世纪 60 年代，技术主义的决定论进一步充实了有关自给自足和主权的论述，并将大规模技术与"进步"和增长联系起来。这在冷战时期的欧洲多个国家，包括丹麦、法国和英国也是如此。在法国和英国，军事目的在很大程度上影响了政策、愿景和言论。[96] 在希腊，有一些工程师和科学家在公共政策的技术层面上，强调核能在未来的重要性，将核能构建和描绘成可以成为该国能源自给自足的一种可选项，甚至是最优选择。希腊和外国专家将建立核反应堆视为一个与能源相关的问题。基于此，他们的公共话语、论据和推理都强调了核电站的经济性和其在电力系统和能源体系中的整合性。在 20 世纪 60 年代和 70 年代，任何公共或准公共的争论都与核能的经济和政治问题有关，而不是与风险问题有关。20 世纪 70 年代，在公众话语中，开始出现了对环境问题的担忧，以及对核电站的新认识——它对自然和人类都有极高危害，这些认识既是作为工程标准的一部分来警示人们，也成为反对建造核电站的政治行动理由。市民们就核能问题展开了激烈的辩论和抗议，特别是来自卡里斯托斯的人们发起了最为积极的反对行动，这些行动有效地塑造了公众对于核能的观念，让公众认识到了核能可能带来的不确定性、风险和危险。

虽然政治行动并非取消计划的唯一原因，但这些行动使得希腊社会大部分人都认为核能发电不是可行的解决方案，这是因为政治方面已经将核能发电非法化，即政府或相关机构通过法律或政策的方式禁止或限制了核能发电在希腊的使用。在希腊重组能源结构的时期，取消在卡里斯托斯建造核电站的计划，实际上是取消了希腊任何形式的核计划。希腊的核能发电项目与其他能源项目存在很多重叠的部分，比如大规模褐煤发电厂的建设、与北部邻国进行的电力互联以及通过跨国网络与欧洲其他地区的电力互联等。讽刺的是，尽管将建造核电站的计划看作非法，希腊还是间接地成为一个核国家，因为它重要的电力输入源自保加利亚的核电站。

希腊取消核反应堆计划的故事与丹麦的核计划有着惊人的相似点和不同之处。在丹麦，环保运动和社会持续反对该项目，加上丹麦社会民主党逐渐反对核能的立场，这些全都导致了自 20 世纪 80 年代中期以来，核能计划完全从所有能源规划中消失了。丹麦的政策鼓励使用可再生能源，尤其是风能，而希腊的政策则更加倾向于使用煤炭能源，主要是燃烧褐煤。丹麦政策的制定反映了该国利用可再生能源的传统和文化，而希腊的政策则开辟了一条不同的能源道路。[97]

第九章

希腊计算机技术的传播

本章研究了 20 世纪 80 年代计算机知识管理过程的各个方面，主要涉及识别、构建、评估和共享 20 世纪 80 年代希腊社会专家或其他用户所掌握的计算机知识。具体而言，本章详细展示了希腊计算机技术期刊在这一时期如何推广特定且可追溯历史的计算机使用标准，以及如何调解促进这些标准的确立，并努力使用户从计算机知识中获益。希腊计算机技术期刊的发展孕育了一个充满活力的社群，其中涵盖了数十种期刊。这个社群使他们能够互相交流、分享知识，并在使用微型计算机方面形成了身份认同和规范。无论是从商业角度、科学研究、娱乐游戏还是个人学习或教育，这些期刊都为用户提供了丰富的信息资源，帮助他们更好地利用微型计算机。[1]因此，本章将计算机技术期刊视为家用微型计算机使用和相关计算机知识管理的核心要素。[2]

最近的计算技术历史研究关注分析普通用户如何与塑造现代社会的多重社会、技术和政治发展进行合作和对话。[3]其他研究则将计算机技术期刊报刊与计算机爱好者文化的形成联系起来。[4]虽然在许多国家，关于计算机技术史的专著和论文都备受关注，但希腊直到最近才出现了有关计算机使用历史的研究。[5]本章主要关注计算机期刊中关于家用微型计算机的使用和用户问题的内容。然而，关于把计算机知识转化为更易分享和理解的形式并加强计算机的具体使用方面，现有研究仍存在不足。对于希腊来说，这个转化过程至关重要，因为其他国家在计算机领域拥有一定的支持和资源，如国家层面的计算机扫盲计划、小学或中学的计算机教育计划、计算机制造商或经销商提供的官方支持服务、充分的用户文档或组织良好的用户社区等，而在希腊，缺乏类似的支持和资源。[6]本章将探讨在 1980年至 1990 年期间出版的计算机技术期刊与特定的、可识别的使用标准和管理知识之间的关系，重点关注个人计算机的一个子类别，即所谓的家用微型计算机。

"家用微型计算机"这个术语需要从历史角度进行解释。在 20 世纪 70年代末，美国的苹果（Apple）、康懋达（Commodore）和美国坦迪睿侠（Tandy RadioShack）公司开始向市场销售廉价的微型计算机，这个市场的覆盖范围扩大到了家庭（这就是"家用"这一术语的来源）、教育行业和小型企业。有趣的是，虽然这些计算机与随后的机型兼容性很差，但这些新机器在没有计算机使用经验的用户中获得了热烈的支持。1981 年，国际商业机器公司（IBM）进入微型计算机业务，促使个人电脑平台逐渐统一，并引发了个人电脑克隆产品（即 IBM 个人电脑兼容机）的激增。[7]兼容机的价格比英国一些小型计算机制造商生产的家用微型计算机更昂贵。这些制造商包含英国的艾康计算机有限公司（Acorn Computers Ltd）、阿姆斯特拉德（Amstrad）、辛克莱研究公司（Sinclair Research）、神龙数据（Dragon Data）、格兰迪业务系统（Grundy Business Systems）、木星坎塔布（Jupiter Cantab）和奥睿克 / 橘子电脑（Oric Int'l / Tangerine）等。20 世纪 80 年代初，希腊用户第一次接触了家用微型计算机，也是第一次应用了个人电脑技术。

在这个新兴的社会技术环境中，计算机技术期刊开始传授计算机使用知识，并通过与用户和读者的交流沟通逐渐形成了一些使用标准。在希腊，这些用户和读者也积极参与了期刊内容的塑造过程。对 20 世纪 80 年代希腊计算机技术期刊开展研究，将有特别重要的意义，因为它们不仅详细阐述了具体且明确的计算机使用标准，还推动了这些标准的发展。期刊的编辑们还自愿塑造、传播和普及使用家用微型计算机所需的计算机知识。本章通过关注计算机软件的"实验"和"修改"，来研究计算机期刊是如何推广计算机的使用的。计算机技术期刊使希腊用户在实际操作和文化认知方面更加轻松地运用软件，并且它们也在评估、总结和传播有关家用微型计算机的知识。[8] 通过认识和分析这个过程，可以更全面地了解用户和家用微型计算机技术在 20 世纪 80 年代的历史背景下是如何相互影响的。具体而言，可以深入了解希腊计算机发展中所涉及的相关因素。这些因素包括计算机期刊在传递计算机知识上的核心作用，以及通过实践（如修改软件）等技术活动，和通过传播知识、构建家庭科技文化等社会活动，帮助克服跨国应用家用微型计算机技术所面临的障碍。

20 世纪 80 年代的希腊计算机技术期刊概况

1980 年至 1990 年的十年，是家用微型计算机应用开始兴起、逐渐成熟和最终普及的十年。在此期间，通过发布计算机硬件、软件和外围设备的介绍、评测和广告等内容，印刷出版的期刊成为微型计算机用户获取信息的主要渠道。20 世纪 80 年代初，希腊计算机技术期刊首次发行，旨在满足用户对个人计算技术（尤其是家用微型计算机）信息的需求。计算机印刷公司（Compupress）是希腊一家新成立的出版公司。N. 马努索斯（N. Manousos）是该公司的首席执行官，也是非常受欢迎的期刊《像素》和《计算机大众化》（*Computer for All*）的出版商。他表示，无论是这项技术的用户，还是那些只是想了解其用途和操作方式的用户，对于家用微型计算机的更多、更好信息的需求都在极速上升。[9]

20 世纪 70 年代中后期，美国开始出现关于个人和家用计算技术的期刊。在 20 世纪 80 年代初期到中期，期刊数量和内容逐渐增加。为了填补第一批微型计算机手册内容不充分和经销商不了解计算机知识等留下的空白，计算机技术期刊迅速有力地传播开来。据大卫·邦内尔（David Bunnell）所述，1975 年只有两种期刊涉及个人和家用计算技术；而到了 1984 年，这类期刊数量已接近 200 种。[10] 1984 年可以视为计算机期刊成熟的一年。个人微型计算机的技术特性和使用标准促进了计算机出版物的兴起：如《个人计算》（*Personal Computing*）和《微型计算》（*Microcomputing*）这样内容广泛的期刊，以及专门针对特定机型的期刊，如针对睿侠电脑的《80- 微型计算机》（*80-Micro*）和针对 IBM PC 兼容机的《个人电脑杂志》（*PC Magazine*）。[11]

1982 年，为了满足多种需求，希腊出现了有关个人和家用计算机的期刊。用户渴望通过这些期刊了解这一新领域的信息和知识，希望能够与其他用户分享经验和交流想法。同时，由于家用电脑经销商和其他知识中心未能提供充分一致的官方技术支持，因此用户希望能找到解决计算机故障的方法。此外，一些有远见的个人也希望通过宣传和推广这项计算机技术，来引起大家对计算机更广泛的关注和应用。到 20 世纪 80 年代末，相对规模较小的希腊计算机技术出版社为各类个人和家用微型计算机出版了 27 种期刊。同时，在希腊可买到的国际计算机出版物价格昂贵，也难以找到（特别是在希腊的边远地区），因为它们是不定期进口，而且数量有限。[12] 因此，希腊个人用户不愿购买国际计算机出版物。[13]

计算机期刊的作者和读者几乎全部为男性。在那个时期，家用微型计算机技术并不仅仅面向以男性为主的社区，还包括更广大的受众。实际上，在当时的计算机广告中，经常会使用女性形象来吸引受众的注意。[14] 一项关于期刊内容（特别在相关栏目和用户参与方面）的调查表明，在计算机期刊中存在一种偏向男性的表达方式，并且男性用户在其中的参与程度较高。与英国情况类似，用户社区被明确地编码为男性，但这并非计算机或计算技术本身的固有属性所决定的。[15]这种男性化现象的根源可以归因于希腊社会技术背景的社会属性。在这种情况下，虽然女性未被排除在计算领域之外，但她们会受到性别刻板印象的限制和影响。[16]

没有迹象表明人们会因期刊的购买成本或其他因素而拒绝购买期刊。读者来自不同的社会阶层、职业和地区，这意味着希腊发行的计算机期刊面向广大受众。由于在整个 20 世纪 80 年代，希腊的计算机用户社区并未建立起来，且分布零散，因此无法从特定社会群体（如爱好者、黑客、教师等）中识别出读者或作者的模式。希腊用户渴望学习如何使用微型计算机技术，并相信无论是现在还是将来，他们都可以通过掌握这种技术知识，来改善自己的日常生活。这种信念在不同的社会群体中普遍存在。

随着社会环境和技术环境的不断变化和发展，许多希腊期刊都关注美国国际商用机器公司的个人电脑（PC）兼容机和家用计算机。至少在 20 世纪 80 年代中期，个人计算机的使用领域尚不明确，需要用户提供反馈并协商确定计算机的使用标准。到了 80 年代末期，微型计算机的使用差异变得更加明显，期刊逐渐确立了自己的特点和特色，这反映出微型计算机使用的各个方面得到了整合。针对 20 世纪 80 年代流通的希腊计算机技术期刊的研究显示，这些期刊的内容和读者群呈现出多元化的特点。它们可以归为以下几类。

（1）内容涉及家用个人电脑的期刊。包括各种型号、生产厂商、用户类型（业余爱好者、狂热爱好者、专业人士）以及各种应用类型（娱乐、专业等）。这类期刊有:《微型计算机》（*MICRO*）、《电子与计算机》（*ELECTRONICS & COMPUTER，HΛEKTPONIKH & COMPUTER*）、《计算》（*Computing*）、《像素》《微机狂》（*MicroMad*）和《精灵》（*SPRITE*）等期刊。

（2）专门针对家用电脑和 IBM PC 兼容机的期刊。这些期刊（有时绝对地）强调它们的娱乐用途，其内容主要涵盖电脑游戏的介绍、测试和广告。这类期刊有：《电脑游戏》（*Computer Games*）、*ZZAΠ!*①、《用户》（*USER*）和后来的《个人电脑大师》（*PC MASTER*）等。[17]第一本专门介绍 IBM PC 兼容机娱乐的杂志是昙花一现的《个人电脑休闲》（*PC Leisure*，由 EMAP，即东米德兰兹联合出版公司于 1990 年春季至 1991 年 9 月期间出版），随后是 1993 年的《个人电脑空间》（*PC Zone*）等游戏杂志。

（3）最初将内容分为家用微型电脑和 IBM PC 兼容机的期刊。这些期刊专注于满足 IBM PC 兼容机用户的需求。这类期刊有：《计算机大众化》和《个人电脑大师》等。

（4）面向某个特定品牌（如 Amstrad、Sinclair）家用电脑用户的期刊和这些品牌的企业出版物。这类期刊有：《Amstrad 世界》（*The World of Amstrad*）、《ZX 微论坛》（*ZX Microforum*）和《希腊 Amstrad》（*The Greek Side of Amstrad*）等期刊。

（5）不属于以上任何一类的期刊，它们专注于更广泛的计算机主题，例如《硬件和机器人学》（*Hardware & Robotics*），通过发布清单来传播软件，例如《初级像素》（*Pixel Junior*）、*ΠΙΜ*②，或是只留出很小的篇幅来讨论计算机的期刊，例如《游戏加强版》（*GamePro*）。

希腊期刊的标题中使用了一些罗马字母的外来词，从而产生了混合词汇，例如 *Ηλεκτρονική & Computer*、*Hardware & Ρομποτική* 或 *Computer για Όλους*，而其他一些标题则只使用罗马字母词汇，例如 *Pixel*、*Computing* 或 *RAM* 等。大多数出版期刊在其标题中要么只使用罗马字母词汇，要么是罗马字母和希腊字母的组合词。还有一些标题受到了希腊版国际出版

---

① "*ZZAΠ!*"为一种期刊名，尚无中文译名。

② "*ΠΙΜ*"为一种期刊名，尚无中文译名。

物的启发。*ZZAΠ!* 是 *Zzap!64*① 的希腊语改编版，而 *Zzap!64* 是由英国的纽斯菲尔德出版有限公司（Newsfield Publications Ltd.）出版，专注于 Commodore 64 计算机游戏的杂志。[18] 希腊语版的 "*Zzap!*" 并不是英文版期刊的直接翻译，其中许多内容是针对其他类型的家用计算机，比如 Amstrad、Sinclair 和 Atari。

希腊个人电脑领域的期刊出版有一个重要特点，它们代表了新成立的出版公司、小微企业甚至也包括曾经只出版手册和指南、从事电脑软件生产的电脑商店的新业务方向。这些公司和商店通过期刊的发行来推广自己的产品和服务，为读者提供更多有关个人电脑的内容和资源。希腊早期的计算机期刊并非源自专业人士或大型出版社，而是由业余爱好者发起，因为他们意识到微型计算技术对于非专业人士和专业人士来说都具有潜力。兰布拉基斯出版社集团（Lambrakis Press Group）出版的《内存》（*RAM*）是第一本由老牌出版商推出的计算机技术期刊，于 1988 年 2 月首次出版，比该领域的第一本计算机技术期刊晚了将近六年。[19] 最具代表性的例子是《电脑大众化》和《像素》，它们是该领域历史最久的期刊，也是 20 世纪 80 年代最成功和发行量最大的计算机期刊。这两个期刊并非由知名的出版社出版，而是由新成立的独立技术出版社——计算机印刷有限公司推出。[20] 尽管大多数出版物并非专业期刊，但部分期刊还是受到了希腊计算机用户的欢迎。第 35 期《像素》销售了 2.5 万份（没有数据的订阅未涵盖其中），而其每年的平均发行量为 2.1 万份。[21]

家用计算机编程知识的发布和运用

我有一台 COMMODORE 64，我读五年级，今年 10 岁。用

---

① *Zzap!64* 为一种期刊名，尚无中文译名。

下面这个程序可以让边框的 16 种颜色都闪烁起来。

　　［程序清单……］

　　你怎么看？

　　D. 福蒂诺斯（D. Fotinos）[22]

1985 年,《像素》的读者可以在封面文章"未来一代"的报道中了解到 MSX 电脑（微软 8 位和 16 位主机的通称）刚刚进入希腊的消息。[23] 这则新闻标志着家用微型计算机"未来一代"技术的到来。这篇文章最重要的内容是它构建的思想体系：引领希腊社会走向未来。这种体系是通过计算机技术报刊所创建的公共话语空间来定义的。通过描述和讨论所谓的"未来一代"，来确定家用微型计算机技术的方向和发展。世界各地都存在千禧年主义（Millennialism），①也都有不少关于家用微型计算机的技术预言。在希腊，这些观念和语言都被赋予了积极的含义。[24] 家用计算机技术是否会引发"千禧年"式的希望或恐惧，公众对此并没有争论，因为人们相信家用微型计算机将成为希腊用户进入到所谓"信息社会"的载体，这对所有希腊人都有益。[25]

　　第一代 8 位技术的家用微型计算机都具有以下技术特点：缺乏图形界面；需要手动输入命令；用户界面、键盘和操作系统未适应希腊字母。这些特点促进了家庭技术精通文化（tech-savvy culture）的发展。同时，一些文化因素，如对计算技术的热情、利用新技术塑造更美好未来的希望、对迅速适应计算机技术的渴望等，也促进了这种家庭文化的发展。与国际报道不同，在希腊，家用微型计算机并不是用于学习计算的机器，而是为了满足特定需求和实现公共领域所说的技术预言而存在。[26] "技术精通的文化"一词对莱斯利·哈登（Leslie Haddon）研究中使用的"自我指涉"

---

① 千禧年主义：一种信仰或思想体系，认为在千禧年到来时，将会发生一系列重大的变革或转折点，带来宗教、社会或政治上的新时代。

概念提出了质疑。哈登认为，英国最早的家用微型计算机无法运行"严肃"的应用程序。然而，哈登的研究重点关注英国和美国特定品牌微型计算机的营销话语，而本章的分析则着眼于微型计算机的实际使用、用户需求以及修辞表达。在家庭或小型企业等环境中，家用微型计算机的成功运行通常需要用户具备一定的计算机知识。然而，令人遗憾的是，协调和解决与计算机使用相关问题的沟通渠道并不普遍存在。有几个因素导致了计算机知识的缺乏。

首先，20 世纪 80 年代初期，在新的个人计算技术领域并没有具体的教育政策。尽管一些中小学在教育中运用了新技术，或者开设了与计算机相关的新课程，但这是非正式的做法，也并不普遍，要么仅限于少数学校，而且主要是私立学校，要么由对计算机有热情的教师主动发起。[27] 尽管美国、英国和芬兰都已经将计算机素养课程纳入课程体系中，但在 20 世纪 80 年代，希腊政府并没有采取任何真正的教育措施来激发公众对计算技术的兴趣。[28] 直到 1985 年，一些原本提供打字和秘书工作课程的私立机构，才开始提供家用计算机操作课程。

另一个原因是可供希腊家庭使用的计算机软件相对有限，这对家庭技术精通文化的发展产生了影响。在 1981 年至 1985 年的这段时间里，希腊的家用微型计算机软件稀缺，而且价格昂贵，主要依赖进口。由于希腊的用户群极为分散，只有少数希腊软件公司开发了家用微型计算机软件。此外，大多数计算机手册中的技术信息介绍都是强制提供的，大多数用户发现这些手册毫无帮助，因为手册里的内容是用外语编写的，而且其中包含了大量的错误和难以理解的指令。[29] 由于家用微型计算机的技术知识非常稀缺，希腊用户通过在计算机技术期刊中创建交流专区来获取相关知识。[30]

针对这种情况，许多计算机技术期刊，特别是《像素》，积极推广这样的观点：希腊用户应尝试使用新技术，并学习如何编写软件程序或根据自己的需求修改现有程序。通过阅读《像素》上的相关文章，希腊用户可以获得有关微型计算机操作、使用和编程的技术知识："这次，我们将向您提供一种简短但相当出色的例程，您可以在任何用 ST BASIC 语言（16位或 32 位处理器语言初学者通用符号指令代码）编写的程序中使用。您可以试着改变第 1200 行中的数字 3（修改为 0—8 的任一数字）来进行实验。"[31]

社会上存在这样一种关于家用微型计算机技术发展的言论：希腊用户应该尽可能透彻地了解微型计算机，学会编写程序从而开发利用其潜力。这种言论的部分原因是源于计算机技术出版社的"责任"，即引导用户朝着所谓"正确使用"微型计算机的方向发展，这个责任意义重大。1986 年，《微机狂》期刊的主编在评论中写道：

> 一小群长期致力于希腊信息技术领域发展的人士，在各个层面都显现出深度的个人投入、持续的研究精神以及对这个领域的浓厚兴趣，如同业余爱好者般热衷和专注。他们的共同目标是通过计算机帮助每个希腊用户发展自己……今天，看到希腊在各个层面上爆发了一场精心指导的信息技术革命，塑造了一个方向明确的信息领域。[32]

在这个时期，编程受到了大家的关注，通过发布程序清单的方式，让用户可以将程序代码输入计算机并完成运行。这种做法很普遍，只要有微型计算机的地方几乎都适用。[33]《计算机大众化》是希腊第一本计算机期刊，定期针对最流行的家用微型计算机发布各类程序清单，内容涉及教育、娱乐、应用程序等。《微机狂》期刊推出了《每月程序》（*Program of the Month*）栏目。该栏目每月公布一款程序，通常是用 BASIC 语言编写，它可以在最流行的家用微型计算机上运行，稍加调整后甚至可以在 IBM PC 兼容机上运行。在希腊，此类刊物包含程序清单以及对其结构和原理的全面分析，通常以附图的形式来加强读者对知识的理解。[34]《微机狂》还通过《并行程序》（*Parallel Programs*）栏目公布了微型计算机的其他清单集。[35] 例程的内容则在《位和字节》（*BITS & BYTES*）栏目中发布。[36] 1985 年 9 月,《像素》发布了一个专门用于刊登程序清单的插页，名为《像素软件》（*PIXELWARE*）。这一插页专门为家用微型计算机刊登了许多程序清单。另一方面，"像素软件"则专门面向《像素》的用户和读者，他们都希望看到自己的程序刊登在期刊上。

　　为家用微型计算机编写程序的用户被看作是奠定"希腊软件行业基础"的人，由此可见编程的重要性。对许多人来说，在期刊上发表自己的程序清单意味着自己"在令人兴奋的编程世界中开启了有抱负的职业生涯"。[37] 这样的编程实践非常重要，因为在 1981 年到 1985 年期间，希腊的软件公司数量很少，当时的软件主要是通过进口而获得。[38] 对于那些旧型号计算机用户来说，获取软件尤其困难，因此他们经常求助于计算机期刊。《微机狂》通讯专栏上曾刊登这样一个例子："我现在高二……我想看到更多有关 Amstrad 6128 电脑的资料，不仅仅是完整的程序，还有'下一步','程序创建'和其他栏目。"[39]

　　为了弥补软件的不足，计算机技术期刊呼吁读者自己编写程序，之后期刊会把程序分享给其他用户。《微机狂》对当时的情况做了如下描述："遗憾的是，每月要找到适用于某些型号的计算机的程序并不容易。如果有读者知道资源，请告诉我们……如果你有自己的程序清单（或磁带，不是手写的）并希望发表，可以通过电话联系我们。如果这些程序是针对'冷门'型号计算机的话，我们更欢迎。"[40] 对那个时代希腊计算机技术期刊的一项研究强调了以下观点，即编程是"明确和适当使用"家用微型计算机的基本要素。这些用户将"有幸"引领希腊的"信息革命"，因为他们具备相应的技术知识并将成为家用计算机技术方面的专家。《像素》的编辑们在创刊时就强调，该期刊的初衷是发表读者编写的程序。

期刊内文书影。当时，家用微型计算机的技术还不够成熟，即使是最简单的任务也需要特殊的应用程序，因为操作系统无法完成。其中最简单的任务之一是保存包括地址和电话号码的联系人列表。这类程序被称为通讯录，在当时的希腊计算机技术报刊中以程序清单的形式出现。它们通常是由希腊用户自己编写。

为他们提供特别的机会，让他们成为为数不多的开拓者，让他们的名字出现在希腊微型计算机历史的第一页上！这个过程非常简单，把你辛辛苦苦编写的优秀程序邮寄给我们，我们将以你

的名字发表，用大字书写，并用桂冠环绕……[41]

通过发表程序清单，读者变成了程序员，而期刊则成了"软件屋"，发布和传播用户送来的软件程序。计算机技术报刊及其用户共同塑造了家用微型计算机技术的表现形式和内容。他们在软件层面上共同协调和解决了与计算机使用相关的重要问题。

> 我们与读者之间保持一种持续的互动关系，这就意味着我们
> 有责任尊重每一条意见、每一个偏好以及所有的应用。[42]

一些刊登用户程序清单的期刊会给用户提供编辑的职位，这一点也很重要。这样的职位邀请是对用户技术成就的肯定，同时也能让用户在其朋友圈赢得赞赏和尊重。[43]因此，为了能在计算机期刊上发布最佳程序，用户之间存在着公开的竞争。由于编程实践非常重要，那些从事这项工作的人应该得到奖励，并以他们的名字发表他们的成果，这也是对他们工作的一种认可。因此，多年以来，《像素》刊登的程序清单始终都包含用户（开发者）签名，并附有用户的完整联系信息（姓名、地址和电话号码）。发表用户程序清单时默认包含作者的完整联系方式（包括电话号码）是希腊独有的做法，没有记录表明类似的国际期刊也有这种做法。此外，在许多案例中，用户指令是以第一人称的方式原样发表。[44]许多读者都接受这种编程文化，他们自己编写程序，并就其发表与期刊进行协商。[45]由于期刊可提供篇幅有限，所以用户之间的竞争也很激烈。[46]

可以说，用户投稿给计算机期刊的内容，与其他形式的国际报刊相比，需要有更加严格的诚信准则。通常，计算机期刊（以及其他的专业杂志）创办时资源非常有限，只有一个编辑和一两个作者，他们使用多个笔名工作，有时候当没有合适的内容可用时，他们就会伪造读者来信。虽然希腊

期刊内文书影。发表程序清单，是专家用户身份的核心特征。通过计算机期刊内外建立起来的知识网络，他们负责将自己的技术知识传授给其他用户。列出作者完整的联系方式就体现出一种责任感和归属感。

也存在这种做法，但至少在 1987 年之前，一些著名期刊都在鼓励用户参与他们的内容创作，并发布他们的程序和文章。[47] 从这个角度来看，在培养对家庭技术精通的用户群方面，用户的贡献与期刊所宣称的相一致。

软件修改的知识转移

我有一台 Amstrad 6128，想请您解释如何破解程序并在特定的
CALL 指令前后添加 POKE 指令。

——雅尼斯·阿利普兰提斯（Yannis Aliprantis）

破解程序是一门科学。如果我可以在几行内解释如何破解程
序，我们过去的 20 期或更多期就没有"黑客专栏"了……您可以
自己先试试，如果有具体问题再联系我们。[48]

用户对初级编程的兴趣促使他们去了解 BASIC 编程语言的不同方言，
因为这是当时家用微型计算机用户所必备的基础知识。[49]如前所述，许多
用户花费数小时输入程序清单或尝试设计自己的程序。对于编程发烧友来
说，设计能够破解原有程序安全防护的程序清单是一项格外受欢迎的活动。
当用户想要复制一个程序时，他们不满足于简单地输入命令，然后运行在
希腊计算机技术期刊上发布的软件，他们希望与家用微型计算机进行更积
极的交互活动：

亲爱的读者们，从本期开始，我们推出了一个全新的专栏，
旨在带领大家进入黑客的世界并了解黑客的技术。这个专栏也是
应你们的要求所开，因为你们中的许多人并不满足于被动地使用
我们提供的程序，并写信给我们，要求对程序的设计进行解释。
我们希望在这个专栏中，你们能找到自己寻求的所有答案，并能
很快进入黑客的神奇世界。[50]

当时的计算机期刊在帮助用户使用计算机方面起到了重要作用，它们提供了关于 Z80 和其他最流行的家用微型计算机处理器的机器语言指南。通过了解机器语言和使用反汇编程序，用户就有可能修改软件程序的代码以改变其运行参数。对汇编语言的使用之所以被重视，是因为 BASIC 语言虽然易于学习，而且是一个很好的通用工具，但它也有其局限性。[51] 另一方面，机器语言的学习对于新手来说非常具有挑战性，而且不容易理解。

20 世纪 80 年代，对家用微型计算机的基本修改之一就是打出希腊语的字符。正如前面提到的，当时，很少有计算机制造商关注到希腊语及其字符的特殊性。最初的个人和家用微型计算机，即使是那些大厂商生产的，都没有配备可以适应希腊语的软件。[52] 此外，大多数新成立的制造商的销售代表只满足于销售进口计算机，通常不会翻译手册，也不会定制适应希腊语的软件。虽然用户可以在软件或硬件添加中（通常由用户自己构建）找到解决方案，但这还是给许多希腊用户带来了很大的问题。[53] 例如，家用计算机 Spectra Video 的用户无法输入希腊字符。这种问题的解决方案是编写一段机器码程序，用户必须运行这个程序才能存储希腊字符。[54] 对于最后一代的 8 位计算机，如 Amstrad PCW 和 Commodore 128，软件解决方案（无须额外硬件）要求用户具备在 CP/M+ 环境下编程的能力。这基本上是一个内存"分页"的过程。尽管 CP/M+ 操作系统完全利用了 128KB 的内存，8 位处理器仍然无法寻址大于 64KB 的内存（例如，Z80 无法"读取"超出这个限制的内存）。

要在 CP/M 系统下编程，用户必须了解所用微型计算机的 8080 或 Z80（取决于机型）的机器码。希腊用户需要搜索内存以定位字符，并通过一个非常复杂的过程去调用足够的例程来修改和更改它们。或者，用户可以使用 BASIC 中包含了希腊字符的程序清单。这些程序清单是由其他用户创建的，要么发表在期刊上，要么流传在非正式或正式（计算机俱乐部）的朋友社交圈中。通过使用 CP/M 的汇编器，用户可以生成必要的文件，当使

期刊正文书影。在 20 世纪 80 年代的希腊，解锁软件是家用微型计算机使用的主要活动之一。当时，掌握解锁软件技术的用户非常受欢迎。

用不支持希腊字符的程序时，就可以调用这些文件。[55]

　　最常用的修改 8 位微型计算机程序的技术是找到其"初始条件"。为了改变这些初始条件，用户需要在内存中查找特定数字序列的位置并记录其地址。然后，用户必须找到它在程序中的引用位置，以便找到合适的例程并进行修改。有许多不同的编程方法可以修改程序的参数。要在游戏代码中定位所有这些数据是一项烦琐的工作，它不仅需要对计算机的机器码技术特性有所了解，还需要花费大量的时间去探索各种控制特定参数的例程。此外，还需要全面深入理解计算机的技术特性。例如，了解家用计算机屏幕如何排列像素有助于定位一个方块的第一个字节。对于想要显示或更改消息的用户来说，这很有必要。[56]

在许多情况下，修改程序需要将原始软件复制到一张空白的盒式磁带上。因此，用户必须输入在期刊中找到的程序清单，并将其保存到新的磁带上。然后，取出原始磁带，在某个特定点停止录音。接着，输入下一个程序清单，其中包含适当的加载器（LOADER），之后，再输入最后一个包含新信息的清单。[57]如果程序太大，无法和反汇编程序一并放入内存中，用户需要将其"分解"为两个部分（如果程序在压缩状态下，需要通过解压缩操作将其还原到内存中才能运行）。这可以借助适当的软件来完成操作，例如 DEVPAC 80，该软件允许同时将几千字节的代码加载到内存中。[58]这类程序清单通常由用户自己提交。[59]期刊通过引导用户完成整个过程（除了最后一步）来推广和促进这种使用方式："现在您可以尝试使用机器码构建相关程序。在下个月的栏目中，我们将为您提供完整的例程。现在，您手上已经有一个很好的简单修改示例，请先查看它的工作原理，并尝试复制更多的锁定程序。下个月，我们会提供更多信息。"[60]

许多关于家用计算机程序修改的文章都推荐使用 POKE 指令。BASIC是当时所有微型计算机都使用的编程语言，它包含了一些初级指令，如PEEK（用于返回内存中字节的值）和 POKE（用于将一个字节写入内存）。通过使用 PEEK 和 POKE 指令，用户可以进行底层修改，直接操控硬件，从而修改在机器码上运行的程序。如果用户没有汇编器进行机器代码级的编程，他就得使用 POKE 指令，以便将程序的字节写入连续的内存位置。其中的一种做法是编写一个例程，子程序中包含程序的头地址、程序中的字节数以及这些字节的值（以十进制或十六进制表示）。[61]要使用这些

POKE 指令，需要满足几个条件。最重要的条件是，程序必须已解锁：如果程序受到保护，那期刊中提供的 POKE 指令就无法直接使用。

在 1987 年之前的希腊，软件复制和修改并未被视为非法行为，这与国际上的常规做法大相径庭。直到 1987 年，作为对欧洲共同体颁布相关指令

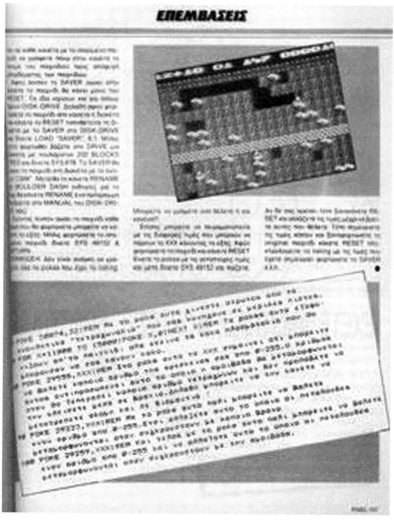

期刊内文书影。在想要修改程序的用户中，POKE 指令非常流行。公共空间中有解释其用法的文章，这些文章通常鼓励用户去尝试他们可以采用的各种值，如图片中的"XXX"。

的回应，希腊才开始制定实施新的法律来规范软件的复制行为。在此之前，希腊的期刊体现了软件正确使用的用户文化，而非软件行业将复制视为严重犯罪的立场。尽管软件行业代表可能会暗示解锁、破解等未经授权的修改属于盗版行为，但这些期刊仍会宣传复制工具，并定期撰写有关软件修改技巧的文章。由于软件复制一直未被视为非法，许多业余爱好者开始在期刊上为自己的软件复制业务做广告。[62]值得注意的是，与国际上的做法相反，希腊期刊上发表的 POKE 指令，不仅用于游戏中的作弊行为，还教会用户如何修改软件来满足自身的需求。

然而，使用 PEEK 和 POKE 指令需要了解基本的微型计算机操作，不仅是简单地从磁带或磁盘上运行程序。例如，用户应该知道程序的加载器是什么。另一种程序修改是将一台家用微型计算机的程序加载到另一台家用微型计算机上，例如将Spectrum程序加载到Amstrad计算机上，这是微型计算机用户所面临的典型问题。例如，在荷兰，开发 Basicode 系统是为了解决不同类型家用计算机间软件转换的需求。然而，希腊的情况则不同，因为希腊既没有集中的组织措施，也没有统一家用计算机语言的愿景。[63]由于希腊用户群零散，可用的软件比较有限而且也比较昂贵，计算机期刊成了主要的信息传播媒介。为了家用计算机能够兼容不同机型的软件，计算机技术期刊通过专门的文章，提供了相应的技术知识。[64]

所有这些都需要家用微型计算机的用户具备高级计算机技术知识。所以当时的计算机期刊主动承担了传播这种技术知识的任务，通过专门的文章和指南介绍了修改编程的方方面面。例如，1984 年，《计算机大众化》推出了《语言课》专栏，旨在培训读者了解 ZX 80 机器语言。这是一系列长篇培训的文章，连续发表了五期专业内容，包括数据处理、静态内存分配和程序流程修改。[65]在 1985 年 9 月，《像素》推出了《PEEK & POKE》专栏，发表了家用微型计算机操作系统的技术建议、例程和命令。《微机狂》在《让我们计算》(*Let's Compute*)专栏发表编程指南和关于 Z80 语言的指南,《像素》也发表了相同的内容。同时，这些内容也考虑到了当时其他家用微型计算机的微处理器机器代码，以方便读者参考。1986年9月,《像素》发表了一系列针对 CP/M 操作系统的培训文章。[66]

本章小结

本章展示了希腊计算机技术期刊形成身份认同的过程。在20世纪80年代的希腊，国家监管机构并未对家用微型计算机的使用和领域标准进行规范。此外，关于家用微型计算机的身份认同，制造商和进口商之间存在着广泛争议，因此该问题也一直未得到解决。

在这种情况下，社会行为体发挥了重要作用，填补了监管不足留下的空缺。计算机期刊在这一过程中扮演了主要的角色和行为体。计算机技术期刊不仅向希腊用户评估和传播计算机知识，而且塑造了他们应该以及如何使用这项技术的方式。对计算机期刊的研究揭示了一个丰富而多元的公共空间，在这个空间中，各种社会行为体之间形成了典型和非典型的关系：用户、制造商、进口商、记者、机构和国家。

计算机期刊在促进特定的使用标准，如编程、软件解锁和软件修改方面发挥了关键作用，巩固了家用微型计算机的身份认同。通过构建一种思想体系，计算机期刊实现了对软件使用的引导，进而促进了计算机专业用户群体的发展，并使其合法化。这些用户成为第一代大规模的程序员。当社会技术环境中出现跨国技术采用障碍（经济和本地化问题）时，计算机期刊为用户社区设定了近期议程。制造商及其本地进口商一直在寻求如何能够从这项技术中获利，所以对新成立的希腊家用微型计算机市场采取模棱两可或漠不关心的立场。相反，希腊的计算机期刊在关于技术和用户身份认同形成的辩论中，成功地战胜了政府和商业公司，确立了自己作为希腊用户合法代表的地位。

另一方面，这些用户试图建立寻求知识的网络，这些网络通过计算机期刊内外的相关交流和讨论得以实施，并在很大程度上通过期刊来协调。这些网络的参与者并非追求盈利，而是希望成为家用微型计算机技术的社会、文化和符号资本构建过程的一部分。在 20 世纪 80 年代初，家用微型计算机技术是一片未知的领域，涉足其中的收益并不明确，结果也不确定。通过这些网络交换的内容并非商业公司的销售专业知识，而是在新形成的社会技术环境和未知行业中，为希腊用户提供探索新机遇的选择。

第三篇

技术与交通

第十章

汽车的引进与事故

在 20 世纪初，雅典正在经历一场交通模式的快速变革。1904 年的一份报纸这样写道："仅仅十年的时间，我们就看到了双轨电车的出现，车厢里有了'面对面'的座位，且数量上翻了一番，自行车越来越多，汽车也开始出现。"但文章接着抱怨说："新文明的各种混合式交通工具不断增加，但体育场大街（Stadiou Street）的宽度却始终不变。"[1]体育场大街是雅典最古老、最宽大、最具象征意义的大道之一，它连接着奥莫尼亚广场（Omonia Square）和王宫（the Royal Palace）。[2]然而，即使在这条街上，交通也变得越来越复杂和危险。记者用生动的语言描述道：

> 在体育场大街上，我看到紧张的妇女左躲右闪以求自保；年迈的男士以 15 岁顽童般的勇气冒险过街；惊恐的母亲尖叫着试图从 5 辆交错的马车中救出孩子；而笨重的胖子则像小丑一般在疾驰的马车前跳跃躲闪。[3]

可以发现，这段新闻描述与美国或其他欧洲国家技术史学家所描述的"剧烈变革"之间有许多相似之处，都是围绕着城市街道的主导意义展开。[4]但是，它们也存在显著的差异。首先，在希腊，汽车在引进后的十多年间仍然比较稀少。根据现有的资料，1900 年至 1912 年间，全希腊的汽车总数不超过 150 辆。这些车全部为极其富有的人所拥有，特别是王室，而且几乎全部在雅典和阿提卡周边地区使用。[5]其次，雅典这座城市的规模远小于那些汽车史学家通常研究的城市。1907 年，雅典的人口总数只有142754 人。[6]再次，一些为了工作或移民海外的下层阶级从农村搬到雅典，他们往往居住在中产阶级的房子周围，这种结构被历史学家莉拉·莱昂蒂多（Lila Leontidou）称为"镶嵌型社会划分"。[7]最后，应该注意到希腊是一个年轻的民族国家，位于动荡不安的巴尔干半岛南部地区，该地区也被称为"欧洲火药桶"。因此，在 19 世纪和 20 世纪的不同阶段，希腊的领土得到了显著扩张。

这里讨论的时间段是 1900 年至 1911 年，是希腊两次战争的间隔期，即希腊与奥斯曼帝国的战争之后，与保加利亚的战争之前的一段时期。第一次战争发生在 1897 年，希腊惨败。第二次战争发生在 1912 年至 1913 年之间的两个阶段，希腊取得了胜利，其领土几乎翻了一倍。[8]至少在 1923年签订《洛桑条约》（*Treaty of Lausanne*）时，希腊仍是由不同的民族构成，是多种语言、风俗和宗教的混合体，这些都是奥斯曼统治的遗留问题，需要实现同化。因此这就产生了一种迫切的需求——"消除、转移或削弱地理条件、经济关系和社会纽带所构成的空间障碍"。[9]本章认为，虽然汽车在这种同化过程中只扮演了一个很小的角色，但在意识形态上却具有重大意义。

汽车史学家普遍关注到，在 19 世纪和 20 世纪之交，吉斯·莫姆（Gijs Mom）称为"冒险机器"的汽车已在希腊出现。[10]许多关注法国、意大利、德国或美国的学者认为，除了莫姆记录的汽车旅行、高速行驶和车辆维护等方面之外，车主们还试图侵占普通人的空间，这就引发了带有阶级和文化色彩的冲突——往往是暴力的冲突。[11] 本章认为，汽车在希腊的引进也同样伴随着类似的冲突，在这一过程中，诸如"街道""公共""私人""事故"和"速度"等概念得到了重新思考和重新定义。本章通过跟踪 1904 年至 1911 年间发生的汽车事故来探究由此产生的历史过程。[12] 与研究汽车的"常规使用"不同，本章从汽车事故的角度展开研究，证实了恩达·达菲（Enda Duffy）更广泛的史学观点，即通过研究事故和故障可以更好地理解技术，而不是被其"平稳运行的表象"所蒙蔽。[13] 同时，本章记录了 1900 年至 1911 年期间，希腊发生了围绕空间意义及其使用的冲突。这些冲突表明，所谓占主导地位的"进步叙事"面临激烈的反对，而这些反对技术进步的人通常被视为"失败者"，在希腊的历史叙事中经常被忽视。因此，在讨论这一时期时，需要考虑到这些反对者的观点和立场，以获得更全面和客观的历史认识。[14]

探索现代性所赋予的独特乐趣：王室汽车的使用与使用者

1902 年 9 月，时年 34 岁的希腊王位继承人、希腊陆军总司令康斯坦丁一世（Constantinos I）成为王室成员中最早拥有汽车的人之一。① 这辆汽车花费了他"5000 个金法郎"，由轮船运到了比雷埃夫斯港口，但几个小时后便坠入了一条"深达 15 米的峡谷"，该地位于距离雅典 20 千米的塔托伊宫（Tatoi）附近。[15] 实际上，对于这起事故的描述存在极大的差异，但可以肯定的是，这辆王室的汽车当时正在进行速度测试，这种测试方式使汽车容易发生事故。

---

① 原文为 "In September 1902, Constantinos I, then thirty-two years old...", 意为"1902 年 9 月，时年 32 岁的康斯坦丁一世……"。据查，康斯坦丁一世的生卒时间为 1868 年 8 月 2 日至 1923 年 1 月 11 日，故译文确定为"时年 34 岁"。

在接下来的几个月里，王室家族开始建立起一支名副其实的车队。[16]其中使用最频繁的应该是属于安德鲁王子（Prince Andrew）的那辆汽车。1903 年年底，安德鲁王子得到了他的第一辆汽车，他当时 21 岁，是王位的第四顺位继承人。最初，这辆汽车被用于各个王室官殿和法勒隆海岸（Faleron coast）之间的短途旅行，但很快这辆车便行驶得更远，甚至开到了雅典西北方向约 100 千米的城市底比斯（Thebes）。安德鲁王子和他的司机埃弗哈特（Everhart）经常驾驶汽车，将速度看作是一种现代化的新享受，对于他们来说，追求速度成为一种真正的乐趣。[17]1904 年 10月，安德鲁王子的汽车在底比斯附近抛锚。为了不在底比斯过夜，王子只好搭乘一辆"特别安排"的火车返回雅典。这暗示着乡下对王室来说不是安全之地，尤其是在几年前发生了对乔治国王 [安德鲁王子的父亲乔治国王（King George ）] 暗杀未遂事件之后。[18]而王子的司机埃弗哈特则留在那里对汽车进行必要的修理。事实上，汽车修好后，埃弗哈特在"两小时零八分钟"内从底比斯返回了雅典，这在当时的希腊堪称是前所未有的速度。[19]

除了希腊乡村不安全的环境因素之外，这里还有另一个重要的观点需要提出，即时间测量的准确性。王子的司机不仅以"前所未有的速度"返回了雅典，而且还自行测量了行驶的速度，精确到分钟。这项测量结果非常重要，因此被刊登在了报纸上。在几个月的时间内，希腊王室家族中精力充沛的年轻人逐渐把汽车速度以及对速度的控制视为王室日常生活中不可或缺的重要内容。

正如人们所预料的那样，由于汽车被频繁使用，仅过了两周，安德鲁王子的汽车在 1904 年 11 月再次发生故障。[20]因为"发动机必须送到英国"修理，最终修理耗时约 4 个月，而王子则利用这个机会对汽车进行了一些改装：

> （安德鲁王子的）汽车将在几天后投入使用。在测试发动机的动力和耐力、并移除座位和各种多余的重量之后，它可以达到尼古拉奥斯王子（Prince Nicholas）的汽车速度，目前尼古拉奥斯王子的汽车仍是希腊汽车中速度最快的。

文章继续指出，"仅在一周之前，尼古拉奥斯王子的汽车在七分钟内就从帕莱奥法里奥海岸（Paleon Faliron）到达雅典中心的皇家马厩。"[21]

毫无疑问，"握住方向盘对人们有一种特殊的影响"。[22] 在王室家族的年轻男性中，通过驾驶汽车来比拼速度，已经成为一种新消遣。但是，只有在当时新修的辛格鲁大街上，尼古拉奥斯王子才有机会实现高速行驶的壮举。

机械化的空间湮灭及其敌人：辛格鲁大街的使用与使用者

"雅典有史以来最宽的街道"——辛格鲁大街——是飙车的绝佳场所。这条街道于 1904 年 11 月 21 日完工。在雅典，笔直的道路较为少见，而这条大街出奇的又长又直，[23] 将雅典与向南 10 千米处"风景如画"的帕莱奥法里奥海岸连接起来。事实上，在尼古拉奥斯王子七分钟记录的三周之前，"希腊自行车协会"（Greek Bicycle Society）就曾经利用这条街道组织了一次前往海岸的郊游。

> 当时有 120 多名自行车手，其中 4 人开着汽车，从菲莱利农街（Philellinon Street）的协会总部出发，经过阿玛利亚大街（Amalia Avenue），进入辛格鲁大街，最终到达帕莱奥法里奥。随后他们就分组入住当地的酒店。之后他们又再次穿过辛格鲁大街返回雅典，回到之前的出发点。[24]

值得注意的是，对这段路线的描述更加强调街道本身，而非目的地。在世纪之交时，各种旅游俱乐部逐渐兴起，他们通常声称其真正目的是"发现这个国家未知的美景"，这种说法听起来就很奇怪。[25] 当然还有其他类似的说法存在。一年半后，康斯坦丁一世在索菲亚公主（Princess Sofia）以及萨克森·迈宁根公爵（Prince of Saxe Meiningen）和他夫人的陪同下，"于下午3点乘坐他们光鲜亮丽的汽车出发，由于汽车的速度很快，他们都戴着面罩"。

> 他们一行人快速穿越了帕莱奥法里奥大街，以闪电般的速度抵达新法勒隆（Neon Faleron）。当行驶到有坡度的扎维拉街（Javela street）时，他们遇到了一些困难，于是转向环行的库蒙杜鲁大道（Koumoundourou Avenue），最终抵达斯库卢迪先生（Mr. Skouloudi）在弗雷蒂达（Freattida）的庄园。之后，他们按照相同的路线，以同样闪电般的速度于下午4点返回雅典。[26]

这里描述的是一种行驶方式，它的目的并非到达某个特定地点，而是为了享受驾驶本身。在这种行驶过程中，任何一种可能的暂停都被视为"困难"。地名相继快速出现，两次提及"闪电般的速度"，以及出发与返回用时的惊人接近，这些都足以展示当时康斯坦丁一世一行人的出行体验。这里的重点在于描述一种真正的新体验和可能性。这种新型"漫步"所带来的主要体验是"时间湮灭了空间"，它不再是资本主义交通系统的一般趋势，而是一种具体的个性化感受。[27] 现在，我们可以更好地理解尼古拉奥斯王子速度记录的政治意义，即从上层阶级的角度来看，机械驱动的速度意味着空间抽象化的可能性，从而建立一种全新的空间关系。这种新的关系开启了从汽车所有者个人层面到国家层面新的可能性。

根据1908年的地图，辛格鲁大街是一条笔直的公路，它以对角线的方式连接雅典和西南方的海滨度假胜地帕莱奥法里奥。请注意这里还有大量未建设的空地。①阿纳拉托斯山（Analatos hill）。这是 1898 年刺杀乔治国王未遂的地方，也是希腊第一起汽车致命事故发生的地点，以及 1906 年汽车比赛的起点之一。②伊利索斯河上（Ilissos river）的桥梁。弗罗索·卡洛格拉（Froso Kalogera）在附近被杀害，卡罗洛斯·菲克斯（Karolos Fix）的啤酒厂位于桥的东北方向，这也是 1906 年汽车比赛的终点。③帕莱奥法里奥。各种上层阶级度假的目的地，这在文章的各个部分都有讨论。④布拉哈米（Brahami）。像"持久的空间战"中讨论的那样，这里是一个"阿尔巴尼亚人聚居区"（arvanitohori）。

库尔特·莫泽（Kurt Moser）指出，在 19 世纪与 20 世纪之交时，旅游俱乐部成员的个人"意志和心血来潮"和更广泛的国家发展趋势和目标之间存在着某种联系。莫泽认为，当时的精英阶层对"新型交通工具"的迷恋，也应被看作是为战争做广泛的社会准备的一部分。[28]在希腊的案例中，可以发现个人兴趣和国家目标之间存在着紧密的联系，并且这种联系得到了具体的体现。正如本章在引言中提到的，在世纪之交时，希腊的国家目标来自其特殊的地理位置和动荡的历史渊源。因此，当时的希腊出现了"热爱大自然"的旅游俱乐部，比如 1899 年成立的"远足俱乐部"（Excursions Club）。他们倡导"热爱大自然"，鼓励人们亲近国家并欣赏尚未被开发的自然美景，但最后却提出了颇有前瞻性的观点，即"与过去相比，现在的行动是为了未来更好地保护希腊"。[29]一方面，1897 年的那场"不幸的战争"留下了许多尚未解决的问题，未来的战争虽然不确定，也很有可能爆发。另一方面，"远足俱乐部"名誉主席斯皮里顿·兰布罗斯（Spyridon Lambros），曾担任"国家红会"（National Society, Ethniki Etairia）的副主席。这个组织是一个秘密军事游说团体，在 1897 年宣战时起到了重要作用，也受到了很多批评。[30]因此，统治阶级对于"旅游"、新型交通工具和抽象空间的迷恋，并非毫无实际意义。它具有基于个人愿望与国家目标之间明显的相容性，并且预示着过去和未来的军事与政治行动，不论这些行动是在希腊领土内还是领土外进行。

尽管这种对技术的狂热有其合理之处，但它首先必须面对许多严重的阻碍。正如本章之前提到的，城市的工人阶层和汽车的所有者使用的是同一条街道。例如，辛格鲁大街的东北端连接雅典时，要穿过一片住宅区，该居民区于 1908 年就在第一次正式划分城市市政区域时已经做了登记。通过查阅雅典地区的第一份官方区划目录，在辛格鲁大街修建的过程中，至少有 5000 人居住的社区，这些居民中有些很可能是菲克斯啤酒厂（Fix brewery）的工人，该厂是该地区的主要工厂。[31]

所有的记载都一致表明，雅典的工人阶层经常在街头忙碌，从事各种与工作、娱乐和日常生活相关的活动。因为交通工具昂贵，工人们经常步行往返于工厂和家之间。街上到处都是售卖各种商品的小贩，例如商贩的牛奶是"直接从奶牛的乳房里挤出来的"。大多数工人家庭住在没有自来水的一居室里，因此，妇女经常在街头做饭、洗衣服、洗碗、缝制衣服，还经常与其他女性在街头聊天。伊利索斯河流经辛格鲁大街，所以整个 19 世纪，人们一直在这条河里洗衣服。不做工的时候，工人阶层的孩子会在街上玩各种游戏，包括"石头大战"。[32]

在 20 世纪初，各类人群就辛格鲁大街的使用问题产生了纷争，局势逐渐紧张。在雅典的其他街道上也出现了这种紧张局势。上层社会的年轻男性认为汽车等新型交通工具可以带来新的空间体验和快乐，同时符合国家的宏观目标。而居住在街道周边的居民则持相反的观点，他们反对汽车这类希腊版的"冒险机器"以及相关的机械、空间和速度等概念。从 1905 年开始，这种矛盾逐渐加剧。

空间争夺的闹剧：辛格鲁大街上的汽车比赛和权力展示

1905 年，自行车逐渐被汽车所替代，而雅典则成了一群汽车迷的聚集地，他们虽然人数不多，但都有较高的社会地位。[33] 同年，雅典的汽车迷们试图将汽车比赛纳入 1906 年在雅典举办的 "届间奥林匹克运动会"（Intercalated Olympics Games）。①[34] 但是他们的请求被拒绝，于是他们决定自己组织一场比赛。组织者包括希腊自行车协会和一个未知身份的 "体育团体"，以及当时的希腊王位继承人康斯坦丁一世。康斯坦丁一世参与组织这场比赛，旨在展示自己对以汽车为代表的进步事物的兴趣。他们选择了宽阔的辛格鲁大街作为比赛的最佳场地。然而，比赛地点并不是在大道南部的无人居住区，而是在 "阿纳拉托斯山和菲克斯啤酒厂之间" 的区域，辛格鲁大街上很大一部分居民都居住在这个区域。比赛前一个月，报纸就发布了比赛的消息。比赛前四天，在上述比赛区域进行了适当的封闭，设置了 "铁丝围栏"，并为 "观众观看比赛安置了座位"。

我们无从得知这种封闭有多么严格，是否限制了周围居民的活动，以及是否影响了他们的情绪。但是，当地居民肯定观看了比赛。1906 年 2 月 26 日，"大量人群，尤其是下层阶级的人们涌向辛格鲁大街"，但很少有人愿意遵守纪律："人太多了，到下午 2 点，骑兵和警察已经放弃维持秩序，他们被人群冲散。所有的铁丝围栏也都被踩坏了"。因为铁丝围栏的倒塌，"在汽车和摩托车赛道上闲逛的人，自然而然地比在人行道上的要多得多"。

人行道上的情况也好不到哪里去。组委会 "布置了很多排座位，显然希望卖出很多票"，但是 "大多数座位仍然空着"。而其他记录则表明，一

---

① 1906 年夏季奥林匹克运动会于 1906 年 4 月 22 日至 5 月 2 日在希腊雅典举行，因为这次运动会是在第三届（1904）与第四届（1908）的国际奥林匹克运动会之间所举办的，故称 "届间运动会"。

些人"即使没有票也坐在了需要付款的座位上"。在大街的前方，皇家海军铜管乐队（the Royal Navy brass-band）正在组委会所在的主席台附近精心演奏军乐。毫无疑问，康斯坦丁一世、经济部长西莫普洛斯先生（Mr Simopoulos）、外交部部长斯库兹先生（Mr Skuze）及他们的家人还有汽车爱好者的出席肯定鼓舞了皇家海军铜管乐队。然而，"乐器声一再被其他声音所掩盖，包括那些街头小淘气嘲笑经过的自行车手的尖叫声"，也包括家长们追打那些小淘气的喊叫声，"每个人当时都很兴奋"。就在这样的环境中，希腊第一场官方汽车比赛开始了：

> 当时，一声号角吹响，远处传来回应，一辆汽车在飞扬的尘土中呼啸而来。人们难以理解这场表演的目的。
>
> ——"这肯定是比赛了。"有人说道。
>
> ——"不可能，"另一个人插话道，"这不像比赛该有的样子。"
>
> 与此同时，几辆汽车和一些骑自行车的人从旁边经过，而人群则仍在等待比赛的开始。
>
> 最终，王室成员的汽车到达了组委会前，王室成员、索菲亚公主以及年轻的王子们上了车，前往帕莱奥法里奥。人们才终于明白比赛已经结束，于是开始往雅典走去，纷纷议论着刚刚发生的事。[35]

然而，我们不应该因为首次汽车比赛荒诞尴尬而忽略在辛格鲁大街周边发生的其他事件。这场汽车比赛可以看作是在向周围地区的"普通阶层"灌输一种新的"街道"概念。街道被封闭四天，崭新的、昂贵的机械设备进行着有组织且大规模的游行，这些都像军队阅兵一样，是权力的一种展示。[36]通过这样的活动，不仅展示了汽车及其拥有者的力量，同时也巩固了城市街道的新主导地位。这样一来，街道（空间）不再属于所有人，而仅属于上层阶级，新出现的汽车也成了他们占领这片空间的工具。正是因为这些原因，街道被封锁，门票被售出，骑兵在巡逻，流氓被严惩，而喧闹的海军铜管乐队在聚集的观众面前进行表演。

然而，希腊上层阶级试图展示他们的权力，但结果却以失败告终——铁丝围栏倒塌了，骑兵也放弃了控制秩序的尝试，而行人则在大街上随意漫步。汽车也无法展示它们的全部速度和能力，只能在宽阔的大街上缓缓行驶。之前提到了关于公共空间及其使用的冲突，这种冲突在雅典这座城市激烈地爆发了出来。如果我们仍然难以完全理解这场冲突背后的深层原因，那可能是因为其中一方的态度难以捉摸。E. P. 汤普森（E. P. Thompson）曾指出，许多历史记载往往"根据后续的结果来解读历史，而非基于实际发生的事实"。我们在回顾历史时往往只记住"那些取得成功的人，那些能够预见到未来发展趋势并实现自己抱负的人"，而遗忘那些走进死胡同、失败或被社会忽视的人。[37] 在 1906 年辛格鲁大街的事件中，周围居民是历史上"失败者"的典型代表。但是，正如我们看到的，这些"失败者"其实也对历史产生了一定的影响。

空间争夺的悲剧：希腊第一起汽车致死事件

具有讽刺意味的是，希腊的前两起汽车致死事故都发生在辛格鲁大街上，也就是上一节描述过的赛道上。第一起事件发生在比赛的一个月后，但却几乎没有引起注意。1906 年 4 月 3 日凌晨，恩比里科斯先生（Empirikos）的汽车在辛格鲁大街上高速行驶时，在阿纳拉托斯山边撞倒了一名中年男子。这是第一起希腊汽车事故的受害者，至今这名受害者仍名字不详。该男子受了重伤后再也没有恢复意识，于被撞两天后死亡，死因是"颅内出血"。[38] 当时没有人认领他的尸体，肇事者——来自一个著名的船舶世家，也没有受到任何肇事处罚。

　　第二起汽车致死事件是在 1907 年 3 月 4 日的中午，地点在菲克斯啤酒厂附近。这起事故迅速引起广泛关注。那天，辛格鲁大街上有两辆汽车似乎在比赛，竞相比拼它们的速度。驾驶这两辆汽车的分别是经济部长的儿子——议员尼科斯·西莫普洛斯（Nikos Simopoulos）和公众都已经熟悉的狂热的汽车爱好者——安德鲁王子。安德鲁王子身旁坐着艾丽斯公主（Princess Alice）和安德鲁王子的助手梅塔萨斯（Metaxas）。

　　遇害者叫埃弗罗西尼·瓦姆瓦卡（Efrosini Vamvaka）。根据 1907 年 3 月 6 日的报纸报道，瓦姆瓦卡当时年仅 25 岁，她的丈夫西奥多（Theodore）是一名"穷鞋匠"，而她本人则"职业未知"。事故发生的那天是狂欢节的周日，瓦姆瓦卡带着她 6 岁的儿子试图横穿辛格鲁大街，他们准备邀请一户人家到她家来做客。她可能当场就已死亡，"现场情况惨不忍睹，对看到这一切的艾丽丝公主来说，那一刻的内心相当难受"。[39]

　　附近的加加雷塔（Gargaretta）警察局局长波利克罗纳科斯（Polichr-onakos）和总警长达米拉蒂斯（Damilatis）迅速赶到了事故现场。他们的任务非常复杂。一方面，他们必须商讨事故的确切情况，为安德鲁王子开脱罪责，同时还得考虑到西莫普洛斯父亲在政治上的影响力。另一方面，他们必须当场编造一个理由，以安抚公众情绪，同时维护公共秩序。他们在第一点上表现得非常出色。一些涉案人员在事故发生后被立即送往警察局。局长波利克罗纳科斯"把瓦姆瓦卡的 6 岁儿子带到一旁并威胁（原记录如此）他"，让他作证是西莫普洛斯的汽车撞死了瓦姆瓦卡，而这个小男孩已被"胖子"（西莫普洛斯的秘书）收买，让他作证指控安德鲁王子。[40]同时，总警长达米拉蒂斯决定说服公众，把责任推到遇害者身上："并非所有的责任都归咎于西莫普洛斯先生，因为有人说死者实际上是自杀的。如果瓦姆瓦卡像她的儿子那样留在人行道上，汽车会从她身边经过，什么也不会发生。但从事情的情况来看，这个男孩比他的母亲更聪明。"[41]

　　尽管达米拉蒂斯对这起汽车事故带有一种轻视的态度，但他无疑已经洞察到了20世纪主导汽车事故"行为"范式的基本原则（以及其政治回报）："汽车事故的发生是因为人们的粗心大意。"[42]然而，还有其他更难处理的问题。达米拉蒂斯继续阐述了正确使用街道的基本原则：

> 警察法令是严格执行的，因此市内行驶速度不能超过每小时10千米。[43]然而，在我看来，这项法令不能也不应当适用于市区以外的地方，如辛格鲁大街。因为每个人都可以自娱自乐，驾驶马车或骑自行车在市区外高速行驶。同样，我认为也应允许汽车在市区外高速行驶。而最合适这样做的地方只有辛格鲁大街。[44]

总警长达米拉蒂斯发现自己面临着与远在千里同时代的美国法官类似的问题，也在使用类似的"语言措辞"（美国法官的表达方式更正式一些），将汽车定义为一种常见的日常用品，而不是一种复杂的技术系统。[45]达米拉蒂斯两次重复的"在我看来"，表明他完全意识到自己正在涉足一个未知的领域。三次重复的"市区以外"以及他将速度描述为一种乐趣，表明他已经超越了民事责任的问题，他已经意识到自己正在处理的事故具有更广泛的政治含义。汽车是一种奇怪的新物体，介于公共和私人、工作和休闲、娱乐和谋杀之间。需要彻底重新定义那些此前被认为是理所当然的概念。公共空间、私人财产、娱乐、速度、公民权利、生命、死亡和民事责任，所有这些概念都出现在总警长达米拉蒂斯的简短法令中。这些概念的定义和界定还不清晰，未来发生的事故、涉及的法庭案件以及需要制定的相关政策和规定都需要进一步明确。因此，这些问题将成为未来几十年的关注重点。达米拉蒂斯的主要关注点是"希腊的社会问题"。他在措辞方面非常谨慎：通过在倒数第二个句子中使用"汽车"，他小心翼翼地避免了指责那些拥有和使用汽车的人，这是因为公众对他们的关注已经远远超过了应有的程度。

事实上，事故发生后不久，大部分来自菲克斯啤酒厂工人阶级聚居区的人们，聚集在现场并袭击了涉事的两辆汽车，但媒体并没有对此进行任何报道："事故发生后不久，附近的人们开始聚集在现场。随着时间的推移，越来越多的人听到了这个事故消息，不断聚集，并议论纷纷。没过多久，这两辆车就损坏报废，人群也就慢慢散去"。[46]

聚集在事故现场的人群都来自菲克斯啤酒厂周围的"小区"。确实，就像萨利巴（Saliba）描写的女工一样，"她不会谈论自己，不会记录自己的过去"，[47]然而，在这个特殊案例中，由于情况的极端性质，我们能够了解关于该地区的普通居民，即受害者瓦姆瓦卡的一些额外细节。

从接下来几天的报纸中了解到，埃弗罗西尼并不是瓦姆瓦卡的真名，她的朋友叫她弗罗索或弗罗西尼（Frosini）。她的姓氏也不是"瓦姆瓦卡"，因为弗罗索并没有嫁给"穷鞋匠"西奥多·瓦姆瓦卡。相反，她似乎是他的情妇或者女佣：在事故发生前两个月，她一直和西奥多·瓦姆瓦卡住在一起，照顾他上段婚姻留下的两个孩子。这里可能包含了多方面的物质交易，因为她最近从"凯法利尼亚岛（Kefallonia island）"搬到了雅典，她的姓氏是卡洛格拉（Kalogeras）"。[48]达米拉蒂斯的深入调查显示，弗罗索·卡洛格拉刚从凯法利尼亚区的一间"小屋"搬到伊利索斯河桥附近的一间"出租房"里，与西奥多和他的两个孩子一起居住。[49]当天刚好是周日，狂欢节假期，身着红衣的卡洛格拉正穿过这条大街，朝着西奥多的好朋友租住的房子走去。她没有牵着西奥多小儿子的手，而是追赶着要去打他，这就解释了孩子为什么能毫发无损了。[50]

没有结婚的弗罗索·卡洛格拉，照顾着两个非亲生的孩子，这两个孩子从小就在街上游荡。她不得不经常走很远的路去找孩子，同时还要做家务事，但她仍然被称作"加加雷塔区最美丽的女儿"。弗罗索·卡洛格拉是无数的国内移民之一，他们来到雅典，在工厂工作，成为女佣或移民海外。这类妇女必须尽快解决住宿问题，否则会被警察逮捕并视为妓女。[51]

大量男性则很乐意帮助这些妇女解决住宿问题。至于那个"穷鞋匠"西奥多·瓦姆瓦卡，他并没有对卡洛格拉的死感到大惊小怪，因为他几乎不太认识这位已经去世的女士。在接下来的几天里，他显然更加关心的是从命运安排给他的权势人物那里获取更多的赔偿金。[52]警方调查的结果是，汽车司机无须对卡洛格拉的死亡负责。安德鲁王子被审问了两个小时，最终结果是认定他与这起事故无关。尼科斯·西莫普洛斯的审判一直被延期。到 1922 年，他拥有了雅典最早的一家汽车代理公司，成为 1924 年建立的希腊汽车和旅游俱乐部的创始会员之一。[53]

除了西奥多、安德鲁王子和西莫普洛斯先生之外，还有其他人关心这起事故。由于该事故发生在工人阶级居住的"小区"中，因此"消息在这些地方迅速地传开了。"[54]3 月 4 日（星期日），一群人袭击了车辆，并且在接下来的几天里，他们也一直进行着抗议和示威行动。1907 年 3 月 4 日至 12 日，新闻报道了至少四起不同的"可怕的袭击""起哄"和"投石砸车"事件，这些事件不仅发生在事故现场附近，而且也蔓延到整个雅典。[55]很明显，这些事件引起了社会各界的严重关切。3 月 13 日，《恩普罗斯报》（Empros）发表的一篇文章总结道："我敢肯定，即使（投石者自己）也会承认他们反应过度，而且他们也不想拥有追随者或效仿者。"[56]总警长达米拉蒂斯和局长波利克罗纳科斯尤其关注此事。就在《恩普罗斯报》发表这篇缓和局面的文章当天，这两人"碰巧"来到了位于"郊外"的事发之地：辛格鲁大街。这一次，他们"冒着生命危险"，扣押了恩比里科斯先生的汽车——在 1906 年 4 月 3 日发生的两起事故中，恩比里科斯是第一起事故的肇事者——因为事发时这辆车"车速极快"，他们还起诉了驾驶员和车主。由于"有一大群人正在朝这辆车砸石头"，所以，在扣押汽车之前，总警长达米拉蒂斯和局长波利克罗纳科斯还得先把这两人从车里解救出来。[57]

然而，并非所有人像达米拉蒂斯那样具有政治敏感度并能够妥善处理

未来场景。在弗罗索·卡洛格拉去世一周后,《雅典报》(*Athinai*)在首页刊登了这幅讽刺雅典街景的漫画,配文为:"两辆汽车出现时的未来场景"。这幅漫画充分体现了雅典的阶级分层现象。然而,对新汽车最不满意的人是那个愤怒地爬上灯柱的赤脚男子,以及右侧那个像往常一样嘲笑汽车司机的野孩子。

问题。次日,《恩普罗斯报》发表了一篇更现实的文章,称:

> 那些在辛格鲁大街上行走、却遭遇车祸惨死的人,要么命中注定会这样死,要么就是因为他们的生命毫无价值……时代的进步不会因为付出高昂的代价而停滞不前。[58]

据 C. 哈德齐奥西夫(C. Hadziiosif)所说,从 1901 年到 1910 年,"知识分子和资产阶级对社会问题有了新的认识……但在希腊,这种认识往往导致了他们对社会问题的否定或回避"。[59]事实上,在"正常情况"下,社会上普遍存在的压制现象会阻碍人们认识到现实中的矛盾和冲突。当然,资产阶级仍可能"鄙视"工人阶级,并使用他们拥有的新机器来证明自己的"阶级优越性",同时他们会以暴力的方式占领和支配这些公共空间。[60]尽管受到压迫,但底层阶级可能会以一定程度的抵抗来表达自己的诉求,直到得到社会的认真对待。然而,由于这种抵抗的性质不清晰,往往湮没在不值一提且琐碎的日常事件中，所以历史学家也未能给予足够的重视并将此记录下来。但在弗罗索·卡洛格拉的案例中，情况并非如此。她是那个年代一名普通工人阶级女性。如果卡洛格拉走在人行道上，那么汽车司机会从她身边经过，就像从无数像她一样的人身边经过一样。上层阶级在她身上所运用的权力，与警察和新闻界的紧密来往，所面对的争议以及他们应对争议而采用的政治手段，所有这些都不会出现在我们的资料中。人们认为在正常使用创新科技的情况下，弗罗索·卡洛格拉的"意外"死亡是一个极端案例。这也证明了这样一个事实，即有时所认为的技术（以及整个社会）的"平稳运行"，实际上可能只是"一种奇观"。[61]

持久的空间战：发生在雅典及其周边地区的汽车事故

1907 年 3 月 4 日，王子和议员被民众起哄追赶，而这样的事件在十年前是难以想象的。在这起事件之后的几年里，得益于汽车这一新机器，人们之间的联系不再受到文化差异和物质差距的桎梏，反而是变得愈发紧密了起来。到了 1908 年 11 月，希腊自行车协会几乎完全放弃了自行车，他们在距离雅典市中心约 40 千米远的匹克米村（Pikermi），以"令人眩晕的速度"在街道上飞驰。

和许多阿提卡的村庄一样，匹克米村在 19 世纪和 20 世纪之交居住着不少"阿尔巴尼亚人"（Arvanetes），所以该村就成了"阿尔巴尼亚人聚居区"。[62]正如前文所述，希腊这个国家由不同民族、不同语言和不同习俗构成，而这些都是奥斯曼多民族社会结构遗留下来的。尤其是这些阿尔巴尼亚人，他们是会讲阿尔巴尼亚语的基督教徒，居住在希腊南部的各个村庄。在阿提卡地区大约有 20 万人口的希腊"旧都"周围，一共可以找到大概 50 个这样的村庄，居住着数万名阿尔巴尼亚人。阿尔巴尼亚人融入希腊民族身份的进程非常缓慢，因此，这个问题在希腊历史学上一直是个棘手的话题。例如，科斯塔斯·姆皮里斯（Kostas Mpiris）在 1960 年的书中最后几页大力主张赋予阿尔巴尼亚人希腊国籍，并认为他们是古代"多利安人"（Dorians）的后裔。他还乐观地总结道："在过去的几十年里，得益于交通基础设施的改善，阿尔巴尼亚人聚居区（阿尔巴尼亚人的村庄）已经明显享受到了文明进步的成果。"他所说的"文明进步"实际上是指"阿尔巴尼亚方言的减少和希腊语的流行"。[63]

1907 年，虽然"交通基础设施"不足，但还是有很多自驾游的车队，以"飞快的速度"穿越"阿尔巴尼亚人聚居区"。比如希腊自行车协会组织的那次自驾游，其目的是希望产生类似的"文明化"效果。当汽车进入匹克米村时，村里的孩子们很明显不习惯这种机械入侵，于是开始向这些入侵者扔石头。这引起了汽车驾驶员的不满和愤怒：

> 驾驶员停下车，抓住罪魁祸首，并开车把他带到了离村子 15 分钟车程的地方。（那孩子）一直用晦涩难懂的阿尔巴尼亚语尖声叫喊着。然后，驾驶员才把孩子放了。
>
> 这次的步行返程对那孩子来说将是一次痛苦的旅程。"你知道他需要多长时间才能回到村子吗？大约 2 个小时！"[64]

汽车这种新兴的交通工具，能够侵入有争议的领地，即使当地的居民反对，车主也可以通过它来证明自己是这片国土的合法主人。汽车还可以将空间转化为时间，将时间转化为"惩罚"。虽然这些前所未有的特点在一定程度上使得车主的傲慢显得合理，但并不完全如此。汽车入侵空间的过程，使上层阶级能接触到各种各样的下层阶级，这种接触并非在受军事控制的环境中发生，如阅兵时或者体育场的各项比赛时，而是在日常生活中个体间互动中产生的。上层阶级并不能如他们预期的那样完全掌控这些情况和事件。匹克米事件之后的几个月，康斯坦丁一世的汽车载着西班牙王后贝阿特丽斯（Beatrice）等人"外出郊游"。当汽车开到雅典以西约30千米处的埃莱夫西纳时，他们再次遭遇阿尔巴尼亚人聚居区的孩子们向汽车扔石头，康斯坦丁的"下巴被打伤"。当愤怒的康斯坦丁一世"边骂边还击"扔石头的孩子时，孩子们的母亲在一旁"用阿尔巴尼亚语咒骂他"。[65] 康斯坦丁一世一边用身体对抗着阿尔巴尼亚孩子的攻击，一边忍受着那些用阿尔巴尼亚语骂骂咧咧的母亲，最终康斯坦丁一世带着瘀伤的下巴离开了现场。

20世纪初的前十年里，人们可以在多种场合观察到社会边界被短暂地打破，这种情况总是与汽车有关。例如，汽车抛锚后，国王和王储被迫乘坐有轨电车——这可能是他们一生中的第一次——并最终不得不步行返回王宫。又比如因为汽车发生故障，他们不得不在阳光下站立数小时，被路过的农民就这么盯着看。[66] 还有一些时候，在发生汽车事故后，车主可能因为人群的干预而被捕，这也许是出于对车主的安全考虑。[67] 比如，在前述的第一次事故发生后，愤怒的民众将恩比里科斯女士和她的司机包围起来，要求警察公正处理。出于对他们安全的考虑，警察一路押送恩比里科斯女士和她的司机到警局。[68] 再比如，康斯坦丁在撞倒一名警察的女儿后跳上有轨电车逃走，留下他的司机承担责任。[69]

1910年12月，发生了一次令人匪夷所思的审判，被告方是来自阿提卡区卡拉莫斯村的农民斯皮罗斯·法富蒂斯，而原告则是乔治国王和安德鲁王子。这次审判的起因是，王室的汽车撞上了法富蒂斯的马车，而法富蒂斯被指控对王室成员说了一些挑衅的话，比如"你们得庆幸我没有带枪"。法富蒂斯明智地选择不参加审判，可能是他预期，在距离雅典大约40千米的卡拉莫斯村阿尔巴尼亚人聚居区，希腊法院的权威难以确立。[70] 检察官特别坚持要证明法富蒂斯曾经说过"我不在乎你是不是国王本人"的话。这个关注点是可以理解的，尤其是考虑到一年半前的"高迪运动"（Goudi movement）已经对王室权力构成了挑战。

1909 年 8 月，"高迪运动"在军事官员的政治领导下爆发。在接下来的几年中，希腊的政党体系经历了重组，宪法也进行了改革，这些改革导致了希腊王室权力的相对削弱，"标志着国家机构权力的扩大"，也预示着"希腊开始从自由主义国家转变为一个更加倾向于政府干预的国家"。"面对即将卷入巴尔干地区的军事冲突，社会分裂有所缓和"，这成了这些深远变化的主要原因之一。[71]事实上，乔治·马夫罗科扎托斯（George Mavrogordatos）曾声称，"韦尼泽洛斯政权"在 1910 年至 1920 年间最终制定的法律包含"一个统一的整体计划，合理地组织并代表了所有阶级的利益"。[72]1911 年 12 月出台的首批法律涉及汽车的使用以及相关的"民事和刑事责任"。这项法律规定，与汽车有关的死亡或人身伤害将"根据刑法相关条款进行处理"。虽然有些议员持反对意见，他们认为汽车驾驶员若在事故现场停留可能会"立即引发报复行为"和"混乱"，甚至"导致更多的事故"，但是该法律仍对交通肇事后遗弃受害者这一常见行为设定了"六天至三个月监禁"的刑罚。[73]该法律进一步规定，"如果事故是由汽车本身存在的问题导致，且驾驶员对此并不知情，那么驾驶员可以免除所有责任"。[74]最终，通过这种真正的"阶级利益的合理组织"，车主可以像其他公民一样依法接受审判，而如果是因为汽车难以预见的性质引发的"不可知的情况"，他们仍能避免被定罪。立法者的这种特殊照顾并不令人意外，因为新汽车法的主要倡导者之一就是年轻的国会议员佩里克利斯·卡拉帕诺斯（Pericles Karapanos）。就在一年前，也就是 1910 年 8 月 6 日，他的汽车撞死了 30 岁的 I. 伊万格洛（I. Evangelou）。[75]

如果汽车的使用和相关法律只是出于个人利益的考虑，那么这种方式注定不会长久。在 1912 年希腊加入巴尔干战争后，雅典许多知名的车主毫不犹豫地提供了他们的汽车、司机甚至是个人服务来支持军事行动。在米尔蒂亚德斯·内格雷蓬提斯（Miltiades Negrepontis）的领导下，希腊军队建了一个"汽车园"。内格雷蓬提斯是 1895 年雅典网球俱乐部的联合创始人，希腊自行车俱乐部的主席，也是前文提到的 1906 年辛格鲁大街汽车比赛的组织者。希腊的上层阶级使用自己"弹痕累累"的汽车来运送伤员和补给品，因此经常受到媒体的称赞。在接下来动荡的十年岁月中，通过持续的军事和外交行动，希腊领土和人口几乎翻了一番。这场十年战争结束时，希腊的各个军事单位拥有约 1.3 万辆汽车。汽车已经转变为国家技术装备中不可或缺的组成部分，证明了第一批汽车爱好者相信汽车可以为国家做出贡献的预言。[76]

然而，尽管战时汽车数量激增，但本章所描述的对空间的争夺却还需要数十年才能解决。1931 年，帕特雷市警察局副局长、警察统计学家先驱亚里士多德·库苏马里斯（Aristotelis Koutsoumaris）编制了希腊历史上第一份汽车事故统计调查。他查明，"在帕特雷市的伤者中，66.66% 为 15 岁以下的未成年人"，于是他立即向上级建议，应实施警令来"惩罚那些不顾车来车往，仍完全放任孩子在街上玩耍的父母"。[77] 直到 1940 年，街道使用的模糊性仍然存在。当时，交警甚至还发布了一份"行人指南"，明确指出："街道用于车辆通行，人行道用于行人通行，因此，不要在街道上行走，也不要站在人行道上聊天或看报。"[78]

本章小结

吉斯·莫姆称为"冒险机器"的汽车在希腊一亮相，它所具有的高速行驶、车辆改装和汽车旅行等方面的特点深深吸引了希腊的精英阶层。但更重要的是，20 世纪之交的希腊汽车爱好者意识到他们自己的个人爱好能够契合国家的战略目标。具体来说，他们认为汽车不仅是一种冒险和娱乐的工具，还是一种为即将到来的战争做准备、推动国家文化和语言同化的工具。汽车不仅仅是一种冒险的机器，还是一种工具，用于打破此前划分民族空间的"障碍"。汽车更是一种强大的象征和技术手段，可以扩大个人和社会的行动范围，从而实现更广泛的空间同质化目标。[79]

车主不断侵占着空间，因为他们自信地认为汽车具有强大的技术优势。然而，他们很快发现他们面临着同样强大的社会力量。正如劳工和妇女历史学家齐齐·萨利姆巴（Zizi Salimba）所指出的那样，城市街道和"乡村"并非"空白地带"，它们已经被严格的社会界限所划分："乡村属于平民阶层，客厅和私人空间则属于资产阶级。"[80]对于平民阶层来说，"乡村"是他们工作、娱乐和日常生活的特定场所。他们凭借自身经验立即认识到汽车是一种机器，试图以车主为中心彻底改变这种社会旧秩序。

接下来的冲突通过技术、警务、司法、政治以及象征性手段展开。这些可以从辛格鲁大街赛车事件中看出，该事件在发生前就经过了充分的技术和政治准备；再者，弗罗索·卡洛格拉死亡后的复杂谈判也是一个例证。最终，各种事故和小规模骚乱使这种冲突愈演愈烈。这种冲突无法被忽视，因为上层阶级很快就意识到，仅通过拥有和使用汽车是无法完全占领空间的。因此需要构建一种新的"常识"，明确什么是公共的，什么是私人的，什么是空间，什么是财产，什么是流动性以及什么是民事责任等。在构建新常识的整个过程中，不能忽略底层阶级的利益、想法和日常活动。

在随后的几十年里，这个构建新概念的辩证过程一直在进行着。我们必须了解希腊引入汽车的这个历史过程。毫无疑问，这是一个血腥的过程，工人阶级在这个过程中付出了沉重的代价，但这并不意味着只有他们在付出。如果现在希腊倾向于忽略这种辩证过程以及其他类似的过程，那是因为希腊的社会将技术及其使用视为一系列平稳的、不间断的过程。

与这种普遍看法相反，在前文关于希腊引进汽车的叙述中，采用了这样的观点："事故的发生其实能更深入地揭示技术对文化的影响，而非仅是表现其平稳运行的一面。"[81]文中使用的资料主要围绕着各种与汽车有关的暴力事故，这些事故是在一片平静的表面上突兀出现的尖峰。如果坚持只关注资本主义社会及其技术的日常平稳运行，那么这些极端的时刻就容易被忽略。然而，正是在这些极端时刻，精英阶层和工人阶级发生了短暂而激烈的接触。因此才得以清晰地理解围绕着他们之间关系的论述、实践和含义，而这是在其他情况下无法实现的。在世纪之交，发生在希腊的汽车事故在某种程度上使莱昂蒂多称为"隐形者"的群体在希腊的历史资料中暂时变得可见，并得以从"后世的蔑视"中被拯救出来。[82] 因此，应该欣喜于看见这些"隐形者"，这并非出于满足某种道德要求，而是因为如果没有他们，希腊的技术史和希腊史都将是片面的和不完整的。

第十一章

战间期的国家公路网建设

本章旨在研究战间期希腊交通基础设施在现代空间建设中的作用。本章分析了在交通基础设施规划和建设中蕴含的社会空间观念，并概述了现代空间的主要特征。具体而言，本章重点研究了马克里斯计划（the Makris project），这是希腊在战间期最重要的国家公路建设计划。该计划改变了人们对空间的认知和构建方式，引入了技术创新，并激活了新的社会空间关系。[1] 此外，马克里斯计划与欧洲其他类似项目的共同点在于，在那段动荡的战间期，它们都是通过改善公路基础设施来推动社会的现代化发展。通过分析马克里斯计划，研究揭示了希腊为什么采取这样的方式来建设现代化交通，并对国家公路网建设的地理和社会技术复杂性进行了重新评估。

在希腊，学术界一直都对交通和移动性的历史有着不同解读。在历史学领域中，希腊历史学的主要转向对交通基础设施的研究产生了影响：20世纪 70 年代，交通基础设施的研究受到现代化和依赖理论的影响；[2] 80 年代，它主要与经济史有关。[3] 同一时期，在规划史这一新兴领域中，交通基础设施成为规划实践的一个组成部分，研究主要聚焦城市。甚至到现在，交通基础设施建设的研究文献大多都局限于地方层面，较少在更广泛的地理背景下进行探讨，例如地中海或巴尔干地区。[4] 然而，希腊和国际历史学界最近的一系列进展，重塑了许多交通基础设施研究中一些被认为是共识的观点。跨学科比较研究议程的崛起以及科学技术研究的学术成果，使学术界对技术基础设施的看法发生了新的转变。[5] 基于这些研究成果，本章概述了战间期人们对基础设施和流动性认知的变化，并解释了在特定的社会空间背景下如何建设现代空间。

20 世纪初的前几十年，社会政治动荡不安，各国和地区之间密切互动，资本和专业知识在国际间广泛流动。在欧洲，第一次世界大战及其影响催生了一系列新的社会和物质实践，进而推动了前所未有的空间转变和更广泛的重建尝试。这些实践和新型交通方式的出现重新定义了人们对时间和空间的感知，对流动性的体验，以及技术在社会中的应用方式。因此，交通网络建设变得至关重要。它不仅是控制空间的一种方式，而且能让现代规划理论在战间期的应用第一次不再局限于城市层面。特别是随着"十月革命"（the October Revolution）和 1929 年经济危机后专制政权的建立，它还成为政治分化的特权领域。那时候，各国开始大规模地开展规划和基础设施建设项目：投入大量资金用于建设更加高效的交通运输系统，提出与这些项目规模和特点相关的重要问题。

希腊在战间期受到了一系列事件的严重影响，包括奥斯曼帝国的解体、巴尔干战争、希土战争以及随之而来的人口流动和流散资本的转移。为了组织经济和规范空间，国家需要进行干预，这种干预反映在公共工程、更广泛的行政管理、机构和教育改革之中。虽然这些政策和措施通常被视为自由党（Liberal Party）的现代化愿景，但实际上它们也反映了战间期社会各阶层的愿望——"建设现代化和实现现代化"。[6] 在这个时期，与基础设施规划和建设有关的主要改革包括：1914 年，成立了第一个"技术"部门——交通运输部；同年将雅典理工学院升格为雅典理工大学；1923 年，成立了希腊技术协会。[7]这是一个技术乐观主义的时代，产生了大量与交通运输有关的专门知识。在这个时代，技术专家在政治辩论中发挥了重要作用，同时，在法律制定中也应用了现代的空间调控理论。[8]在希腊，区域规划尚未形成体系，也未被纳入国家干预的范畴，因此，流动网络的构建成为了现代空间生产中的重要因素。

通过了解战间期紧张的局势变化并基于最近有关交通基础设施的研究，我们认为在希腊的流动史中，马克里斯项目是一个具有代表性的事件。这个项目在特定的历史背景下，充分反映了交通基础设施在现代空间生产中所起的作用。因此，我们从明确的社会空间视角来看待马克里斯项目。现代空间不仅仅是自上而下的现代化政策驱动的结果，也不只是应用了现代主义建筑和城市规划的审美或组织原则的空间实体。[9]我们认为现代空间是一种动态空间表达，源于多次现代化的尝试和经常相互矛盾的社会实践。这些社会实践与现代文明社会的兴起密切相关，影响了更广泛的社会群体，并最终改变了他们的生活和观念。对希腊而言，现代空间增加了流动性，创造了新的移动地理空间（从区域到国家乃至国际层面），引入了新的生产方法（福特制）①以及社会对新机械化交通运输技术的应用等。在此基础上，我们将"交通基础设施"作为现代景观的重要组成部分进行研究。不仅分析其中的社会优先事项，还探究它在人际关系中的调节作用。交通基础设施不只是铁路和桥梁的建设，它更是连接人们的纽带，它还塑造和组织地域，并基于技术创新建立新的等级体系（以及产生不对称性）。交通基础设施的规划反映了具体的发展理念，而其建设则将本地实践、土地市场和国际资本投资相互联系起来。因此，现代流动网络并未呈现出统一的空间模式，而是在不同的国家和地区之间显示出显著的差异性。

---

① 福特制（Fordism）是一套基于工业化和标准化大量生产和大量消费的经济和社会体系。

基于上述理念，在希腊被看作"欧洲边缘"国家的背景下，我们分析了战间期希腊最重要的公路建设项目。毋庸置疑，"边缘"这个概念是模糊不清的，因为这个词包含了很多假设和成见，并往往充满了矛盾的多种含义。[10] 在本章中，我们选择使用"边缘"这个术语，但并不采用它在发展和依赖理论（development and dependency theories）中所具有的决定论色彩以及欧洲中心主义（Eurocentric meaning）的含义，因为我们认为它能够促进对空间的关联性理解。[11] 我们主要基于费尔南·布罗代尔（Fernand Braudel）的空间情境分析，运用"边缘"这个概念来分析历史和地理的相互作用，"而不构建新的固定实体"。[12] 在此视角下，我们将"欧洲边缘"定义为西欧国家及殖民地之外的中间地带。在这个开放且充满活力的空间里，西欧发展起来的现代技术和概念被引入，但它们在这里被转化和选择性地运用。[13] 本章认为，对希腊等欧洲边缘国家的交通基础设施规划和建设开展研究，分析与之相关的实践和愿景，将为探讨现代空间中多样性社会空间特征提供丰富的资料。

本章基于档案材料开展研究。有关战间期希腊公路网建设的信息，主要来自希腊国家银行历史档案馆（the National Bank of Greece Historical Archive）和国家研究基金会（the National Research Foundation）"埃莱夫塞里奥斯·K.韦尼泽洛斯"的数字档案。关于专业知识转移的分析，则是基于希腊外交部（the Hellenic Ministry of Foreign Affairs）历史档案馆（the Diplomatic and Historical Archive）的原始资料。有关马克里斯计划的补充信息来自法律和政府法令、希腊媒体文章以及选定的二手材料，比如传记、百科全书条目和技术出版物等。

希腊交通史概述

关于在整个希腊建设现代流动网的讨论可以追溯到 19 世纪上半叶。在

19世纪的大部分时间里，希腊内陆运输能力有限，国内和国际运输需求主要通过海运满足。直到19世纪中叶，希腊政府才开始尝试打破沿海和内陆地区之间的传统二分法。这些尝试的重点首先是重建传统港口，然后逐渐扩大到建设连接这些港口和当地市场的公路。毕竟，公路基础设施是控制国土、组织行政部门以及在全国范围内传播信息最有效的手段。

19世纪下半叶，随着新的交通运输技术的引入，交通地理发生了重大转变。蒸汽船取代了帆船，蒸汽火车也在陆地交通运输中崭露头角。1869年，苏伊士运河开通，这就使传统的交通运输路线得以重新规划，进而实现了新的多式联运和跨国连接。随后，东地中海的特定港口城市变成了交通枢纽，因为它们是通往印度的中转站。这种新的交通基础设施起到了催化剂的作用，在短短几十年内，就重塑了社会关系和城市环境；同时，西欧各国及其承办商都竞相争取承担相关建设工程。[14] 我们应该注意到，到19世纪下半叶，大多数西欧国家已经建成了国家铁路网，国际联系也已建立起来，因此投资者的兴趣转向了欧洲边缘和殖民地的新领域。[15] 希腊国内的形势也十分有利。在国债得到调整后，希腊可以获得外部贷款，资本变得可用，并且各个社会团体也在推动交通网络的建设。

在此背景下，关于建立交通网络以实现预期的海路和铁路向东方延伸的讨论变得更为重要和引人注目。1855年，希腊总理亚历山德罗斯·马夫罗科扎托斯（Alexandros Mavrokordatos）加入了这场讨论。他指出"没有人能够忽视铁路和蒸汽船的力量，除非他想停滞不前"。[16] 但直到19世纪80年代，一个与外国投资直接相关的技术现代化扩展项目才推动了交通基础设施的建设。[17] 当时，希腊议会做出了第一个有关铁路规划和建设的决定。所有希腊政治家都认为，凭借新扩大的边界，希腊可以成为连接东西方之间的桥梁。尽管大家有这个共识，但他们在定义交通网络的具体参数方面出现了较大争议。由于认识到铁路网络的技术规格将决定铁路的可行性以及其国际（或本地）特征，当时的主要政治行为体提出了相互矛盾的观点，反映了他们对于发展的不同政治观念。[18]其中一个观点认为，建立一个符合国际标准的网络将吸引国际资本，从而实现经济和社会发展。[19]而另一个观点则认为，激活本地经济才是促进发展的关键，而不是建立国际网络本身。后者的提议最终占了上风。鉴于本国缺乏相关的技术专长，而法国具有相关项目经验，希腊政府向法国求助，后者于 1882 年委托了一个工程代表团来帮助希腊改革技术服务。[20]

1882 年，希腊开始修建 2000 千米的铁路线。按照最初的计划，铁路线的修建应该在五年内完成。然而，当工程最终于 1909 年完工时，仅有 1600 千米的铁路线投入运营。[21]相较于西欧国家，希腊所建铁路网的规模较小，而且未与欧洲主要的主要线路相连。这是由于希腊的地形、地理位置以及希腊和奥斯曼帝国未能就连接其铁路网达成协议所致。[22]色雷斯和马其顿的部分地区并入希腊后，希腊将前奥斯曼帝国的国际线路纳入国家交通网，这才实现了期待已久的欧洲连接。

希腊沿海岸线修建铁路，将港口连接了起来，从而推动了桥梁和灌溉工程等其他技术项目的发展。[23]这些铁路线成为陆地流动网络的主要干线，并与特定的公路和繁荣的海上航线互为补充。然而，20 世纪初希腊这一最大的投资和技术项目并未改变传统的流动性观念，也未影响长期建立的空间实践和生产方法。[24]希腊仍然是一个边缘国家，当地社会并没有充分意识到现代铁路所带来的机遇：他们将铁路"视为一种替代品，用来弥补农村公路网络的不完善和不足"。[25]

1912 年，希腊国家公路网与铁路网的长度比在欧洲处于较低水平。[26]但第一次世界大战也标志着希腊汽车时代的到来：这是汽车技术社会应用的转折点，也是空间地理转型的催化剂。[27]第一次世界大战期间，建设或摧毁公路网是欧洲的首要任务。事实证明，它在战争中具有重大意义，后来在国土的重组中也起到了重要作用。[28]在接下来的几年中，欧洲国家投入了大量资金来建设复杂的公路网络，这引发了关于它们规模和性质的重要问题。正是在这种背景下，建设国家公路网在希腊成为资本投资和企业活动的特权领域。在这个时期，社会、经济和政治处于动荡之中，汽车在全球范围内蓬勃发展，希腊的相关市场得到逐步发展，这些都为希腊公路网的建设创造了必要的条件和需求。[29] 与 19 世纪末期的铁路网不同，战间期进行的大规模公路建设项目并没有经过公众讨论和国家规划，主要服务于私营企业的利益需求。然而，这个项目对社会和空间产生了前所未有的影响，这些影响与战间期的紧张局势和动态密切相关。

突破城市规模

正如交通史学家所指出的，20 世纪头几十年的公路规划历史呈现出多样性的范式。[30] 在大多数情况下，建设公路网的讨论都试图突破城市规模的限制。在战间期，这些讨论体现在多种规划实践中，从最初设计基于汽车的理想化城市模型开始，到在欧洲层面上推广对抗性公路建设计划，再到为了实现现代化而建设国家流动网的努力。[31] 这些方案反映了不同的行政结构、政治体制和规划传统，最终形成了独特的流动性模式。[32]

在 20 世纪头几十年里，希腊现代交通网络的建设是一个漫长而紧张的过程，这也是国家领土统一和民族意识形态融合的过程。在战间期，通过解除、转移或重置由地理条件、经济关系和社会网络所设定的障碍，这一过程得以实现，并体现在公共工程和相关立法中。值得注意的是，希腊的公路建设不仅体现了政府自上而下的政策执行，而且还表达了民间自下而上的诉求，因为社会弱势群体意识到，打破地方现状并为建设现代民族国家做出贡献，符合他们自己的利益。

希腊公路的机动化流动性调整首先在需求最为迫切的雅典市中心开始。由于当地缺乏专业知识，英国伦敦沥青有限公司（English London Asphalte Company Limited）和瑞士纳沙泰尔沥青有限公司（Swiss

Neuchatel Asphalte Company Limited）于 1905 年至 1906 年间承担了第一个沥青路面项目。[33] 随后的几年里，希腊工程师通过参加巴黎首届国际公路大会（International Road Congress）和首届国际汽车交通大会，逐渐熟悉机动化流动性的问题。[34] 希腊工程师成功完成了雅典市中心的沥青路面工程，并参加了有关公路建设的国际研讨。之后，他们开始在郊区公路上试验新的铺路系统。在第一次世界大战爆发之前，这一试验都在辛格鲁大街（连接雅典市和海洋的标志性街道）上进行。[35] 公共工程总工程师迪米特里奥斯·卡利亚斯（Dimitrios Kallias）发明的炉渣沥青铺路系统在试验中得以应用。1912 年，他获得了希腊和法国政府颁发的专利许可。[36]

第一次世界大战结束后，建设现代化的国家公路网再次成了希腊的头等大事。为实现这一目标，希腊在 23 个地区设立了公路铺设专项基金并确立了统一的技术参数标准。1925 年，潘加洛斯独裁政权（the Pangalos Dictatorship）资助了雅典大区公路铺设试点项目。[37] 该项目共铺设了41.5 万平方米的公路，其中，10 万平方米是在辛格鲁大街铺设的，由壳牌公司驻希腊的官方代表——马克里斯·S.A.（Makris S.A.）的技术专家负责监督。[38] 与 20 世纪初的沥青路面铺设工程不同，在马克里斯·S. A. 的调解下，20 世纪 20 年代的沥青铺设项目仅由希腊的建筑公司承建。这些公司包括艾尔贡（Ergon）、埃尔戈利普蒂基（Ergoliptiki）、卡德莫斯（Kadmos）和阿斯法尔提卡工程（Asphaltika erga），他们在这个试点项目中获得了宝贵的经验，随后其中大部分公司就参与了战间期的国家公路建设项目。

建设一个现代化的国家公路网：调节、紧张和计划

帕萨尼亚斯·马克里斯（Pausanias Makris）是一位著名的希腊企业

家，他在战间期掌握着国家公路建设计划的资金。马克里斯的职业生涯始
于其代表国际公司进入希腊市场。在第一次世界大战期间，他通过买卖必
需品（如食品、药品和纸张）发了财。[39]在随后的几十年中，他与"苏黎
世圈"建立了联系，这是一个由希腊工程师和企业家组成的强大团体。他
们于19世纪末来到苏黎世学习，在国外工作一段时间后，他们回到希腊，
创立了国内第一批化学、水泥、电力和电信企业。[40]1922年，马克里斯
成为壳牌公司在希腊的代表，专门负责进口燃料、沥青和其他石油衍生品。
那是希腊汽车行业蓬勃发展的时期，燃料市场的利润也比较可观。[41]马克
里斯为了扩大他的业务并实现利润最大化，还成为两家英国汽车公司——
利兰（Leyland）和莫里斯（Morris）的授权经销商。[42]

虽然马克里斯没有开展过具体的工程研究，也没有相关的工作经验，
但在战间期的那几年，他参与了公共工程，尤其是公路建设方面的工作，
并借此机会在希腊汽车市场中推广壳牌公司产品。像当时其他企业家一样，
马克里斯认识到公路建设正进入一个划时代的时期，可以为"那些在正确
的时间采取正确行动的人带来巨大的收益和声望"。[43]

1925年，马克里斯和同事向希腊政府提交了一份建设和维护国家公
路网的提案。当时，他所在的公司正承担着雅典沥青工程的监督工作。[44]
这份提案包含一个广泛的空间发展计划，详细定义了国家公路网的各项参
数，包括经济和技术要求，以及规划、融资和实施等方面的内容。马克里
斯在具体项目中发挥了不同寻常的重要作用。他充当调解人，在国家和广
泛的企业联盟［如壳牌（SHELL）、英国银行集团、希腊国家银行、希腊
建筑公司］之间进行协调，这些企业希望从"石油－汽车－建设"这三个
产业中获利。[45]因此，马克里斯在公路建设领域的角色与战间期其他欧洲
国家公路建设中的企业家相当。这些企业家中最具特色的是意大利人皮耶
罗·普里切利（Piero Puricelli）。普里切利在意大利组织了与建筑行业有
关的利益集团，并在新法西斯政权的支持下于1925年建造了第一条高速

公路。[46]与普里切利类似，马克里斯的目标是获得希腊建筑公司的支持，并得到潘加洛斯独裁政权的批准。不过，我们应该注意到，马克里斯与当时的所有希腊政府（无论是独裁政权还是民选政府）都保持着良好的关系。[47]然而，当潘加洛斯独裁政权一被推翻，公路建设项目合法化的提案就引起了全国性辩论，并引发了普世（ecumenical government）政府的内部危机，最终迫使政府倒台。[48]

1927 年，希腊政府针对国家公路网的建设和维护启动了公开招标。[49]相关法律所附条款规定，只有希腊企业才能参与竞标。这一政策被视为随后几年盛行的自给自足政策的前身。而且，中标的承包商需要提供 600 万英镑的贷款来支付项目相关费用。[50]此外，招标文件还详细规定了项目的技术参数、贷款协议细节以及土地征用等问题，但唯独没有明确所建公路网的总长度。根据总成本计算，公路网的长度预计在 2500—4000 千米，而 1927 年，希腊的整个公路网的长度为 1 万千米。[51]

马克里斯·S. A. 中标，并于 1928 年 5 月与新的联合政府签订了合同。合同的主要目标是建设新公路、维护国家公路网和提交相应的计划。然而，合同的财务条款和承包商的利润令人愤慨，受到了多数新闻媒体的强烈谴责。[52]在汉姆布鲁司银行（Hambros Bank）的担保下，马克里斯·S. A. 只需在银行存款 40 万英镑就能够获得 600 万英镑的贷款，但不需要对贷款总额承担责任。如果贷款协议的条款与同期其他国家贷款类似，希腊政府就得接受该贷款协议。如果政府无法偿还贷款，则必须向马克里斯返还初始存款，并支付 8% 的利率。这就意味着无论该项目是否能够继续进行，马克里斯的公司作为中介都可以从外国银行和希腊政府获利。此外，因为该公司的工程利润设定为 25%，所以马克里斯也将获得可观的收益。由于此前缺乏建设国家公路的经验，而且合同规定只有希腊公司才能参与承包，马克里斯联合 9 家知名的希腊建筑公司和众多的当地分包商开展了合作。通过将利润较少的部分工程分配给当地分包商，马克里斯确保了自己在这个工程里获得了新的中间利润。

在战间期，希腊社会对技术进步和发展持乐观主义态度。在这一时期，希腊建立了新的技术组织，实施了创新规划项目，专家在政治辩论中也发挥了核心作用。但是当时的国家公路建设项目不是由技术机构或国家倡议发展起来的。这些项目没有经过公共讨论，也未列入国家规划，而是由当地企业家推动的。19 世纪末期，希腊的铁路完全由外国公司建造，并使用从国外进口的技术、做法和材料。与之相反，希腊的建筑公司和本土分包商参与了战间期的公路建设，这对当地社会产生了深远的影响，最终为促进国家的经济发展创造了条件。

虽然这份金融协议可以被定性为典型的腐败案例，但它很容易实现，因为当时全球经济危机即将爆发，希腊也面临破产，这份协议将外国公司排除在外，成功维护了希腊建筑业的利益。通过与参加竞标的多家希腊建筑公司和分包商签署合作协议，马克里斯成功搭建了一个具有广泛社会基础的金字塔结构。换言之，马克里斯将风险、成本和利润分配给了众多分散的参与者，从而与他们达成最大共识。除了建筑行业的从业人员外，土地所有者也同样支持这个项目。而且，由于公路开通可以增加其财产的价值，所以，他们试图去影响公路网的规划，并且在很多情况下他们都成功地做到了这一点。此外，希腊城市和农村的土地所有权规模较小且分散，土地利润也被分配给各个社会阶层，这也就解释了为什么这个项目以及希腊的总体公路建设都受到普遍欢迎。

马克里斯项目的措辞和实施

希腊在战间期进行公路建设，旨在打造一个国家重大项目，并创建一个满足当时国际标准的现代交通网络。马克里斯于 1928 年 11 月向总理埃莱夫塞里奥斯·韦尼泽洛斯递交了一份备忘录，本章基于这一备忘录，对

该项目的语言措辞和推广方式进行分析。[53] 备忘录中提到了公路网规划的
3 个组织原则。第一个原则是通过连接生产力高的农村地区与国家转运中心
和港口来刺激当地经济；第二个原则是通过创建一个综合的陆海流动网来
界定国家的领土；第三个原则是通过在全国范围内开辟连接历史和风景名
胜景区的新线路来促进旅游业的发展。

更具体地来说，国家路网将沿着现有的南北方向的主要公路和两条东
西方向的公路进行组织。由于希腊最近并入了某些省份并在那里建立了小
亚细亚难民定居点，因此连接希腊北部主要港口城市的第一条横轴公路项
目成了一个国家重大项目。同时，它还旨在通过连接港口与内陆腹地以及
边境地区来刺激当地市场。希腊中部第二个横轴公路被设计为国家的骨干
道路，"这是一条连接亚得里亚海和爱琴海的重要干线"，它通向偏远地区，
帮助开发自然资源，并最终提升当地的港口。在一些特定地区，如伯罗奔
尼撒半岛和哈尔基季基半岛（Chalkidiki），公路网建设的主要目标是发展
旅游业。而岛屿的交通网则仅限于克里特岛，因为其他岛屿"有自己的海
上交通，所以它们的陆路交通相对比较次要"。

根据上文所述，从语言措辞的角度来看，备忘录提出了一个有利于公
路基础设施合理发展的项目，并试图将希腊所有的地区都连接起来。此外，
马克里斯计划的推广方式反映了国际关注点从建设城市网络转向郊区和国
家网络。该计划遵循了关于空间生产时期的讨论，并强调了交通基础设施
在这一过程中的作用。然而，由于马克里斯计划与新成立的技术机构没有
建立联系，因此它并未有助于希腊规划传统的形成，也无助于现代国家交
通网络的创建，更不用说跨国交通网络了。这可能就是为什么它没有被纳
入国际联盟（the League of Nations）推动的欧洲公路和高速公路网络建
设计划中的原因。[54]

此外，尽管言辞中充满希望，但战间期国家公路建设项目的实际实施
与最初的规划存在很大差异。在项目实施过程中，现代公路网建设不得不

面对资金不稳定、政治压力和组织不力等问题。原本计划建立分层公路网络，但由于缺乏具体的规范，最终只能采用统一的建设模式。与此同时，1929 年发生了金融危机，希腊政治环境动荡，政府不断更迭，这导致了对最初合同的不断修改。该合同在 1931 年进行了修改，1933 年暂停，后来在 1934 年，经过新的修改，明确资金完全来自国内资产后，合同修订工作最终完成。合同的不断修改导致该项目的推进工作断断续续。在合同签订四年后，所用开支达到预算的 87%，但只建成了 300 千米，其中 175 千米位于总理埃莱夫特里奥斯·维尼泽洛斯的家乡克里特岛。其余的 1460 千米仍未完成。[55]

本章小结

在战间期，欧洲各国，包括中心国家和希腊等周边国家，都非常关注公路网的建设。通过倡导效率化和标准化的现代主义原则，这种空间调节方式是技术官僚采取的做法，促进了广泛的国际交流和互联互通。通过研究希腊交通史上的一个代表性事件，希腊试图将国际上关于建设现代交通基础设施的讨论重心从中心地带转移到欧洲边缘国家。通过研究马克里斯项目，展示了西欧国家的技术和理念是如何被引入并适应希腊的国内关系和需求的。这个过程体现出一种独特的现代性，它与其他国家的现代性可能存在差异，但又与之相互联系。这种研究拓宽并丰富了我们对欧洲范式的理解，"它不仅包括了一种干净、抽象和理想化的权力结构，还包括一种依赖、从属和混乱的斗争"。[56]

对战间期国家公路网建设的评价可以有多种解释。例如，受现代化理论和依赖理论的影响，交通基础设施的传统评价方法要么采用比较的方式，重点是定量分析该项目与其他环境下实施的类似项目之间的区别；要么将计划实施过程中的差异与国家的经济和政治依赖性相关联。这些观点中的大多数往往忽视了精英阶层以及最贫困的社会群体（小地主和新兴工人阶级）的重要作用，并认为在战间期希腊没有建成现代化的"国家"公路网。[57]同样，规划史领域的分析关注的是战间期希腊缺乏规划和技术组织的情况。

当研究已建成的公路网本身时，上述观察似乎确有道理。毕竟在 20 世纪 20 年代以前，由于现有公路状况不佳，加上全国各地众多习俗不同，交通往来和产品贸易在一些地区存在困难甚至不可能实现，这就导致一些地方在经济和空间上相对孤立。[58]然而，如果我们放宽视野，将公路网和铁路网结合起来考虑，就会发现它们在战间期第一次创建了一个覆盖整个国家范围的综合交通网。这个综合网促进了地方经济的繁荣和地方社会的融合。

马克里斯项目不仅是已建成的流动网络的关键组成部分。在这个项目中，各种具有矛盾冲突的社会群体和利益相关方汇集在了一起，如工程师、建筑师、工人和土地所有者。从某种程度上说，这是有可能的，因为国家尚未制定有关交通基础设施的明确的长期政策。马克里斯项目引发了一个有争议的进程，涉及社会技术和社会空间的改革。这个进程揭示了地方局限性及其潜力，代表了希腊现代化进程中的一个典型阶段，并最终塑造了一个独特的"现代空间"范式。

第十二章

技术与旅游

　　旅游业是战后最重要和发展最迅速的行业。[1] 它体现了资本主义经济按照大规模消费标准进行重组，同时也见证了后现代景观作为旅游目的地的重塑。这些进程自欧洲战后重建时期以来就已经显而易见。希腊的旅游业自 20 世纪 50 年代起一直是一个极其重要的经济部门，被称为希腊的"重工业"。[2] 本章的主要研究对象是 20 世纪 50 年代至 70 年代之间技术与旅游业的共生关系。在这一时期，大众旅游在希腊技术基础设施的扩建中发挥了关键作用。选择研究某个国家并不意味着将其视为本质主义实体。相反，根据政策制定者和利益攸关者的意识形态和愿景，我们展示了技术如何用于实现某些地方的空间和象征重建。

　　本章分为三个小节。第一小节简要介绍了旅游业的发展历史，重点探讨了旅游业与基础设施建设和技术扩散之间的紧密关系，以及旅游业中心政策和基础设施发展中技术选择之间的相互影响。第二小节介绍了希腊公路网作为旅游基础设施的发展情况。我们认为，汽车基础设施在希腊的扩散是按照战后早期大众旅游标准对景观进行重构，将其改造成旅游目的地的一个典型例子。此外，汽车的普及与欧洲休闲活动的兴起有关，也与当时的政策制定者将希腊作为一个整体来重建有关。在本章中，我们还探讨了其他形式的交通运输基础设施，包括空运和海运以及它们在旅游业中的作用。就港口而言，除了罗得岛（Rhodes）和雅典，这些港口的发展大多与贸易和运输有关，而不是和希腊旅游业的兴起有关。[3] 此外，因为机场使人们前往偏远岛屿的旅行成为可能，所以它对于希腊旅游业的增长至关重要。因此，我们结合某些内陆和岛屿地区［如德尔斐（Delphi）和罗得岛］的案例开展了研究。第三小节介绍了这些案例，涉及它们在希腊热门旅游目的地中的推广，以及与技术利用相关的内容。

　　大众旅游的分析模型在过去的两个世纪中不断发展。人们从多个不同的角度对旅游业进行了研究。例如，朱洛（Zuelow）认为在重建国家身份以及在公共话语中塑造统一的欧洲形象的过程中，跨国旅游起着重要的作用。[4] 其他研究人员，如巴拉诺夫斯基（Baranowski），从文化或符号的角度研究消费文化中的旅游业。[5] 厄里（Urry）提出的"游客凝视"一词将旅游与体验消费联系在一起。[6] 法兰克福学派（the Frankfurt School）的研究人员采用了不同的方法来研究消费文化。他们认为，所谓的旅游社会"民主化"是一种标准化的产品，与战后欧洲大规模消费的出现有关。[7] 此外，弗勒芙（Furlough）还研究了旅游业与欧洲政治意识形态的一致性，以及旅游在不同政权（如法西斯主义或纳粹主义）中所扮演的多重角色。[8] 博罗茨（Borocz）认为旅游与技术没有直接的因果关系，两者都应该在更广泛的社会背景下进行研究。[9] 除了博罗茨的研究路径外，大部分关于旅游和技术关系的研究主要关注流动性，[10] 这部分研究逐渐演变为所谓的"流动性范式"。在这个范式中，一些代表人物，如厄里或克雷斯韦尔（Cresswell），认为流动性网络已经重新定义了国籍、阶级或性别等社会分类，并重塑了现代的空间和时间概念。这种观点有一个特点，即希弗尔布施（Schivelbusch）所支持的，旅游流动性已经把全球变成了一个充满古迹的购物中心。[11]

希腊有关大众旅游的历史研究主要集中在经济方面。旅游业被看作是国家生产力复苏的结果，而不是交通运输发展的结果。阿利夫拉吉斯（Alifragkis）和阿萨纳西奥斯坚持认为，在20世纪50年代和60年代，通过投资和建设旅游基础设施，国家成为经济复兴的主要贡献者。[12]他们还认为，美国促进旅游业发展的意愿对生产模式的应用具有决定性作用。[13]其他研究者则关注旅游业的经济方面，比如洛戈赛蒂斯（Logothetis）、斯塔夫罗斯和布哈里斯（Buhalis）等人，他们还评估了经济对旅游业竞争力的重要性。[14]只有少数研究者从更广泛的角度研究了希腊的旅游业，例如，弗拉霍斯（Vlachos）将旅游业作为一系列经济、政治和文化参数来研究，而尼古拉卡基斯（Nikolakakis）则强调国家政策的作用以及旅游业的社会学和人类学作用。[15]

本章通过揭示战后希腊旅游业和技术之间的共建关系，对上述史学讨论进行补充。本章认为旅游业是技术基础设施发展和技术社会扩散共同产生的结果。我们参考了前人文献中有关旅游业与大众消费关系的论点，并采用流动性研究的方法，强调旅游业和交通运输技术之间的联系：我们认为交通运输网络在与旅游相关的空间和时间重构中起着至关重要的作用。我们还通过进一步发展这些方法为史学讨论做出贡献。虽然我们部分同意博罗茨的观点，即应该在更广泛的社会背景下研究旅游业和技术，但从不同的角度来解读社会背景。更重要的是，在接下来的章节中，将展示旅游政策是如何通过建设技术基础设施产生特定的旅游产业模式。因此，旅游与技术本身的共建关系产生了社会技术背景，这需要进行更深入的研究。

新兴产业的出现：在欧洲和希腊重建旅游目的地
（20 世纪 50—70 年代）

　　欧洲大陆被视为一个单一空间并进行了重建，这种大规模技术基础设施建设促进了欧洲旅游业的发展。在战间期，上层阶级的驾驶者在政策和技术的支持下能够自由地跨越国界旅行，这也促进了欧洲旅游业的发展。20 世纪初，这些人最初以独立旅游者的身份旅行，其利益则由汽车爱好者俱乐部来代表。第二次世界大战后，马歇尔计划鼓励按照大众消费的标准来发展旅游业，并认为旅游既能帮助西欧复兴，又有助于将西欧与共产主义范式区分开来。[16] 因此，尽管旅游业在东欧社会主义国家得到了发展，但在西欧，它却是在资本主义模式下组织起来的，并与自由、独立或逃离城市环境的文化标准相联系。根据欧洲经济合作组织（OECE）[17] 旅游委员会的统计报告，从 1950 年到 1959 年，欧洲的旅游业增长了 60%—100%，平均每年增长 6%—10%。[18] 意大利由于推广其历史遗产，成为最受欢迎的旅游目的地。其次是法国、瑞士和奥地利（Austria）。1959 年，意大利有 860 万游客和 820 万日间游客。

　　旅游业已逐渐成为所有地中海国家的大众产业。最初发展成为热门目的地的是加泰罗尼亚海岸（The Catalan coast）、马略卡岛（Mallorca）和希腊，随后是北非和亚得里亚海沿岸地区。在 20 世纪的最后 25 年，地中海盆地和巴尔干半岛的游客人数翻了一倍。这些国家的政府和私人的经济活动已经围绕新兴的旅游业进行了重组。同时，为了拥有完善的旅游基础设施，他们还进行了技术重建。这些举措是西班牙、葡萄牙和希腊等国家实施政府干预的结果。而在意大利等其他国家，旅游业则一直由家族企业主导。[19] 其中一些国家投资推广"3S"模式，即阳光（Sun Light）、沙滩（Sand）和大海（Sea），比如西班牙、突尼斯（Tunisia）和土耳其。而另一些国家则强调其文化遗产是主要的旅游吸引力。[20]

希腊早在战前就将旅游业纳入政治议程，这表现在旅游机构的建立以及一种将旅游业与技术现代化联系起来的技术官僚话语的发展。例如，1914 年成立了对外展览办公室（The Foreign and Exhibition Office）。政府还尝试吸引外国投资来兴建温泉度假村。在战间期，发展旅游业的愿望与技术官僚话语密切关联，强调了技术现代化的要求和对欧洲精英的吸引力。具体来说，有些工程师和企业家认为，建设技术基础设施对于旅游业的发展是必要的。[21]然而，由于基础设施网络不完善，加上私营机构对旅游投资缺乏兴趣，旅游业发展的进程放缓。[22]旅游业在战后几年成为核心发展目标，这可以从 1947 年开始使用"旅游业"这个词得到证明。同时，马歇尔计划者建议，没有必要恢复希腊工业，因为旅游业可以成为推动国民经济复苏的关键因素。因此，虽然与工业或农业等行业相比，旅游业对于希腊政府而言处于次要地位，但国家制定了更加系统化的旅游发展政策、建立了希腊国家旅游组织（GNTO）等机构、进行了大规模的投资和基础设施建设工作，如公共酒店连锁品牌森雅（Xenia）。[23]无论如何，尽管希腊地处东南欧，然而其经济是按照资本主义模式组织运作的，这对希腊的旅游业产生了深远的影响。

本章探讨了 1950 年到 1980 年 30 年间的希腊旅游史。根据基于技术选择制定的旅游政策，这段历史可以分为三个阶段。从 20 世纪 50 年代到 60 年代初，康斯坦丁诺斯·卡拉曼利斯领导的保守政府首次将旅游业纳入国家议程，并强调大规模私人投资。同时，他们还向欧美上层阶级游客提供服务以促进外汇流入，从而改善国内经济。[24]1952 年，德拉克马贬值后，希腊成了热门旅游目的地：希腊是首批因沿海景观和考古遗产而吸引大量游客的地中海国家之一。与其他地中海国家投资所谓的"3S"模式不同，希腊在 20 世纪 50 年代将其考古遗产作为主要资产进行宣传。这一政策促进了一些地方的技术建设工程，这些地方包括具有考古价值的德尔斐和埃皮达鲁斯（Epidaurus），以及已经开发成旅游胜地的罗得岛和科孚岛（Corfu）。此外，公立的森雅酒店、私立的豪华酒店如雅典的希尔顿酒店（the Hilton hotel），以及罗得岛和科孚岛的赌场，都是 20 世纪 50 年代旅游业发展的典型代表。尽管与中欧、西南欧洲或意大利和南斯拉夫等邻国相比，希腊游客的绝对数量较少，但得益于技术基础设施的发展，1950 年至 1960 年间希腊的游客人数增长了 813%。游客数量有限的部分原因是希腊的地理位置使得汽车从中西欧地区进入希腊比较困难。在当时，汽车是跨国旅游的主要交通工具。直到 20 世纪 60 年代末，随着海上和空中交通的发展，国际旅游才在希腊兴起，游客也能够前往众多的希腊岛屿。[25]

20 世纪 60 年代，希腊政府的旅游政策逐渐发生了变化。因为希腊部分地区面临着失业和缺乏技术设施的问题，所以执政的中间派政府（1963—1967）尝试推行一种有助于这些地区发展的旅游模式。这些政府的目标是为小型旅游企业提供资金，并在当时欠发达的地区建设基础设施：克里特岛就是其中一个典型例子。然而，由于当时政治不稳定，这些政策并未得到实施。

在本章要研究的下一阶段，即 1967 年到 1974 年期间，采用了一种放宽的中央集权政策模式。希腊独裁政权采用了民粹主义的措辞来推动旅游业，并将其视为技术基础设施建设和地区经济发展的工具，并将旅游业的成功作为自己政治合法性的象征。这一政策使电力、公路网络和住宿等技术设施得到了普及，为许多希腊地区成为主要旅游目的地打下重要基础。许多此类建设工程由军事团队（即所谓的"MOMA"）执行。[26] 同时，旅游业逐渐取代了工业等其他行业。与历届政府优先发展文化旅游不同，独裁政权强调以"3S"模式开发新的旅游目的地。在这十年余下来的时间里，旅游业仍然是政治议程中的主要产业，这与 20 世纪 80 年代以后国家去工业化有部分关系。旅游业与国家在技术和技术现代化重建方面的联系，表明旅游业已逐渐成为在希腊各地区推广技术和技术基础设施的工具。[27]

驾驶与休闲：修建汽车基础设施，重塑旅游目的地

旅游业与交通运输网络的关系比其与其他任何基础设施的关系都更为重要。流动性改变了空间和时间的意义，尤其汽车对欧洲中产阶级的休闲活动产生了积极影响。各种利益相关者，包括各个希腊政府和希腊技术协会的杰出工程师，都将汽车基础设施的建设与旅游业的发展密切联系在一起。希腊大众旅游业的增长主要得益于海运和航空运输的发展。然而，将希腊景观在空间和技术上重塑为旅游目的地，却与汽车基础设施的发展息息相关。

自战间期以来，公路交通运输与希腊旅游的推广一直存在着紧密联系。[28]这种联系在战后变得更加明显。第二次世界大战期间，希腊公路网遭到严重破坏，因此其重建工作成为马歇尔计划实施过程中讨论的首要问题。公路重建是希腊经济复苏计划中更广泛范围的一部分。希腊政府曾寻求援助来重建铁路网络，但马歇尔计划的规划者们认为这没有必要。他们认为旅游业可以促进希腊的战后经济发展，并进一步指出，由于汽车正逐渐成为战后休闲文化的象征性产品，公路网将取代铁路，成为与旅游业相关的主要陆路交通基础设施。[29]这个发展计划将公路网络作为一项基础设施进行重建，重塑景观并促进希腊的古迹和海滩成为象征性和营利性产品。[30]这些举措源于西欧中产阶级在战后初期几十年里对汽车旅游的热衷，因为当时普通游客还负担不起航空交通的费用。马歇尔计划的规划者们认为，良好的公路网会吸引游客驾车前往旅游。在 20 世纪 70 年代，希腊旅游业主要面向能够买得起汽车的上层阶级游客。一些著名的希腊工程师认为，一个自驾旅行的游客对希腊经济的贡献要远超 100 个乘坐公共汽车旅行的游客所带来的价值。[31]

在战后早期的几十年里，尽管许多国家政策都优先考虑工业发展，但

也对旅游业给予了重视。20世纪50年代，希腊政府的五年旅游发展规划将公路建设置于核心地位，并经常将其与其他建设工程相结合，如考古遗址和海岸遗址的重建，以及由希腊旅游组织资助、重要希腊建筑师设计的酒店建设。在这十年中，希腊保守派政府特别强调对已经吸引游客的地方进行技术重建，如雅典、科孚岛、罗得岛和奥林匹亚。[32]其中一个典型的例子是德尔斐的重建，这个国际考古价值遗址通过旅游和交通基础设施的建设成为了一个旅游目的地。下文将进一步描述该案例。保守派政府还优先考虑建设连接主要城市的国家公路干线。最著名的例子是修建雅典—塞萨洛尼基国道，这条国道连接雅典到拉米亚，之后逐步延伸至塞萨洛尼基，然后到达希腊与南斯拉夫边境。这条高速公路是连接希腊首都雅典和希腊第二大城市及其邻近巴尔干国家的中心轴线。这条高速公路的建设在公共话语中被宣传为一个有助于周边农村地区旅游发展的项目。[33]从1963年起，继任卡拉曼利斯的中间派政府对公路网的角色提出了不同的愿景。自20世纪40年代末以来，由于希腊内战（1946—1949），许多偏远地区的经济已经有所衰退，因此这些中间派政府试图通过修建小型基础设施（如地方公路）来推动旅游业，以促进这些偏远地区的经济复苏。希腊独裁政权（1967—1974）进一步推行了这一政策。该政权利用在农村地区修建公路来达到其实际目的，即：将公路建设作为政府与当地居民之间利益交换的一部分，意图以此将侵犯民主的行为象征性地合法化。因此，原计划在战后时期实施的大型公路建设项目被搁置，转而将建设重点移到了地区公路上，由莫马（MOMA）建设军团军事团队负责。

在20世纪50年代至70年代，希腊是东欧唯一的资本主义国家。这意味着希腊在地缘政治和地理上均与西欧邻国"隔离"。作为一个被社会主义国家包围且公路网络薄弱的半岛国家，希腊的跨国陆路交通网络在欧洲是最不发达的，至少在20世纪60年代之前是如此。[34]跨国公路连接将改变希腊与巴尔干半岛和整个欧洲的政治、经济、文化关系，其构建过程与旅游业的发展是相辅相成的。旅游流动性一直是发展泛欧洲公路网络（即著名的 E 路网）的核心动力。这些政策是由国际道路运输联盟（International Road Federation）等机构执行的，其目的是协调国家公路建设项目中的跨国合作，通过公路将欧洲各国相互连接起来。希腊政府参与这些机构，旨在通过与意大利、南斯拉夫和土耳其的合作，推动旅游业发展从而促进经济发展。尽管这些努力未能完全实现预期目标，但它们通过鼓励跨国流动，强化了公路交通对于欧洲一体化至关重要的理念。[35] 社会主义国家和资本主义国家应通力合作，讨论关于在东南地区建设跨国公路网以促进旅游业发展的问题。这种跨国讨论强调了这一新兴产业对于国家间技术政治合作的重要性。

在讨论中，希腊的工程师和政治家提出了许多与建设欧洲公路网络相关的倡议。有一个问题被反复探讨，即是否应该在每个跨国公路连接处设置交通"大门"。建设公路网的主要目的是促进旅游流动性，因此政府和工程师在规划公路网络时需要考虑预期的客流方向，以便设立合适的旅游路线，将游客引导至自然景区或考古遗址。例如，可以利用希腊与南斯拉夫边境的"北大门"，将伦敦—贝尔格莱德（Belgrade）的 E5 号高速公路延伸至君士坦丁堡，并将其与前面提到的雅典—塞萨洛尼基国道连接起来。[36] 20 世纪 60 年代，这条延伸到贝尔格莱德的公路使前往南斯拉夫的游客人数大幅增加，这证明南斯拉夫的游客流量也可以带动希腊的旅游业发展，尤其是如果两国共同合作来推动旅游业发展的话。[37]

然而，公路连接的效果并不太理想，部分原因是，除了 E5 高速公路外，巴尔干半岛的公路网络不够发达。这种糟糕的公路网络阻碍了欧洲自驾游游客前往希腊，进而影响了旅游增长。此外，希腊政府在推动其"西方"地缘政治角色的宣传过程中，提出了一个连接雅典和希腊西部海岸的高速公路（被称为"西大门"）计划，其目的是将这条高速公路与在帕特拉和伊戈米尼察（Igoumenitsa）建造的轮渡港口相连，从而通过船运连通希腊与意大利。这种连接方式被认为具有吸引意大利游客流量的潜力。[38]自战间期以来，这条多式联运路线的建设一直在持续进行，从而衍生出了"主题旅游"的概念。这种旅游主要面向英国游客，意在重现"拜伦勋爵（Lord Byron）的旅行"。"主题旅游"指的是沿着一条环形路线旅行，起始和终点都是伊戈米尼察的西部港口，途中还包括拜伦曾经游历过的自然景点和考古遗址，例如德尔斐或米索隆基（拜伦病逝于此地，当时该城被奥斯曼帝国围困）。[39]

当然，随着航空出行的交通方式逐渐取代汽车旅游，希腊西部的公路网仍然相对较差，而其他的希腊旅游目的地，如岛屿，却因包机航班的兴起而更受欢迎。尽管如此，希腊首都和希腊港口帕特拉和伊戈米尼察之间的连接公路还是得到了希腊和欧洲媒体的普遍赞扬，因为这条公路极大地改善了国家公路网，使游客更容易抵达希腊内陆。[40]如今，这个"西大门"仍然是希腊与西欧之间最常用的跨国陆路连接。

总之，尽管汽车基础设施在希腊跨国旅游流动性方面的作用不及航空和海运基础设施，但旅游业一直是希腊公路网络的规划和建设的核心参数。从 20 世纪 60 年代开始，驾车前往希腊的游客数量大幅增加。当时，在希腊的公路上行驶的汽车中，至少有 30% 属于游客，这意味着旅游业对公路网络的发展起到了重要推动作用。[41]公路建设的路线选择考虑了一些地区的旅游发展潜力，同时，汽车基础设施也被看作是一种因素，既可以通过旅游业的开发进一步促进地区发展，又可以通过增强跨国连接从而强化希腊的地缘政治作用。此外，汽车和旅游业的协同发展在希腊国内旅游的增长中起着关键作用。汽车已经成为休闲活动民主化的象征：在战间期，休闲活动曾是精英享有的特权，而如今它们是普通消费者的权利。平民（尤其是中等收入人群）的汽车拥有量显著增加就证明了这一事实。[42]在 1955 年至 1970 年间，每个周末从雅典开车前往乡村地区旅游的希腊人数量大幅增加。[43]在资本主义消费模式中，休闲活动已经成为希腊中产阶级身份重塑的参考要素，这种身份重塑与流动性和技术密切相关，这在汽车出行的案例中得到了经典体现。这些休闲活动是从空间和技术上重塑希腊地理景观、并将其打造为汽车旅游目的地的重要因素。至此，已经从空间重建和跨国连接两方面介绍了希腊公路网和旅游业的共建情况。那么，希腊的一些地方究竟是如何被重塑为旅游目的地的呢？将在下一节讨论这个问题。

内陆旅游和岛屿旅游：20世纪50—70年代的旅游产品——古迹、海洋和阳光

在战后早期的几十年里，希腊发展了两种旅游模式。第一种模式主要涉及具有考古价值的目的地，如雅典、奥林匹亚和德尔斐。这是自战间期以来一直盛行的模式。第二种模式则主要涉及沿海和岛屿目的地。在这个模式中，根据战后旅游业的标准，景观和海滩逐渐成为旅游产品。本节将分别探讨这两种旅游模式的典型案例。首先，我们将研究德尔斐，内陆最著名的具有考古价值的目的地之一。然后，我们将研究罗得岛和克里特岛的案例。这些特别的目的地展示了旅游与技术共同发展的特点。

在内陆地区，尽管存在其他具有考古价值的目的地（如雅典），但对它们的研究并不能清晰地展示旅游政策和技术发展选择之间的密切关系。以雅典为例，作为希腊的首都以及最受欢迎的文化目的地，它吸引着大部分的人口和经济活动，因此，自战间期以来雅典就已经配备了相应的技术基础设施。鉴于此，本章选择德尔斐作为一个典型的内陆旅游目的地来进行研究。自19世纪末以来，德尔斐一直以旅游目的地的身份被重建，并配备公路和其他基础设施。选择研究罗得岛和克里特岛也是出于类似的原因。它们是希腊的两个主要岛屿，但更重要的是，它们作为旅游目的地的受欢迎程度与战后的基础设施建设密不可分，这些基础设施使游客前往这些岛屿成为可能。然而，正如我们将看到的，罗得岛和克里特岛的旅游发展路

径完全不同，这体现了旅游政策与技术基础设施之间的共同构建关系。

内陆旅游目的地的技术改造：以德尔斐为例

希腊将某些地点作为旅游目的地进行重建，这一重建过程揭示了旅游业与技术之间的共同构建关系。这种重建需要采用特定的技术，然而正如下文所述，重建过程中不会使用不适合旅游业的其他技术。本节将重点讨论德尔斐的案例。自 19 世纪初开始，德尔斐被重塑为一个内陆旅游目的地，并从那时起一直吸引着一小部分对考古和文化感兴趣的游客，意大利也有类似的案例。[44]德尔斐因其考古遗址（曾被认为是古代世界的中心）和美丽的自然景观而闻名。1893 年，在德尔斐的考古遗迹被发现后，建在遗迹之上的中世纪村庄卡斯特里（Kastri）就被迁移至了新的地点，以便重建遗址。[45]

在 1950 年至 1980 年期间，政府愿景与旅游政策共同推动了希腊技术和基础设施的建设工作。战后时期，政府开展了大量技术和旅游业方面的重建工作。[46]在这段时期，在中央政府出台的政策以及马歇尔计划的援助下，希腊内陆旅游目的地的住宿条件和基础设施得以改善升级。[47]在 1954 年至 1962 年期间，康斯坦丁诺斯·卡拉曼利斯领导的历届保守派政府都将德尔斐视为希腊内陆最重要的旅游目的地之一，并进行了一系列基础设施建设，如修建豪华酒店、公路网络和公交车站，同时还对伊泰阿港（Itea port）进行了重建，并开通了往返于伊泰阿和艾金尼翁（Aigion）之间的新渡轮航线，这条航线连接了德尔斐与伯罗奔尼撒半岛。[48]

政府特别重视德尔斐遗址等本地考古遗址的建筑工程和基础设施建设。[49]建筑工程包括住宅和酒店的建造。更重要的是，在战后时期，德尔斐已经发展成为希腊中部重要的文化和旅游中心。[50]1962 年，在欧洲理事会和希腊政府的支持下，德尔斐欧洲文化中心建成，内设会议中心和酒店，目的是接待会议旅游。[51]自那时起，该地区的酒店和住宿设施一直在不断发展。[52]在20世纪50年代至60年代初保守政府的政策下，人们认为货币流动将有助于经济发展。[53]因此，在这一政策的推动下，希腊修建了许多豪华酒店，其中包括私人的"沃扎斯"（Vouzas）酒店（位于考古博物馆附近），还包括希腊国家旅游组织管理的酒店，比如森雅酒店，该酒店主要是吸引上层阶级的外国游客。[54]作为旅游目的地，德尔斐的发展也得益于当地一家发电厂的电力供应，该电厂建于第二次世界大战之前，并于1958年并入了国家电网。[55]

在1963年至1967年期间，中间派政府将旅游业发展纳入国家重要议程之中。他们鼓励小型企业主动参与基础设施建设，并准许修建汽车旅馆和小型酒店。[56]在德尔斐，为了让当地居民参与建设，他们向当地商人提供低息资金建造酒店。德尔斐作为一个重要的旅游目的地，推动了交通运输网络的发展。

相比同一地区的其他地方，德尔斐及其周边地区在交通运输网络建设方面得到了优先考虑。1962年，为了方便游客前往新建的欧洲文化中心，连接雅典与德尔斐以及希腊中西部的国家公路网络得以重建。[57]此外，20世纪50年代福基达（Phokida）成立了一家公共汽车公司，这更加方便了从雅典前往德尔斐的游客。[58]游客还可以通过附近的伊泰阿港乘船抵达德尔斐，这个港口与意大利相连。[59]停泊在伊泰阿港的游轮上总是满载着想要参观德尔斐的游客。[60]当然，伊泰阿港的重建不仅仅是为了旅游业，也是为了满足运输铝土矿的需求。[61]在港口使用方面，商业贸易船和游轮之间存在冲突，因此也引发了究竟是优先发展旅游业还是优先发展地方工业经济的一些争议。[62]这些讨论反映了地方经济活动与技术应用之间的共同构建关系。

尽管德尔斐考古遗址的存在意味着该地区的技术重建主要是为了促进德尔斐成为旅游景点并推广文化旅游，但从20世纪70年代开始，建设工作却促进了大众旅游模式的发展。在独裁政权时期，希腊地区旅游业的发展被认为具有重要意义。在此期间，访问希腊的外国游客中，约有20%游览了德尔斐，每年前往德尔斐的游客人数为18万希腊国民和42万外国游客。

1972年，为了确定希腊的旅游目的地，协调部进行了一项土地规划研究。该研究考察了考古遗址和美丽的自然环境，例如山地景观和科林斯海湾（the Corinthian bay）。[63] 帕纳索斯铝土矿公司（the Parnassos Bauxites S.A. aluminium extraction company）试图在德尔斐建厂，但计划受阻，因为人们要保护所谓的"德尔斐景观"，这符合公共利益。[64] 20世纪70年代，莫马建设军团完成了公路建设工程，为游客提供了更舒适的旅游通道前往德尔斐。旅游开发不仅只在德尔斐，它还扩展到周边地区。例如，在鼓励山地旅游的1976年政府计划中，帕纳索斯山就成了最早开发的地区之一。帕纳索斯山滑雪中心的建设始于1975年，并于1976年竣工。[65] 因为滑雪中心的建设促使附近的城镇，比如阿拉霍瓦（Arachova）大规模修建酒店和设施，这对德尔斐的进一步技术发展起到了决定性的推动作用。作为文化和体育旅游目的地，德尔斐的技术重建使该地区至今仍然是希腊最受欢迎的度假胜地之一。[66] 据估计，即使在20世纪70年代，每年也有约4.6万名游客前往德尔斐欢度周末。德尔斐每年接待滑雪者1万人，露营者1500人。[67] 因此，独裁政权的政策目的是将自然环境推广为旅游目的地，如同"德尔斐景观"案例一样，这促进了当地公路网的建设，还鼓励了人们对帕纳索斯山周边地区进行开发利用。

无论如何，事实证明，相较于其他经济活动，比如当地铝土矿的开采，德尔斐的旅游开发更具营利性，因此其他经济活动也就逐渐被放弃了。为确保"德尔斐景观"能够成为标准化的旅游产品并得以推广，政府制定了相应的环境保护措施，特别是对工业进行了限制。因此，特定经济活动的盛行和代表这些活动的社会群体，决定了某些特定空间的技术重建模式。

这种情况也适用于下一节讨论的案例。

希腊群岛的技术基础设施、旅行和旅游业：以罗得岛和克里特岛为例

德尔斐是希腊内陆旅游目的地的典型代表，而罗得岛和克里特岛则是两个最具代表性的岛屿旅游目的地。因此，本节通过对这两个岛屿旅游目的地的研究，探讨了战后希腊岛屿旅游业及其与技术之间的相互构建关系。在岛屿基础设施条件方面，罗得岛的情况在一定程度上属于例外，因为自从 20 世纪 50 年代初以来，罗得岛就一直是一个重要的旅游目的地，已经达到了旅游发展所需的设施标准。然而，克里特岛的情况则不同，直到 20 世纪 50 年代末，克里特岛在基础设施方面还是相对落后。直到 20 世纪 60 年代末，才真正经历了旅游业的密集发展。相比之下，罗得岛代表了一种旅游业的单一文化模式，而克里特岛则代表更加平衡的模式，旅游业与农业等其他经济部门均衡增长。正如我们所看到的，这两个案例充分展示了基础设施和旅游政策在希腊的相互作用和影响。

20 世纪 50 年代，希腊的内陆和岛屿地区在技术设施方面大多不完善，且发展缓慢，主要是因为当时的政策重点关注已经吸引游客的地区，例如罗得岛或科孚岛。到了 20 世纪 60 年代，越来越多的岛屿开始成为旅游目的地。中间派政府将旅游业视为解决地区失业问题的办法，并允许银行向中小型旅游企业提供贷款。这一举措促使像克里特岛这样的岛屿开始吸引游客。罗得岛和克里特岛与马略卡岛（Majorca）和加那利群岛（Canaries）等地中海其他岛屿的旅游业发展方式有所不同。后者主要基于"3S"模式来快速发展旅游业，而罗得岛和克里特岛至少到 20 世纪 60 年代末才被作为休闲和文化旅游目的地进行推广。从 20 世纪 70 年代开始，这种情况开始逐渐改变。当时军政府采用了"3S"模式来推动爱琴海和爱奥尼亚群岛的旅游业发展。

自 20 世纪 50 年代以来，罗得岛一直是希腊国家旅游业的中心。意大利对罗得岛的占领（1912—1939），为该岛成为重要旅游目的地起到了决定性的作用。为了加强对希腊殖民地的统治，并为其地缘政治战略服务，墨索里尼政府在战间期鼓励该岛发展旅游业。[68] 在那个时期，建设一个像样的公路网络、一个港口和一个机场，以及建设基本的旅游设施，如带有750 间客房的大型酒店，并做好当地的历史遗迹保护，这些都为吸引游客奠定了必要的基础。[69] 20 世纪 50 年代初，希腊保守派政府抓住机遇，充分利用了罗得岛的旅游基础设施。政府的主要目标是增加该地区的货币流动：在 20 世纪 50 年代，货币被认为是旅游业兴起的关键因素，因为这意味着该地区吸引了欧洲和美国的上层阶级游客。洛戈赛蒂斯是一位当代研究人员，他强调了罗得岛旅游活动作为外汇来源的重要性，并解释说，五年时间里，流入该岛的货币增加了 163%，而在同一时期，全国的货币流量仅增长了 64%。[70]

为了增加货币的流动和吸引更多的游客前往罗得岛，政府试图通过两场国际竞赛来私有化罗得岛的旅游基础设施，包括 A 级酒店和温泉。然而，两场竞赛都以失败告终。这就清楚地表明，国家投资对罗得岛旅游业的兴起至关重要。为了解决这个问题，希腊国家旅游组织将罗得岛的大部分基础设施出售给了阿斯提尔公司（Astir），而该公司的主要股东是希腊国家银行。在这个交易中，国家银行只需要承担相对较少的义务。因此，通过国家经济计划和希腊国家旅游组织的投资，国家干预主义促成了新的政策方向，即增加该地区的货币流量。[71]

罗得岛酒店的旅游基础设施标准远远高于那些通常为欧洲上层游客服务的希腊酒店所提供的平均设施水平。[72] 即使是三星级酒店也装修豪华，每间客房都配备了内部电话和浴室。而在当时希腊的其他农村地区，电信网络还普遍不完善。[73] 罗得岛的高水平住宿条件无疑促进了希腊外国游客数量的增长。1952 年至 1959 年间，罗得岛的外国游客数量增长了惊人的670%，而同期全国旅游的总增长为 196%。[74] 仅在 1961 年，就有约 15.9

万名游客抵达罗得岛。20世纪60年代初，在保守派政府和随后的中间派政府的领导下，罗得岛的旅游投资持续不断。此外，两届政府都为中小型旅游企业签订新的贷款合同提供便利，从而进一步促进了投资的增长。但是，政策制定者仍然优先考虑大型项目。

罗得岛的大众旅游业增长始于20世纪60年代中期。当时，该岛建造了大量的度假胜地和具有大型接待能力的酒店。[75]此外，独裁政权（1967年至1974年）为了赢得公众的支持，增加了旅游行业的私人贷款许可证数量，这促进了小型公寓和出租房数量的增加。[76]这些因素促使罗得岛的旅游活动达到了更高的增长水平。1971年，罗得岛有13376张酒店床位，而每年的游客人数增至30万。[77]1973年，罗得岛还建成了一个高尔夫球场。即使在军政府倒台，民主制度恢复后，休闲产业仍然持续蓬勃发展。十年后，罗得岛拥有超过3.1万张酒店床位（约占全国总数的11%），每年接待大约80万游客。

然而，克里特岛的情况却与之不同。战争接连不断，到了战后初期，克里特岛几乎被完全摧毁。克里特岛面临失业率较高和基础设施不足的问题。由于岛上设施有限，加上国家的旅游政策优先向那些已经吸引游客的景点倾斜，克里特岛直到15年后才成为大众旅游景点。1962年，克里特岛仅接待了2.3万名游客，当年，在罗希姆诺地区（Rethimno）只有一家三星级酒店。[78]直到1962年，伊拉克利翁才开始建设第一个大型休闲景点。同年，旅游计划明确规定，将改善通往克里特岛的海上交通。[79]

1964年是克里特岛命运转折的一年。在那一年，对克里特岛的重建和旅游开发成为新的中间派政府的首要任务。[80]希腊国家旅游组织于1965年在伊拉克利翁建造的森雅酒店就是重建计划的一部分，此外，该组织还资助建立了其他几个度假村。[81]然而，克里特岛旅游业的增长也引起了社会变化并造成了地区之间居民经济和社会分配的不平等现象。[82]克里特岛旅游业的增长还促进了内部人口迁移和城市化。随着旅游业的增长，克里特岛接待的游客数量和酒店的容纳能力也在增长。1966 年，克里特岛只有 1600 个酒店床位，仅仅六年后，这个数字就涨到 8400 个，增长了五倍。[83] 20 世纪 80 年代，大量游客继续涌入克里特岛。1973 年，岛上的国际游客人数为 52693 人，到 1982 年，这一数字已增至到 518275 人。[84]

交通运输线路的增加极大地促进了希腊岛屿地区旅游业的发展。以罗得岛为例，轮船和游轮航线的调度是旅游业增长的决定性因素。20 世纪 60 年代，有 15 条定期航线将罗得岛与其他希腊港口和外国港口连接起来，包括意大利、埃及的亚历山大港（Alexandria）、中东和塞浦路斯等地的港口。[85] 罗得岛的港口是希腊最大的港口之一。由于岛上旅游业的发展，其交通量在 20 世纪 50 年代翻了一番。这一增长促使保守派政府将港口的扩建和重建纳入经济发展的五年计划（1960—1964）中。[86] 从 1952 年到 1959 年，蒸汽船是游轮旅行的主要交通工具。在此期间，停靠罗得岛的蒸汽船数量增加了 223%，这意味着它们转运了抵达罗得岛的游客总数的 75%。[87]

然而，自意大利占领以来，罗得岛修建了机场，再加上游客旅行习惯的改变，这都极大地改变了游客抵达该岛的方式。1960 年，罗得岛机场是希腊仅有的四个国际机场之一，也是全国第二繁忙的机场。该机场配备了现代化的技术设施，并在 20 世纪 60 年代初进行了扩建，以适应喷气式飞机的使用。早在 1960 年，三分之一的游客乘坐飞机抵达罗得岛，其中 4000 名游客搭乘包机抵达。[88] 1982 年，直航包机超过 3700 架次，接待游客 50 万多人次。

航空业还对希腊以外的许多地中海岛屿的旅游业产生了积极影响，马略卡岛就是这样的一个例子，该岛早在 20 世纪 50 年代初就成为包机航班的目的地。[89] 在希腊，克里特岛同样受益于航空业，尽管比罗得岛晚了大约 20 年。自 20 世纪 50 年代末以来，伊拉克利翁机场一直是国内航班的第三热门机场，但由于其基础设施状况不佳，加上跑道长度不够，直到 1971 年才升级为国际机场。

1964 年，中间派政府在克里特岛启动了一个重建项目，其中包括在克里特岛的其他地区修建新的机场。直到 20 世纪 60 年代初，克里特岛的受欢迎程度还主要局限于乘船或游轮的旅行者，比如由希腊国家旅游组织资助的塞拉米斯号（Seramis）游轮。包机航班只是在独裁政权期间旅游业普及之后，尤其是自 1971 年以来才变得重要起来。在这期间，伊拉克利翁机场升级为国际机场，加速了国际游客的到来。到 1972 年，到访该岛的游客中有 95% 选择乘飞机抵达，其中 90% 的游客是乘坐当年抵达该岛的 287 架包机而来。[90] 十年后，每年包机数量超过 3600 架次，运载了 46.5 万名游客。

综上所述，希腊的岛屿旅游业是在决策者的愿景和政策的推动下发展起来的，也是其技术和技术设施进步的结果。罗得岛和克里特岛则是这些进步的代表。20 世纪 50 年代，罗得岛被视为吸引上层社会游客的首选目的地，这得到了希腊政府的持续支持。政府鼓励推广大规模豪华投资项目，例如建设赌场、高尔夫球场和一流酒店等，而岛上已有的高水平基础设施也促进了这一政策的实施。相反，由于克里特岛基础设施薄弱且缺乏投资，直到 20 世纪 60 年代末它才逐渐发展成为一个旅游目的地。克里特岛的发展得益于中间派政府对区域发展的关注以及政府将克里特岛打造成重要旅游目的地的愿景。20 世纪 50 年代初至 60 年代中期，政府强调大规模投资和推广精英旅游。从 20 世纪 60 年代末开始，军政府无视环境或法律限制，试图通过建造小型出租公寓和出租单间来扩大旅游业，同时也试图通过这一举措来实现政治合法化。但归根结底，地中海岛屿旅游业发展的必要前提是交通运输，特别是航空业的发展。在希腊，包机航班对于将罗得岛和克里特岛打造为休闲度假游客的旅游目的地至关重要。

本章小结

本章阐述了 20 世纪 50 年代至 70 年代希腊的旅游业与技术是如何相互

关联的。首先探讨了国际史学和希腊史学的当前发展趋势，对史学中流行的观点提出了质疑，即旅游业只与消费文化有关。还从流动性和交通的角度出发，讨论了旅游业与技术之间的研究现状。在第一节中，简要回顾了希腊旅游业的历史以及欧洲和地中海地区旅游业的发展，并指出希腊的旅游业发展是第二次世界大战后的经济复苏手段，这是战后欧洲各国普遍出现的现象。20 世纪 50 年代和 60 年代，希腊通过国家干预或推广文化旅游发展旅游业，这种做法被许多地中海地区的国家模仿。然而，希腊与其他地中海国家的不同，纯粹是因为"3S"模式（阳光、沙滩和海洋）直到 20 世纪 60 年代末才被开发利用。

本章的主体部分探讨了四个案例研究，这些案例展示了战后时期技术与旅游之间的共建关系。第一个案例研究讨论了通过发展汽车基础设施，如何重建希腊景观并将其推广为旅游目的地。这个案例研究表明，在 20 世纪 50 年代初到 60 年代中期，希腊的公路网络重建主要集中在大规模的建设项目上，其目的是方便跨国的汽车通行，从而促进国际旅游。与此相比，在希腊的独裁政权下，政府以民粹主义政策为借口，将公路网络用作推动地区旅游的工具。

然后，以德尔斐（代表希腊内陆）以及罗得岛和克里特岛（代表希腊岛屿）为例，探讨了希腊的热门旅游目的地。在德尔斐的内陆旅游案例中，研究了 20 世纪 50 年代和 70 年代德尔斐及周边地区的旅游发展。20 世纪 50 年代，德尔斐的建设工作旨在将该地区打造成上层社会游客的文化目的地。而随后的旅游政策，尤其是在 70 年代，强调将德尔斐重建为大众体育度假胜地，并通过重建工作增加当地民众的就业机会。

类似的政策也适用于岛屿旅游。罗得岛作为 20 世纪 50 年代少数几个设施完善的目的地之一，最初被宣传为欧洲精英阶层的豪华度假胜地。这一政策在 60 年代末发生了变化：由于包机航班的增加以及面向中小型旅游企业的信贷体系，罗得岛和克里特岛逐渐成为大众旅游目的地。

综上所述，本章通过案例研究揭示了大众旅游业的发展与技术之间的相互关系。这种关系是基于每个时期各利益相关者的政策和愿景的实施。这些愿景和政策优先考虑公路网络和旅游业的发展，而不是铁路和其他生产活动。它们也更注重发展大型旅游基础设施，而不是更温和的旅游活动形式。

贡献者

引言

斯塔西斯·阿拉波斯塔西斯（Stathis Arapostathis）

亚里士多德·廷帕斯（Aristotle Tympas）

第一章

阿波斯托洛斯·代利斯（Apostolos Delis）

第二章

迪奥尼西斯·帕拉斯克沃普洛斯（Dionysis Paraskevopoulos）

第三章

迪米特里欧斯·齐亚卡斯（Dimitrios Ziakkas）

第四章

卡特琳娜·弗兰托尼（Katerina Vlantoni）

阿斯帕西娅·坎达拉基（Aspasia Kandaraki）

安东尼娅·帕夫里（Antonia Pavli）

第五章

埃里尼·梅尔古皮·萨瓦伊杜（Eirini Mergoupi-Savaidou）

第六章

斯皮罗斯·特佐卡斯（Spyros Tzokas）

第七章

斯塔西斯·阿拉波斯塔西斯（Stathis Aropostathis）

塞尔坎·卡拉斯（Serkan Karas）

第八章

斯塔西斯·阿拉波斯塔西斯（Stathis Aropostathis）

阿斯帕西娅·坎达拉基（Aspasia Kandaraki）

雅尼斯·加里法洛斯（Yannis Garyfallos）

亚里士多德·廷帕斯（Aristotle Tympas）

第九章

西奥多·莱卡斯（Theodore Lekkas）

第十章

赫里斯托斯·卡拉姆帕索斯

第十一章

埃万格利亚·哈齐康斯坦蒂努（Evangelia Chatzikonstantinou）

阿雷蒂·萨凯拉里杜（Areti Sakellaridou）

第十二章

亚历克西娅·索菲亚·帕帕扎费罗普卢（Alexia Sofia Papazafeiropoulou）

康斯坦丁诺斯·瓦特斯（Konstantinos Vattes）

卡特琳娜·扎查罗普卢（Katerina Zacharopoulou）

注 释

引言

[1] Βασίλης Κρεμμυδάς, *Σύντομη Ιστορία του Ελληνικού Κράτους* (Αθήνα, 2012); Χρήστος Χατζηιωσήφ (ed.), *Ιστορία της Ελλάδας του 20ού αιώνα: 1900–1922, Οι Απαρχές* (Αθήνα, 1999); *Ιστορία της Ελλάδας του 20ου αιώνα: 1922–1940, Ο Μεσοπόλεμος* (Αθήνα, 2002); *Ιστορία της Ελλάδας του 20ου αιώνα: Β' Παγκόσμιος Πόλεμος, Κατοχή, Αντίσταση 1940–1953* (Αθήνα, 2007); *Ιστορία της Ελλάδας του 20ου αιώνα: Ανασυγκρότηση, Εμφύλιος, Παλινόρθωση 1945–1952* (Αθήνα, 2009).

[2] 参见: Χριστίνα Αγριαντώνη, 'Βιομηχανία', in Χρήστος Χατζηιωσήφ (ed.), *Ιστορία της Ελλάδας του 20ού αιώνα: 1900–1922, Οι Απαρχές*, v. Α1 (Αθήνα, 1999), 173–221; Χριστίνα Αγριαντώνη, 'Οι μηχανικοί και η βιομηχανία', in Χρήστος Χατζηιωσήφ (ed.), *Ιστορία της Ελλάδας του 20ού αιώνα: 1922–1940, Ο Μεσοπόλεμος*, v. Β1 (Αθήνα, 2002), 269–293; Αλέκα Καραδήμου-Γερόλυμπου, 'Πόλεις και Ύπαιθρος', *idem*, 59–105; Χρήστος Λούκος, 'Μικρές και Μεγάλες Πόλεις', *idem*, 134–155.

[3] Aristotle Tympas, 'What have we been since "We have never been modern"? A Macro-historical Periodization Based on Historiographical Considerations on the History of Technology in Ancient and Modern Greece', *Icon*, 2002, 8: 76–106; Kostas Gavroglu, Manolis Patiniotis, Faidra Papanelopoulou, Ana Simões, Ana Carneiro, Maria Paula Diogo, José Ramón Bertomeu Sánchez and Agustí Nieto- Galan, 'Science and Technology in the European Periphery: Some Historiographical Reflections', *History of Science*, 2008, xlvi: 154–175.

[4] Αγριαντώνη, 'Βιομηχανία', 173–221; Χριστίνα Αγριαντώνη, *Οι Απαρχές της Εκβιομηχάνισης*

στην Ελλάδα τον 19ο αιώνα (Αθήνα, 2010).

[5] 欧洲的紧张局势：技术与欧洲的形成。来源：http://www.tensionsofeurope.eu/.

[6] 欧洲边缘科学技术组织：科学、医学与技术史国际研究小组。来源：http://147.156.155.104/.

[7] Γ.Β. Δερτιλής, *Ιστορία του Ελληνικού Κράτους, 1830–1920*, v.1 (Αθήνα, 2005), 599–601；Αγριαντώνη, *Οι Απαρχές της Εκβιομηχάνισης*；Χρήστος Χατζηιωσήφ, *Η Γηραιά Σελήνη: Η βιομηχανία στην Ελλάδα 1830–1940* (Αθήνα, 1993).

[8] Artemis Yagou, *Fragile Innovation: Episodes in Greek Design History* (Athens, 2010), 11–12.

[9] Traian Stoianovich and Όλγα Κατσιαρδή-Hering, 'Interior and Exterior Trade: Centres, Networks, Sources', in *Ελληνική Οικονομική Ιστορία*, Σπύρος Ασδραχάς (ed.) (Αθήνα, 2003), 424–481.

[10] Yagou, *Fragile Innovation*, 11–12.

[11] Yagou, *Fragile Innovation*, 11–12；Αγριαντώνη, 'Βιομηχανία'；Αγριαντώνη, *Οι Απαρχές της Εκβιομηχάνισης*.

[12] Κώστας Κωστής, 'Τα κακομαθημένα παιδιά της Ιστορίας': Η Διαμόρφωση του Νεοελληνικού Κράτους 18ος–21ος αιώνας (Πόλις, 2013), 251–253, 334–336.

[13] Γεωργία Μαυρογόνατου, *Η Υδροδότηση της Αθήνας, Από τα δίκτυα στο δίκτυο: 1880–1930*, Unpublished PhD Thesis, University of Athens. Athens, 2009, 149–151；Konstantinos Chatzis, 'Des Ingenieurs militaries au service des civils: les officiers du Genie en Grece au XIXe siecle', in K. Chatzis and E. Nicolaidis (eds), *Science, Technology and the 19th Century State: The Role of the Army*, National Hellenic Research Foundation, Athens, 2003, 69–90, esp. 70–77；Fotini Asimakopoulou, Konstantinos Chatzis, Georgia Mavrogonatou, 'Implanter les "Ponts et Chaussées" européens en Grèce: le rôle des ingénieurs du corps du Génie, 1830–1880', *Quaderns d' Història de l'Enginyeria*, 2009, 10: 331–350；Γιάννης Αντωνίου, *Οι Έλληνες μηχανικοί, Θεσμοί και Ιδέες 1900–1940* (Αθήνα, 2006), 150–151.

[14] Αγριαντώνη, 'Βιομηχανία'；Λήδα Παπαστεφανάκη, *Εργασία, Τεχνολογία και Φύλο στην Ελληνική Βιομηχανία: Η Κλωστουφαντουργία του Πειραιά, 1870–1940* (Κρήτη, 2009).

[15] Αγριαντώνη, *Οι Απαρχές της Εκβιομηχάνισης*；Αγριαντώνη, 'Βιομηχανία'.

[16] Δερτιλής, *Ιστορία του Ελληνικού Κράτους*, 600–601.

[17] Δερτιλής, *Ιστορία του Ελληνικού Κράτους*, 600.

[18] Δερτιλής, *Ιστορία του Ελληνικού Κράτους*, 600；Ελπίδα Βόγλη, 'Η εκμετάλλευση του ορυκτού πλούτου ή «ο περί μεταλλείων πόλεμος», πολιτικά σκάνδαλα και τεχνολογικές ανεπάρκειες κατά την οργάνωση της ελληνικής μεταλλευτικής βιομηχανίας', in Στάθης Αραποστάθης, Φαίδρα Παπανελοπούλου, Τέλης Τύμπας (eds), *Τεχνολογία και Κοινωνία στην Ελλάδα* (Αθήνα, 2015), 103–122.

[19] Κωστής, 'Τα κακομαθημένα παιδιά της ιστορίας', 518–521.

[20] Λυντία Τρίχα, *Ο Χαρίλαος πίσω από τον Τρικούπη* (Αθήνα, 2014), 110–112; Λυντία Τρίχα, *Ο Χαρίλαος Τρικούπης και τα Δημόσια Έργα* (Αθήνα, 2001); For roads built under the Trikoupis government see Μαρία Συναρέλλη, *Δρόμοι και λιμάνια στην Ελλάδα 1830–1880* (Αθήνα, 1989), 98–99. For the railroads see Λευτέρης Παπαγιαννάκης, *Οι ελληνικοί σιδηρόδρομοι (1882–1910): Γεωπολιτικές, οικονομικές και κοινωνικές διαστάσεις* (Αθήνα, 1982), 204–205.

[21] Τρίχα, *Ο Χαρίλαος πίσω από τον Τρικούπη*, 112.

[22] Άννα Μαχαιρά, 'Η αποστολή του σώματος των Ponts et Chaussees στην Ελλάδα το 1880 ανάμεσα στις γαλλικές στρατηγικές επιλογές και την ελληνική πολιτική δημοσίων έργων', in Αραποστάθης et al., *Τεχνολογία και Κοινωνία*, 81–102.

[23] Μαχαιρά, 'Η αποστολή του σώματος των Ponts et Chaussees'; Μαυρογόνατου, *Η Υδροδότηση της Αθήνας*.

[24] Αντωνίου, *Οι Έλληνες μηχανικοί*; Δ. Σωτηρόπουλος και Δ. Παναγιωτόπουλος, '"Ειδικοί" διανοούμενοι και θύλακες χειραφέτησης στο Μεσοπόλεμο. Μεταρρυθμιστές γεωπόνοι και μηχανικοί στην ύπαιθρο και το άστυ', *Μνήμων*, 2008, 29: 121–150.

[25] Stathis Arapostathis, 'Industrial "Property", Law and the Politics of Invention in Greece, 1900–1940', in Graeme Gooday and Steven Wilf (eds), *Patent Diversity* (forthcoming).

[26] 引自 Themidos Code(Κώδηξ Θέμιδος), 1920; Arapostathis, 'Industrial "Property", Law and the Politics of Invention in Greece, 1900–1940' (forthcoming).

[27] Arapostathis, 'Industrial "Property", Law and the Politics of Invention'.

[28] Mario Biagioli, 'Patent Republic: Representing Inventions, Constructing Patent Rights and Authors', *Social Research*, 2006, 73 (4): 1129–1172; M. Biagioli, 'Patent Specification and Political Representation: How Patents Became Rights', in M. Biagioli, P. Jaczi, M. Woodmansee (eds), *Making and Unmaking Intellectual Property* (Chicago, 2011), 25–39.

[29] Stathis Arapostathis, 'Intellectual Property Law and Politics in Twentieth-century Greece', in M. Bottis, E. Alexandropoulou and I. Iglezakis (eds), *Lifting Barriers to Empower the Future of Information Law and Ethics*, Proceedings of the 6th International Conference of Information Law and Ethics (University of Macedonia Press: Thessaloniki 2015), 422–430.

[30] Stathis Arapostathis, 'Intellectual Property Law and Politics in Twentieth-century Greece'.

[31] Δερτιλής, *Ιστορία του Ελληνικού Κράτους*, 603–605; Γιάννης Μηλιός, 'Η Ελληνική Οικονομία κατά τον 20ο αιώνα', in Αντώνης Μωυσίδης και Σπύρος Σακελλαρόπουλος (eds), *Η Ελλάδα στον 19ο & 20ο αιώνα* (Athens, 2010), 272–273.

[32] Ελένη Μαΐστρου, Δήμητρα Μαυροκορδάτου, Γιώργος Μαχαίρας, Νίκος Μπελαβίλας, Λήδα Παπαστεφανάκη, Γιάννης Πολύζος, *Ανώνυμη Ελληνική Εταιρεία Χημικών Προϊόντων και Λιπασμάτων (1909–1993), Λιπάσματα Δραπετσώνας* (Αθήνα, 2007); Δερτιλής, *Ιστορία του Ελληνικού Κράτους*, 605; 德蒂里斯在研究20世纪90年代来自巴尔干地区的移民潮时,

也指出了类似的情况，即移民潮对希腊工业和经济体系产生了显著的推动作用．

［33］Κρεμμυδάς, *Σύντομη Ιστορία του Ελληνικού Κράτους*, 115–116；Χατζηιωσήφ, *Ιστορία της Ελλάδας του 20ού αιώνα*, Τόμος Β1；Νέλη Καψή（ed.），*Οι ελληνικές επιχειρήσεις από τον 20o στον 21o αιώνα*（Αθήνα，2008），100.

［34］Mark Mazower, *Greece and the Interwar Economic Crisis*（Oxford：Oxford Clarendon Press, 1991）.

［35］Μηλιός, 'Η Ελληνική οικονομία', 274–275.

［36］Βασίλης Μπογιατζής, *Μετέωρος Μοντερνισμός: Τεχνολογία, Ιδεολογία της Επιστήμης και Πολιτική στην Ελλάδα του Μεσοπολέμου*（Αθήνα，2012），244–245.

［37］Αντωνίου, *Οι Έλληνες μηχανικοί*.

［38］Lida Papastefanaki, 'Greece has been endowed by Nature with this Precious Material：The Economic History of Bauxite in the European Periphery, 1920s–70s', in R.S. Gendron, Mats Ingulstad and Espen Starli（eds），*Aluminum Ore: The Political Economy of the Global Bauxite Industry*（Vancouver，2013），158–184.

［39］Αγριαντώνη, 'Οι μηχανικοί και η βιομηχανία', 268–293；Γιάννης Αντωνίου, 'Η εφαρμογή του συστήματος Taylor στην ανοικοδόμηση της Κορίνθου（1928）και οι ιδέες της rationalization στον ελληνικό Μεσοπόλεμο', in Βίλμα Χατσάογλου, Χριστίνα Αγριαντώνη, Σωκράτης Αναγνώστου, Αίγλη Δημόγλου, Αργυρούλα Δουλγέρη, Βασίλης Κολώνας, Εμμανουήλη Μαρμαράς, Ηλίας Μπεριάτος, Άγγελος Σιόλας（επιμ.），*Πόλεις της Μεσογείου μετά από σεισμούς*（Βόλος，2007），60–69；Aristotle Tympas and Irene Anastasiadou, 'Constructing Balkan Europe：The Modern Greek Pursuit of an "Iron Egnatia"', in Erik van der Vleuten and Arne Kaijser（eds），*Networking Europe: Transnational Infrastructures and the Shaping of Europe*（Sagamore Beach，MA，2006），25–49.

［40］Τέλης Τύμπας, Κατερίνα Βλαντώνη, Γιάννης Γαρύφαλλος, 'Τα εθνικά σύνορα ως ηλεκτρικά όρια：Το βλέμμα του μηχανικού και οι λίμνες της Δασσαρητίας ή Πρέσπες "αλά Jules Verne"', *Τοπικά*（forthcoming）.

［41］Κωστής, 'Τα κακομαθημένα παιδιά της Ιστορίας', 712–714.

［42］Κωστής, 'Τα κακομαθημένα παιδιά της Ιστορίας', 713.

［43］Γιώργος Σταθάκης, *Το δόγμα Τρούμαν και το σχέδιο Μάρσαλ. Η ιστορία της αμερικανικής βοήθειας στην Ελλάδα*,（Athens，2004）；Μηλιός, 'Η Ελληνική οικονομία', 276–277.

［44］Στάθης Τσοτσορός, *Ενέργεια και Ανάπτυξη στη Μεταπολεμική Περίοδο, Η Δημόσια Επιχείρηση Ηλεκτρισμού*（Αθήνα，1995）；Νίκος Παντελάκης, *Ο Εξηλεκτρισμός της Ελλάδας: Από την ιδιωτική πρωτοβουλία στο κρατικό μονοπώλιο（1889–1956）*（Αθήνα，1991）；Κώστας Κωστής, *Κράτος και Επιχειρήσεις στην Ελλάδα: Η Ιστορία του 'Αλουμινίου της Ελλάδος'*（Athens，2013），25，42–43.

［45］Κωστής, *Κράτος και Επιχειρήσεις*, 43；A. Kakridis, 'The Quest for Development. Economics and Economists in Post-War Greece（1944–1967）', PhD Thesis, Athens, 2009.

［46］Kakridis, 'The Quest for Development', 6.

［47］Κωστής, *Κράτος και Επιχειρήσεις*, 44.

［48］Aristotelis Tympas, Stathis Arapostathis, Katerina Vlantoni and Yannis Garyfallos, 'Border-Crossing Electrons: Critical Energy Flows to and from Greece', in Per Hogselius, Anique Hommels, Arne Kaijser and Erik van der Vleuten（eds）, *The Making of Europe's Critical Infrastructures*（Hampshire: Palgrave Macmillan, 2013）, 157–183.

［49］Μηλιός, 'Η Ελληνική οικονομία', 277–278.

［50］Γιώργος Πενέλης, 'Τα δημόσια έργα ως μοχλός ανάπτυξης κατά την διακυβέρνηση του Κ. Καραμανλή', in *Konstantinos Karamanlis in the Twentieth Century. III*, Konstantinos Svolopoulos, Konstantina Botsiou, Evanthis Hatzivassiliou（eds）（Athens, 2008）, 50–56.

［51］Κωστής, *Κράτος και Επιχειρήσεις*, 53.

［52］Μηλιός, 'Η Ελληνική οικονομία', 280.

［53］Κωστής, *Κράτος και Επιχειρήσεις*, 49.

［54］Σωτήρης Βαλντέν, *Παράταιροι Εταίροι: Ελληνική Δικτατορία, Κομμουνιστικά Καθεστώτα και Βαλκάνια 1967–1974*（Αθήνα, 2009）, 48–49.

［55］Βαλντέν, *Παράταιροι Εταίροι*, 48–49.

［56］Τάσος Γιαννίτσης, 'Η επιταγή μιας βιομηχανικής πολιτικής', in Τάσος Γιαννίτσης（ed.）, *Βιομηχανική και Τεχνολογική Πολιτική στην Ελλάδα*（Αθήνα, 1993）, 24–25, 28–29.

［57］Γιάννης Καλογήρου, 'Κρατικές Αγορές, Βιομηχανικές Δομές και Κρατικές Πολιτικές στον Ελληνικό Χώρο', in Τάσος Γιαννίτσης（ed.）*Βιομηχανική και Τεχνολογική Πολιτική στην Ελλάδα*, 110.

［58］Καλογήρου, 'Κρατικές Αγορές', 110–111.

［59］Καλογήρου, 'Κρατικές Αγορές', 110–111.

［60］Καλογήρου, 'Κρατικές Αγορές', 110–111.

［61］Stathis Arapostathis, 'Academic Entrepreneurship, Innovation Policies and Politics in Greece', *Industry and Higher Education*, 2010, 24（3）, 165–176; Δ. Δενιόζος, 'Τεχνολογική Πολιτική', in Γιαννίτσης（ed.）, *Βιομηχανική και Τεχνολογική Πολιτική στην Ελλάδα*, 209–261.

［62］Aristotle Tympas, Fotini Tsaglioti, Theodore Lekkas, 'Universal Machines vs. National Languages: Computerization as Production of New Localities' in Reiner Anderl, Bruno Arich-Gerz and Rudi Schmiede（eds）, *Proceedings of Technologies of Globalization*（Darmstadt, 2008）.

［63］Στέλλα Ζαμπαρλούκου, *Κοινωνικο-οικονομικές Διαστάσεις της Τεχνολογίας: Η ανάπτυξη της βιοτεχνολογίας της Ελλάδα*（Αθήνα, 2004）, 77–79.

［64］Ζαμπαρλούκου, *Κοινωνικο-οικονομικές Διαστάσεις της Τεχνολογίας*, 79–86.

[65] Ζαμπαρλούκου, *Κοινωνικο-οικονομικές Διαστάσεις της Τεχνολογίας*, 117–120.

[66] Ζαμπαρλούκου, *Κοινωνικο-οικονομικές Διαστάσεις της Τεχνολογίας*, 121.

[67] Maria Kousis, 'Sustaining Local Environmental Mobilisations: Groups, Actions and Claims in Southern Europe' in Chistopher Rootes (ed.), *Environmental Movements: Local, National and Global* (London, 1999), 172–198.

[68] Κατερίνα Βλαντώνη και Κώστας Μορφάκης, 'Η δημόσια εικόνα της βιοϊατρικής τεχνολογίας: η περίπτωση των τεχνολογιών ελέγχου του αίματος στην ιατρική των μεταγγίσεων στον ελληνικό τύπο', in Αραποστάθης et al. (eds), *Τεχνολογία και Κοινωνία*, 259–281.

第一章

[1] Τζελίνα Χαρλαύτη και Κατερίνα Παπακωνσταντίνου (eds), *Η Ναυτιλία των Ελλήνων, 1700–1821. Ο αιώνας της ακμής πριν από την Επανάσταση* [*The Merchant Marine of the Greeks, 1700–1821: The Century of Heyday Before the War of Independence*] (Athens, 2013); Gelina Harlaftis, *A History of Greek-Owned Shipping: The Making of an International Tramp Fleet, 1830 to the Present Day* (London, 1996); Apostolos Delis, *Mediterranean Wooden Shipbuilding. Economy, Technology and Institutions in Syros in the Nineteenth Century* (Leiden–Boston, 2015), 60–63.

[2] Κώστας Δαμιανίδης, *Ελληνική Παραδοσιακή Ναυπηγική*, [*Greek Vernacular Boatbuilding*] (Athens, 1998), 30.

[3] 爱奥尼亚大学项目 "Amphitrite, 希腊航海史 (1700-1821)"。该项目受到希腊教育部和欧盟项目 "毕达哥拉斯I号大学研究" 资助。该项目的主要研究成果是专著,主编: Χαρλαύτη και Παπακωνσταντίνου, 书名:《 希腊航海史 (1700-1821)》(*Η Ναυτιλία των Ελλήνων, 1700–1821*)。

[4] Γεώργιος Λεονταρίτης, 'Ελληνική Εμπορική Ναυτιλία', in Στέλιος Παπαδόπουλος (ed.) *Ελληνική Εμπορική Ναυτιλία, 1453–1821* [*Greek Merchant Marine, 1453–1821*] (Athens, 1972), 30–31.

[5] 下面这本专著提供了本文所涉研究阶段有用且全面的图像证据来源: J. Harland, *Ships and Seamanship: The Maritime Prints of J. J. Baugean* (Annapolis, 2000).

[6] Giuseppe di Taranto, 'La Marina Mercantile del Mezzogiorno nel Mediterraneo', in Tommaso Fanfani (ed.), *La penisola italiana e il mare. Costruzioni navali trasporti e commerci tra XV e XX secolo* (Napoli, 1993), 304; Yolande Triantafyllidoy-Baladie, 'Transport maritime et concurrence en Mediterranee orientale au XVIIIe siecle: L'exemple de la Crete', in *Actes du IIe Colloque International d' Histoire. Economies Méditerranéennes. Equilibres et Intercommunications. XIIIe-XIX e siècles.*, Tome I (Athens, 1985), 24.

[7] Xavier Labat Saint Vincent, *Malte, une escale du commerce français en Méditerranée au XVIII*

siècle. (Paris: Presses Universitaires de Paris Sorbonne, forthcoming), 379; Daniel Panzac, 'L'escale de Chio: un observatoire privilégié de l'activité maritime en mer Egée au XVIIIe siècle', *Histoire, économie et société*, 1985, 4 (4), 18.

[8] Michel Vergé-Franceschi and Eric Rieth, *Voiles et voiliers au temps de Louis XIV: édition critique des deux Albums dits de Jouve et de l'Album de Colbert* (Paris, 1992), 80; Di Taranto, 'La Marina Mercantile', 305–306; A.H.S. Prins, 'Mediterranean Ships and Shipping, 1650–1850', in Robert Gardiner (ed.), *The Heyday of Sail. The Merchant Sailing Ship, 1650–1830* (London, 1995), 95; 数据来自商业航线 ANR 航海语料库项目 http://navigocorpus. hypotheses.org/.

[9] Labat Saint Vincent, *Malte, une escale du commerce*, 380; Di Taranto, 'La Marina Mercantile', 304–305, 308–309.

[10] 有关迄今为止希腊造船厂在爱奥尼亚海和爱琴海采用的方法和实践经验，参见 Κώστας Δαμιανίδης, *Ελληνική Παραδοσιακή Ναυπηγική*；英语读者可阅读其 1989 年在圣安德鲁斯大学撰写的博士论文《希腊的本土船舶及其造船业》。

[11] Lucien Basch, 'Ancient wrecks and the archaeology of the ships', *International Journal of Nautical Archaeology and Underwater Exploration*, 1972, 1, 16.

[12] Frederick H. Van Doorninck, 'Serçe Limani', in James P. Delgado (ed.), *Encyclopedia of Underwater and Maritime Archaeology* (New Haven, London, 1997), 367–370; Frederick M. Hocker, *The Philosophy of Shipbuilding. Conceptual Approaches to the Study of Wooden Ships* (College Station, 2004), 6.

[13] Hocker, *The Philosophy of Shipbuilding*, 5; Richard W. Unger, 'Introduction', in Robert Gardiner (ed.), *Cogs, Caravels & Galleons. The Sailing Ship 1000–1650. Conway's History of the Ship* (London, 1994), 10.

[14] Τρύφωνας Κωνσταντινίδης, *Καράβια, καπεταναίοι και συντροφοναύται, 1800–1830* [*Ships, Captains and Fellow Seamen, 1800–1830*] (Athens, 1954), 115–121; Αναστάσιος Τζαμτζής, 'Ναυτικοί, καράβια και λιμάνια' ['Seamen, ships and ports'], in Στέλιος Παπαδόπουλος (ed.), *Ελληνική Εμπορική Ναυτιλία, 1453–1821* [*Greek Merchant Marine, 1453–1830*] (Athens, 1972), 104–105; *Ανάργυρος Ανδρέου Χατζηανάργυρος, Τα Σπετσιωτικά* [*Collection of Documents Regarding the Greek Revolution of 1821 from the Spetses and State Archives*] vol. 2 (Piraeus, 1925), 119–120; Κωνσταντίνος Νικόδημος, *Υπόμνημα της Νήσου Ψαρών* [*Memorandum about the Island of Psara*] (Athens, 1862), 71–72.

[15] Χατζηανάργυρος, *Τα Σπετσιωτικά*, vol. 2, 120–121; Τζαμτζής, 'Ναυτικοί, καράβια', 105–107.

[16] Νικόδημος, *Υπόμνημα*, 72–73; Αικατερίνη Εξαδάκτυλου-Μπεκιάρογλου, 'Μετακινήσεις τεχνιτών από τη Χίο στο ναυπηγείο της Κωνσταντινούπολης' ['Transfers of Chios craftsmen to Constantinople shipyard'], in Kostas Damianidis (ed.), *Shipbuilding and Ships in the Eastern*

Mediterranean in the 18th & 19th Centuries（Chios，1999），39–46.

［17］Γεώργιος Κριεζής，*Ιστορία της Νήσου Ύδρας προ της（Ελληνικής）Επαναστάσεως του 1821*
［*History of Island of Hydra before the Greek Revolution of 1821*］（Patras，1860），29，52；
Χατζηανάργυρος，*Τα Σπετσιωτικά*，vol. 2，121–122.

［18］Χατζηανάργυρος，*Τα Σπετσιωτικά*，vol. 2，79；Κωνσταντινίδης，*Καράβια，καπεταναίοι*，
139；Τζαμτζής，'Ναυτικοί，καράβια'，117.

［19］Carlo De Negri，*Vele italiane del XIX secolo*（Milano，1974），51–52；Harland，*Ships and Seamanship*，10–11.

［20］Χατζηανάργυρος，*Τα Σπετσιωτικά*，vol. 2，121–122.

［21］Κωνσταντινίδης，*Καράβια，καπεταναίοι*，146.

［22］Τζαμτζής，'Ναυτικοί，καράβια'，108；Βασίλης Κρεμμυδάς，*Αρχείο Χατζηπαναγιώτη Πολίτη.
Χατζηπαναγιώτης–Πολίτης*［*Archive of Hadjipanayotis Politis*］，vol. 1（Athens，1973），
52–53.

［23］Νικόδημος，*Υπόμνημα*，72–73.

［24］Χατζηανάργυρος，*Τα Σπετσιωτικά*，vol. 1.（Athens，1861），new edition by Historical and
Ethnological Society of Greece，1979，47；*Τα Σπετσιωτικά*，vol. 2，121.

［25］Δαμιανίδης，*Ελληνική Παραδοσιακή*，27；Apostolos Delis，'Mediterranean wooden
shipbuilding in the nineteenth century：production，productivity and ship types in comparative
perspective'，*Cahiers de la Méditerranée*，2012，84，351–358；关于锡罗斯海事和造船中
心，参见：Apostolos Delis，'Modern Greece's first industry? The shipbuilding center of sailing
merchant marine of Syros，1830–70'，*European Review of Economic History*，2015，19
（3），255–274.

［26］Delis，*Mediterranean Wooden Shipbuilding*，185–188；Μπεκιάρογλου，'Μετακινήσεις
τεχνιτών από τη Χίο'；Panzac，'L'escale de Chio'，541–561.

［27］Delis，*Mediterranean Wooden Shipbuilding*，214–222.

［28］Delis，*Mediterranean Wooden Shipbuilding*，134–145.

［29］Delis，*Mediterranean Wooden Shipbuilding*，239–244；De Negri，*Vele italiane*，49–55.

［30］Robert Gardiner（ed.），*Sail's Last Century. The Merchant Sailing Ship，1830–1930*，
Conway's History of the Ship（London，1995）.

［31］*Αστήρ των Κυκλάδων*［*Cyclades Star*］，n. 201–211，30 April 1861.

［32］Αγγελική Φενερλή，'Η υποδοχή του ατμού στην Ερμούπολη από τους παραδοσιακούς ναυπηγούς
τον ΙΘ΄αιώνα'［'The reception of steam by the traditional shipbuilders in Ermoupolis in the nineteenth
century'］，in Kostas Damianidis（ed.），*Shipbuilding and Ships in the Eastern Mediterranean in
the 18th & 19th Centuries*（Chios，1999），121–128.

［33］Periodical *Πανδώρα*［*Pandora*］，vol. 19，440，1868，157；Foreign Office，Annual
Series，Syra，（from now on F.O. Syra）*Report by Consul Ruby on the Trade and Commerce of*

the Cyclades during the Year，1871，123；F.O. Syra，1873，125.

［34］*Πανδώρα*［*Pandora*］，vol. 16，363，1865，82；F.O. Syra，1871，123；F.O. Syra，1873，125. 内政部公共财政负责人 A. 曼索拉斯 1867 年关于希腊王国经济统计的专著（*Πολιτειογραφικαί πληροφορίαι περί Ελλάδος*，Athens，1867，109）中提到，在一家不到 60 人的工厂中，有 40 名工程师和其他工人，还有最多 20 名学徒.

［35］*Πανδώρα*［*Pandora*］，vol. 19，440，1868，157；Τιμολέων Αμπέλας，*Ιστορία της νήσου Σύρου από των αρχαιοτάτων χρόνων μέχρι των καθ'ημάς*［*History of the Island of Syros from Ancient Times to the Present Day*］（Hermoupolis，1874），711.

［36］*Πανόπη*［*Panopi*］，n. 1113，23.3.1885；F.O. Syra，1900，9；Μαρία Πανοπούλου，*Οικονομικά και τεχνικά προβλήματα στην ελληνική ναυπηγική βιομηχανια 1850–1914*，［*Economic and technical problems in the Greek shipbuilding industry 1850–1914*］（Athens，1993），148.

［37］*Πατρίς*［*Homeland*］，n.1424，13.8.1893；Πανοπούλου，*Οικονομικά και τεχνικά προβλήματα*，148–149.

［38］F.O. Syra，1898，5.

［39］*Πατρίς*［*Homeland*］，n. 1900，25.8.1902；Νικόλαος Κοτσοβίλης，'Τα νεώρεια και τα συνεργεία της Σύρου'［Neorion and the workshops of Syros］，in Αντώνιος Φουστάνος（ed.），*Ημερολόγιον της Σύρου*，［*Syros Calendar*］（Syros，1902），285–288；*Το εν Σύρω Ναυτιλιακόν Συνέδριον，της 1ης Σεπτεμβρίου 1902*［*The Syros Shipping Conference of 1 September 1902*］（Syros，1902），1，41.

［40］F.O. Syra，1906，10.

［41］Αντώνιος Φουστάνος（ed.），*Ημερολόγιον της Σύρου*，［*Syros Calendar*］，122.

［42］*Πατρίς*［*Homeland*］，n. 1960，11.10.1903，n. 2039，16.4.1905.

［43］F.O. Syra，1907，5–6；newspaper *Πατρίς*［*Homeland*］，n. 2121，18.11.1906.

［44］Newpaper *Πατρίς*［*Homeland*］，n. 2121，18.11.1906.

［45］F.O. Syra，1908，9；*Πατρίς*［*Homeland*］，n. 2233，7.2.1909.

［46］F.O. Syra，1903，8，1905，7，1906，10，1907，5.

［47］Newspaper *Πατρίς*［*Homeland*］，n. 2039，16.4.1905；F.O. Syra，1900，9，1901，7，1903，8.

［48］Πανοπούλου，*Οικονομικά και τεχνικά προβλήματα*，134.

［49］*Χριστίνα Αγριαντώνη，Οι Απαρχές της Εκβιομηχάνισης στην Ελλάδα τον 19ο αιώνα*，［*The Beginnings of Industrialization in Greece in the 19th century*］，（Athens，1986），104. Foreign Office，Annual Series，*Diplomatic and Consular Reports on Trade and Finance*，Greece，Piraeus，*Report by Mr. Consul Merlin on the Trade of Continental Greece during the Year 1868*（hereafter F.O. Piraeus），473–474. 英国领事报告说，这家工厂雇用了 200 名工人，但 1868 年 6 月 15 日的报纸（*Πατρίς*［祖国］，n. 120）报道说，该工厂共有男性和女性工人 300 名。

[50] Μιλτιάδης Μπούκας, *Οδηγός Εμπορικός, Γεωγραφικός & Ιστορικός του έτους 1875* [*Commercial, Geographic and Historical Guide of the Year 1875*]（Athens：1875），302；F.O. Piraeus, 1873, 1370；*Πατρίς* Πανοπούλου, *Οικονομικά και τεχνικά προβλήματα*, 135；*Πανόπη* [*Panopi*], n. 129, 16.8.1873.

[51] F.O. Piraeus, 1881, 626.

[52] F.O. Piraeus, 1908, 5；Πανοπούλου, *Οικονομικά και τεχνικά προβλήματα*, 152.

[53] Πανοπούλου, *Οικονομικά και τεχνικά προβλήματα*, 138–139.

[54] *Σφαίρα* [*Globe*], n. 4662, 6.10.1897；F.O. Piraeus, 1873, 1370；Πανοπούλου, *Οικονομικά και τεχνικά προβλήματα*, 124.

[55] Χρήστος Χατζηιωσήφ, *Η Γηραιά Σελήνη. Η Βιομηχανία στην Ελληνική Οικονομία, 1830–1940* [*The Old Moon. The Industry in Greek Economy, 1830–1940*]（Athens, 1993），135；*Σφαίρα* [*Globe*], n. 4662, 6.10.1897；Πανοπούλου, *Οικονομικά και τεχνικά προβλήματα*, 140；F.O. Piraeus, 1881, 626.

[56] Πανοπούλου, *Οικονομικά και τεχνικά προβλήματα*, 155；F.O. Piraeus, 1892, 11.

[57] Βασίλης Καρδάσης, *Από του ιστίου εις τον ατμόν. Ελληνική Εμπορική Ναυτιλία, 1858–1914* [*From Sail to Steam. Greek Merchant Marine, 1850–1914*]（Athens, 1993），58, 76；*Σφαίρα* [*Globe*], n. 4662, 6.10.1897；*Ημερολόγιον Σκόκου* [*Diary of Skokos*], 1895, 270.

[58] Καρδάσης, *Από του ιστίου*, 58–59.

[59] Αγριαντώνη, *Οι Απαρχές της Εκβιομηχάνισης*, 241；F.O. Piraeus, 1891, 5.

[60] Periodical *Ημερολόγιον Σκόκου* [*Diary of Skokos*], 1895, 270；Πανοπούλου, *Οικονομικά και τεχνικά προβλήματα*, 142.

[61] Newspaper *Πατρίς* [*Homeland*], n. 1372, 19.9.1892；Καρδάσης, *Από του ιστίου*, 59.

[62] *Ημερολόγιον Σκόκου* [*Diary of Skokos*], 1895, 270；Χατζηιωσήφ, *Η Γηραιά Σελήνη*, 136. 他报告说，这艘船重 600 吨，由钢铁制成。

[63] Olivier Raveux, *Marseille, ville des métaux et de la vapeur au XIXe siècle*（Paris：CNRS Éditions, 1998），56–58.

[64] Raveux, *Marseille, ville des métaux*, 113.

[65] Mike Chrimes, 'British and Irish civil engineers in the development of Argentina in the nineteenth century', in *Proceedings of the Second International Congress on Construction History*, Queens College, Cambridge University, Malcolm Dunkeld et al. (eds), vol. 1 (Cambridge, 2006), 675–694.

[66] Olivier Raveux, 'La construction navale et la mécanique marine en France au milieu du XIXe siècle：L'exemple de la Société Taylor & Fils', in Christiane Villain-Gandossi, *Deux siècles de constructions et chantiers navals (milieu XVIIe-milieu XIXe siècle)*（Éditions du CTHS, 2002），213–224；Raveux, 'Les ingénieurs anglais de la Provence Maritime sous la

Monarchie de Juillet', *Provence Historique*, 1994, 177, 314–315.

[67] Raveux, *Marseille, ville des métaux*, 114–120.

[68] Enric Garcia Domingo, 'Engine drivers or engineers: ships' engineers in the Spanish merchant navy (1834–1893)', *Journal of Mediterranean Studies*, 2010, 19 (2), 253–254, 258–259, 261.

[69] *Αστήρ των Κυκλάδων* [*Cyclades Star*], n. 201–211, 30 April 1861.

[70] Χατζηιωσήφ, *Η Γηραιά Σελήνη*, 139; Πανοπούλου, *Οικονομικά και τεχνικά προβλήματα*, 166–167; newspaper *Σφαίρα* [*Globe*], n. 4662, 6.10.1897.

[71] *Πανόπη* [*Panopi*], n. 129, 16.8.1873.

[72] Mansolas, *Πολιτειογραφικαί πληροφορίαι*, 109; Καρδάσης, *Από του ιστίου*, 36; Αγριαντώνη, *Οι Απαρχές της Εκβιομηχάνισης*, 198; Πανοπούλου, *Οικονομικά και τεχνικά προβλήματα*, 166–167.

[73] *Ήλιος* [*Sun*], n. 56, 17.9.1887, n. 123, 25.9.1888; 报纸: *Πατρίς* [*Homeland*], n. 1709, 9.1.1899, n. 1744, 11.9.1899.

[74] Αντώνιος Φουστάνος (ed.), *Ημερολόγιον της Σύρου*, [*Syros Calendar*], 122.

[75] Historical Archive of the National Bank of Greece, XXV, ΕΡΓΑ, Α΄ Ναυτιλιακά, 32, 4, Εταιρεία Ελληνικής Ατμοπλοΐας-Γενικές Συνελεύσεις Μετόχων, *Έκτακτος Γενική Συνέλευση Μετόχων της Ελληνικής Ατμοπλοΐας*, 1872, 5.

[76] *Πατρίς* [*Homeland*], n. 903, 19.11.1883, n. 2039, 16.4.1905.

[77] *Ερμούπολις* [*Hermoupolis*], n. 400, 12.8.1872, n. 457, 13.10.1873, n. 479, 16.3.1874, n. 492, 15.6.1874, n. 507, 28.9.1874, n. 508, 5.10.1874, n. 509, 12.10.1874; *O Άργος* [*Argos*], n. 23, 13.10.1874; *Πανόπη* [*Panopi*], n. 98, 15.3.1873, n. 190, 17.10.1874.

[78] *Πανόπη* [*Panopi*], n. 964, 14.9.1883.

[79] Marc Flandreau and Stefano Ugolini, 'Where it all began: lending of last resort and the Bank of England during the Overend-Gurney panic of 1866', Working paper, Norges Bank, 03, 2011; Stefanos Xenos, *Depredations: or, Overend, Gurney, & Co., and the Greek & Oriental Steam Navigation Company* (London, 1869); Harlaftis, *A History of Greek-Owned Shipping*, 62–65.

[80] Harlaftis, *A History of Greek-Owned Shipping*, 124–125.

[81] *Πατρίς* [*Homeland*], n. 1288, 23.2.1891.

[82] F.O. Piraeus, 1899, 4. 这些数字与下面希腊文献中提到的数字几乎相同: Καρδάσης, *Από του ιστίου*, 172.F.O. Syra, 1900, 6; *Πατρίς* [*Homeland*], n. 1907, 12.10.1902.

[83] Harlaftis, *A History of Greek-Owned Shipping*, 112, 133; Καρδάσης, *Από του ιστίου*, 172; *Πατρίς* [*Homeland*], n. 1907, 12.10.1902, n. 1908, 19.10.1902.

[84] *Πατρίς* [*Homeland*], n. 1907, 12.10.1902.

［85］F.O. Piraeus，1897，6.

［86］*Ο Οικονομολόγος*［*The Economist*］，n. 1，16.5.1892.

［87］从 1898 年起，希腊报纸 Πατρίς［国土安全］定期发布锡罗斯和安德罗斯资本家购买的每
艘新轮船的信息。

［88］Πανοπούλου，*Οικονομικά και τεχνικά προβλήματα*，183，185.

［89］Πανοπούλου，*Οικονομικά και τεχνικά προβλήματα*，159，161，163.

［90］*Το εν Σύρω Ναυτιλιακόν Συνέδριον，της 1ης Σεπτεμβρίου 1902*［*The Syros Shipping Conference
of 1st September 1902*］，2，36.

［91］*Το εν Σύρω Ναυτιλιακόν Συνέδριον*，33；Πανοπούλου，*Οικονομικά και τεχνικά προβλήματα*，
143.

［92］*Το εν Σύρω Ναυτιλιακόν Συνέδριον*，88–89；Πανοπούλου，*Οικονομικά και τεχνικά
προβλήματα*，161. 早在 1857 年的一篇文章中也表达了在开发国家矿产资源和廉价煤炭的
基础上建立蒸汽航海业的必要性。参见期刊：*Πανδώρα*［*Pandora*］，vol. 7，166，1857，
505–509.

［93］Χατζηιωσήφ，*Η Γηραιά Σελήνη*，130；Πανοπούλου，*Οικονομικά και τεχνικά προβλήματα*，
143.

［94］Πανοπούλου，*Οικονομικά και τεχνικά προβλήματα*，144–145；Αγριαντώνη，*Οι Απαρχές της
Εκβιομηχάνισης*，238–242；Χατζηιωσήφ，*Η Γηραιά Σελήνη*，135；Καρδάσης，*Από του
ιστίου*，65–67.

［95］Χατζηιωσήφ，*Η Γηραιά Σελήνη*，145–147.

［96］*Το εν Σύρω Ναυτιλιακόν Συνέδριον*，88–90.

［97］Harlaftis，*A History of Greek-Owned Shipping*，133，179–181；Χατζηιωσήφ，*Η Γηραιά
Σελήνη*，150；*Το εν Σύρω Ναυτιλιακόν Συνέδριον*，37–40.

［98］*Πατρίς*［*Homeland*］，n. 2135，3.3.1907.

［99］*Το εν Σύρω Ναυτιλιακόν Συνέδριον*，86.

第二章

［1］在巴尔干战争（1912—1913）和第一次世界大战之后，马其顿（Macedonia）和色雷斯
（Thrace）被希腊王国吞并。这意味着希腊的铁路网络得到了极大的扩展，其规模几乎翻了
一番。但这些新扩展的部分是由奥斯曼帝国根据自己的战略和经济目标规划并建造的。

［2］以下是用希腊语撰写的历史研究文献：Σ. Κορώνης，*Ιστορικαί σημειώσεις επί της ελληνικής
σιδηροδρομικής πολιτικής*（Αθήνα，1934）；N. Κτενιάδης，*Οι πρώτοι ελληνικοί σιδηρόδρομοι，
πρωτότυπος ιστορική μελέτη*（Αθήνα，1936）；Λ. Παπαγιαννάκης，*Οι ελληνικοί σιδηρόδρομοι
1882–1910: Γεωπολιτικές，οικονομικές και κοινωνικές διαστάσεις，Μορφωτικό Ίδρυμα Εθνικής
Τραπέζης*（Αθήνα，1982）. 以下是用法语撰写的：S. Koronis，*Les Chemins de fer et la*

Politique Ferroviaire de la Grèce（Athens，1924）. 还有一篇用英文撰写的文献：Irene Anastasiadou，'In Search of a Railway Europe，Transnational Railway Developments in Interwar Europe'，PhD Thesis，Technische Universiteit Eindhoven，2009，Chapter 5，165–196. 在该章中，阿纳斯塔西娅杜（Anastasiadou）从希腊铁路网络与欧洲铁路联系的角度研究了希腊铁路网络的建设问题。该研究并未涉及蒸汽机车这一话题。

[3] 施陶登迈尔（Staudenmaier）在他针对 1985 年出版的著作《技术与文化》（*Technology and Culture*）撰写的书评中指出，80% 以上的论文与美国和西欧有关，而有关亚洲、非洲、拉丁美洲和澳大利亚的研究甚至连 8% 的比例都没有达到。参见：J. M. Staudenmaier，*Technology's Storytellers. Reweaving the Human Fabric*（Cambridge MA: MIT Press，1985）.

[4] C. 珀谢尔（C. Purshell）认为，研究兴趣从关注发明与创新转向关注传播与使用，为技术史研究开辟了新的视野；它为与技术相关的性别、种族和社会阶层的研究奠定了基础。发明家、工程师和系统组织者通常是白种人、男性，出身于中产阶级。如果研究仅限于发明和技术创新，会忽略对女性、非白种人和经济弱势群体的历史研究。换句话说，它会忽略很大一部分使用技术的人口，因此这样书写的历史覆盖面非常有限。参见：C. Purshell，'Seeing the Invisible: New Perceptions in the History of Technlogy'，*ICON*，1995，1，9–15.

[5] 牵引力不仅是反映一个公司发展和进步的关键因素，也是反映一个国家铁路发展状况和进步的关键因素。有趣的是，关键不在于这种牵引力的绝对值，而在于每单位线路长度的牵引功率。因此，牵引力以千克力 / 千米为单位进行测量。

[6] 技术"风格"与技术的发明和使用都有联系，历史学家已经揭示了不同国家和地区的蒸汽机车的"风格"。

[7] 1912 年之前，希腊王国一直保留着这一地域。

[8] 这条线路建于 1869 年，是连接雅典和比雷埃夫斯的城市线路。它采用标准轨距，长度是 9 千米，后来延长到 11 千米。1904 年之前，它都是由蒸汽机车牵引的，然后才进行了电气化改造。

[9] 辩论的原因，参见：Κορώνης，*Ἱστορικαί σημειώσεις ἐπί τῆς ἑλληνικῆς σιδηροδρομικῆς πολιτικῆς*，9–10. Also，in C. Cheston，*Ἡ Ἑλλὰς τῷ 1887*（Athens，1887），18–19.

[10] 苏伊士运河的开通将英国与印度之间的距离缩短了 40%，将法国与中南半岛之间的距离缩短了 50%。苏伊士运河改变了欧洲的交通路径，并在许多世纪之后，再次经由红海通往东方。鉴于这种情况，地中海国家都希望在这条航线上分得一杯羹。参见：Κορώνης，*Ἱστορικαί σημειώσεις ἐπί τῆς ἑλληνικῆς σιδηροδρομικῆς πολιτικῆς*，10 and Cheston，*Ἡ Ἑλλὰς τῷ 1887*，18–19.

[11] 帕帕扬纳基斯（Papayannakis）认为，这场争论具有意识形态和政治性质，反映了各党派对希腊国内和国际形势的看法，以及对其发展前景、国家角色和私人企业倡议的看法。在这种情况下，各方提出的"技术特征"就变得不言自明了。参见：Παπαγιαννάκης，*Οι ἑλληνικοὶ σιδηρόδρομοι 1882–1910*，91–93.

[12] 从比雷埃夫斯到拉里萨和从比雷埃夫斯到帕特雷的铁路总成本为 1.08 亿德拉克马（分别

为 6670 万德拉克马和 4130 万德拉克马），能保证年利润为 5%，即 540 万德拉克马。沃洛斯和拉里萨之间的线路没有这样的保证。Παπαγιαννάκης，*Οἱ ἑλληνικοὶ σιδηρόδρομοι 1882–1910*，75–76.

[13] 关于议会辩论和冲突的细节，参见：Παπαγιαννάκης，*Οἱ ἑλληνικοὶ σιδηρόδρομοι 1882–1910*，Chapter 4，75–93.

[14] 1885年，这条线路正式开通，开通那天被称为“绿色星期一”，参见：D. Paraskevopoulos，'Steam motion in 19th Century Greece: The Locomotives of Greek Railways（1869–1909）'，PhD Thesis（in Greek），Athens University and National Technical University，2014，141–143.

[15] 日期和其他细节，参见：Paraskevopoulos，*Steam motion in 19th Century Greece*，162–163.

[16] 有关伯罗奔尼撒线路建设的详细分析，参见：Paraskevopoulos，*Steam Motion in 19th Century Greece*，179–184. 内容取材于 SPAP 公司 1885 年至 1903 年的年度报告。

[17] E. G. Baddeley，*The Continental Steam Tram*（London: The Light Train Transit Association，1980），271.

[18] 关于这一时期的建设详情，参见：Paraskevopoulos，*Steam Motion in 19th Century Greece*，具体如下：有关迈洛伊和卡拉马塔线路的内容，参见第 180–181 页；有关西北线路，参见第 128–130 页；有关迪亚科夫托和卡拉夫里塔线路，参见第 181 页。这些线路建设的详情均源自各公司的年度报告。

[19] 法国公共工程代表团是一个由 20–25 名法国工程师组成的小组，由特里库皮斯正式召集。该代表团是希腊政府在公共工程问题上的咨询委员会。关于法国公共工程代表团在 19 世纪希腊建筑问题上的重要性，参见：Άννα Μαχαίρα，'Ή αποστολή του σώματος των Ponts et Chaussées στην Ελλάδα το 1880 ανάμεσα στις γαλλικές στρατηγικές επιλογές και την ελληνική πολιτική δημοσίων έργων'，in Σ. Αραποστάθης，Φ. Παπανελοπούλου，Α. Τύμπας（eds），*Τεχνολογία και Κοινωνία στην Ελλάδα: Μελέτες από την Ιστορία της Τεχνολογίας και τις Σπουδές Επιστήμης και Τεχνολογίας*，Εκδοτική Αθηνών，Αθήνα 2015，81–102.

[20] 关于皮立翁路线的建设情况，参见：Paraskevopoulos，'Steam Motion in 19th Century Greece'，163–164.

[21] 关于伯罗奔尼撒半岛铁路网整合的问题，参见：Paraskevopoulos，'Steam Motion in 19th Century Greece'，181–182.

[22] 关于北方边境的国际专线建设情况，参见：Paraskevopoulos，'Steam Motion in 19th Century Greece'，221–223.

[23] 德莫斯特尼·普罗托帕达基斯（Demosthenes Protopapadakis）1873 年出生于拿索斯（Naxos）。他在雅典的瓦尔瓦凯恩高中（Varvakeion High School）就读。后来，他在法国国立路桥学校（École Nationale des Ponts et Chaussées）学习，并于 1897 年毕业。毕业后，他在多家法国技术公司工作，然后前往埃塞俄比亚，参与了该国铁路网的发展工作。回到希腊后，他参与了迈洛伊－卡拉马塔线路的建设工作。1908 年，他被任命为雅典国

立技术大学（National Technical University of Athens）的铁路技术教授，并在1933年至1935年间担任该大学校长。他于1955年在雅典逝世。关于普罗托帕达基斯的详情，参见：Κατερίνα Μπουγιούκα, Δημοσθένης Πρωτοπαπαδάκης, *Απεραθίτικο Ημερολόγιο*, 1997, 111–112 and G. Antoniou, 'Greek Engineers: Institutions and Ideas 1900–1940', PhD Thesis (in Greek), University of Athens and National Technical University, 2004, 163–164, 172–173, 175, 187 footnote 449, 189, 225.

[24] Πρωτοπαπαδάκης Δ., 'Πληροφορίαι ἐπὶ τοῦ συμπλέγματος τῶν Ἑλληνικῶν σιδηροδρόμων', *Αρχιμήδης*, Ιανουάριος 1910, 116–117.

[25] 资料载于当时的希腊工程师杂志《阿基米德》，参见：*Αρχιμήδης*, March 1911, 131. 瑞典（面积比为3.1，但人口比为26.9，是欧洲最大的国家）和挪威（面积比为0.9，但人口比为13.5，比英国和法国大）的情况表明，以人口为基础的计算比以面积为基础的计算要可靠得多。然而，长度/人口本身并不是铁路发展的唯一标志，因为斯堪的纳维亚国家虽然处于领先地位，但不是铁路技术的主要贡献者。就长度与人口的比率而言，从表格中可以看出一个显著的特点，即希腊的铁路状况不仅好于保加利亚、葡萄牙、罗马尼亚、俄罗斯和土耳其等国，也好于荷兰和意大利。

[26] 以弗雷德里克·梅斯文·华特（Frederick Methvan Whyte, 1865-1941）的名字命名。弗雷德里克·梅斯文·华特是荷兰裔，美国纽约中央公司的一名高级职员，他在1900年发展并系统化了先前的做法，提出了一种统一的方法，这种方法很快被大西洋两岸接受并作为标准。我必须强调，在1877年至1894年期间的法语和英语书籍中，至少就我所知，没有任何符号系统，机车是按其联接轴或车轮的数量来分类的。参见：G. Richard, *La chaudiere locomotive et son outillage*（Paris: Dunot Editeur, 1886）；P. Levèvre and G. Cerbelaud, *Les Chemins de Fer*（Paris, 1888）；É. Sauvage, *La machine locomotive*（Paris, 1894）；M. Reynolds, *Locomotive Engine Driving: A Practical Manual for Engineers in Charge of Locomotive Engines*, Second Edition（London, 1885）. 然而，在约克国家铁路博物馆寄给我的1868年至1892年期间的各种影印工厂记录中，出现了原始的"华氏式别"（数字由横杠分隔）轮式分类法。华氏式别确实出现在后来的技术和历史文献中。例如：A. Chapelon, *La locomotive à vapeur*（French edition, 1938；English edition, Rode：Camden Miniature Steam Services, 2000）；R. P. Johnson, *The Steam Locomotive*（New York：Simmons-Boardman Publishing Corporation, 1942）；J. Marshall, *The Guinness Book of Rail Facts and Feats*（Middlesex：Guinness Superlatives Ltd, 1979）；J. T. van Riemsdijk and K. Brown, *The Pictorial History of Steam Power*（London：Octopus Books Ltd, 1980）；B. Hollingsworth and A. Cook, *The Great Book of Trains*（London：Bedford Editions Ltd, 1987）.

[27] 根据英国国家铁路博物馆的档案，火车机车的定量特征包括汽缸尺寸、动轮直径、压力（这三个因素共同用于计算牵引力）以及火车头的重量。法国和比利时更加注重机车的定量特征，例如锅炉尺寸和每根轮轴的重量，但是牵引力仍然是主要特征。参见：Richard,

La chaudiere locomotive et son outillage，465–585 和 SA Saint Léonard, *Locomotives*（Liege, c.1907），*passim.* 在希腊铁路公司的档案中，与法国一样，也没有提到速度、功率或燃料消耗。最近的历史研究出版物提到，蒸汽机车的第一大特征就是牵引力。参见：Hollingsworth and Cook, *The Great Book of Trains* and C. Chant, *The World's Railways*（Isle of Anglesey：S. Webb & Son Ltd, 2001）。

[28] 关于公式，参见：Richard, *La chaudiere locomotive et son outillage*, passim. 这个公式只适用于双缸机车。对于三缸发动机，公式右边的数值必须乘以 1.5，而四缸发动机必须乘以 2。公式的证明过程，参见：Paraskevopoulos, 'Steam Motion in 19th Century Greece', 88–90.

[29] 关于英国和美国的情况，参见：Johnson, *The Steam Locomotive*, 140–141. 另参见：Hollingsworth and Cook, *The Great Book of Trains*, 24. 在理查德（Richard）的《机车锅炉及其工具》（*La chaudiere locomotive et son outillage*）一书和 É. 绍瓦格（É. Sauvage）的《机车》（*La machine locomotive*）一书当中，所有计算均采用 c=0.65。在比利时圣莱昂纳德公司的宣传专辑《机车》（*Locomotives*）中，亦是如此。

[30] 参见希腊国家银行的历史档案：*Συγγραφή* ΣΠΚ, article 36, *καὶ Συγγραφή* ΣΒΔΕ, article 47. 本章中所有牵引力的计算均采用 c=0.65。

[31] 1899 年，法国工程师 M. 马丁（M. Martin）和 M. 维洛（M. Villot）在《阿基米德》杂志上发表了一篇名为《希腊铁路及其未来》的研究报告。这两位法国工程师是法国最大的铁路公司 PLM（巴黎－里昂－地中海）的高级管理人员，M·马丁是该公司的首席工程师，M·维洛是开发总监。据翻译者介绍，该研究报告是在 1880 年至 1881 年间撰写的。当时，这两位法国工程师对窄轨铁路的全球发展、功能和前景持乐观态度。他们认为未来属于窄轨铁路，并描述了其在发展水平类似于希腊的国家（如阿尔及利亚、印度和挪威）以及更发达国家（如法国、德国和美国）的建设和运营情况。他们还从技术角度分析了对机车进行的创新和改进，使其完全适用于窄轨道。参见：*Ἀρχιμήδης*, vol. A΄/1899, 46–48, 57–59, 80–87.

[32] Richard, *La chaudiere locomotive et son outillage*. 书中关于三联轴机车的章节（第 507–521 页）中，只介绍了一种 0-6-2 型号的机车，但讨论了五种 2-6-0 型号的机车。另请参见：Sauvage, *La machine locomotive*, 273, 279. 另请参见：Δ. Πρωτοπαπαδάκης, *Σημειώσεις Σιδηροδρομικῆς, Μέρος τρίτον: Ἀντίστασις τῶν συρμῶν καὶ ἕλξις*, Ἀθήνα 1929, 96.

[33] 分类和百分比为本章作者所添加。

[34] 机车数量源自各公司的年度报告。

[35] 在提到的德国机车中，有 17 台是在阿尔萨斯建造的，当时阿尔萨斯还在德国的管辖之下。

[36] 关于"潘多拉"号，参见：Reynolds, *Locomotive Engine Driving*, 57–61. 关于法国机车，参见：Paraskevopoulos, 'Steam Motion in 19th Century Greece', 115 和 Richard, *La chaudiere locomotive et son outillage*, 497.

[37] SPK 机车的技术特点，参见：J. Slezak, *Die Dampfstrassenbahnen*（Vienna: Slezak

Verlag, 1974), 275.

[38] 详细比较，参见：Paraskevopoulos, 'Steam Motion in 19th Century Greece', 120–121.

[39] A、B 级机车的全部技术资料，参见：Π. Μπασιάκος, *Σιδηρόδρομοι Ἀττικῆς: Κατασκευὴ καὶ ἐκμετάλλευσις*（Athens, 1889), 24–25.

[40] 大约在 1907 年出版的相册，展示了比利时圣莱昂纳德工厂所建造的所有机车。

[41] 详细的数据比较，参见：Paraskevopoulos, 'Steam Motion in 19th Century Greece', 150–152.

[42] 1898 年 7 月 31 日，SA 向巴斯里亚德的比雷埃夫斯机械厂下达了建造命令。建造期限为 20 个月。1900 年 8 月，机车交付使用，成本约为 75000 德拉克马（一台类似的进口机车约需 85000 德拉克马）。这辆机车的建造模式似乎参考了 SPAP 在格拉芬斯塔登的阿尔萨斯工厂建造的 Z 级机车，但这台机车在多个方面又与 Z 级机车不同。负责此次建造的首席工程师是尼克劳斯·康斯坦蒂尼蒂斯（Nickolaos Konstantinidis）。他于 1867 年在希俄斯出生，并于 1888 年至 1895 年期间在慕尼黑的巴伐利亚技术大学（Königligh Bayerische Technische Hochschule）学习工程学。他曾在玛菲（Maffei）公司的蒸汽机和机车工厂工作了两年，参与了为俄罗斯铁路建造机车的工作，特别是为跨西伯利亚铁路（轨距 1520 毫米）建造机车的工作。1898 年，他回到希腊，并在巴斯里亚德的机械厂担任首席工程师多年。他于 1957 年去世。这辆历史悠久的机车 ΕΛΛΗΝΙΣ 服务了 60 多年后报废，但其徽章得以保存，并且目前在雅典铁路博物馆展出。关于机车的详细技术资料，参见：Π. Μπασιάκος, *Σιδηροδρομικὴ παραδιδομένη ἐν τῇ Βιομηχανικῇ καὶ Ἐμπορικῇ Ἀκαδημίᾳ*, 146–202. For Nickolaos Konstantinidis see M. Κωνσταντινίδης（his son）, 'Ἡ κατασκευὴ τῆς πρώτης ελληνικῆς ατμάμαξας', *Σιδηροτροχιά*, Issue 16, January 1998, 33–34.

[43] Δ 级机车的技术数据来自在雅典铁路博物馆展出的一份概述文件，标题为：ΣΠΑΠ.（Υπηρεσία Ἑλξεως）：*ΠΙΝΑΞ ΤΩΝ ΚΥΡΙΩΤΕΡΩΝ ΔΙΑΣΤΑΣΕΩΝ ΤΩΝ ΑΤΜΑΜΑΞΩΝ*，日期为 1906 年 12 月 18 日。Δ 型机车与 SPAP 的 Z_{com} 型机车完全相同。在计算复合机车的牵引力时，文中使用了这样的公式 $T = c \cdot p \dfrac{d_2^2 l}{2D}$，其中 d_2 是低压汽缸的直径。关于这一公式，参见：Richard, *La chaudiere locomotive et son outillage*, 567; also in Πρωτοπαπαδάκης, *Σημειώσεις Σιδηροδρομικῆς*, *Μέρος τρίτον*, 99. 然而，这个公式并没有被普遍接受，例如：Johnson, *The Steam Locomotive*, 143. 该书中有一个不同但相似的公式。

[44] 色萨利铁路公司所有公制机车的技术资料，参见：A. Hennebert and C. Abrami, *Notes sur la construction des Chemins de Fer de Thessalie*（*voie de 1 mètre*）（Paris, 1889), 140–156.

[45] 这些机车的技术特点，参见：Slezak, *Die Dampfstrassenbahnen*, 275. 同年，魏德克纳特为德洛姆铁路公司（Chemin de Fer de la Drôme）制造了同样的机车，参见：L. Wiener, *Les locomotives articulées*（Brussels, 1926), 165.

[46] 这些机车的技术资料，参见：Γ. Νάθενας and M. Καραθάνου, *Το τραινάκι του Πηλίου. Από την πόλη των Αργοναυτών στο βουνό των Κενταύρων*（Athens, 2004), 200. 与此同时，类似的机车在孟买和马瑟兰（Matheran）之间的印度山区线（长 19.3 千米，轨距 2 英尺）运

行，其 *T* 值为 3305 千克力。关于该线路和机车，参见：Γ. Βουγιούκας, 'Ἀτμάμαξαι της Matheran Railway', *Ἀρχιμήδης*, November 1907, 80.

[47] 现在陈列在雅典铁路博物馆。

[48] SBDE 机车的所有技术资料，参见：Π. Μπασιάκος, *Ὀργανισμὸς τῆς ὑπηρεσίας τοῦ Σιδηροδρόμου τῆς Βορειοδυτικῆς Ἑλλάδος*（Athens，1892），308–309.

[49] 关于这些机车，参见：SA Saint Léonard, *Locomotives*, Serie 3AC and Serie 4AC.

[50] 关于这些机车，参见：Saint Léonard's Album, Serie 3H and Serie 5H.

[51] 关于这些机车，参见：Hollingsworth and Cook, *The Great Book of Trains*, 54–55.

[52] 关于这些机车，参见：Richard, *La chaudiere locomotive et son outillage*, 517–519（for 2-6-0s），526–528（for 2-8-0s）and 521–526（for Lehigh Valley Railway）.

[53] 关于日本机车，参见：Wiener, *Les locomotives articulées*, 207，关于巴勒斯坦机车，参见：Wiener, *Les locomotives articulées*, 223.

[54] 关于 SPAP 的机车与国际惯例进行的详细比较，参见：Paraskevopoulos, 'Steam Motion in 19th Century Greece', 214–217.

[55] 通用信贷银行的破产导致 SPAP 失去了大部分存款，再加上科林斯的运河开通，竞争加剧，客运与商业服务的收入减少。详情参见：Paraskevopoulos, 'Steam Motion in 19th Century Greece', 180.

[56] EES 机车的所有技术数据都来自 1932 年 11 月 27 日在雅典铁路博物馆展出的官方概述文件，编号 43009/27，标题为：'ΣΙΔΗΡΟΔΡΟΜΟΙ ΕΛΛΗΝΙΚΟΥ ΚΡΑΤΟΥΣ'（Ὑπηρεσία Ἑλξεως καὶ Ὑλικοῦ）：*ΑΤΜΑΜΑΞΑΙ Α΄ ΠΕΡΙΦΕΡΕΙΑΣ ΤΩΝ ΣΕΚ*.

[57] A104 在雅典铁路博物馆展出。

[58] 两家法国公司，即东部铁路和巴黎 – 里昂 – 地中海铁路的线路上都使用完全相同的机车。参见：Chapelon, *La locomotive à vapeur*, 34.

[59] 在美国，湖岸和密歇根铁路（Lake Shore and Michigan Railroad）使用 1902 年的 I-1 级机车（T=8276 千克）在芝加哥和纽约之间的线路（1563 千米）上艰难行驶。参见：Hollingsworth and Cook, *The Great Book of Trains*, 64–65.

[60] 直到 1985 年，印度国家铁路（轨距 1676 毫米）仍在使用 1905 年大获成功的 BESA 级机车（T=7866 千克力）。这款机车号称"比英国运行的任何机车都更英伦"。参见：Hollingsworth and Cook, *The Great Book of Trains*, 82–83 and Chant, *The World's Railways*, 115–116.

[61] EES 的 B 级机车完全可以匹敌卡利多尼亚铁路公司（Caledonian Railway）1906 年的卡迪恩级（Class Cardean）机车（T=8480 千克力）。该机车是蒸汽黄金时代的缩影，没有任何一款机车比它更具代表性。参见：Hollingsworth and Cook, *The Great Book of Trains*, 86–87.

[62] 1905 年，比利时国家铁路的 FN 级机车（T=7380 千克力）由圣莱昂纳德制造。参见：Saint Léonard Album, Serie FN.

[63] 详细比较参见：Paraskevopoulos, 'Steam Motion in 19th Century Greece', 228–230.

[64] 铁路网连接的情况，参见：Anastasiadou, *In Search of a Railway Europe*, 175–182.

[65] 关于英国在希腊和近东的经济利益，参见：Cheston, *Ή Έλλὰς τῷ* 1887, 142.

[66] 针对这些问题，参见：X. Χατζηιωσήφ, *Η γηραιά σελήνη: Η βιομηχανία στην ελληνική οικονομία 1830–1940* (Εκδόσεις Θεμέλιο, Αθήνα, 1993), 145–150. 其中还对希腊和意大利的地方工业政策进行了比较。

第三章

[1] 布鲁诺·拉图尔（Bruno Latour）和其他"行动者网络"理论家认为，创造和采用技术的过程是复杂的、互动的和政治性的。Bruno Latour, *Science in Action: How to Follow Scientists and Engineers through Society* (Milton Keynes：Open University Press, 1987), 122–144.

[2] 军事工业复合体的作用对军方项目的形成至关重要。这些项目往往是针对公众对国土安全要求的一种回应。

[3] Ruth Cowan Schwartz, 'The Consumption Junction: A Proposal for Research Strategies in the Sociology of Technology', in Wiebe E. Bijker, Thomas P. Hughes and Trever Pinch (eds), *The Social Construction of Technological Systems* (Cambridge, MA, 1987), 261–280.

[4] Helmuth Trischler and Hans Weinberger, 'Engineering Europe: Big Technologies and Military Systems in the Making of 20th Century Europe', *History and Technology*, 2005, 21, 49–83.

[5] H. J. Kranzle, 'The Perspective of Defense Industry in the European Union', *Defencor Pacis*, Issue 2 (April 1999).

[6] Harry Elmer Barnes, *Historical Sociology: Its Origins and Development. Theories of Social Evolution from Cave Life to Atomic Bombing* (New York：Philosophical Library, 1948), 145.

[7] 参见：Eric Hobsbawm, *The Age of Revolution 1789–1848* (New York：Pantheon, 1987) 和 *Age of Extremes: The Short Twentieth Century, 1914–1991* (London：Michael Joseph, 1994).

[8] David Noble, *Forces of Production: A Social History of Industrial Automation* (New York：Oxford University Press, 1984), 145.

[9] 美国驻欧洲空军（The United States Air Forces in Europe, USAFE）是美国欧洲司令部的美国空军组成部分。它是国防部的统一司令部，也是美国大陆以外的两个空军主要司令部之一，另一个是太平洋空军。然而，它是唯一一个将总部设在美国之外的美国空军主要司令部。

[10] 参见国防合作办公室的官方页面：http://athens.usembassy.gov/trade-com/odc/history.html [2015 年 3 月 30 日访问].

[11] 哈里·S. 杜鲁门总统告诉国会，该理论是"美国支持自由人民的政策，他们正在抵制武装的少数民族或外部压力的企图征服"。他认为，如果希腊和土耳其没有得到他们迫切需要

的援助，他们将不可避免地倒向共产主义，给整个地区带来严重后果。由于土耳其和希腊是历史上的对手，因此有必要平等地帮助这两个国家，尽管希腊面临的威胁更为直接。

[12] David Edgerton, *England and the Airplane*, *An essay on a Militant and Technological Nation* (Basingstoke：Macmillan in association with the Centre for History and Science, Technology and Medicine, University of Manchester, 1991).

[13] 根据国防合作办公室的官方页面（http://athens.usembassy.gov/trade-com/odc/history.html[2015 年 3 月 30 日访问]），"希腊的国防合作办公室是世界上最早的安全援助组织之一，其在雅典的历史可以追溯到第二次世界大战结束，当时美国根据 1947 年 6 月 20 日签署的美希协议，建立了后来称为美国驻希腊联合军事援助团（JUSMAGG）的第一个组织。JUSMAGG 的队伍在冷战期间达到峰值，有 595 人。希腊在冷战时期的所有共产主义邻国都出现了经济崩溃，而希腊的战后历史也是问题重重。JUSMAGG 在 1947 年至 1977 年期间发挥了重要作用，马歇尔计划战后安全援助和冷战安全援助为希腊输送超过 50 亿美元，使希腊成为战后欧洲接受西方援助最多的国家，这种援助在很大程度上归功于将希腊纳入西欧的怀抱。JUSMAGG 最初被称为美国军事代表团，在第二次世界大战后向希腊军队提供马歇尔计划援助方面发挥了作用。1988 年 3 月 1 日，在冷战接近尾声时，JUSMAGG 改名为国防合作办公室，简称 ODC。这一最新的名称变化是我们与希腊的国防关系不断成熟的标志。"

[14] 艾森豪威尔的许多科技精英以服务国家安全的名义为该综合体服务。"国防知识分子"和"环城公路大盗"（即在环绕华盛顿特区的高速公路附近的公司，专门为政府承包工程）为该综合体提供支持服务。

[15] Stephen C. Xydis, 'Coups and Countercoups in Greece, 1967–1973', *Political Science Quarterly*, 1974, 89（3）, 507–538. See also Felix Kessler, 'Greek Military Rulers Tighten Their Grip, and Get More U.S Aid', *Wall Street Journal*（25 November 1970）.

[16] 使用"鬼怪"战斗机将很快使希腊的军事能力达到北约的标准，而希腊需要与美国保持友好的关系，才能保持其"鬼怪"战机的运行。

[17] 在越南战争时期，美国军事工业复合体生产放缓，通过各种手段与法国、英国和华沙集团竞争，助长了国际武器市场。麦克唐纳及其供应商从每架新飞机的销售和持续的技术援助合同中获得了可观的利润。1974 年出售给美国军方的所有新"鬼怪"战斗机平均每架 264 万美元，而出口的 998 架"鬼怪"平均每架 507 万美元。

[18] 从 1947 年杜鲁门主义的初期到 1986 年，美国给予了希腊 70 亿美元的经济和军事援助。这项援助被认为是高于除以色列以外的任何其他国家的人均援助。更多详情请参见：Richard N. Haass, 'Managing NATO's Weakest Flank：The U.S., Greece and Turkey', *Orbis*, 1986, 30, 457–473.

[19] 'ΗΠΑ：Αεροπορικές Δυνάμεις', *Πτήση & Διάστημα*, 1981, τχ. 13, 14. Also Lorell, Mark, *The U.S. Combat Aircraft Industry 1909–2000*, *Structure Competition Innovation* (RAND/Summary).

[20] 康斯坦丁诺斯·卡拉曼利斯是夏尔·安德烈·约瑟夫·马里·戴高乐（Charles André Joseph Marie de Gaulle）的密友。戴高乐是法国将军和政治家，在第二次世界大战期间领导自由法国军队。1958 年，戴高乐建立了法兰西第五共和国，并在 1959 年至 1969 年期间担任第一任总统。他的观点被称为"戴高乐主义"（Gaullism），认为法国应继续将自己视为一个大国，不应依赖如美国等其他国家，来保障其国家安全和繁荣。戴高乐经常因其"宏伟政治"（Politics of Grandeur）受到批评。他监督了法国原子武器的发展，并提倡独立于美国和英国影响的外交政策。他让法国退出了北约的军事指挥部，但仍保留了西方联盟成员身份。他还两次否决了英国加入欧洲共同体的请求。戴高乐与东欧和世界其他地区广泛接触，并承认中国共产党领导的中国。

[21] 希腊的国防开支在欧盟和北约国家中一直处于最高水平。在过去几十年中，希腊平均将其近 5% 的 GDP 用于国防和军事性质的支出，而希腊武装部队的雇员占总劳动力的 5.9%。

[22] 希腊自 1952 年以来一直是北约成员国，并在保卫北约的南翼方面发挥了重要作用。然而，希腊与邻国土耳其在爱琴海的领土权利，特别是在塞浦路斯的地位问题上一直存在着长期的竞争关系。因此，向希腊和土耳其提供的武器往往更多的是针对彼此，而不是针对苏联的扩张。

[23] 'Η αντιμετώπιση της Εναέριας απειλής', *Πτήση & Διάστημα*, 1989, τχ. 58, 73.

[24] Φ. Καραϊωσηφίδης, 'Ανακτώντας Ισορρο πία στο Αιγαίο', *Πτήση & Διάστημα*, 2009, τχ. 285, 21.

[25] F-15 飞机被提议作为希腊空军的解决方案。Φ. Καραϊωσηφίδης, ΕΜΠΑΕ 2006–2010 & 2011–2015, 'Αποκρυπτογραφώντας το γρίφο', *Πτήση & Διάστημα*, 2006, τχ. 253, 116.

[26] 另请参见 Lorell, *The U.S. Combat Aircraft Industry 1909–2000*, 78.

[27] Π. Σταγόπουλος, 'Η πρόταση εκσυγχρονισμού της DASA για τα Ελληνικά F-4E', *Πτήση & Διάστημα*, 1997, τχ. 149, 44.

[28] Κ. Καρναβάς, 'Αερομεταφορές της Π.Α, Αναβαθμισμένα C-130', *Πτήση & Διάστημα*, 2007, τχ. 257, σελ.26.

[29] 简言之，KETA 由三个部门组成，分别在电子、航空和文件 / 准备领域发挥作用。该中心与大学和其他国家机构一起开展研究项目。除了空军的主要利益之外，它还与军备工业、造船厂和希腊电信组织合作，参与了各种研发项目。此外，它还与国外的类似机构和企业合作，在北约的框架内开展各种活动。希腊空军研究和技术中心的总体贡献被认为对空军的未来以及国防安全至关重要。

[30] 1975 年至今，希腊航空航天工业公司（HAI）一直是希腊主要的国有国防公司之一，其业务范围多样，包括军用飞机和发动机的维护、修理、大修、修改、升级和后勤支持。在 HAI 的合作制造商中，洛克希德·马丁公司通过 F-16 联合生产项目在工作量和新技术方面提供了宝贵的帮助。

[31] 此外，根据劳斯莱斯（Rolls-Royce）公司的认证，HAI 是全球 T56 发动机授权维修中心（Authorized Maintenance Centers，AMC）之一，同时也是洛克希德·马丁公司、斯奈克玛

（SNECMA）公司和霍尼韦尔（Honeywell）公司认证的维修中心，分别负责 C-130 飞机、M53 发动机 T53 发动机的维修。HAI 也是希腊民航局根据 JAR-145 认证的维修中心，其质量体系已得到一些组织和主要航空航天制造商的认可，如空客、达索航空、欧洲航空防务航天（EADS）、普拉特 & 惠特尼（Pratt & Whitney）、雷声（Raytheon）、波音、斯奈克玛和通用电气（General Electric）。HAI 是希腊卫星公司（Hellas Sat Consortium S.A.）的合作伙伴，并加入了一些欧洲联合生产和开发武器系统的联合体，如先进短程空对空导弹（IRIS-T）、"毒刺"（STINGER）便携式防空导弹、改进型海麻雀导弹（ESSM）和综合欧洲训练系统。

[32] "Lockheed Said Joining Venture in Greece with Olympic, Assault", *Wall Street Journal*（29 July 1971），6-3.

[33] 奥斯汀公司（Austin Co.）监督设施建设，洛克希德公司管理设施运营和机身工程，而几年内，西屋电气公司（Westinghouse）负责航空电子设备建设，通用电气公司负责发动机制造。

[34] F-4 技术协调组（Technical Coordination Group, TCG）设在犹他州（Utah）奥格登（Ogden），各国缴费后可成为成员，并根据拥有的 F-4 数量进行认证。然后，每个国家都可以获得由美国空军赞助的配置更改通知和更新手册的访问权限。希腊空军支援司令部设在埃莱夫西纳机场（而非 HAI）的 F-4 分部，而非 HAI，是 F-4 TCG 的官方成员。然而，作为商业实体的 HAI 属于 J-79 TCG。TCG 作为外国国家与奥格登维护工程师之间的纽带，协调通过美国国际物流计划（International Logistics Program）进行的部件外购，包括西班牙、希腊、伊朗、以色列、土耳其和韩国。TCG 使用计算机数据库跟踪每个国家的配置情况。

[35] HAI 80% 工时用于维护希腊空军的飞机，根据政府协议，希腊空军支付的小时费率使 HAI 能够获得边际利润。

[36] HAI 开始宣传其在构建安全通信方面的技能，这意味着它的通信设备能够破解北约安全编码。希腊空军还设计了雷达对抗措施，可以干扰土耳其可能使用的任何一种北约雷达。

[37] 为了利用抵消措施，佩索斯试图在希腊政府购买新飞机时，将 HAI 从维修扩展到零部件生产。从那时起，关于军用/民用航空项目的合同性质（直接商业销售/抵消和外币销售）是 HAI 未来研发和生产计划的关键因素。

[38] 通用动力公司使 HAI 成为常规分包商，并从它那里购买了 230 个由复合板制作的尾翼和 485 个进气口。

[39] Mark A. Lorell, 'An Overview of Military Jet Engine History, Appendix B', in Obaid Younossi, Mark V. Arena, Richard M. Moore, Mark A. Lorell, Joanna Mason and John C. Graser, *Military Jet Engine Acquisition: Technology Basics and CostEstimating Methodology*（Santa Monica, CA, 2002）.

[40] Richard P. Hallion of the Secretary of the Air Force's Action Group classified the F-16 as a sixth-generation jet fighter. Richard P. Hallion, 'A Troubling Past: Air', *Airpower Journal*,

1990.

［41］空军项目是兰德公司旗下的一个部门，也是联邦资助的空军研究和发展中心，专门从事研究和分析。它为空军提供相关政策选项的独立分析，这些政策涉及影响当前和未来航空航天部队的发展、使用、战备和支持等方面。研究主要分三个项目进行：战略、理论和部队结构；部队现代化和部署；以及资源管理和系统采购。另请参见 RAND's Project AIRFORCE report：Mark A. Lorell, *Bomber R&D Since 1945: The Role of Experience*，3–11.

［42］这三个时期都没有明确的起点或终点，一个时期和下一个时期之间有相当多的重叠。然而，这些时期在很多方面存在显著差异，因此需要区分处理。Lorell, *Bomber R&D Since 1945*，8.

［43］这是一个技术巨变和创新的时期，当时政府资助了大量的采购和技术示范项目。

［44］随着战术空军理论的发展，战斗机的新时代改变了研发重点。另请参见 Kenneth R. Mayer, *The Political Economy of Defense Contracting*（New Haven, CN：Yale University Press, 1991）.

［45］另请参见 William B. Scott, *Inside the Stealth Bomber: The B-2 Story*（Blue Ridge Summit, PN, 1991）.

［46］另请参见 Lorell, *Bomber R&D Since 1945*，8–10.

［47］Δ. Κ. Βογιατζής, 'Ανακατασκευάζοντας Αεροπορική Ιστορία στην Ελλάδα', *Μουσείο Πολεμικής Αεροπορίας*（Δεκέλεια, 2003）. 在经历了第二次世界大战的破坏之后，20 世纪50 年代后的几十年对希腊空军的重建非常重要。

［48］这一时期从希腊制造飞机的第一个军备计划开始。'Η Ελληνική Αεροπορική Βιομηχανία στην Ελλάδα', *Πτήση & Διάστημα*, 1982, τχ. 21, 25 και 'Γαλλική Αεροπορική Βιομηχανία', *Πτήση & Διάστημα*, 1981, τχ. 14, 42.

［49］在 论 文 Eric Schatzberg, "Ideology and Technical Choice：The Decline of the Wooden Airplane in the United States, 1920–1945", 以及在 *Wings of Wood, Wings of Metal: Culture and Technical Choice in American Airplane Materials*（Princeton, NJ, 1999）一书中，埃里克·沙茨伯格（Eric Schatzberg）以其对我们现在的贡献为基础，来审视过去的辉格主义评论。沙茨伯格试图通过金属与"进步"概念的关联来解释金属飞机的胜利。在这个模式中，木材指的是前工业时代，而金属则带有进步和科学的含义。

［50］这一时期标志着第二个军备计划的开始，飞机在希腊制造，但主要从欧洲国家进口。

［51］R. E. Bilstein, *Flight in America: From the Wrights to the Astronauts*（Baltimore：Johns Hopkins University Press, 1984）.

［52］'Η Ελληνική Πολεμική Αεροπορία στον δρόμο για τον 21ο Αιώνα', *Πτήση & Διάστημα*, 1984, τχ. 25, σελ.36.

［53］'ΗΠΑ: Αεροπορικές Δυνάμεις', *Πτήση & Διάστημα*, 1981, Τεύχος 13, σελ.14.

［54］'Lockheed C-130 Hercules', *Πτήση & Διάστημα*, 1985, τχ. 40, 32.

［55］'Το νέο μαχητικό αεροπλάνο της Ελλάδας', *Πτήση & Διάστημα*, 1982, τχ. 15, 28.

[56] K. Καρναβάς, 'Αερομεταφορές της Π.Α, Αναβαθμισμένα C-130', 26.

[57] Π. Σταγόπουλος, 'Η πρόταση εκσυγχρονισμού της DASA για τα Ελληνικά F-4E', 44.

[58] A. Tsagaratos, 'HELLENICAIRFORCE, A Portrait of Gold', *Special Projects*, 2004, 10, 22.

[59] 20 世纪，希腊经历了一系列战争，包括第一次和第二次世界大战、巴尔干战争和一场破坏性极大的内战。此外，由于在塞浦路斯和爱琴海问题上的分歧，希腊在第二次世界大战后的整个时期处于几个敌对局势之中。

[60] I. Parisis, 'The Defense Industry: Evolution and Perspectives', *Defensor Pacis*, Issue 3.

[61] GDP 百分比的统计分析是基于斯德哥尔摩国际和平研究所（SIPRI）军事支出数据库提供的数据，http://www.sipri.org/research/armaments/milex/milex_database [2015 年 3 月 30 日访问]。

[62] 'Η Ελληνική Πολεμική Αεροπορία στον δρόμο για τον 21ο Αιώνα', 36.

[63] Καραϊωσηφίδης, 'Ανακτώντας Ισορροπία στο Αιγαίο', 21.

[64] Kranzle, 'The Perspective of Defense Industry in the European Union'.

[65] 'Η Ελληνική Πολεμική Αεροπορία στον δρόμο για τον 21ο Αιώνα', *Πτήση & Διάστημα*, 1984, τχ. 25, 36.

[66] Trischler and Weinberger, 'Engineering Europe', 49–83.

[67] *Foreign Military Sales: A short guidance for FMS customers: FMS purchaser participation with U.S. Government acquisition personnel*, by Andreas Balafas, Stavros Krimizas, Adamantios Mitsotakis and George Kassaras, Naval Postgraduate School, Monterey（California），June 2010.

[68] Vasileios Kyriazis, 'Greek Offsets: A New Era', *Epicos Newsletter Head Editor*, 2011.

[69] 更多详情可参见 Alex Roland, 'The Military-Industrial Complex'（SHOT/AHA, 2002），1–3.

[70] 'Η αντιμετώπιση της Εναέριας απειλής', 73.

[71] 'Η Ελληνική Αεροπορική Βιομηχανία στην Ελλάδα', 25 και 'Γαλλική Αεροπορική Βιομηχανία', 42.

[72] 一些 F-1CG 飞机已被保存为非飞行状态以供展示。至少有四架被保存在塔纳格拉（Tanagra），编号分别为 115、124、129 和 140。还有一架编号为 134 的被保存在法里奥三角洲（Delta Falirou）的希腊空军（HAF）历史部。

[73] Kyriazis, 'Greek Offsets: A New Era', *Epicos Newsletter Head Editor*, 2011.

[74] Balafas et al., *Foreign Military Sales*.

[75] 另请参见 Glen E. Bugos, *Engineering the F-4 Phantom II*, Parts into systems（England: Airlife Publishing Ltd, 1996）.

[76] M. B. Clinard, *Corporate Corruption: The Abuse of Power*（London: Praeger Publishers, 1990）.

［77］'Η Ελληνική Πολεμική Αεροπορία στον δρόμο για τον 21ο Αιώνα', *Πτήση & Διάστημα*, 1984, τχ. 25, 36.

［78］希腊司法部门正在审查 A. 索哈佐普洛斯（A.Tsohatzopoulos）担任国防部长期间的行为。索哈佐普洛斯在任期内涉及一些与军事项目有关的经济丑闻，这使他和他的密友被判入狱服刑。

［79］Καραϊωσηφίδης, 'Ανακτώντας Ισορροπία στο Αιγαίο', 21.

［80］Σταγόπουλος, 'Η πρόταση εκσυγχρονισμού της DASA για τα Ελληνικά F-4E', 44.

［81］可控飞行撞地事故是指资质合格且受认证的机组人员在毫无觉察危险的情况下操控正常运行的飞机撞上地面或障碍物或坠入水中的事故。

［82］Καρναβάς, 'Αερομεταφορές της Π.Α, Αναβαθμισμένα C-130', 26.

［83］D. Ziakkas, 'Has software development softened rigid European borders? What about Electronics？', *Third Plenary Conference of the Tensions of Europe Network and the Launch of Inventing Europe: ESF EUROCORES Program*（Rotterdam, 2007），此文关注欧美竞争并对此进行了分析。更多信息请访问：www.esf.org/index.php and http://www.phs.uoa.gr/ht/dziakkas_el.html.

［84］Καραϊωσηφίδης, 'Ανακτώντας Ισορροπία στο Αιγαίο', 21.

［85］Clinard, *Corporate Corruption*.

［86］Roland, 'The Military-Industrial Complex', 1–5.

［87］Ziakkas, 'Has software development softened rigid European borders?'

［88］'Ελληνική Αμυντική Βιομηχανία', *Πτήση & Διάστημα*, 1991, τχ. 88, 26.

［89］Καραϊωσηφίδης, 'Ανακτώντας Ισορροπία στο Αιγαίο', 21.

［90］多年前，希腊在军事航空项目第六时期严格遵循"固定技术采用方案"，并仍在为采取不同的创新道路（即第七到第八个时期）这一决定付出代价，因为这个决定没有根据成本 / 效益标准进行适当的评估。

［91］Balafas et al., *Foreign Military Sales*.

［92］Trischler and Weinberger, 'Engineering Europe', 49–83.

［93］希腊国防工业只获取了武装部队军事装备资金的 5%，这造成了对外国的高度依赖，同时也导致大量外汇流出，对希腊经济产生了不良影响。

第四章

［1］J. Stanton, 'Introduction: on theory and practice', in J. Stanton（ed.）, *Innovations in Health and Medicine, Diffusion and Resistance in the Twentieth Century*（London and New York: Routledge, 2002），1–18. 关于过去三个世纪医学技术史上的早期工作，参见：S. J. Reiser, *Medicine and the Reign of Technology*（Cambridge: Cambridge University Press, 1978）. 医学创新历史研究中的两本开创性的论文集，参见：J. Pickstone（ed.）, *Medical Innovations*

in Historical Perspective（Houndsmills & Basingstoke：Macmillan，1992）；I. Löwy（ed.），
Medicine and Change: Historical and Sociological Studies of Medical Innovation（Paris：
INSERM，1993）.

[2] M. Patiniotis, 'Between the local and the global：History of science in the European periphery
meets post-colonial studies', *Centaurus*, 2013, 55：361–384；K. Gavroglu, M. Patiniotis,
F. Papanelopoulou, A. Simões, A. Carneiro, M. P. Diogo, J. R. Bertomeu-Sánchez, A.
G. Belmar and A. Nieto-Galan, 'Science and technology in the European periphery：Some
historiographical reflections', *History of Science*, 2008, xlvi：153–175.

[3] A. Prasad, '"Social" adoption of a technology：Magnetic resonance imaging（MRI）in India',
International Journal of Contemporary Sociology, 2006, 43（2）：327–355.

[4] N. Brown and A. Webster, *New Medical Technologies and Society: Reordering Life*（Cambridge：
Polity Press, 2004）；A. Faulkner, *Medical Technology into Healthcare and Society: A Sociology
of Devices*, *Innovation and Governance*（London：PalgraveMacmillan, 2009）. 虽然不是本章
的重点，但我们想指出，我们是在"生物医学化"进程的背景下讨论这些战后发展的。生
物医学化是高度科技化的新兴社会形态和实践，参见：A. E. Clarke, J. K. Shim, L. Mamo,
J. R. Fosket and J. R. Fishman, 'Biomedicalization：Technoscientific transformations of health,
illness, and U.S. biomedicine', *American Sociological Review*, 2003, 68（2）：161–194.

[5] 探讨影响医疗技术引进和使用（有时是过度使用）的互动关系，与不断增长的医疗支出
相关，重点分析了创新的动态变化，参见：A. Gelijns and N. Rosenberg, 'The dynamics of
technological change in medicine', *Health Affairs*, 1994, 13（3）：28–46.

[6] A. Kentikelenis, M. Karanikolos, A. Reeves, M. McKee and D. Stuckler, 'Greece's health
crisis：From austerity to denialism', *The Lancet*, 2014, 383（9918）：748–753.

[7] 国家卫生政策概况，参见：Γ. Κουρής, Κ. Σουλιώτης and Α. Φιλαλήθης, 'Οι "περιπέτειες"
των μεταρρυθμίσεων του ελληνικού συστήματος υγείας：μια ιστορική επισκόπηση', *Κοινωνία,
Οικονομία και Υγεία*, 2007, 5（1）：35–67；N. Polyzos, C. Economou and C. Zilidis, 'National
health policy in Greece：Regulations or reforms? The Sisyphus myth', *European Research Studies*,
2008, XI（3）：91–118.

[8] Δ. Τράκα, 'Η ιατρική στη σύγχρονη Ελλάδα', *Αρχαιολογία & Τέχνες*, 2007, 105：6–10.

[9] 'Νόμος υπ. αριθ. 1397', *Εφημερίς της Κυβερνήσεως*, Τεύχος Α', 143, 7 October 1983.

[10] 最大的保险基金社会保险组织覆盖了大约一半的人口，并在城市地区运营着一个初级卫
生单位网络和一些小医院。私人机构由独立的私人医生、实验室和诊断中心以及营利性
医院组成；要么由保险基金承包，要么由公民直接购买服务。E. Mossialos, S. Allin and
K. Davaki, 'Analysing the Greek health system：A tale of fragmentation and inertia', *Health
Economics*, 2005, 14：151–168.

[11] 截至 2010 年，共有 30 多个社会保险基金，覆盖了约 97% 的人口，其中 3 个主要的社
会保险基金，覆盖了约 80% 的人口。希腊的社会保险基金是养老金、医疗和福利的混

合基金。保险基金在被保险人的缴费和福利方面存在差异，导致在获得医疗服务和资助方面存在不平等现象。C. Economou, 'Greece：Health system review', *Health Systems in Transition*, 2010, 12（7）：1–180.

[12] E. Mossialos and S. Allin, 'Interest groups and health system reform in Greece', *West European Politics*, 2005, 28（2）：420–444, 423–425.

[13] Κουρής, Σουλιώτης and Φιλαλήθης, 'Οι "περιπέτειες" των μεταρρυθμίσεων', 53.

[14] J. E. Kyriopoulos, V. Michail-Merianou and M. Gitona, 'Blood transfusion economics in Greece', *Transfusion Clinique et Biologique*, 1995, 2（5）：387–394, 389.

[15] Mossialos and Allin, 'Interest groups', 425.

[16] 普遍存在的问题与以下因素有关：贫困人口和不同地理区域的人口在获得保健服务方面的不平等；缺乏全面的初级医疗保健服务，特别是在城市地区；国家医疗卫生系统（一个相当集中的、僵化的组织）的组织安排；医疗保险基金的融资系统分散以及缺乏审计措施，参见：Y. Tountas, P. Karnaki and E. Pavi, 'Reforming the reform：The Greek national health system in transition', *Health Policy*, 2002, 62（1）：15–29.

[17] Mossialos and Allin, 'Interest groups', 428–430.

[18] Polyzos, Economou and Zilidis, 'National health policy in Greece', 102.

[19] Ο. Σίσκου, Δ. Καϊτελίδου, Μ. Θεοδώρου and Λ. Λιαρόπουλος, 'Η δαπάνη υγείας στην Ελλάδα：Το ελληνικό παράδοξο', *Αρχεία Ελληνικής Ιατρικής*, 2008, 25（5）：663–672, 669. 大约 90% 的私人卫生投资用于高级生物医学技术，而在 1987 年以后，公共卫生投资的相应比例估计在 30% 左右，参见：Y. Tountas, P. Karnaki, E. Pavi and K. Souliotis, 'The "unexpected" growth of the private health sector in Greece', *Health Policy*, 2005, 74（2）：167–180, 172.

[20] 在 1994 年到 2004 年期间，由于欧盟融合政策主要用于医院投资，基础设施得到了增加。Polyzos, Economou and Zilidis, 'National health policy in Greece', 98.

[21] World Health Organization, *The World Health Report 2000, Health Systems: Improving Performance*（Geneva：WHO, 2000）.

[22] 对希腊在欧盟框架下私有化政策的看法，参见：G. Pagoulatos, 'The politics of privatisation：Redrawing the public–private boundary', *West European Politics*, 2005, 28（2）：358–380.

[23] S. Thomson, T. Foubister and E. Mossialos, *Financing Health Care in the European Union: Challenges and Policy Responses*（Copenhagen：World Health Organization on behalf of the European Observatory on Health Systems and Policies, 2009）, 20–21.

[24] Thomson, Foubister and Mossialos, *Financing Health Care*, 145.

[25] O. Siskou, D. Kaitelidou, V. Papakonstantinou and L. Liaropoulos, 'Private health expenditure in the Greek health care system：Where truth ends and the myth begins', *Health Policy*, 2008, 88：282–293, 284–284；Tountas, Karnaki, Pavi and Souliotis, 'The "unexpected" growth', 169–172.

[26] Economou, 'Greece: Health system review', 50–51.

[27] Mossialos, Allin and Davaki, 'Analysing the Greek health system', 158.

[28] Tountas, Karnaki, Pavi and Souliotis, 'The "unexpected" growth', 172–173.

[29] Mossialos, Allin and Davaki, 'Analysing the Greek health system', 156.

[30] Κουρής, Σουλιώτης and Φιλαλήθης, 'Οι "περιπέτειες" των μεταρρυθμίσεων', 36.

[31] Δ. Κρεμαστινός, 'Τα αδιέξοδα του εθνικού συστήματος υγείας', *Το Βήμα*, 16 November 2003.

[32] Μ. Στέρτος, 'Ιδιωτικές Κλινικές: Χωροταξική κατανομή με βάση τις ανάγκες', *Επιθεώρηση Υγείας*, September–October 1990, 1 (6): 17–21.

[33] 'Ισχυρές τάσεις ανάπτυξης και συγκέντρωση της αγοράς σε επιχειρηματικούς ομίλους', Hellastat, November 2006; 'Στην Ελλάδα ο άγγλος ασθενής', *Ελευθεροτυπία*, 16 June 2007; 'Τάση ανάπτυξη στην ιδιωτική υγεία', *Η Καθημερινή*, 21 November 2007. 根据《革命者》（*Ριζοσπάστης*）报纸上的一篇评论，"泛希腊放射科医师联盟声称，简单放射学实验室的破产将导致简单放射检查的废除。取而代之的是更昂贵且在许多情况下不必要的检查（处于经济原因而非科学原因）"，参见：*Ριζοσπάστης*, 9 May 1996.

[34] 'Πλειοψηφία ιατρών –μετόχων στα διαγνωστικά κέντρα, απόφαση του συμβουλίου επικρατείας επι σχεδίου διατάγματος', *Επιθεώρηση Υγείας*, September–October 1998, 9 (54): 12.

[35] Α. Μπολοκάκης, 'Η εξέλιξη των ιατρικών απεικονιστικών συστημάτων στην Ελλάδα, από το 1980 έως 2010', Μεταπτυχιακή Εργασία, Τμήμα Ιατρικής, Πανεπιστήμιο Κρήτης (Ηράκλειο, November 2012).

[36] Ελληνική Ακτινολογική Εταιρεία, αρχική σελίδα, http://www.helrad.org [2015 年 6 月 5 日检索].

[37] Ιατρική Εταιρεία Θεσσαλονίκης, ιστορικό, διατελέσαντες πρόεδροι Κ. Τούντας, http://www.ieth.gr/index.php/2012-11-19-15-46-55/2013-04-26-09-39-45/120-o-o-1967-1968 [2015 年 6 月 5 日检索].

[38] 参见以下私人诊断中心的网页：'Μαγνητική Τομογραφία', 'Όμιλος Ιατρικών Εταιρειών "Ιατρόπολις"', http://www.iatropoli.gr/gr/διαγνωστικό-κέντρο [2015 年 3 月 1 日检索].

[39] Tountas, Karnaki, Pavi and Souliotis, 'The "unexpected" growth', 172.

[40] Γ.Ι. Στάθης, 'Εισαγωγικό Σημείωμα του Εκδότη', *Επιθεώρηση Υγείας*, November–December, 1989, 1 (1): 1.

[41] Νομοθετικό διάταγμα 181, 'Περί προστασίας εξ ιοντιζουσών ακτινοβολιών', *Εφημερίς της Κυβερνήσεως*, Τεύχος Α, 374, 20 November 1974.

[42] Υπουργική Απόφαση Αριθ.17176, *Εφημερίς της Κυβερνήσεως*, Τεύχος Β', 832, 15 November 1988.

[43] Υπουργική Απόφαση υπ. αριθ.1014, *Εφημερίς της Κυβερνήσεως*, Τεύχος Β', 216, 6 March 2001.

［44］Υπουργική Απόφαση υπ. Αριθ. ΔΥΓ2/ΟΙΚ.91126/0207.2008，Εφημερίς της Κυβερνήσεως，Τεύχος Β'，1320，7 July 2008.

［45］Ε. Φυντανίδου，'Χαριστική διάταξη για τους τομογράφους'，Το Βήμα，20 October 2013.

［46］Λ. Σταυρόπουλος，'Απελευθερώνονται οι άδειες για αξονικούς μαγνητικούς τομογράφους'，Το Βήμα，19 October 2013.

［47］'Κρίνονται τα αιτήματα για αξονικούς και μαγνητικούς'，Το Βήμα，26 November 2013.

［48］Δ. Βαρνάβας，'Τολμά ο Βορίδης να συγκρουστεί με εταιρείες που κατασκευάζουν αξονικούς τομογράφους'，Left.gr，14 September 2014.

［49］Ελληνική Επιτροπή Ατομικής Ενέργειας Έκθεση Πεπραγμένων，ΕΕΑΕ ετήσια έκθεση 2010，ΕΕΑΕ ετήσια έκθεση 2012，ΕΕΑΕ ετήσια έκθεση 2013.

［50］'Έχουμε τους περισσότερους τομογράφους στην Ευρώπη'，Η Καθημερινή，11 April 2010.

［51］OECD，Health at a Glance: OECD Indicators（OECD Publishing，2011），83；ΕΕΑΕ，ετήσια έκθεση 2013.

［52］Χ. Καζάσης，'Χαρτογράφηση και αξιολόγηση εξοπλισμών στην Ελλάδα'，XVII Πανελλήνιο Ακτινολογικό Συνέδριο，Πρακτικά，24，2012.

［53］V. Burri，'Doing distinctions boundary work and symbolic capital in radiology'，Social Studies of Science，2008，38：35–62.

［54］'Ελληνική αγορά συστημάτων μαγνητικής τομογραφίας'，Παρατηρητήριο διάχυσης ιατρικής τεχνολογίας，http://www.thescannermagazine.com/grtomography.html［2015 年 6 月 5 日检索］.

［55］'Κι άλλες βδέλλες στα ταμεία'，Ριζοσπάστης，19 March 2009.

［56］M. Αδαμοπούλου，Ε. Κουνάδη and Η. Μερεντίτης，'Διενέργεια έρευνας για διερεύνηση ζητημάτων，που αφορούν την πραγματοποίηση αξονικών τομογραφιών σε δημόσια νοσοκομεία και ιδιωτικά εργαστήρια της χώρας'，Σώμα Επιθεωρητών Υγείας Πρόνοιας ΣΕΥΥΠ Οκτώβριος 2014，Υπουργείο Υγείας，Ελληνική Δημοκρατία.

［57］Κ. Ν Καφταντζής，'Συμφέρουσα και Ασύμφορη χρήση της ακτινοδιαγνωστικής'，Επιθεώρηση Υγείας，July 1990，1（5）：48–51；Mossialos and Allin，'Interest groups'，427.

［58］Γ. Ι. Στάθης，'Η αποτελεσματική διαχείριση της βιοιατρικής τεχνολογίας'，Επιθεώρηση Υγείας，May–June 1994，5（28）：11–12.

［59］'Ελληνική αγορά συστημάτων μαγνητικής τομογραφίας'.

［60］K. Joyce，'Appealing images：Magnetic Resonance Imaging and the production of authoritative knowledge'，Social Studies of Science，2005，35（3）：437–462.

［61］J. Van Dijck，The Transparent Body: A Cultural Aanalysis of Medical Imaging（Seattle：University of Washington Press，2005）.

［62］B. Berner，'（Dis）connecting bodies：Blood donation and technical change，Sweden 1915–1950'，in E. Johnsson and B. Berner（eds），Technology and Medical Practice. Blood，Guts and Machines（London：Ashgate Publishers，2010），179–201，179.

[63] 大多数发达国家都有全国性的输血服务。美国有一个相当复杂的血液供应系统，关于其发展的历史记载，参见：S. Lederer, *Flesh and Blood. Organ Transplantation and Blood Transfusion in Twentieth-Century America* (New York：Oxford University Press, 2008).

[64] 'Ακόμα δεν τον είδανε...', *Ριζοσπάστης*, 27 August 2008, 4.

[65] 红十字会在其他国家也承担了这项任务，参见：A. M. Farrell, *The Politics of Blood: Ethics, Innovation and the Regulation of Risk* (Cambridge：Cambridge University Press, 2012), 30.

[66] Μ. Παϊδούσης, Η. Πολίτης and Ι. Τσεβρένης, 'Τα προβλήματα της αιμοδοσίας εν Ελλάδι', *Ιατρική Επιθεώρησις Ενόπλων Δυνάμεων*, 1972, 6：75–79.

[67] 关于一位输血专家对希腊输血服务发展的概述，参见：Τ. Μανδαλάκη-Γιαννιτσιώτη, 'Ιστορία και εξέλιξη της αιμοδοσίας στην Ελλάδα', *ΔΕΛΤΟΣ*, 2004, 28：5–17.

[68] C. Politis and J. Yfantopoulos, *Blood Transfusion and the Challenge of AIDS in Greece* (Athens：BETA medical arts, 1993), 3–4.

[69] 自 1950 年代以来，欧洲委员会一直提倡志愿、无偿献血。参见：P. J. Hagen, *Blood Transfusion in Europe: A 'White Paper'* (Strasbourg：Council of Europe, 1993) 和 B. Genetet, *Blood Transfusion: Half a Century of Contribution by the Council of Europe* (Strasbourg：Council of Europe, 1998). 希腊在 1949 年成为欧洲委员会的成员。世界卫生组织世界大会在 1975 年一致通过了一项决议，确认其对志愿、无偿献血的承诺。关于蒂特马斯的工作，参见：A. Oakley and J. Ashton (eds), *The Gift Relationship: From Human Blood to Social Policy. By Richard M Titmuss* (London/New York：LSE Books/The New Press, 1997)；关于他工作的历史背景，参见：P. Fontaine, 'Blood, politics, and social science：Richard Titmuss and the Institute of Economic Affairs, 1957–1973', Isis, 2002, 93 (3)：401–434；最近关于人类生物材料治理的讨论，参见：C. Waldby and R. Mitchell, *Tissue Economies: Blood, Organs, and Cell Lines in Late Capitalism* (Durham/London：Duke University Press, 2006) and Farrell, The Politics of Blood, chap. 3.

[70] Ν. Ρενιέρη-Λιβεριάτου, 'Η αιμοδοσία στην Ελλάδα, 2. Το παρόν της αιμοδοσίας (1979–1988)', *Αρχεία Ελληνικής Ιατρικής*, 1989, 6 (6)：449–451. 关于欧洲输血政策中自给自足目标的重要性，参见：Hagen, Blood Transfusion in Europe, 101–102.

[71] 希腊人口中地中海贫血症的发病率很高，这是一种血液遗传性疾病。通过输血治疗，地中海贫血症的治疗方式逐渐得到改善，患者的寿命延长，生活质量提高。收集的血液中有相当一部分（约 20%）用于治疗地中海贫血症患者。Κ. Πολίτη, 'Επιδημιολογική διερεύνηση της HIV λοίμωξης στην αιμοδοσία και τους πολυμεταγγιζόμενους με αίμα στην Ελλάδα', *Ελληνικά Αρχεία AIDS*, 1998, 6 (2)：135–140.

[72] 关于 8 个国家对艾滋病毒血液污染事件的早期反应和比较分析，参见：E. Feldman and R. Bayer (eds), *Blood Feuds: AIDS, Blood, and the Politics of Medical Disaster* (New York：Oxford University Press, 1999). 关于将血库转变为后艾滋病毒时代的高风险管理机构，参见：Farrell, *The Politics of Blood*, 94–98 and Waldby and Mitchell, *Tissue Economies*,

45–58.

[73] N. Ρενιέρη-Λιβεριάτου, 'Η πρώτη δεκαετία του AIDS στο χώρο της αιμοδοσίας', *Ελληνικά Αρχεία AIDS*, 1993, 1（2）: 120–123.

[74] C. Politis, 'Blood donation systems as an integral part of the health system', *Αρχεία Ελληνικής Ιατρικής*, 2000, 17（4）: 354–357; P. Kanavos, J. Yfantopoulos, C. Vandoros and C. Politis, 'The economics of blood: Gift of life or a commodity?', *International Journal of Technology Assessment in Health Care*, 2006, 22（3）: 338–343; O. Marantidou, L. Loukopoulou, E. Zervou, G. Martinis, A. Egglezou, P. Fountouli, P. Dimoxenous, M. Parara, M. Gavalaki and A. Maniatis, 'Factors that motivate and hinder blood donation in Greece', *Transfusion Medicine*, 2007, 17: 443–450.

[75] T. Μανδαλάκη, N. Ρενιέρη, K. Σωφρονιάδου, K. Λούτζου, E. Κοντοπούλου, N. Σοφιανός and K. Βούλης, 'Το πρόβλημα της αιμοδοσίας（διαιτερική συζήτηση）', *Αρχεία Ελληνικής Ιατρικής*, 1985, 2（6）: 382–394; Kyriopoulos, Michail-Merianou and Gitona, 'Blood transfusion economics'.

[76] 'Νόμος υπ' αριθ. 1820', *Εφημερίς της Κυβερνήσεως*, Τεύχος Α', 261, 17 November 1988.

[77] K. Πολίτη, Λ. Καβαλλιέρου, Π. Τσιρογιάννη, Π. Δαμάσκος, C. Richardson and E. Τζάλα, 'Αποτελέσματα επιδημιολογικής έρευνας για τις λοιμώξεις που μεταδίδονται με το αίμα κατά το 1996', *Ελληνικά Αρχεία AIDS*, 1998, 6（3）: 262–277.

[78] K. Πολίτη, 'Η ασφάλεια του αίματος και η λοίμωξη HIV', *Ελληνικά Αρχεία AIDS*, 1999, 7（3）: 172–182.

[79] 'Προεδρικό διάταγμα υπ' αριθμ.: 138', *Εφημερίς της Κυβερνήσεως*, Τεύχος Α', 195, 3 August 2005; 'Νόμος υπ' αριθμ. 3402', *Εφημερίς της Κυβερνήσεως*, Τεύχος Α', 258, 17 October 2005; 'Directive 2002/98/EC of the European Parliament and of the Council of 27 January 2003: Setting standards of quality and safety for the collection, testing, processing, storage and distribution of human blood and blood components, and amending Directive 2001/83/EC', *Official Journal of the European Union* 2003, 8/2/2003: L 33/30–40; 'Commission Directive 2004/33/EC of 22 March 2004: Implementing certain technical requirements for blood and blood components', *Official Journal of the European Union* 2004, 30/3/2004: L 91/25–39.

[80] 参见: Farrell, *The Politics of Blood*, 49–50, and E. A. E. Robinson, 'The European Union Blood Safety Directive and its implications for blood services', *Vox Sanguinis*, 2007, 93（2）: 122–130.

[81] NAT 技术检测病毒的遗传物质，使其在血液中出现可检测的抗体或抗原之前，就能在早期被检测出来。NAT 已被用作血清学检测的补充。两种 NAT 技术，即 PCR 和 TMA，已被用于血液筛查。在美国和欧洲国家，关于在血库中使用 NAT 的争论涉及 NAT 的低成本效

益，因为采用 NAT 会造成高昂的额外成本，这就使其无法与其他医疗干预措施相比。因此，由于医疗保健方面的需求较多且可用资金有限，如何权衡是一个重要的问题。NAT 于 1999 年在美国开始起用，大约在同一时间一些欧洲国家也开始采用 NAT。

[82] Πολίτη, 'Η ασφάλεια του αίματος'; Μ. Παπαγρηγορίου-Θεοδωρίδου, 'Μετάδοση του ιού του AIDS με μετάγγιση αίματος σε νεογνό κατά τη "σιωπηλή" περίοδο της λοίμωξης', *Παιδιατρική*, 1999, 62（2）: 104.

[83] Ν. Διακουμή-Σπυροπούλου, 'Τεχνικές Μοριακής Βιολογίας στον έλεγχο του μεταγγιζόμενου αίματος', in Ελληνική Εταιρία Κλινικής Χημείας–Κλινικής Βιοχημείας, Κείμενα διαλέξεων 18 εκπαιδευτικό σεμινάριο *Εφαρμογές Μοριακής Βιολογίας στη Διαγνωστική*, 17 December 2005, 142–156; G. Theodossiades and M. Makris, 'Transfusion–transmitted infections: Epidemiology, risks and prevention', Haema, 2001, 4（1）: 24–38; Ελληνική Αιματολογική Εταιρεία, Ημερίδα 2002 *Μοριακή Βιολογία στην Αιμοδοσία*, 13 December 2002.

[84] Λ. Δαδιώτης, 'Ορολογικός έλεγχος με προσθήκη ΝΑΤ. Είναι αυτό το μήνυμα της Αιμοεπαγρύπνησης;', in Ελληνική Αιματολογική Εταιρεία, Ημερίδα 2002 *Μοριακή Βιολογία στην Αιμοδοσία*, 13 December 2002, 81–83.

[85] A. Gafou, G. Georgopoulos, M. Bellia, N. Vgotza, K. Maragos, T. Lagiandreou and E. Digenopoulou–Andrioti, 'Review in the literature of the new solutions to an old problem: Human error in transfusion practice', *Haema*, 2005, 8（4）: 598–611; Π. Κουτσόγιαννη, 'Μοριακός έλεγχος του μεταγγιζόμενου αίματος και υπολειπόμενος κίνδυνος μετάδοση νοσημάτων', *Αρχεία Ελληνικής Ιατρικής*, 2007, 24（1）: 19–25.

[86] 2006 年 3 月 28 日，报纸《步伐报》（*To Βήμα*）首次公开报道了一名 16 岁的地中海贫血女孩多次输血感染艾滋病病毒的案例（"一名 16 岁的女孩输血致死！"）。第二天，报纸报道说，又有一名患者被输了同一献血者的血浆。感染的原因是这名 38 岁男性首次献血者正处于血清转换的窗口期，他在献血前几天就已经被感染。该样本用血清学方法进行了检测，结果是假阴性；样本没有用分子诊断技术进行检测，因为当时塞萨洛尼基的输血中心还没有引入这项技术。报道这一事件的其他报纸文章包括：I. Σουφλέρη, 'Μετάγγισαν AIDS σε δεκαεξάχρονη!', To Βήμα, 28 March 2006, 3–4; 'Μόλυνση από τον ιό του EITZ, "σιωπηλό παράθυρο" σε κραυγαλέες ελλείψεις', *Ριζοσπάστης*, 29 March 2006, 10; Π. Μπουλουτζά, 'Δράμα που αφύπνισε Πολιτεία και όλους μας, Μόλυνση από έιτζ 16χρονης και 76χρονου ύστερα από μετάγγιση', *Η Καθημερινή*, 29 March 2006, 7.

[87] 'Πρακτικά Βουλής', ΙΑ' Περίοδος Προεδρευομένης Κοινοβουλευτικής Δημοκρατίας, Σύνοδος Β', Συνεδρίαση ΡΚΗ', 5 May 2006; 'Πρακτικά Βουλής', ΙΑ' Περίοδος Προεδρευομένης Κοινοβουλευτικής Δημοκρατίας, Σύνοδος Β', Συνεδρίαση ΡΜΔ', 29 May 2006; 'Πρακτικά Βουλής', ΙΑ' Περίοδος Προεδρευομένης Κοινοβουλευτικής Δημοκρατίας, Σύνοδος Β', Συνεδρίαση ΡΜΘ', 5 June 2006; 'Πρακτικά Βουλής', Η' Αναθεωρητική

Βουλή, ΙΒ' Περίοδος Προεδρευομένης Κοινοβουλευτικής Δημοκρατίας, Σύνοδος Α', Συνεδρίαση ΟΣΤ', 30 January 2008; 'Πρακτικά Βουλής', Η' Αναθεωρητική Βουλή, ΙΒ' Περίοδος Προεδρευομένης Κοινοβουλευτικής Δημοκρατίας, Σύνοδος Α', Συνεδρίαση PNB', 30 May 2008.

[88] 卫生和社会团结部副部长提到，计划在九个输血中心实施 NAT 筛查，并在 2006 年夏季通过招标进行采购。参见：'Πρακτικά Βουλής', 5 June 2006. 2006 年 11 月，发布了一项招标公告，涉及为 NAT 提供 2.08 亿欧元的运营预算，时限为 5 年。'Απόφαση Αριθ. ΔΥ6β/ Γ.Π./οικ. 138388', *Εφημερίς της Κυβερνήσεως*, Τεύχος Δ.Δ.Σ., 808, 17 November 2006.

[89] 例如：'Οι εταιρείες και η διαμάχη για τον μοριακό έλεγχο', *Το Βήμα*, 16 November 2007, 5; Β. Βενιζέλος, 'Οι εταιρείες μπλοκάρουν τον διαγωνισμό για τον μοριακό έλεγχο του αίματος', *Η Αυγή*, 18 March 2008, 18; Ε. Φυντανίδου, 'Μαίνεται ο πόλεμος για την "πίτα" του αίματος στα δημόσια νοσοκομεία', *Το Βήμα*, 23 April 2008, 14.

[90] Συμβουλευτική Επιτροπή Αιμοδοσίας προς ΕΚΕΑ, Υπουργείο Υγείας, 'Εξοικονόμηση πόρων στην αιμοδοσία και βελτίωση της ασφάλειας και της ποιότητας του αίματος', 1 October 2012, http://www.paspama.gr/ekea.pdf [2014 年 10 月 2 日检索].

[91] Ελληνική Αιματολογική Εταιρεία προς Δ. Αβραμόπουλο, Υπουργό Υγείας και Κοινωνικής Αλληλεγγύης, 27 March 2008, http://www.eae.gr/new/pros-upourgo-ygeias.pdf [2014 年 12 月 1 日检索].

[92] Ελληνική Αιματολογική Εταιρεία, 'Θέσεις ΕΑΕ για το Εθνικό Σύστημα Αιμοδοσίας', April 2011, http://www.eae.gr/new2/ΕΙΣΗΓΗΣΗ_ΕΠΙΤΡΟΠΗΣ_ΑΙΜΟΔΟΣΙΑΣ.pdf [2015 年 2 月 1 日检索].

[93] Farrell, *The Politics of Blood*, 195.

[94] V. Garshnek, J. S. Logan and L. H. Hassell, 'The telemedicine frontier: Going the extra mile', *Space Policy*, 1997, 13 (1): 37–46. See also M. Moore, 'The evolution of telemedicine', *Future Generations Computer Systems*, 1999, 15: 245–254.

[95] 有关远程医疗的更多定义，参见：N. Brown, 'Telemedicine coming of age', 1996, http://www.bestohm.com/index.php?option=com_content&task=view&id=51&Itemid=2 [2015 年 6 月 22 日检索]; A. W. Darkins and M. A. Cary, 'Definitions of telemedicine and telehealth and a history of the remote management of disease', in A. Darkins and M. Cary (eds), *Telemedicine and Telehealth: Principles, Policies, Performance and Pitfall* (New York: Springer, 2000), 1–24; Garshnek, Logan and Hassell, 'The telemedicine frontier'; J. D. Linkous, 'Toward a rapidly evolving definition of telemedicine', 2000, *American Telemedicine Association*.

[96] L. Cartwright, 'Reach out and heal someone: Telemedicine and the globalization of health care', *Health*, 2000, 4 (3): 347–377; J. Reid, *A Telemedicine Primer: Understanding the Issues* (Topeka, KS: Innovative Medical Communications, 1996).

[97] 已经制定了远程医疗倡议的发达国家包括：美国、澳大利亚、加拿大、法国、意大利、德国、英国、希腊、日本、荷兰、挪威、芬兰、瑞典和瑞士。在发展中国家，远程医疗被作为解决资金短缺、交通不便和其他基础设施问题的一种方法。此外，远程医疗还被作为医疗政策设计过程中的一个重要组成部分。参见：K. Dyb and S. Halford, 'Placing globalizing technologies: Telemedicine and the making of difference', *Sociology*, 2009, 43（2）: 232–249; A. MacFarlane, A Murphy and P. Clerkin, 'Telemedicine services in the Republic of Ireland: An evolving policy context', *Health Policy*, 2006, 76（3）: 245–258; M. Mort, C. May, T. Finch and F.S. Mair, 'Telemedicine and clinical governance: Controlling technology, containing knowledge', in A. Gray and S. Harrison（eds）, *Governing Medicine: Theory and Practice*（Buckingham: Open University Press, 2004）, 107–121.

[98] 卡特赖特提供了一个类似的例子，提到了加拿大及其地理结构和人口状况，参见：Cartwright, 'Reach out and heal someone', 357–360.

[99] Κρεμαστινός, 'Τα αδιέξοδα του εθνικού'; Tountas, Karnaki and Pavi, 'Reforming the reform'.

[100] Μ. Πετροπούλου, 'Με το παραμικρό στην Αθήνα', *Ελευθεροτυπία*, 9 September 2001; Κ. Τσαρούχας, 'Στα νησιά οι άνθρωποι κινδυνεύουν', *To Vima*, 30 June 2002; Ε. Φυντανίδου, Δ. Βυθούλκας and Γ. Πουλιόπουλος, 'Κάνουν τον σταυρό τους όταν αρρωσταίνουν', *Το Βήμα*, 7 April 2013; Π. Μπουλουτζά, 'Κι αν αρρωστήσεις εκτός Αττικής... μετακομίζεις: Τα προβλήματα των νοσοκομείων και η παράνοια της καθημερινότητας', *Η Καθημερινή*, 17 May 2009.

[101] Π. Μπουλουτζά, 'Η τηλεϊατρική αντίδοτο σε "περιττές" αεροδιακομιδές', *Η Καθημερινή*, 19 June 2002; Ν. Στασινός and Σ. Νέτα, 'Αεροδιακομιδές: "Φάρμακο" η τηλεϊατρική', *Ελευθεροτυπία*, 19 June 2002.

[102] Χ. Προυκάκης, Δ. Σωτηρίου and Δ. Τσαντούλας, 'Υποστήριξη μέσω της τηλεματικής ιατρικού προσωπικού απομακρυσμένων περιοχών', *Επιθεώρηση Υγείας*, 1990, 1（2）: 57–61.

[103] Π. Μπουλουτζά, 'Σε πέντε χρόνια κατέρρευσε η τηλεϊατρική: Φυτοζωεί, εξαιτίας της έλλειψης προσωπικού, η μοναδική μονάδα του ΕΣΥ, στο Σισμανόγλειο', *Η Καθημερινή*, 29 April 2007.

[104] Δ. Σωτηρίου, 'Οι λόγοι της βραδείας εξέλιξης των υπηρεσιών τηλεϊατρικής στην Ελλάδα', *Computer για όλους*, 2004, 15（89）: 40.

[105] 参见：http://panacea.med.uoa.gr/topic.aspx?id=538 [2015 年 6 月 19 日检索].

[106] 有关希腊远程医疗协会的更多信息，参见：http://panacea.med.uoa.gr/topic.aspx?id=571 [2015 年 6 月 22 日检索].

[107] Προυκάκης, Σωτηρίου and Τσαντούλας, 'Υποστήριξη μέσω της τηλεματικής', 58.

[108] 'Τηλεϊατρική. Εγκαθίστανται συστήματα σε 13 Κέντρα Υγείας', *Επιθεώρηση Υγείας*, 1991,

2（8）：27.

［109］西斯马诺盖里奥综合医院在希腊实施远程信息处理服务方面所起的相关作用的详细介绍，

参见：http://panacea.med.uoa.gr/topic.aspx?id=598［2015 年 6 月 22 日检索］.

［110］P. Yellowlees, 'Successful development of telemedicine systems: Seven core principles',
Journal of Telemedicine and Telecare, 1997, 3: 215–222.

［111］I. Αποστολάκης, Π. Βάλσαμος and H. Βαρλάμης, 'Λειτουργικές και τεχνικές προσεγγίσεις για
την ανάπτυξη περιφερειακών κέντρων τηλεϊατρικής', *Επιθεώρηση Υγείας*, 2007, 18（104）:
30–36.

［112］沃达丰远程医疗项目的分析说明，参见：http://www.vodafone.gr/portal/client/cms/
viewCmsPage.action?pageId=11280&request_locale=en［2015 年 6 月 21 日检索］.

［113］有关医生、患者和地方当局代表等参与者经验的更多信息，参见：http://
telemedicine100.skai.gr［2015 年 6 月 21 日检索］.

［114］'Τηλεϊατρική στη Σέριφο', *Ελευθεροτυπία*, 22 January 2013; Γ. Δάμα, 'Στη Σέριφο
οργανώνουν ένα δικό τους σύστημα υγείας', *Ελευθεροτυπία*, 22 June 2013.

［115］Δ. Καπράνος, 'Ένα μπουκέτο λουλούδια της Γαύδου για τον Πρόεδρο', *Η Καθημερινή*, 31
July 2001.

［116］Λ. Γιάνναρου, 'Τηλεϊατρική μόνο για τα... εγκαίνια: Ο OTE ξήλωσε την γεννήτρια μια μέρα μετά
την τελετή και η μονάδα της Γαύδου έπαψε να λειτουργεί', *Η Καθημερινή*, 2 August 2001.

［117］Σωτηρίου, 'Οι λόγοι της βραδείας εξέλιξης', 40.

［118］Yellowlees, 'Successful development of telemedicine systems: Seven core principles' 215.

［119］C. May, R. Harrison, T. Finch, A. Macfarlane, F. Mair, P. Wallace, for the Telemedicine
Adoption Study Group, 'Understanding the normalization of telemedicine services through
qualitative evaluation', *Journal of the American Medical Informatics Association*, 2003, 10
（6）: 596–604.

［120］C. May, M. Mort, F. Mair and T. Williams, 'Factors affecting the adoption of tele-
healthcare in the United Kingdom: The policy context and the problem of evidence', *Health
Informatics Journal*, 2001, 7: 131–134.

［121］Pagoulatos, 'The politics of privatisation'.

第五章

［1］Thomas F. Gieryn, 'Boundary–Work and the Demarcation of Science from NonScience: Strains
and Interests in Professional Ideologies of Scientists', *American Sociological Review*, 1983,
48: 781–795; Ronald Kline, 'Construing "Technology" as "Applied Science": Public
Rhetoric of Scientists and Engineers in the United States, 1880–1945', *Isis*, 1995, 86（2）:
194–221.

［2］Otto Mayr, 'The Science-Technology Relationship as a Historiographical Problem', *Technology and Culture*, 1976, 17（4）: 663–673; Paul Forman, 'The Primacy of Science in Modernity, of Technology in Postmodernity, and of Ideology in the History of Technology', *History and Technology*, 2007, 23: 1–152. "技术"一词的概念历史及其与技术历史的关系，参见：Aristotle Tympas, 'On the Hazardousness of the Concept "Technology": Notes on a Conversation between the History of Science and the History of Technology', in Theodore Arabatzis, Jürgen Renn and Ana Simões（eds）, *Relocating the History of Science: Essays in Honor of Kostas Gavroglu*（Heidelberg/New York/Dordrecht/London: Springer, 2015）, 329–342.

［3］Kline, 'Construing "Technology"'; Jennifer Karns Alexander, 'Thinking Again About Science and Technology', *Isis*, 2012, 103（3）: 518–526; Robert Bud, '"Applied Science": A Phrase in Search of a Meaning', *Isis*, 2012, 103（3）: 537–545; Graeme Gooday, '"Vague and Artificial": The Historically Elusive Distinction Between Pure and Applied Science', *Isis*, 2012, 103（3）: 546–554; Paul Lucier, 'The Origins of Pure and Applied Science in Gilded Age America', *Isis*, 2012, 103（3）: 527–536.

［4］Eric Schatzberg, 'From Art to Applied Sciences', *Isis*, 2012, 103（3）: 555–563, on 556.

［5］Νίκη Μαρωνίτη, 'Βασιλευόμενη Δημοκρατία: Λόγοι και Πρακτικές', in Αντώνης Λιάκος and Έφη Γαζή（eds）, *Η Συγκρότηση του Ελληνικού Κράτους: Διεθνές Πλαίσιο, Εξουσία και Πολιτική τον 19ο Αιώνα*（Αθήνα: Νεφέλη, 2008）, 91–118, on 101.

［6］进步和技术概念的相互关系，参见：Leo Marx, 'Technology: The Emergence of a Hazardous Concept', *Technology and Culture*, 2010, 51（3）: 561–577, on 564–566.

［7］形象化介绍，参见：Robert Fox and Anna Guagnini（eds）, *Education, Technology and Industrial Performance in Europe 1850–1939*（Cambridge: Cambridge University Press and Paris: Editions de la Maison des Sciences de l'Homme, 1993）, 1–9.

［8］关于东方问题和巴尔干民族主义的简史，参见：Mark Mazower, *The Balkans: A Short History*（New York: Modern Library, 2002）, 97–111.

［9］Χριστίνα Αγριαντώνη, *Οι Απαρχές της Εκβιομηχάνισης στην Ελλάδα τον 19ο Αιώνα*（Αθήνα: Ιστορικό Αρχείο Εμπορικής Τράπεζας της Ελλάδος, 1986）.

［10］Χριστίνα Αγριαντώνη, 'Η Ελληνική Οικονομία στον Πρώτο Βιομηχανικό Αιώνα', in Βασίλης Παναγιωτόπουλος（ed.）, *Ιστορία του Νέου Ελληνισμού*, vol. 4（Αθήνα: Ελληνικά Γράμματα, 2003）, 61–74; Μαρία Χριστίνα Χατζηιώννου, 'Το Ελληνικό Εμπόριο: Το Παλαιό Καθεστώς και το Νέο Διεθνές Περιβάλλον', in Βασίλης Παναγιωτόπουλος（ed.）, *Ιστορία του Νέου Ελληνισμού*, vol. 4（Αθήνα: Ελληνικά Γράμματα, 2003）, 75–84.

［11］Χριστίνα Αγριαντώνη, 'Η Ελληνική Οικονομία: Η Συγκρότηση του Ελληνικού Καπιταλισμού, 1871–1909', in Βασίλης Παναγιωτόπουλος（ed.）, *Ιστορία του Νέου Ελληνισμού*, vol. 5（Αθήνα: Ελληνικά Γράμματα, 2003）, 55–70.

［12］现代化计划的第一阶段以 1893 年希腊政府的破产、1897 年希腊与土耳其战争的失败和 1898 年国际管制的实施而告终。后来，在 20 世纪的头几十年里，主要在埃莱夫塞里奥斯·韦尼泽洛斯的领导下，该计划于 1910 年开始恢复。要了解相关概述，参见：Philip Carabott（ed.），*Greek Society in the Making，1863–1913: Realities，Symbols and Visions*（Aldershot：Ashgate/Variorum，1997）.

［13］关于这种民族进步思想的当代描述，参见实验化学教授阿纳斯塔西奥斯·克里斯托马诺斯在 1896 年成为雅典大学校长时发表的题为《科学与进步》的公开演讲。A. K. Χρηστομάνος，*Φυσικαί Επιστήμαι και Πρόοδος. Λόγος Απαγγελθείς εν τω Εθνικώ Πανεπιστημίω τη 17 Δεκεμβρίου 1896*（Αθήνα，1897），32.

［14］科学团体在公共领域的各种活动，参见：Ειρήνη Μεργούπη–Σαβαΐδου，'Δημόσιος Λόγος περί Επιστήμης στην Ελλάδα，1870–1900：Εκλαϊκευτικά Εγχειρήματα στο Πανεπιστήμιο Αθηνών，στους Πολιτιστικούς Συλλόγους και στα Περιοδικά''，unpublished doctoral thesis，National Kapodistrian University of Athens/National Technical University of Athens，2010. 1887 年到 1925 年期间，工程师专业团体的形成以及关于"技术客观性"的问题，参见：Σπύρος Τζόκας，'Για την Κοινωνική Διαμόρφωση της Αντικειμενικότητας της Τεχνικής：Παραδείγματα από την Ιστορία των Ελλήνων Μηχανικών（τέλη 19ου–αρχές 20ού Αιώνα）'，unpublished Doctoral Thesis，National Kapodistrian University of Athens/National Technical University of Athens，2011.

［15］Μιχαήλ Στεφανίδης，*Ιστορία της Φυσικομαθηματικής Σχολής. Εκατονταετηρίς 1837–1937*，τεύχος Α΄（Αθήνα，1948）.

［16］Yiannis Antoniou and Michalis Assimakopoulos，'Notes on the Genesis of the Greek Engineer in the 19th Century：The School of Arts and the Military Academy'，in Konstantinos Chatzis and Efthymios Nikolaidis（eds），*Science，Technology and the 19th Century State: The Role of the Army*，*Conference Proceedings*，*Syros，7–8 July 2000*（Athens：National Hellenic Research Foundation，2003），91–138，on 115–116 and 118.

［17］Κώστας Μπίρης，*Ιστορία του Εθνικού Μετσοβίου Πολυτεχνείου*（Αθήνα，1957），116 151 and 180–182；Γιάννης Αντωνίου，*Οι Έλληνες Μηχανικοί：Θεσμοί και Ιδέες 1900–1940*（Αθήνα：Βιβλιόραμα，2006），99–106；Antoniou and Assimakopoulos，'Notes on the Genesis'，132.

［18］在一份关于欧洲机构组织技术教育的分析报告中，著名学者亚历山德罗斯·索佐斯（Alexandros Soutzos）称雅典理工学院为"怪胎"，主要是因为该校提供的技术与艺术研究结合在一起。参见：Αλέξανδρος Σούτζος，'Περί Τεχνικής Εκπαιδεύσεως'，*Πανδώρα*，1 January 1866，439–444，on 443.

［19］Antoniou and Assimakopoulos，'Notes on the Genesis'，120 and 132.

［20］有关帕特雷协会的此类倡议，参见：Νίκος Τόμπρος，*Τα Σχολεία τα Λαϊκά... : Πατραϊκοί Σύλλογοι και η Φιλεκπαιδευτική τους Πολιτική（1876–1915）*（Πάτρα：Το Δόντι，2007），

92–110.

[21] 19 世纪 90 年代和 20 世纪初的技术教育概述，参见：Στρατής Μπουρνάζος, 'Η Εκπαίδευση στο Ελληνικό Κράτος', in Χρήστος Χατζηιωσήφ（ed.）, *Ιστορία της Ελλάδας του 20ού Αιώνα, 1900–1922. Οι Απαρχές, vol. A2*（Αθήνα：Βιβλιόραμα, 1999）, 189–281, on 209–216.

[22] 毕业于雅典大学和柏林大学的鲁索普洛斯把当时在雅典大学、理工学院和军事学院任教的科学家和工程师精英聚集在一起，意图为工业家提供理论教育和实践锻炼。到 1904 年，该学院包括四所学校：农业、采矿和冶金、制造业和商业航运。1905 年，该学院被认为与意大利的高等教育工程学校地位相当，因为其所提供的研究水平很高。此外，1905 年，希腊政府认定商业和工业学院与理工学院地位相当，但由于理工学院和雅典大学科学学院（1904 年独立建立）的学生和教授对此提出了各种反对意见和抗议，政府很快就撤回了这一决定。Μπουρνάζος, 'Η Εκπαίδευση στο Ελληνικό Κράτος', 214–215. 另参见：'Αναγνώρισις Επίσημος της Ακαδημίας', *Δελτίον της Βιομηχανικής και Εμπορικής Ακαδημίας*（Μάιος 1905–Απρίλιος 1906）, 113–119.

[23] Λεωνίδας Καλλιβρετάκης, *Η Δυναμική του Αγροτικού Εκσυγχρονισμού στην Ελλάδα του 19ου Αιώνα*（Αθήνα：Μορφωτικό Ινστιτούτο Αγροτικής Τράπεζας, 1990）, 144–154.

[24] Θανάσης Καλαφάτης, 'Η Αγροτική Οικονομία: Όψεις της Αγροτικής Ανάπτυξης', in Βασίλης Παναγιωτόπουλος（ed.）, *Ιστορία του Νέου Ελληνισμού, vol. 5*（Αθήνα：Ελληνικά Γράμματα, 2003）, 79–90, on 71.

[25] 'Βιομηχανία', Γεώργιος Μπαμπινιώτης（ed.）, *Ετυμολογικό Λεξικό της Νέας Ελληνικής Γλώσσας: Ιστορία των Λέξεων*（Αθήνα：Κέντρο Λεξικολογίας Ε.Π.Ε., 2010）, 266–267.

[26] Γιώργος Δερτιλής, *Ιστορία του Ελληνικού Κράτους 1830–1920, vol. I*（Αθήνα：Εστία, 2005）, 410.

[27] Χρήστος Χατζηιωσήφ, *Η Γηραιά Σελήνη: Η Βιομηχανία στην Ελληνική Οικονομία*（Αθήνα：Θεμέλιο, 1993）, 324；Μιχάλης Ψαλιδόπουλος, *Κείμενα για την Ελληνική Βιομηχανία τον 19ο Αιώνα: Φυσική Εξέλιξη ή Προστασία*（Αθήνα：Πολιτιστικό Τεχνολογικό Ίδρυμα ETBA, 1994）, 17.

[28] 同样在南北战争前的美国，"科学应用"一词比"应用科学"更受欢迎。Lucier, 'The Origins of Pure and Applied', 528.

[29] Μεργούπη–Σαβαΐδου, 'Δημόσιος Λόγος περί Επιστήμης'.

[30] 这些讲座发表在面向普通读者的双周刊《潘多拉》上。Θεόδωρος Ορφανίδης, 'Γεωπονικά Μαθήματα, ήτοι Μαθήματα Εφηρμοσμένης Βοτανικής', *Πανδώρα*, 15 November 1866, 395–399 and 15 February 1867, 532–535.

[31] 这一点从各期《科技农业》中讨论的主题可以看出。这些主题集中在这三门科学上。

[32] 19 世纪 90 年代初，在希腊农业学校担任教授的农学家们参与了一场旷日持久的辩论，辩论的主题是否应该在希腊建立一所农业大学，或者将农业化学和农业经济学纳入雅

典大学物理系的课程中。例如: Σπυρίδων Χασιώτης, 'Το Πανεπιστήμιον και η Γεωργία', *Γεωργική Πρόοδος*, September 1893, 130–132. 有关农业的争议进行分析性描述,参见: Δημήτριος Ζωγράφος, *Η Ιστορία της παρ'Ημίν Γεωργικής Εκπαιδεύσεως*, 2 vols (Αθήνα: 1836 and 1838).

[33] 然而,军事学院早在 1870 年就开设了 "应用机械学" 课程。参见: Ηλίας Καρκάνης, 'Οι Φυσικές Επιστήμες και το Πανεπιστήμιο στην Ελλάδα του 19ου αιώνα', unpublished doctoral thesis, National Technical University of Athens, 2012, 717.

[34] Χριστίνα Κουλούρη, *Αθλητισμός και Όψεις της Αστικής Κοινωνικότητας: Γυμναστικά και Αθλητικά Σωματεία 1870–1922* (Αθήνα: IAEN/KNE, 1997), 28–41; Christina Koulouri, 'Voluntary Associations and New Forms of Sociability: Greek Sports Club at the Turn of the Nineteenth Century', in Carabott (ed.), *Greek Society in the Making*, 145–160. 另 参见: Λυδία Παπαδάκη, 'Τοσούτοι Οξύφωνοι Αλέκτορες Αναφωνούντες "Γρηγορείτε": Οι Ελληνικοί Πολιτιστικοί Σύλλογοι τον 19ο αιώνα', *Τα Ιστορικά*, 1997, 27: 303–322, on 313–314.

[35] 帕纳索斯文学协会贫困儿童学校接管的慈善机构,参见: Μαρία Κορασίδου, *Οι Άθλιοι των Αθηνών και οι Θεραπευτές τους: Φτώχεια και Φιλανθρωπία στην Ελληνική Πρωτεύουσα τον 19ο Αιώνα* (Αθήνα: IAEN/KNE, 1995), 153–170. 同一协会的科学家们所组织的公开讲座和课程,参见: Μεργούπη-Σαβαΐδου, 'Ο Ρόλος του Φιλολογικού Συλλόγου "Παρνασσός" στη Συγκρότηση της Επιστημονικής Κοινότητας στην Ελλάδα', in Ειρήνη Μεργούπη-Σαβαΐδου, Γεράσιμος Μέριανος, Φαίδρα Παπανελοπούλου and Χριστιάνα Χριστοπούλου (eds), *Επιστήμη και Τεχνολογία. Ιστορικές και Ιστοριογραφικές Μελέτες. Εταιρεία Μελέτης και Διάδοσης της Ιστορίας των Επιστημών και της Τεχνολογίας*–1 (Αθήνα: Εκδοτική Αθηνών, 2013), 227–249.

[36] 参 见: Asa Briggs, *The Age of Improvement, 1783–1867* (London: Routledge, 2014 [1959]), 114; Jean Claude Caron, 'La Société des Amis du Peuple', *Romantisme*, 1980, 10: 169–179.

[37] 在 19 世纪的进程中,"人民" 这个词获得了各种不同的含义。它意味着构成一个具有共同文化的国家的个体群体,一个国家内部属于社会下层或有别于精英阶层的个体群体,以及在同一权威 (国家) 下的个体群体。例如: 'Λαός', Νικόλαος Πολίτης (ed.), *Λεξικόν Εγκυκλοπαιδικόν*, vol. 5 (Αθήνα: Μπαρτ και Χιρστ, 1894–1896), 6–7.

[38] 在理工学院方面,对该机构提供的技术研究地位的质疑反映了对艺术学院的艺术或技术导向的争议。这些争议在 1844 年至 1862 年期间,即建筑师利桑德罗斯·卡夫塔佐格鲁 (Lysandros Kaftatzoglou, 1811–1885) 担任该学院主任期间达到了顶峰。有关争议,参见: Μπίρης, *Ιστορία του Εθνικού Μετσοβίου*, 73–158.

[39] Εταιρία των Φίλων του Λαού εν Αθήναις, *Αγγελία, Καταστατικόν της Εταιρίας, Κανονισμός της Εταιρίας* [Αθήνα, 1866], 4.

[40] Αλέξανδρος Σούτζος, 'Περί Τεχνικής Εκπαιδεύσεως', *Πανδώρα*, 15 November 1865, 395–398, on 396.

[41] Αγγελία, *Καταστατικόν της Εταιρίας*, 11.

[42] Αγγελία, *Καταστατικόν της Εταιρίας*, 11.

[43] Εταιρία των Φίλων του Λαού, *Λογοδοσία του Διοικητικού Συμβουλίου* (Αθήνα, 1867), 23.

[44] *Λογοδοσία του Διοικητικού Συμβουλίου*, 5.

[45] *Λογοδοσία του Διοικητικού συμβουλίου*, 1870, 9.

[46] Μεργούπη–Σαβαΐδου, 'Ο ρόλος του Φιλολογικού Συλλόγου 'Παρνασσός'.

[47] 参 见：Ορφανίδης, 'Γεωπονικά μαθήματα', *Πανδώρα*, 15 November 1866, 395；Εταιρία των Φίλων του Λαού, *Λογοδοσία του Διοικητικού Συμβουλίου*(Αθήνα, 1868), 10；Εταιρία των Φίλων του Λαού, *Λογοδοσία του Διοικητικού Συμβουλίου* (Αθήνα, 1870), 9.

[48] *Αγγελία, Καταστατικόν, Κανονισμός*, 6.

[49] Βιβλιοθήκη της Εταιρίας των Φίλων του Λαού, *Εγκόλπιον του Εργατικού Λαού ή Συμβουλαί προς τους Χειρωνάκτας* (Αθήνα, 1869).

[50] Th. H. Barreau, *Conseils aux Ouvriers sur les Moyens qu'ils ont d'etre Heureux, avec l'Explication des Lois qui les Concernent Particulièrement*, (Paris, 1884 [1850]). 巴罗所著之书的第一个译本已在《潘多拉》中刊登。Anon., 'Συμβουλαί προς τους Χειρωνάκτας', *Πανδώρα*, 15 March 1865, 594–595 and 15 November 1866, 402–403.

[51] 在《内心指南》（Εγκόλπιον）第四部分，第 38–39 页中，提供了一条明确的道德建议："劳动者朋友，当你早上去上班时，请进入教堂，做十字架的手势，说主祷文，让你所称的天父保佑你的工作。"

[52] *Εγκόλπιον*, γ΄–δ΄.

[53] 参见：Ian Inkster, 'The Social Context of An Educational Movement：A Revisionist Approach to the English Mechanics' Institutes, 1820–1850', *Oxford Review of Education*, 1976, 2：277–307；Steven Shapin and Barry Barnes, 'Science, Nature and Control：Interpreting Mechanics' Institutes', *Social Studies of Science*, 1997, 7：31–74.

[54] Γιάννης Κορδάτος, *Ιστορία της Νεώτερης Ελλάδας*, 1860–1900, vol. 4 (Αθήνα：Εκδόσεις '20ος Αιώνας', 1958), 15–17. 人民之友协会也承认，在 19 世纪 60 年代初，希腊几乎没有工业。*Λογοδοσία του Διοικητικού Συμβουλίου* (Αθήνα, 1870), 14–15.

[55] Anon., 'Ελεήμων Εταιρία. Αθήναιον. Εταιρία των Φίλων του Λαού', *Πανδώρα*, 1 March 1866, 527.

[56] Καλλιβρετάκης, *Η Δυναμική του Αγροτικού Εκσυγχρονισμού*, 57.

[57] Καλλιβρετάκης, *Η Δυναμική του Αγροτικού Εκσυγχρονισμού*, 68.

[58] 参 见：*Announcement for the Publication of a Monthly Bulletin of the Committee for the Encouragement of National Industry*, in Καλλιβρετάκης, *Η Δυναμική του Αγροτικού Εκσυγχρονισμού*, 363.

［59］Εμμανουήλ Δραγούμης, 'Υπόμνημα περί Ανωτέρας Βιομηχανικής Εκπαιδεύσεως εν Ελλάδι', Δελτίον της επί της Εμψυχώσεως της Εθνικής Βιομηχανίας Επιτροπής, December 1877, 164–174.

［60］Χρηστομάνος, Φυσικαί Επιστήμαι και Πρόοδος, 31.

［61］Ιωάννης Μεσσηνέζης, 'Προς τα την Διεύθυνσιν του Δελτίου Αποτελούντα Μέλη της Επιτροπής', Δελτίον της επί της Εμψυχώσεως της Εθνικής Βιομηχανίας Επιτροπής, October 1877, 55–57.

［62］参见：Announcement in Καλλιβρετάκης, Η Δυναμική του Αγροτικού Εκσυγχρονισμού, 364.

［63］Θεόδωρος Ορφανίδης, 'Σχέσεις της Γεωπονίας προς την Βιομηχανίαν και ποία η Κατάστασις Αυτής εν Ελλάδι', Δελτίον της επί της Εμψυχώσεως της Εθνικής Βιομηχανίας Επιτροπής, September 1877, 28–33, on 32.

［64］"应用"和科普期刊，参见：Μεργούπη-Σαβαΐδου, 'Δημόσιος Λόγος περί Επιστήμης', Ch. 4.关于第一本"科学"期刊，即《自然协会会刊》(Bulletin of Naturalist Society, Δελτίον της Φυσιοδιφικής Εταιρείας)，参见：Θεόδωρος Κρητικός, 'Οι Φυσικοί στην Ελλάδα στις Αρχές του 20ού Αιώνα (1900–1912)', Τα Ιστορικά, 1991, 14–15: 141–156.关于科学工程类期刊，参见：Σπύρος Τζόκας, 'Περιοδικά και Κοινότητες Μηχανικών στην Ελλάδα: Η Περίοδος πριν την Ίδρυση του Τεχνικού Επιμελητηρίου της Ελλάδας', Νεύσις, 2009, 18: 49–68, 以及本书中斯皮罗斯·特佐卡斯的文章。

［65］Ο Βιομήχανος Έλλην, 12 September 1882, 1.

［66］Στάμος Καγκάδης, 'Ο Βιομήχανος Έλλην', Μη Χάνεσαι, 28 July 1882, 8.

［67］Ο Βιομήχανος Έλλην, 20 Ιουνίου 1883, 16.

［68］Ο Βιομήχανος Έλλην, 20 Ιουνίου 1883, 16.

［69］其中一份报告提到了比雷埃夫斯"工业作坊"的数量、建造年份、货币价值、发动机的运行情况、产品的数量和价值以及雇佣的工人数量。''Πίναξ Βιομηχανικών Καταστημάτων Πειραιώς και Περιχώρων', Ο Βιομήχανος Έλλην, 20 July 1883, 203–204 and 31 August 1883, 220.关于比雷埃夫斯在19世纪末和20世纪初的工业活动，参见：Λήδα Παπαστεφανάκη, Εργασία, Τεχνολογία και Φύλο στην Ελληνική Βιομηχανία: Η Κλωστοϋφαντουργία του Πειραιά, 1870–1940 (Ηράκλειο: Πανεπιστημιακές Εκδόσεις Κρήτης, 2009), 46–47.

［70］'Σχολή Θερμαστών και Επιμελητών Μηχανών (Μηχανικών)', Ο Βιομήχανος Έλλην, 12 October 1882, 6–8, on 6.

［71］'Σχέσις Χημείας προς την Βιομηχανίαν', Ο Βιομήχανος Έλλην, 12 September 1882, 13–14.

［72］Inkster, 'The Social Context of An Educational Movement', 287–288.

［73］Mary Jo Nye, Science in the Provinces: Scientific Communities and Provincial Leadership in France, 1860–1930, (Berkeley, Los Angeles, London: University of California Press, 1986), 40.

[74] Anna Guagnini, 'A Bold Leap into Electric Light: The Creation of the Società Italiana Edison, 1880–1886', *History of Technology*, 2014, 32: 155–189, on 163–164.

[75] Susan Sheets-Pyenson, 'Popular Science Periodicals in Paris and London: The Emergence of a Low Scientific Culture, 1820–1875', *Annals of Science*, 1985, 42: 549–572.

[76] William H. Brock, 'Science, Technology and Education in the English Mechanic', in his *Science for All: Studies in the History of Victorian Science and Education*, (Aldershot: Variorum, 1996), Ch. 14, 1–13.

[77] 参见注释[3]。

第六章

[1] 参见: M. Hard and A. Jamison, *The Intellectual Appropriation of Technology*, *Discourses on Modernity*, *1900–1939* (Cambridge, MA: MIT Press, 1998); Thomas J. Philip Brey Misa and Andrew Feenberg (eds), *Modernity and Technology* (Cambridge, MA and London: MIT Press, 2003).

[2] 综述, 参见: P. Carabott (ed.), *Greek Society in the Making*, *1863–1913: Realities*, *Symbols*, *and Visions* (Aldershot, UK: Variorum, 1997); Eleni Bastea, *The Creation of Modern Athens. Planning and Myth* (Cambridge: Cambridge University Press, 2000); A. Liakos, 'The Construction of National Time. The Making of the Modern Greek Historical Imagination', in Jacques Revel and Giovanni Levi (eds), *Political Uses of the Past*, *The Recent Mediterranean Experience* (London: Frank Cass, 2002), 27–42; Y. Hamilakis, *The Nation and its Ruins. Antiquity*, *Archaeology*, *and National Imagination in Greece* (Oxford: Oxford University Press, 2007). 关于这些问题与技术史学的联系, 参见: Aristotle Tympas, 'What have we been since "We have never been modern?": A Macrohistorical Periodization based on Historiographical Considerations on the History of Technology in Ancient and Modern Greece', *Icon*, 2002, 8, 76–106.

[3] Γιάννης Αντωνίου, *Οι Έλληνες Μηχανικοί: Θεσμοί και Ιδέες 1900–1940* (Αθήνα: Βιβλιόραμα, 2006), 261–408; Y. Antoniou, M. Assimakopoulos, K. Chatzis, 'The National Identity of Inter-war Greek Engineers: Elitism, Rationalization, Technocracy, and Reactionary Modernism', *History and Technology*, 2007, 23 (3), 241–261; Y. Antoniou and V. Bogiatzis, 'Technology and Totalitarian Ideas in Interwar Greece', *Journal of History of Science and Technology*, 2010, 4, 50–61; Βασίλης Μπογιατζής, *Μετέωρος Μοντερνισμός. Τεχνολογία*, *Ιδεολογία της Επιστήμης και Πολιτική στην Ελλάδα του Μεσοπολέμου* (*1922–1940*) (Αθήνα: Ευρασία, 2012).

[4] K. Chatzis and G. Mavrogonatou, 'Marathon Dam: A Collaboration between American and Greek Engineers', *Proceedings of the ICE-Engineering History & Heritage*, 2013, 166 (1), 13–24.

［5］David Edgerton, 'Innovation, Technology, or History: What is the Historiography of Technology About?' *Technology & Culture*, 2010, 51（3）, 680–697.

［6］Aristotle Tympas, 'Methods and Themes in the History of Technology', in C. A. Hempstead and W. E. Worthington（eds）, *Encyclopaedia of 20th Century Technology*, vol.1（London: Routledge, 2004）, 485–489. On the inspiration see: Kenneth Lipartito, 'Picture Phone and the Information Age: The Social Meaning of Failure'. *Technology & Culture*, 2003, 44（1）, 50–81.

［7］关于工程师的职业、教育和文化的历史学概述，参见：David F. Noble, *America by Design: Science, Technology, and the Rise of Corporate Capitalism*（New York: Alfred A. Knopf, Inc., 1977）; R. A. Buchanan, *The Engineers: A History of the Engineering Profession in Britain, 1750–1914*（London: Jessica Kingsley Publishers, 1989）; Kees Gispen, *New Profession, Old Order: Engineers and German Society, 1815–1914*（New York: Cambridge University Press, 1990）; Antoine Picon, *French Architects and Engineers in the Age of the Enlightenment*（Cambridge: Cambridge University Press, 1992）; Robert Fox and Ana Guagnini（eds）, *Education, Technology and Industrial Performance in Europe 1850–1939*（Cambridge: Cambridge University Press and Paris: Editions de la Maison des Sciences de l'Homme, 1993）; Antoine Picon, 'Engineers and Engineering History: Problems and Perspectives', *History and Technology*, 2004, 20（4）, 421–436; Ben Marsden and Smith Crosbie, *Engineering Empires: A Cultural History of Technology in Nineteenth-century Britain*（Basingstoke: Palgrave Macmillan, 2005）; Bruce Sinclair, 'The Profession of Engineering in America', in Carrol Pursell（ed.）, *A Companion to American Technology*（Blackwell Publishing, 2005）, 363–384; John K. Brown, Gary Lee Downey, Maria Paula Diogo, 'The Normativities of Engineers Engineering Education and History of Technology', *Technology & Culture*, 2009, 50（4）, 737–752.

［8］关于工程师的身份与意识形态和物质的共同塑造，参见：Langdom Winner, 'Do Artefacts have Politics?', *Daedalus*, 109, 1980, 121–136; Eric Schatzberg, 'Ideology and Technical Choice: The Decline of the Wooden Airplane in the United States, 1920–1945', *Technology & Culture*, 1994, 35, 34–69; John Jordan, *Machine Age: Ideology, Social Engineering and American Liberalism, 1911–1939*（North Carolina: The University of North Carolina Press, 1994）; Paul Forman, 'The Primacy of Science in Modernity, of Technology in Postmodernity, and of Ideology in the History of Technology', *History and Technology*, 2007, 23（1）, 1–152.

［9］Γιάννης Μηλιός, *Ο ελληνικός κοινωνικός σχηματισμός: Από τον επεκτατισμό στην καπιταλιστική ανάπτυξη*（Αθήνα: Κριτική, 1988）, 345–405.

［10］关于希腊工业化史学的概述，从技术史的角度来看，参见：Tympas, 'What have we been since "We have never been modern?"', 76–106. 关于希腊的工业化和经济史，参见：

Χρήστος Χατζηιωσήφ, *Η γηραιά σελήνη. Η βιομηχανία στην ελληνική οικονομία 1830–1940* (Αθήνα: Θεμέλιο, 1993); Χριστίνα Αγριαντώνη, 'Βιομηχανία', in X. Χατζηιωσήφ (ed.), *Ιστορία της Ελλάδας του 20ου αιώνα: Οι Απαρχές, 1900–1922*, Α.1. (Αθήνα: Βιβλιόραμα, 1999), 172–221; Χριστίνα Αγριαντώνη, 'Βιομηχανία', in K. Κωστής and Σ. Πετμεζάς (eds), *Η ανάπτυξη της ελληνικής οικονομίας τον 19ο αιώνα* (Αθήνα: Αλεξάνδρεια, 2006), 219–252.

[11] 有关希腊工程师历史的概述, 参见: Κώστας Μπίρης, *Ιστορία του Εθνικού Μετσοβίου Πολυτεχνείου* (Αθήνα: ΕΜΠ, 1957); Yiannis Antoniou and Michalis Assimakopoulos, 'Notes on the Genesis of the Greek Engineer in the 19th Century: The School of Arts and the Military Academy', in Konstantinos Chatzis and Efthymios Nikolaidis (eds), *Science, Technology and the 19th Century State: The Role of the Army*, Conference Proceedings, Syros, 7–8 July 2000 (Athens: National Hellenic Research Foundation, 2003), 91–138; Χριστίνα Αγριαντώνη, 'Οι μηχανικοί και η βιομηχανία', in X. Χατζηιωσήφ (ed.), *Ιστορία της Ελλάδας του 20ου Αιώνα: Μεσοπόλεμος 1922–1940*, 2:2.1 (Αθήνα: Βιβλιόραμα, 2002), 269–293; Αντωνίου, *Έλληνες Μηχανικοί*; Antoniou, Assimakopoulos, Chatzis, 'National Identity'; Σπύρος Τζόκας, 'Για την κοινωνική διαμόρφωση της αντικειμενικότητας της τεχνικής: Παραδείγματα από την ιστορία των ελλήνων μηχανικών (τέλη 19ου–αρχές 20ού αιώνα),' Unpublished Doctoral Thesis (Athens: National and Kapodistrian University of Athens/National Technical University of Athens, 2011).

[12] Αντωνίου, *Έλληνες Μηχανικοί*, 91–193; Σπύρος Τζόκας, 'Περιοδικά και κοινότητες μηχανικών στην Ελλάδα: Η περίοδος πριν την ίδρυση του Τεχνικού Επιμελητηρίου της Ελλάδας', *Νεύσις*, 18, 2009, 49–68, Τζόκας, *Κοινωνική Διαμόρφωση* on 11–13.

[13] Antoniou and Assimakopoulos, 'Notes on the Genesis', 91–138.

[14] Konstantinos Chatzis, 'La modernisation technique de la Grèce, de l'indipendance aux annies de l'entre-deux-guerres: Faits et problemes d'interpritation', *Études Balkaniques* [Balkan Studies], 2004, 3, 3–23.

[15] Antoniou and Assimakopoulos, 'Notes on the Genesis', 91–138.

[16] Αλίκη Βαξεβάνογλου, *Έλληνες κεφαλαιούχοι 1900–1940. Κοινωνική και οικονομική προσέγγιση* (Αθήνα: Θεμέλιο, 1994); Christine Agriantoni, 'A Collective Portrait of Greek Industrialists', *Entreprises et Histoire*, 2011, 63, 15–25.

[17] Αντωνίου, *Έλληνες Μηχανικοί and Τζόκας, Κοινωνική Διαμόρφωση*.

[18] 在安东尼奥 (Αντωνίου) 的《希腊工程师》(*Έλληνες Μηχανικοί*) 中, 我们发现的主要是关于 20 世纪 30 年代教育方面的统计数据。除此之外, 我们缺乏一项广泛而系统的统计研究, 来追踪在希腊工作的工程师特征 (教育、社会、职业、工作地点、政治等) 的演变。

[19] 简言之, 通过技术仲裁解决希腊工程师合同分歧的司法服务是在他们的社群成立早期 (希腊理工协会, 1898 年) 引入的, 是他们职业建立过程中的关键因素。这在 1923 年到 1925

年希腊技术协会成立的过程中，达到了顶峰。这是一种职业策略，旨在发展和建立他们的专业知识，并在希腊国家机构的等级制度中加强他们的权威，以及在控制工业生产和技术基础设施建设方面对银行和其他企业的咨询角色。Σπύρος Τζόκας, 'Η διαμόρφωση της ειδημοσύνης των ελλήνων επιστημόνων–μηχανικών: Οι τεχνικές διαιτησίες（1908–1935）', in Ειρήνη Μεργούπη–Σαβαΐδου, Γεράσιμος Μέριανος, Φαίδρα Παπανελοπούλου and Χριστιάνα Χριστοπούλου（eds）, *Επιστήμη και Τεχνολογία. Ιστορικές και Ιστοριογραφικές Μελέτες. Εταιρεία Μελέτης και Διάδοσης της Ιστορίας των Επιστημών και της Τεχνολογίας-1*（Αθήνα: Εκδοτική Αθηνών, 2013）, 251–276.

[20] Antoniou, Assimakopoulos and Chatzis, 'National Identity', 241–261 on 244–255.

[21] Chatzis, 'La modernisation technique de la Grèce', 3–23; Chatzis and Mavrogonatou, 'Marathon Dam', 13–24.

[22] Αντωνίου, *Έλληνες Μηχανικοί*, 301–352.

[23] Αντωνίου, *Έλληνες Μηχανικοί*, 301–352.

[24] Χρήστος Χατζηιωσήφ, 'Το προσφυγικό σοκ, οι σταθερές και οι μεταβολές της ελληνικής οικονομίας', in Χ. Χατζηιωσήφ（ed.）, *Ιστορία της Ελλάδας του 20ου Αιώνα: Μεσοπόλεμος 1922–1940*, 2: 2.1（Αθήνα: Βιβλιόραμα, 2002）, 9–57.

[25] Τζόκας, *Κοινωνική Διαμόρφωση.*

[26] 从技术史的角度来研究工程和技术期刊的史学方法，参见：Eugene Ferguson, 'Technical Journals and the History of Technology', in S. Cutliffe and R. Post（eds）, *In Context: History and the History of Technology–Essays in Honour of Melvin Kranzberg*（Bethlehem: Lehigh University Press, 1989）, 53–70; K. Chatzis, P. Bret and L. Pérez（eds）, *La presse et les périodiques techniques en Europe, 1750–1950*（Paris: L'Harmattan, 2008）; Casper Andersen, *British Engineers and Africa, 1875–1914*（London and Brookfield, VT: Pickering & Chatto, 2011）.

[27] 详细内容，参见：Τζόκας, 'Περιοδικά', 49–68.

[28] Ηλίας Ι. Αγγελόπουλος, 'Μηχανική Επιθεώρησις, Σύγγραμμα περιοδικόν εκδιδόμενον άπαξ του μηνός', *Μηχανική Επιθεώρησις*, 1887, 1（1）, 1–2.

[29] Αγγελόπουλος, 'Μηχανική Επιθεώρησις', 1–2.

[30] Τζόκας, 'Περιοδικά', 52–57.

[31] Αγγελόπουλος, 'Μηχανική Επιθεώρησις', 1.

[32] Ηλίας Αγγελόπουλος, 'Μελέτη Περί Εξυγιάνσεως των Αθηνών', *Μηχανική Επιθεώρησις*, 1: 6, 1887, 97–162.

[33] Συλλογικό, 'Ελληνικός Πολυτεχνικός Σύλλογος', *Αρχιμήδης*, 1899, 1（1）, 1–2.

[34] Τζόκας, 'Περιοδικά', 57–63.

[35] Τζόκας, 'Περιοδικά', 57–63.

[36] Τζόκας, 'Περιοδικά', 57–63.

[37] Τζόκας, 'Περιοδικά', 57–63.

[38] Κ. Βελλίνης, 'Πρόλογος', *Πολυτεχνική Επιθεώρησις*, 1908, 1（1）, 1–2.

[39] Τζόκας, 'Περιοδικά', 63–67.

[40] Τζόκας, 'Περιοδικά', 63–67.

[41] Antoniou, Assimakopoulos and Chatzis, 'National Identity', 245.

[42] Ηλίας Ι. Αγγελόπουλος, 'Λόγος Εκφωνηθείς υπό του προέδρου του Τεχνικού Επιμελητηρίου κ. Ηλία Αγγελόπουλου, κατά την εγκατάστασιν των Αρχών', *Έργα*, 30 Ιουνίου 1925, 44–46.

[43] Τζόκας, *Κοινωνική Διαμόρφωση*, 144–158.

[44] Τζόκας, *Κοινωνική Διαμόρφωση*, 144–158.

[45] Τζόκας, *Κοινωνική Διαμόρφωση*, 144–158.

[46] Τζόκας, *Κοινωνική Διαμόρφωση*, 144–158.

[47] 从 19 世纪到 1926 年马拉松大坝建设完成之前，关于雅典供水工程的争论，其历史概述参见：Τζόκας, *Κοινωνική Διαμόρφωση*, 161–226.

[48] Ανδρέας Κορδέλλας, Ηλίας Ι. Αγγελόπουλος, Π. Ε. Πρωτοπαπαδάκης, 'Συνοπτική μελέτη περί υδρεύσεως Αθηνών και Πειραιώς'', *Αρχιμήδης*, 1899, 1（5）, 67–75.

[49] Τζόκας, *Κοινωνική Διαμόρφωση*, 161–226.

[50] 关于工程师的自发历史的概念，参见：A. Tympas, 'Perpetually Laborious: Computing Electric Power Transmission Before the Electronic Computer', *International Review of Social History*, 2003, 48, 73–95.

[51] Τέλης Τύμπας, Σπύρος Τζόκας, Γιάννης Γαρύφαλλος, 'Το μεγαλείτερον υδραγωγείον της Ευρώπης: Αντιπαραθετικοί υπολογισμοί μηχανικών για την Αθήνα και την ύδρευσή της', in Λ. Σαπουνάκη–Δρακάκη（ed.）, *Η Ελληνική πόλη στην ιστορική προοπτική.*（Αθήνα: Ευρωπαϊκή Κοινότητα Αστεακής Ιστορίας, Διόνικος, 2005）, 209–219.

[52] Ηλίας Ι. Αγγελόπουλος, 'Ύδρευσις Αθηνών και Πειραιώς', *Μηχανική Επιθεώρησις*, 1888, 2（12）, 129–139.

[53] Τύμπας, Τζόκας, Γαρύφαλλος, 'Μεγαλείτερον', 209–219.

[54] Τύμπας, Τζόκας, Γαρύφαλλος, 'Μεγαλείτερον', 209–219.

[55] Φωκίων Νέγρης, 'Μελέτη επί των υπογείων υδάτων της Λαυρεωτικής και της σχέσεως αυτών προς το λεκανοπέδιον Αθηνών', *Αρχιμήδης*, 1899, 1（6–9）, 99–102; Ηλίας Ι. Αγγελόπουλος, 'Ομιλία περί της διοχετεύσεως των υδάτων Στυμφαλίας', *Αρχιμήδης*, 1899, 1（6–9）, 153–159, Τζόκας, 'Τεχνικές Διαμάχες', 167–182.

[56] Ηλίας Ι. Αγγελόπουλος, 'Μελέτη Περί Εξυγιάνσεως των Αθηνών', *Μηχανική Επιθεώρησις*, 1887, 1（5）, 97–162 on 99.

[57] Αγγελόπουλος, 'Μελέτη Περί Εξυγιάνσεως των Αθηνών', 99.

[58] Ηλίας Ι. Αγγελόπουλος, 'Μελέτη περί της υδρεύσεως των Αθηνών', *Αρχιμήδης*, 1: 6–9, 1899, 107–116.

［59］Αγγελόπουλος, 'Μελέτη', 107–116.

［60］Αγγελόπουλος, 'Μελέτη', 108.

［61］Aristotle Tympas, 'On the Hazardousness of the Concept "Technology": Notes on a Conversation between the History of Science and the History of Technology', in Theodore Arabatzis, Jürgen Renn and Ana Simões (eds), *Relocating the History of Science: Essays in Honor of Kostas Gavroglu* (Heidelberg/New York/Dordrecht/London: Springer, 2015), 329–342, on 339.

［62］Ηλίας I. Αγγελόπουλος, 'Αι λιθόδμηται δεξαμεναί Πειραιώς εν Κωφώ λιμένι προς επισκευήν και καθαρισμόν των πλοίων', *Αρχιμήδης*, 1899, 1 (1), 9–15 and 1 (2), 21–26.

［63］关于比雷埃夫斯两座干船坞的工程设计、施工和技术辩论的历史（1899—1913 年），详情参见：Τζόκας, *Κοινωνική Διαμόρφωση*, 229–323.

［64］Ηλίας I. Αγγελόπουλος, *Ο Αριστοφάνης και αι περί Σωκράτους ιδέαι αυτού* (Θεσσαλονίκη: M. Τριανταφύλλου, 1933), 26–27.

［65］Ηλίας I. Αγγελόπουλος, *Περί Πειραιώς και των Λιμένων αυτού κατά τους αρχαίους χρόνους* (Εν Αθήναις: Καταστήματα 'Παλιγγενεσίας', 1898), 173.

［66］Ηλίας I. Αγγελόπουλος and Γεώργιος Χρυσοχόος, *Λιμενικά έργα Πειραιώς, Κατασκευή δύο δεξαμενών εν Κανθάρω προς καθαρισμόν και επισκευήν των πλοίων. Τιμολόγιον, προϋπολογισμός, συγγραφαί* (Εν Αθήναις: Εκ της Βασιλικής Τυπογραφίας Νικολάου Γ. Ιγγλέση, 1897); Άγγελος Γκίνης, *Συνοπτική έκθεσις περί της αποπερατώσεως των εν τω όρμω Κανθάρου του Λιμένος Πειραιώς Δύο Μονόμων Δεξαμενών επισκευής και Καθαρισμού Πλοίων* (Εν Πειραιεί, 1905); Γ. Ηλιάδης, 'Εταιρεία Τσιμέντων ο Τιτάν', in *Η Εργαζόμενη Ελλάς: Αι νέαι Βιομηχανίαι της Ελλάδος. Περιγραφαί και γνώμαι ειδικών περί του βιομηχανικού μας μέλλοντος*, Τ. 1 (Εν Αθήναις: Εκδοτικά Καταστήματα Ακροπόλεως–Β. Γαβριηλίδης, 1918), 101–106.

［67］Ηλίας I. Αγγελόπουλος, 'Το σιδηροπαγές σκιρροκονίαμα και αι ποικίλαι αυτού εφαρμογαί', Αθήναι: Μηνιαίον Παράρτημα, 6 Απριλίου 1908, 25–39; Γ.Α. Σούλης, 'Επισκευή κρηπιδωμάτων δια σκυρροκονιάματος εκ σιμεντοκονίας', *Πολυτεχνική Επιθεώρησις*, Β´: 2, 1909, 19–21.

［68］参见: Harold N. Fowler, 'Archaeological News', *American Journal of Archaeology*, 1899, 3 (2–3), 241–277; E. A. Gardner, 'Angelopoulos on the Piraeus', *The Classical Review*, 1899, 13 (1), 88; John Day, 'The Kofos Limin (Κωφός Λιμήν), of the Piraeus', *American Journal of Archaeology*, 1927, 31 (4), 441–442.

［69］Αγγελόπουλος, *Αριστοφάνης*.

［70］Maria Kaika, 'Dams as Symbols of Modernization: The Urbanization of Nature Between Geographical Imagination and Materiality', *Annals of the Association of American Geographers*, 2006, 96, 276–301.

［71］关于技术决定论的主题，参见：Merritt Roe Smith and Leo Marx（eds），*Does Technology Drive History? The Dilemma of Technological Determinism*（Cambridge，MA and London：MIT Press，1994）and Tympas，'On the Hazardousness of the Concept "Technology"'，329–342.

［72］Τύμπας，Τζόκας，Γαρύφαλλος，'Μεγαλείτερον'，209–219，Τζόκας，*Κοινωνική Διαμόρφωση*.

［73］M. Kohlrausch and H. Trischler，*Building Europe on Expertise: Innovators*，*Organizers*，*Networkers*（London：Palgrave Macmillan，2014），117.

第七章

［1］*Ελευθερία*，19 January 2014，6.

［2］Γιώργος Μπάλιας，'Οι αποφάσεις του ΔΕΕ και ΣτΕ για την εκτροπή του Αχελώου：Μία κριτική αποτίμηση'，*Νομικό Βήμα*，2012，60（10）：2231–2242.

［3］A. Efstratiadis，A. Tegos，A. Varveris and D. Koutsoyiannis，'Assessment of Environmental Flows Under Limited Data Availability–Case Study of Acheloos River，Greece'，*Hydrological Sciences Journal*，2014，59（3–4）：731–750.

［4］N. Fourniotis，'A Proposal for Impact Evaluation of the Diversion of the Acheloos River，on the Acheloos Estuary in Western Greece'，*International Journal of Engineering Science and Technology*，2012，4（4）：1793–1802.

［5］N. P. Nikolaidis，N. Skoulikidis and A. Karageorgis，'Pilot Implementation of EU Policies in Acheloos River Basin and Coastal Zone，Greece'，*European Water*，2006，13/14：45–53，esp. 46.

［6］N. Margaris，C. Galogiannis and M. Grammatikaki，'Water Management in Thessaly，Central Greece'，in A. Baba et al.（eds），*Groundwater and Ecosystems*，237–242.

［7］Nil Disco and Eda Kranakis，*Cosmopolitan Commons: Sharing Resources and Risks across Borders*（Cambridge，MA，2013），20–21.

［8］'Γενική έρευνα της υδατικής καταστάσεως της Ελλάδας'，*Τεχνικά Χρονικά*，1942：35.

［9］'Γενική έρευνα της υδατικής καταστάσεως της Ελλάδας'，35.

［10］最初，该办公室招募了 4 名工程师，很快工程师人数增加到 30 人，其中一些是法国人和意大利人。Γ. Μαυρογόνατου，*Η Ύδρευση της Αθήνας，Από τα δίκτυα στο δίκτυο: 1880–1930*（Διδακτορική Διατριβή，ΕΜΠ，2009），474.

［11］K. Γαλάτης，'Η εκμετάλλευσις των υδραυλικών δυνάμεων στην Ελλάδα'，*Τεχνικά Χρονικά*，Δεκέμβριος，1932.

［12］Μαυρογόνατου，*Η Ύδρευση της Αθήνας*；Maria Kaika，'Dams as Symbols of Modernization：The Urbanization of Nature between Geographical Imagination and Materiality'，*Annals of the Association of American Geographers*，2006，96（2）：276–301.

[13] Yiannis Antoniou, Michalis Assimakopoulos and Konstantinos Chatzis, 'The National Identity of Inter-war Greek Engineers: Elitism, Rationalization, Technocracy, and Reactionary Modernism', *History and Technology*, 2007, 23（3）: 241–261.

[14] 埃莱夫塞里奥斯·韦尼泽洛斯是一位杰出的政治家；他是一位中立派人物，推广了"现代"和"理性"国家的理念并把其看作希腊欧洲化进程的一部分。韦尼泽洛斯的政策，参见：Gunnar Herring, *Τα πολιτικά κόμματα στην Ελλάδα, 1821–1936* (Athens, 2004); Γ. Μαυρογορδάτος και Χρήστος Χατζηιωσήφ (επιμ.), *Βενιζελισμός και αστικός εκσυγχρονισμός*, (Athens, 1988).

[15] Γενίδουνιας Θεολόγος, 'Το οικονομικό Μέλλον', *Αρχιμήδης*, έτος ΚΒ', αρ.7, Ιούλιος 1921: 53–57.

[16] Selinounta, Vouraikos, Krathira. Γαλάτης, 'Η εκμετάλλευσις των υδραυλικών δυνάμεων στην Ελλάδα', 1163.

[17] Γαλάτης, 'Η εκμετάλλευσις των υδραυλικών δυνάμεων στην Ελλάδα', 1173, 1176–1177, 1180.

[18] S. Zaidi and H. Waqar, 'The Janus-face of Techno-nationalism: Barnes Wallis and the "Strength of England"', *Technology and Culture*, 2008, 49（1）: 62–88.

[19] Aristotelis Tympas, Stathis Arapostathis, Katerina Vlantoni and Yannis Garyfallos, 'Border-Crossing Electrons: Critical Energy Flows to and from Greece', in Per Hogselius, Anique Hommels, Arne Kaijser and Erik van der Vleuten (eds), *The Making of Europe's Critical Infrastructures* (Hampshire, 2013), 157–183.

[20] EBASCOServices Inc, Electric Power Program of the Kingdom of Greece for the Economic Cooperation Administration, Washington DC, 1950.

[21] N. Παντελάκης, *Ο εξηλεκτρισμός της Ελλάδας: Από την ιδιωτική πρωτοβουλία στο κρατικό μονοπώλιο*（ *1880–1956* ）（ Αθήνα, 1991).

[22] Σ. Τσοτσορός, *Ενέργεια και Ανάπτυξη στην Μεταπολεμική Περίοδο: Η Δημόσια Επιχείρηση Ηλεκτρισμού*（ *1950–1992* ）（ Αθήνα, 1995), 143–149; Π. Ευθύμογλου, 'Η φύση του ενεργειακού προβλήματος της χώρας και η εξέταση των στόχων μιας αποτελεσματικής ενεργειακής πολιτικής', Επιστημονικόν Δελτίον ΔΕΗ, 1977, 14: 38; Σ. Νικολάου, 'Σύγχρονοι προσανατολισμοί εξελίξεως και διαμορφώσεως υδροηλεκτρικών έργων', Συνέδριο: Το ενεργειακό πρόβλημα της Ελληνικής Οικονομίας Σήμερα, 23–28 Μαΐου, 1977.

[23] G. E. Papadopoulos and K. C. Salapas, *Agriculture and Reclamation Projects of Greece*（ Athens, 1978), 40–43.

[24] I. Γ. Αργυράκης, 'Οι Υδροηλεκτρικοί Σταθμοί της ΔΕΗ Α.Ε. και η συμβολή τους στην κάλυψη των ενεργειακών αναγκών της χώρας', 1° Πανελλήνιο Συνέδριο Μεγάλων Φραγμάτων, 13–15 Νοεμβρίου 2008.

[25] 1975年至2004年期间，克桑索普洛斯担任雅典国立技术大学水力学和水利基础设施教授，

1997 年至 2003 年担任该校校长六年，1989 年至 1993 年担任公共电力公司总裁。

[26] Θ.Σ. Ξανθόπουλος, 'Διαχείριση Υδατικών Πόρων: Θεωρητικές Ελπίδες και Ρεαλιστική Προσέγγιση', ΤΕΕ Συνέδριο, Διαχείριση Υδατικών Πόρων, 13–16 Νοεμβρίου 1996.

[27] Γαλάτης, 'Η εκμετάλλευσις των υδραυλικών δυνάμεων στην Ελλάδα'.

[28] *Εφημερίς της Κυβερνήσεως* (Government Gazette), Ref.no 481, 30 October 1936; X. Χατζηιωσήφ, *Η γηραιά Σελήνη. Η βιομηχανία στην ελληνική οικονομία, 1830–1940,* (Athens, 1993), 199–200.

[29] Engineering Consultants Inc., Kremasta Project Technical Report (1961–1966), V.I (Denver, CO, 1974), 1.

[30] Αναγκαστικός Νόμος 2220 (Compulsory Act 2220), Εφημερίς της Κυβερνήσεως, Ref. no. 65, 17 February 1940; Κώστας Κωστής, *Κράτος και Επιχειρήσεις στην Ελλάδα: Η ιστορία του Αλουμινίου της Ελλάδας* (Athens, 2013), 57–58.

[31] Kremasta Project Technical Report, 1.

[32] Παντελάκης, *Ο εξηλεκτρισμός της Ελλάδας.*

[33] Δημήτρης Μπάτσης, *Η Βαρειά Βιομηχανία στην Ελλάδα* (Αθήνα, 1949), 59–62, 90–101.

[34] Δημήτρης Μπάτσης, 'Ολοκληρωτισμός στην Οικονομία μας!', *Ανταίος,* July 1945, 98.

[35] Σταύρος Σταυρόπουλος, 'Η Υδρενεργειακή αξιοποίηση και ο αναγκαστικός νόμος 2220/40', *Ανταίος,* 20 September 1940, 186.

[36] EBASCO Services Inc, Electric Power Program of the Kingdom of Greece for the Economic Cooperation Administration, Washington DC, 1950, esp. 1–1, 1–7, 14–2.

[37] Engineering Consultants Inc., Kremasta Project Technical Report (1961–1966), V.I (Denver, CO, 1974), 2.

[38] Γ.Ν Πεζοπουλος στον Υπουργό Βιομηχανίας, Ε. Μάρτη, 17 Ιουνίου 1958, PPC Archives, Acheloos Folder [3287 (447)]; Πρακτικόν της συσκέψεως της λαβούσης χώραν εις τα γραφεία της Δημόσιας Επιχειρήσεως Ηλεκτρισμού (ΔΕΗ) εν Αθήναις τη 16 Μαίου 1958, PPC Archives, Acheloos Folder [3287 (447)].

[39] Alberto Modiano to PPC, 20 June 1958, PPC Archives, Acheloos Folder [3287 (447)].

[40] Techint to PPC, 9 October 1957, PPC Archives, Acheloos Folder [3287 (447)].

[41] 意大利向希腊提供了赔偿，估计有 1000 万美元可用于阿刻罗俄斯河的水力发电项目。

[42] Τσοτσορός, *Ενέργεια και Ανάπτυξη στην Μεταπολεμική Περίοδο; Γιώργος Σταθάκης, Το δόγμα Τρούμαν και το σχέδιο Μάρσαλ: Η ιστορία της αμερικανικής βοήθειας στην Ελλάδα,* (Athens, 2004).

[43] Engineering Consultants Inc., Kremasta Project Technical Report (1961–1966), V.I (Denver, CO, 1974), 9–10.

[44] Kremasta Hydroelectric Project, Pump–Turbine Installation Fifth Unit–Technical Feasibility Report, 1, PPC Archives, [334].

［45］Γ. Παπαματθαιάκις, 'Έκθεσις Επί της σκοπιμότητος κατασκευής της Πέμπτης Μονάδος του Υδροηλεκτρικού Σταθμού Κρεμαστών ως συνθέτου μονάδος αντλήσεως ύδατος και παραγωγής ενέργειας', 22 November 1965, 10–11, PPC Archives,［334］.

［46］Παπαματθαιάκις, 'Έκθεσις Επί της σκοπιμότητος κατασκευής της Πέμπτης Μονάδος του Υδροηλεκτρικού Σταθμού Κρεμαστών ως συνθέτου μονάδος αντλήσεως ύδατος και παραγωγής ενέργειας'.

［47］Technical Specifications for the design supply and erection of the Acheloos–Athens 380KV line, July 1966, PCC Archives,［Folder：High Voltage Transmission Line 380KV, 9/2/1966–29/7/1966］；Ε. Ν. Μαλαγαρδής προς τον Γενικό Διευθυντή, 'Εκλογή υψηλής τάσης', 2–4, 8.

［48］Κώστας Κωστής, *Τα κακομαθημένα παιδιά της ιστορίας: Η Διαμόρφωση του Νεοελληνικού Κράτους 18ος–21ος αιώνας*（Athens, 2013）, 776–782.

［49］Electrowatt, *The Development of Thessaly's Plain: Preliminary Study and Report of the Economic Feasibility*, *v.II*（June 1968）［Αξιοποίησις Πεδιάδος Θεσσαλίας：Προκαταρκτική Μελέτη και Έκθεσις Οικονομικής Σκοπιμότητας, Μέρος ΙΙ］, esp. 108–110, 113–114, 116. 如果没有引水, 成本将为 0.16 德拉克马 / 千瓦时, 而计划中的引水将使成本增加到 0.18 德拉克马 / 千瓦时。Electrowatt, *The Development of Thessaly's Plain*, 113–114.

［50］马格里亚斯最初是在 1972 年 6 月为 PPC 规划部门做的一项研究中提出他的想法和建议的。同年 12 月, 他在希腊技术协会重申了自己的观点。

［51］关于宏伟的苏联工程项目和苏联技术官僚的意识形态, 参见：Kendall E. Bailes, 'The Politics of Technology：Stalin and Technocratic Thinking among Soviet Engineers', *The American Historical Review*, 1974, 79（2）：445–469；Frank Westerman, *Engineers of the Soul: The Grandiose Propaganda of Stalin's Russia*（Overlook Press, 2011）；Andrew L. Jenks, 'A Metro on the Mount：The Underground as a Church of Soviet Civilization', Technology and Culture, 2000, 41（4）：697–724.

［52］Έκθεσις επι της σκοπιμότητας εκτροπής ποταμών δυτικής Ελλάδος προς Θεσσαλίαν, Τόμος 1, 3.

［53］Έκθεσις επι της σκοπιμότητας εκτροπής ποταμών δυτικής Ελλάδος προς Θεσσαλίαν, Τόμος 1, 3.

［54］Σ. Μαγειρίας, 'Αναπτυξης της Θεσσαλίας εις πρώτο ενεργειακό, αγροτοκτηνοτροφικόν και ποταμοπλοικόν κέντρον της χώρας', Επιθεώρησις（Συλλόγου Διπλωματούχων Ηλεκτρολόγων και Μηχανολόγων Μηχανικών）, Φεβρουάριος 1973, 1.

［55］Έκθεσις Επι της σκοπιμότητας εκτροπής ποταμών δυτικής Ελλάδος προς Θεσσαλίαν, Τόμος 1, 1.

［56］'Σύστασις Ομάδος Αξιολογήσεως Προμελετών ΥΗΕ', in Σ. Μαγειρίας, ΑΠΟΨΕΙΣ επί εκθέσεως Ομάδος κ. Θέριανου, Αθήνα, Μάιος 1974.

［57］'Σύστασις Ομάδος Αξιολογήσεως Προμελετών ΥΗΕ', 32.

［58］马格里亚斯和特里亚诺斯之间发生了冲突，马格里亚斯指责特里亚诺斯试图压制并歪曲他的提议。Σ. Μαγειρίας, 'Η εκτροπή των υδάτων του Αχελώου（από λίμνη Συκιάς）προς την Θεσσαλική Πεδιάδα', Πρακτικά Συνεδρίου Υδάτινου Δυναμικού Θεσσαλίας, τόμος 2ος,（Λάρισα, 1979）, 349–412, esp. 354–357.

［59］Έκθεσις επι της σκοπιμότητας εκτροπής ποταμών δυτικής Ελλάδος προς Θεσσαλίαν, Τόμος 1, 10–14；Μαγειρίας, 'Η εκτροπή των υδάτων του Αχελώου（από λίμνη Συκιάς）προς την Θεσσαλική Πεδιάδα', 356–357.

［60］Μαγειρίας, 'ΑΠΟΨΕΙΣ επί εκθέσεως Ομάδος κ. Θέριανου', 45.

［61］Μαγειρίας, 'Η εκτροπή των υδάτων του Αχελώου（από λίμνη Συκιάς）προς την Θεσσαλική Πεδιάδα', 349, 350, 353.

［62］康斯坦丁·多夏迪斯是一位建筑师和规划师，他在第二次世界大战后的希腊重建中担任过几个政府和国家职位，发挥了重要作用。Α. Α. Κύρτσης（επιμ.）, Κ. Δοξιάδης: Κείμενα, Σχέδια, Οικισμοί（Athens, 2006）.

［63］Υδατικοί Πόροι, Τόμος V, Εθνικό Χωροταξικό Σχέδιο και Πρόγραμμα της Ελλάδος（Αθήνα, 1980）, 148–149.

［64］Π. Κυριζής, 'Αξιοποιούμενα ύδατα Θεσσαλίας: Υπάρχουσες μελέτες και έργα', Πρακτικά Συνεδρίου Υδάτινου Δυναμικού Θεσσαλίας, τόμος 2ος, 68–74；Γ. Χατζηλάκος, 'Υπολογισμός των αναγκών σε νερό για άρδευση στον Θεσσαλικό κάμπο', Πρακτικά Συνεδρίου Υδάτινου Δυναμικού Θεσσαλίας, τόμος 2ος, 136–155；Α. Τορτοπίδης, 'Προοπτικές και δυνατότητες αναπτύξεως του θεσσαλικού χώρου', Πρακτικά Συνεδρίου Υδάτινου Δυναμικού Θεσσαλίας, τόμος 2ος, 36–45.

［65］Δημ. Κωνσταντινίδης, 'Μακροπρόθεσμα προγράμματα περιφερειακής αναπτύξεως με βάση την αναπτυξιακή χωρητικότητα σε ορισμένα χρονικά όρια', Πρακτικά Συνεδρίου Υδάτινου Δυναμικού Θεσσαλίας, τόμος 2ος, 252–285.

［66］Κωνσταντινίδης, 'Μακροπρόθεσμα προγράμματα περιφερειακής αναπτύξεως με βάση την αναπτυξιακή χωρητικότητα σε ορισμένα χρονικά όρια', 281.

［67］Ελευθερία, 16 March 1983, 1.

［68］20 世纪初，没有土地的农村工人反抗拥有大规模农场的富裕地主。

［69］Υπουργείο Οικονομικών, Πρόγραμμα Οικονομικής και Κοινωνικής Ανάπτυξης, 1983–1987（Αθήνα, 1985）, 495, 497–499.

［70］Ηλίας Ευθυμιόπουλος, Δήμος Τσαντίλης και Κίμων Χατζημπύρος（επιμ.）, Η Δίκη του Αχελώου（Αθήνα, 1999）, 21–23.

［71］Ευθυμιόπουλος, Τσαντίλης και Χατζημπύρος（επιμ.）, Η Δίκη του Αχελώου, 24–25.

［72］Ευθυμιόπουλος, Τσαντίλης και Χατζημπύρος（επιμ.）, Η Δίκη του Αχελώου, 70–78, esp. 70–71, 73.

[73] Ευθυμιόπουλος, Τσαντίλης και Χατζημπύρος（επιμ.）, *Η Δίκη του Αχελώου*, 127–132.

[74] Ευθυμιόπουλος, Τσαντίλης και Χατζημπύρος（επιμ.）, Η Δίκη του Αχελώου, 78–89, esp. 80–81, 86.

[75] Ν. Μάργαρης, 'Αχελώος και Θεσσαλία', *Βήμα*, Απρίλιος 1984.

[76] Ψήφισμα εναντίον της ΔΕΗ των κατοίκων της Μεσοχώρας, 8 August 1989, Kalantzis' Archive.

[77] 'Προκήρυξη Διαμαρτυρίας', 5 June 1990, Μεσοχώρα, σ.4, Kalantzis' Archive.

[78] 'The Ecological Movement of Trikala Supports the Citizens of Mesohora', 5 June 1990, Μεσοχώρα, σ.4, Kalantzis' Archive.

[79] Letter to the President of the European Parliament, 29 August 1993, Kalantzis' Archive.

[80] A. Alavanos, Question in the EP, 7 November 1990；Dimitris Dessylas to the European Commission, 7 November 1990, Kalantzis' Archive.

[81] Κυριζής, 'Αξιοποιούμενα ύδατα Θεσσαλίας', 68–74.

[82] Questions and Comments in relation to the 'partial diversion' by Kostas Mezaris, 11/12/2009, Mezaris' Private Archive.

[83] 'Θετική υποδοχή με επιφυλάξεις για Μεσοχώρα-Αχελώο', *Ελευθερία*, 7 October 2014.

[84] David H. Close, 'Environmental NGOs in Greece：The Achelöos Campaign as a Case Study of their Influence', *Environmental Politics*, 1998, 7（2）, 55–77.

[85] 两个占主导地位的政党构成了希腊的政治体系，并从 20 世纪 70 年代末到最近的希腊危机期间连续执政。尽管政治发生了变化，但两党都保持了自己的政治特征。新民主党代表了新自由主义、保守主义和传统的希腊右翼，而泛希腊社会主义运动党作为 20 世纪 80 年代早期的一个大众社会现象，代表了社会民主主义和中产阶级价值观。

[86] Ευθυμιόπουλος, Τσαντίλης και Χατζημπύρος（επιμ.）, *Η Δίκη του Αχελώου*, 27–28.

[87] Oliver A. Houck, *Taking Back Eden: Eight Environmental Cases that Changed the World* （Washington, DC, 2010）, 135–137, 139–147；N. Frantzeskaki, J. Grin and W. Thissen, 'Drifting between transitions, the case of the Greek environmental transition in relation to the river Acheloos Diversion project', *Technological Forecasting and Social Change*, 2016, 102：275–286.

[88] Μπάλιας, 'Οι αποφάσεις του ΔΕΕ και ΣτΕ για την εκτροπή του Αχελώου'；Close, 'Environmental NGOs in Greece'.

[89] DIRECTIVE 2000/60/EC OF THE EUROPEAN PARLIAMENT AND OF THE COUNCIL, *Official Journal of the European Communities*, 22 December 2000, L327/1–72.

[90] DIRECTIVE 2000/60/EC, L327/6–9.

[91] http://www.dsanet.gr/Epikairothta/Nomothesia/n3481_06.htm

[92] Μάχη Τράτσα, 'Ο Αχελώος και η «εκδίκηση» των Θεσσαλών', To BHMA, 30 July 2010, http://www.tovima.gr/default.asp?pid=2&artid=174746&ct=75&dt=30/07/2006

［93］Μπάλιας, 'Οι αποφάσεις του ΔΕΕ και ΣτΕ για την εκτροπή του Αχελώου'.

［94］'Αχελώος: Η Βέλτιστη διαχείριση ή η εκτροπή της λογικής', Ομάδα Εργασίας ΤΕΕ Αιτωλοακαρνανίας, *Αχελώος: Η Βέλτιστη Διαχείριση*, ΤΕΕ, Αθήνα, 1–2 Δεκεμβρίου, 2005, 1–30.

［95］'Έργα εκτροπής Αχελώου ποταμού', Ομάδα Εργασίας ΤΕΕ, *Αχελώος: Η Βέλτιστη Διαχείριση*, ΤΕΕ, Αθήνα, 1–2 Δεκεμβρίου, 2005, 82.

［96］'Έργα εκτροπής Αχελώου ποταμού', 32.

［97］'Έργα εκτροπής Αχελώου ποταμού', 25, 28–29, 81.

［98］Γιάννης Μυλόπουλος, 'Η 'Τρίτη' λύση για τον Αχελώο', *Αχελώος: Η Βέλτιστη Διαχείριση*, ΤΕΕ, Αθήνα, 1–2 Δεκεμβρίου, 2005.

［99］Γιάννης Αντωνίου, *Οι Έλληνες Μηχανικοί* (Αθήνα, 2006); Bruce Sinclair, 'Engineering the Golden State: Technics, Politics and Culture in Progressive Era California', in Volker Janssen (ed.), *Where Minds and Matter Meet* (Huntington Library Press, California, 2012), 43–70; K. Hajibiros, 'The River Acheloos Diversion Scheme', Working Paper, National Technical University of Athens, Greece, 2003 (http:/ /users.itia.ntua.gr/kimon/ ACHELOOS.pdf, accessed 10 January 2016).

［100］Ramya Swayamprakash, 'Exportable Engineering Expertise for "Development": A Story of Large Dams in Post–independence India', Water History, 2014, 6 (2): 153–165; S. B. Pritchard, *Confluence: the Nature of Technology and the Remaking of Rhone*, (Cambridge, 2011); David Pietz, 'Researching the State and Engineering on the North China Plain, 1949–1999', Water History, 2010, 2 (1): 53–60; Erik Swyngedouw, 'Technonatural Revolutions: The Scalar Politics of Franco's Hydrosocial Dream for Spain, 1939–1975', *Transactions of the Institute of British Geographers*, 2007, 32 (1): 9–28; Erik Swyngedouw, *Liquid Power* (Cambridge, MA, 2015).

第八章

［1］当代计划的不切实际性质经常成为能源政策门户网站上的笑柄。参见 http://www.energia. gr/article.asp?art_id=80510

［2］Gabrielle Hecht, *Being Nuclear* (Cambridge, MA: MIT Press, 2013).

［3］Hecht, *Being Nuclear*, 8.

［4］Hecht, *Being Nuclear*, 16.

［5］Aristotelis Tympas, Stathis Arapostathis, Katerina Vlantoni and Yannis Garyfallos, 'Border–Crossing Electrons: Critical Energy Flows to and from Greece', in Per Hogselius, Anique Hommels, Arne Kaijser and Erik van der Vleuten (eds), *The Making of Europe's Critical Infrastructures* (Hampshire: Palgrave Macmillan, 2013), 157–183.

［6］N. Παντελάκης, *Ο εξηλεκτρισμός της Ελλάδας*（MIET，1991），360.

［7］Στάθης N. Τσοτσορός, *Ενέργεια και Ανάπτυξη στη Μεταπολεμική Περίοδο: Η Δημόσια Επιχείρηση Ηλεκτρισμού*，1950–1992（Αθήνα，1995），57–59.

［8］Tympas et al., 'Border-Crossing Electrons：Critical Energy Flows to and from Greece'，157–181.

［9］Τσοτσορός, *Ενέργεια και Ανάπτυξη στη Μεταπολεμική Περίοδο*，61.

［10］Τσοτσορός, *Ενέργεια και Ανάπτυξη στη Μεταπολεμική Περίοδο*，63.

［11］Τσοτσορός, *Ενέργεια και Ανάπτυξη στη Μεταπολεμική Περίοδο*，67.

［12］Maria Rentetzi, 'Gender, Science and Politics：Queen Frederika and Nuclear Research in Post-war Greece'，*Centaurus*，2009，51，63–87.

［13］J. Krige, 'Atoms for Peace, Scientific Internationalism, and Scientific Intelligence'，*Osiris*，2006，21，161–181.

［14］Rentetzi, 'Gender, Science and Politics'.

［15］M. 安哲罗普洛斯的演讲已在公共电力公司的科学出版物（the Scientific Editions of PPC）中发表。参见：Μιχαήλ Αγγελόπουλος, *Εξέλιξις Κατασκευής Πυρηνικών Σταθμών Παραγωγής*，Επιστημονικές Εκδόσεις, Δημοσία Επιχείρησις Ηλεκτρισμού，1963. 关于 1950 年公共电力公司成立时期至 1992 年的详细历史，参见：Τσοτσορός, *Ενέργειακαι Ανάπτυξηστη Μεταπολεμική Περίοδο*. 关于弗雷德里卡女王通过支持希腊发展核物理学所推进的议程，参见：Rentetzi, 'Gender, Science and Politics'. 有关对核能"美好未来"的技术热情，参见：S. L. Del Sesto, 'Wasn't the Future of Nuclear Energy Wonderful?'，in Joseph Corn（ed.），*Imagining Tomorrow: History, Technology, and the American Future*（Cambridge, MA, MIT Press，1986），Chapter 3. 有关希腊未来的核物理和工程的技术热情和乌托邦主义的概述，参见：Ηλίας Λεμοντζόγλου, 'Δημιουργία προσδοκιών εξαιτίας της χρήσης πυρηνικής ενέργειας στην Ελλάδα από το 1947 έως τις μέρες μας'，MSc Thesis, University of Athens，2007.

［16］Αγγελόπουλος, *Εξέλιξις Κατασκευής Πυρηνικών Σταθμών Παραγωγής*，23–24.

［17］Αγγελόπουλος, *Εξέλιξις Κατασκευής Πυρηνικών Σταθμών Παραγωγής*，27–28.

［18］Αγγελόπουλος, *Εξέλιξις Κατασκευής Πυρηνικών Σταθμών Παραγωγής*，25.

［19］希腊规划学会是一家研究咨询机构，成立于 1958 年，研究经济和社会学，编制希腊经济发展的十年计划。该学会出版其成员的研究成果或翻译来自欧洲和美国经济学家的研究。Σωτ I. Αγαπητίδη, *Η Οικονομική Επιστήμη εις την Ελλάδα κατά την Πεντηκονταετίαν 1921–1970, Αρχείο Οικονομικών και Κοινωνικών Επιστημών*（Αθήνα，1970），279.

［20］Άγγελος Θ. Αγγελόπουλος, 'Είναι πλέον καιρός: Πυρηνικός ηλεκτρισμός και εις την χώραν μας'，*Οικονομικός Ταχυδρόμος*，Πέμπτη 10 Φεβρουαρίου 1966，14（98），quoting from page 14.

［21］Αγγελόπουλος, 'Είναι πλέον καιρός'，14.

[22] Hecht, *Being Nuclear*, 34–36, 55–82.

[23] Αγγελόπουλος, 'Είναι πλέον καιρός', 14.

[24] 关于 Th. 安哲罗普洛斯对希腊与欧洲市场关系的看法，参见：Άγγελος Θ. Αγγελόπουλος, 'Διατί δεν συμφέρει προς το παρόν ησύνδεσις με την Κοινήν Αγοράν', *Νέα Οικονομία*, Αριθμός 1959, 11（155），Νοέμβριος, 722–725. 有关希腊保守派和中间派政治家如何从这种立场中获益的概述，参见：Evanthis Hatzivassiliou, *Greece and the Cold War: Front Line State, 1952–1967*（London：Routledge, 2006）. 对于从希腊与社会主义东方的经济关系的历史角度出发，探讨同一问题的开创性研究，参见：the works of Sotiris Wallden：Σωτήρης Βαλντέν, *Ελλάδα και Ανατολικές Χώρες, 1950–1967: Οικονομικές Σχέσεις και Πολιτική*, Τόμοι Α και Β, Οδυσσέας/Ίδρυμα Μεσογειακών Μελετών（Αθήνα, 1991）; 'Η Ελληνική Δικτατορία και οι Ανατολικές Χώρες, 1967–1974', *Ελληνική Επιθεώρηση Πολιτικής Επιστήμης*, Τεύχος 13, Μάιος 1999, 123–139; 'Σημασία και Διαρθρωτικά Προβλήματα του Εμπορίου της Ελλάδας μετις Χώρες Κρατικού Εμπορίου', *Σύγχρονα Θέματα*, 1982, 14（3），25–38; and 'Το Εξαγωγικό Εμπόριο Αγροτικών Προϊόντων: Μια Περιγραφή', *Σύγχρονα Θέματα*, 1984, 22（7–9），67–83. 沃尔登的研究，对于为了适应"国家贸易"的社会经济关系而发展的机制和制度来说，非常有启发性。关于巴尔干经济谈判机构的研究，参见：Σωτήρης Βαλντέν, 'Πολυμερής βαλκανική συνεργασία 1961–1966: Οι διασκέψεις των κινήσεων βαλκανικής συνεννόησης', *Σύγχρονα Θέματα*, τεύχος 96–97, December 1991, 32–41. 关于欧洲经济共同体、社会主义国家经济共同体和东欧经济关系的更多背景，参见：Σωτήρης Βαλντέν, 'Οι Οικονομικές Σχέσεις της ΕΟΚ με τις Ανατολικές Χώρες και την ΚΟΜΕΚΟΝ', *Σύγχρονα Θέματα*, Τεύχος 32–33, December 1987, 62–78.

[25] Αγγελόπουλος, 'Είναι πλέον καιρός', 1.

[26] Παύλος Κυριαζής, 'Από τα ανακοινωθέντα εις το συνέδριον πολιτικών μηχανικών: Ανατομία του ενεργειακού μας προβλήματος', *Οικονομικός Ταχυδρόμος*, Αριθμός 618, 17 Φεβρουαρίου 1966, 109. Παύλος Κυριαζής, 'Σοβαρά ελλείμματα ενέργειας: Αι διαπιστώσεις και προτάσεις του Α Ενεργειακού Συνεδρίου που διωργανώθη από τον Σύλλογον Πολιτικών Μηχανικών Αθηνών', *Οικονομικός Ταχυδρόμος*, Αριθμός 619, 24 Φεβρουαρίου 1966, 123（7），124（8）και 133（17）.

[27] Γ. Κ. Τσαπόγας, 'Ενεργειακή Πολιτική και Πυρηνική Ενέργεια', *Οικονομικός Ταχυδρόμος*, 31 Μάρτιος 1966, 217（5）.

[28] Μ. Στρατηγάκης προς Πρόεδρο ΔΣ της ΔΕΗ（M. Stratigakis to the PPC President）, 3 August 1967, 'Εξέτασις των μέχρι σήμερον φακέλλων, προτάσεων και προσφορών προς ΔΕΗ από ξένους οίκους, δια θέματα Ατομικής Ενέργειας'［Confidential］, Atomic Energy File, PPC Archives.

[29] M. 斯特拉蒂加基斯致希腊公共电力公司总裁的信件，1967 年 8 月 3 日，第 12–14 页。

[30] M. 斯特拉蒂加基斯致希腊公共电力公司总裁信件，1967 年 8 月 3 日，9–12 页。

［31］E. 玛丽萨尔（E.Maryssael）和 M. 迪布瓦（M.Dubois）写信给 M. 斯特拉蒂加基斯先生，
12 October 1966，Atomic Energy File，PPC Archives.

［32］M. 斯特拉蒂加基斯于 1967 年 8 月 3 日致希腊公共电力公司总裁的信件，12，14–15；D. E.
1967 年 2 月 15 日，D.E. 卡尔松（D. E. Kahlson）写信给公共电力公司的 M. 斯特拉蒂加
基斯先生（公共电力公司的董事和总经理）。参见：Atomic Energy File，PPC Archives；D.
E. Kahlson to PPC，19 May 1967，Atomic Energy File，PPC Archives.

［33］M. 斯特拉蒂加基斯致公共电力公司总裁的信件，1967 年 8 月 3 日。

［34］J.C. 彼得森（J.C. Petersen）致迈伦·斯特拉蒂加基斯，1967 年 1 月 28 日，参见：Atomic
Energy File，PPC Archives.

［35］彼得森致迈伦·斯特拉蒂加基斯的信件，1967 年 1 月 28 日。

［36］M. 斯特拉蒂加基斯致公共电力公司总裁的信件，1967 年 8 月 3 日，第 7 页。

［37］M. 斯特拉蒂加基斯致公共电力公司总裁的信件，1967 年 8 月 3 日，第 7 页。

［38］Τσαπόγας，‘Ενεργειακή Πολιτική και Πυρηνική Ενέργεια’.

［39］Rentetzi，‘Gender，Science，and Politics’，63–87；Maria Rentetzi，‘“Reactoris Critical”：
Introducing Nuclear Research in Postwar Greece’，*Archives Internationales d’ Histoire des
Sciences*，2010，60（164）：137–154；Μαρία Ρεντετζή，‘Στήνοντας την μεταπολεμική
φυσική στην Ελλάδα：Η ελληνική Επιτροπή Ατομικής Ενέργειας και το Ερευνητικό Κέντρο
Πυρηνικών Ερευνών ‘Δημόκριτος’，Νεύσις，2009，18，88–110.

［40］Θάνος Βερέμης，*Ελλάδα–Ευρώπη: Από τον Πρώτο Πόλεμο ως τον Ψυχρό Πόλεμο*（Πλέθρο，
Αθήνα，1999），108–109.

［41］Δελτίον Ενημερώσεως Προσωπικού，Φύλλον 50ον，1 June 1970，13；Δελτίον Ενημερώσεως
Προσωπικού，Φύλλον 67ον，November 1970，1–10.

［42］Δελτίον Ενημερώσεως Προσωπικού，Φύλλον 30ον，5 March 1969，1–11；Δελτίον
Ενημερώσεως Προσωπικού，Φύλλον 44ον，1 December 1969，1–2；Δελτίον Ενημερώσεως
Προσωπικού，Φύλλον 57ον，1 January 1971，1–6；Δελτίον Ενημερώσεως Προσωπικού，
Φύλλον 23ον，15 November 1968，1；Δελτίον Ενημερώσεως Προσωπικού，Φύλλον 22ον，1
November 1968，4.

［43］Δελτίον Ενημερώσεως Προσωπικού，Φύλλον 99ον，30 June 1974，1–4.

［44］Δελτίον Ενημερώσεως Προσωπικού，Φύλλον 25ον 15 December 1968，10；Δελτίον
Ενημερώσεως Προσωπικού，Φύλλον 13ον，10 May 1968，3；Δελτίον Ενημερώσεως
Προσωπικού，Φύλλον 31ον，16 March 1969，3.

［45］Δελτίον Ενημερώσεως Προσωπικού，Φύλλον 37ον，16 June 1969，3.

［46］Δελτίον Ενημερώσεως Προσωπικού，Φύλλον 63ον，July 1971，14.

［47］See ‘Πρόγραμμα Ερεύνης των Ουρανιούχων Μεταλλευμάτων’，*Μακεδονία*，18 Ιουνίου
1972，16；‘Τους 1.000 τόνους φθάνει το καθαρό ουράνιο στην περιοχή Σερρών’，
Μακεδονία，9 Σεπτεμβρίου 1979，6.

［48］'Έντονος υπήρξε η δραστηριότης της ΔΕΗ εις τον τομέα εξηλεκτρισμού της χώρας: Η πυρηνική ενέργεια και το πετρέλαιον', *Μακεδονία*, 6 Ιανουαρίου 1972, 9.

［49］'Ποσόν 36.000.000.000 δραχμών θα διατεθή υπό της Δ. Ε. Η. δι ' εκτέλεσιν μεγάλων έργων', *Μακεδονία*, 16 Ιουνίου 1972, 9.

［50］''Ποσόν 36.000.000.000 δραχμών θα διατεθή υπό της Δ. Ε. Η. δι ' εκτέλεσιν μεγάλων έργων', 9.

［51］'Επιδεικνύεται εις την Έκθεσιν η δραστηριότης της ΔΕΗ κατά την τελευταίαν πενταετίαν', *Μακεδονία*, 5 Σεπτεμβρίου 1972, 5 και 13.

［52］本段落的信息基于一份绿色和平文件，其中包含全球取消的核电站信息（'Σχέδια πυρηνικής ενέργειας που ναυάγησαν', http//:e-telescope.gr/gr/cat08/art08_040802.htm）以及拉斐尔·莫伊西斯（Raphael Moissis）的一次演讲。莫伊西斯是一位公共电力公司的前主管，曾经是国家能源研究委员会的负责人，他在 2008 年 5 月的"德谟克利特斯"国家科学研究中心的核能复兴研讨会上发表演讲。（ipta.demokritos.gr/Documents/MOISSIS）.

［53］埃利亚斯·吉夫托普洛斯在希腊国立雅典理工大学学习机械和电气工程，并随后在美国麻省理工学院获得博士学位。随后，他成了麻省理工学院核工程的教授，同时还是美国艺术与科学院、美国核学会、美国科学促进会的会员，以及希腊雅典学院的会员。他是核物理学和工程、热力学、材料科学以及核反应堆安全方面的世界级专家。他曾担任美国政府和多个工业企业的顾问。'Συνέντευξη', *Οικονομικός Ταχυδρόμος*, 11 Αυγούστου 1977, φ. 1214, 22. 'Professor emeritus Elias P. Gyftopoulos dies at 84 at Massachusetts Institute of Technology', by Alissa Mallinson and Ilavenil Subbiah; published 27 June 2012.（http://news.mit.edu/2012/obit-gyftopoulos）.

［54］'Συνέντευξη', *Οικονομικός Ταχυδρόμος*, 22–23.

［55］科诺法戈斯给外交部的报告，1977 年 10 月 17 日，第 3 页，参见：Karamanlis Archives ［52–1597］.

［56］1979 年 7 月 9 日，康斯坦丁诺斯·卡拉曼利斯与罗兰·巴特（Roland Barre）之间的讨论记录，参见：Karamanlis Archives ［50–2255］.

［57］Constantine Karamanlis Archives: Events and Documents, Europe of 'Ten', v.11, 163–164.

［58］Γιώργος Βότσης, 'Να αντιδράσουμε στους πυρηνικούς αντιδραστήρες', *Ελευθεροτυπία*, 9 Ιανουαρίου 2006.

［59］Γ. Παπανικολάου, 'Σε εφαρμογή η πρώτη φάση εγκαταστάσεως πυρηνικής μονάδας', *Οικονομικός Ταχυδρόμος*, 27 Μαρτίου 1980.

［60］Ευάγγελος Κουλουμπής, 'Πυρηνικό εργοστάσιο στην Ελλάδα: 10 περιοχές εξετάστηκαν, καμμιά κατάλληλη', TEE 2491, 9 June 2008, 72–73. 关于 EBASCO 公司的参与，根据 1979 年 9 月 15 日的《马其顿报》报道，工业部部长 M. 埃弗特（M. Evert）表示选用 EBASCO 公司是因为它赢得了相关竞争。参见：'Τους 1.000 τόνους φθάνει το καθαρό ουράνιο στην περιοχή Σερρών', Μακεδονία, 15 Σεπτεμβρίου 1979, 6.

[61] Nuclear Power Plant Project Preconstruction Phase, Task 2: Site Evaluation Report, v.1, EBASCO, January 1981, 1.0-1-1.0-2 [Archives of PPC].

[62] Nuclear Power Plant Project Preconstruction Phase, Task 2: Site Evaluation Report, v.1, EBASCO, January 1981, 1.0-7.

[63] Nuclear Power Plant Project Preconstruction Phase, Task 2: Site Evaluation Report, v.1, EBASCO, January 1981, 1.0-7.

[64] 'Το 1990 παραγωγή πυρηνικής ενέργειας στην Ελλάδα', *Μακεδονία*, 29 Αυγούστου 1980, 1.

[65] 'Το 1980 θα αρχίσει η εκμετάλλευση των πετρελαίων Θάσου', *Μακεδονία*, 23 Ιουνίου 1979, 1.

[66] Νανά Νταουνάκη, 'Αν γίνει ατύχημα', Τα Νέα, 7 Μαΐου 1977, 3.

[67] 文化中心展览正在雅典市政府举行。Τεχνικά Χρονικά, τεύχος 47, Φεβρουάριος 1978.

[68] *Τεχνικά Χρονικά*, Μάιος-Ιούνιος 1978, 183–197

[69] *Τεχνικά Χρονικά*, Μάρτιος-Απρίλιος 1978, 261–298. 包括以下内容:Κίνηση Φυσικών, 'Η Φυσική για τον άνθρωπο', 'Πυρηνικοί Αντιδραστήρες Ισχύος στην Ελλάδα', *Τεχνικά Χρονικά*, Μάρτιος-Απρίλιος 1978, 261–268, and, Μόνιμη Επιτροπή Περιβάλλοντος του ΤΕΕ, 'Αντιδραστήρες και Περιβάλλον' Τεχνικά Χρονικά, Μάρτιος- Απρίλιος 1978, 268–278. 在其他论坛上关于核电站计划的科学和工程辩论的信息,参见:Μάριος Νικολινάκος, *Έκθεση Πάνω στο Ενεργειακό Πρόβλημα: Συμπεράσματα και Προτάσεις από το Ενεργειακό Συνέδριο του Τ.Ε.Ε. που διοργανώθηκε τον Μάη του 1977*, Τεχνικό Επιμελητήριο της Ελλάδας, (Αθήνα, 25 Απριλίου 1978), see especially 55–67.

[70] Κίνηση Φυσικών, 'Η Φυσική για τον άνθρωπο', 'Πυρηνικοί Αντιδραστήρες Ισχύος στην Ελλάδα', *Τεχνικά Χρονικά*, Μάρτιος-Απρίλιος 1978, 264.

[71] *Τεχνικά Χρονικά*, Μάρτιος-Απρίλιος 1978, 261–298, 引自第288页。

[72] Κίνηση Φυσικών, 'Η Φυσική για τον άνθρωπο', 'Πυρηνικοί Αντιδραστήρες Ισχύος στην Ελλάδα', 265.

[73] Φυσικών, 'Η Φυσική για τον άνθρωπο', 'Πυρηνικοί Αντιδραστήρες Ισχύος στην Ελλάδα', 277.

[74] Φυσικών, 'Η Φυσική για τον άνθρωπο', 'Πυρηνικοί Αντιδραστήρες Ισχύος στην Ελλάδα', 277.

[75] Τεχνικά Χρονικά, Μάρτιος-Απρίλιος 1978, 261–298, quoting from page 289; 在有关核能风险的辩论中,拉斯穆森报告是一个标准参考,其希腊文翻译版本参见:Ερωτόκριτος Τσίγκας, 'Μελέτη της ασφάλειας των πυρηνικών αντιδραστήρων', Επιστημονικό Δελτίο Δ.Ε.Η., Τεύχος 25, Ιούνιος 1980, 29–41.

[76] *Τεχνικά Χρονικά, Μάρτιος-Απρίλιος 1978, 261–298*, 引自第289页。

［77］*Τεχνικά Χρονικά*，*Μάρτιος-Απρίλιος 1978*，293.

［78］*Βήμα*，*7 Αυγούστου 1979*.

［79］Πρακτικά Δημόσιας Συζήτησης，Ένωση Ελλήνων Πυρηνικών Επιστημόνων，Φεβρουάριος 1978，Αθήνα，443–450.

［80］参加者包括工程和科学界的知名人物，如希腊公共电力公司总裁 R. 摩西斯（R. Moses）、雅典理工大学核技术教授 M. 安哲罗普洛斯、希腊技术学会主席 E. 库卢姆皮斯（E.Kouloumpis）、希腊原子科学协会主席 K. 恩托卡斯（K.Ntokas）和国家能源委员会主席 P. 奥法尼迪斯（P. Orfanidis）。

［81］BHMA，16 Μαρτίου 1980，6.

［82］Ε.Λ. Μπουροδημος，'Ο εφιάλτης του Χαρρισμπουργκ και το ελληνικό πρόβλημα'，*Καθημερινή*，31 Μαΐου 1979.

［83］Σ. Αλεξανδρόπουλος，Ν. Σερντεδάκις and Ι. Μποτετσάγιας，'Το ελληνικό περιβαλλοντικό κίνημα'，*Ελληνική Επιθεώρηση Πολιτικής Επιστήμης*，2007，30，5–31；S. Alexandropoulos and N. Serdedakis，'*Greek Environmentalism：From the Status Nascenti of a Movement to its Integration*'，ECRP Workshop on Environmental Organizations，Copenhagen，April 2000，13–14；M. Kousis，'Local Environmental Protest in Greece，1974–1994：Exploring the Political Dimension'，*Environmental Politics*，2007，16（5），785–804；M. A. Boudourides and D. Kalamaras，'Environmental Organizations in Greece'，STAGE Thematic Network，Gothenburg Workshop，24–26 October 2002.

［84］'Όχι στο πυρηνικό εργοστάσιο'，Ριζοσπάστης，17 Μαΐου 1977，6.

［85］'Όχι πυρηνικό εργοστάσιο στην Κάρυστο'，*Ριζοσπάστης*，30 Μαΐου 1978，2

［86］'Παγώνει η σύμβαση για το πυρηνικό εργοστάσιο ηλεκτροπαραγωγής'，*Μακεδονία*，23 Μαΐου 1981，3.

［87］'Διαμαρτυρία στην Κάρυστο για το πυρηνικό εργοστάσιο'，Μακεδονία，5 Μαΐου 1981，3.根据查里斯·卡拉尼卡斯（Charis Karanikas）的网帖，市长查兹尼科利斯（Chatzinikolis）和一群卡里斯特斯人，包括一些市政府工作人员，来到 EBASCO 工作人员所在的现场，威胁要烧毁他们的设备。他们手持汽油罐，似乎真的要准备动手，EBASCO 工作人员被迫离开现场。为了保护 EBASCO 的主要设备，他们将其搬到了卡里斯托斯警察局外面。设备在那里放置了几天。两年前的 1978 年 4 月，一群卡里斯特斯人还曾追赶 EBASCO 工作人员。http://indy.gr/other-press/pali-dimosieymagiapyrinikaergostasia［accessed 27 September 2009］.

［88］'Συγκέντρωση ενάντια στην εγκατάσταση πυρηνικού εργοστασίου στην Κάρυστο'，*Ριζοσπάστης*，*5 Μαΐου 1981*，7.

［89］'Το θέμα της εγκατάστασης πυρηνικού αντιδραστήρα στην Κάρυστο，έφερε στη Βουλή το ΚΚΕ'，Ριζοσπάστης，18 Μαΐου 1977.

［90］'Δήλωση Μάνου：Ολοταχώς για πυρηνικές μονάδες'，Ελευθεροτυπία，13 Μαρτίου 1981.

[91] ΓΠαπανικολάου, 'Προχωρούν οι μελέτες για την εγκατάσταση πυρηνικών μονάδων: Συνέντευξη του διευθυντή της ΕΜΠΑΣΚΟ ΔΡ.Ιωάννη Κωστόπουλο, Οικονομικός Ταχυδρόμος, 26 Μαρτίου 1981.

[92] 地震暴露了希腊现有基础设施的脆弱性。一份由国际团队（含一名 EBASCO 员工）撰写的工程报告，详细记录了这次地震。参见：Panayotis G. Karydis, Norman R. Tilford, Gregg E. Brandow and James O. Jirsa, *The Central Greece Earthquakes of February–March 1981: A Reconnaissance and Engineering Report* (Washington, DC: National Academy Press, 1982).

[93] 'Η Βουλή για τα μέτρα μετά τους σεισμούς', *Μακεδονία*, 14 Μαρτίου 1981, 6.

[94] 以下文献涵盖核能计划内的公共电力公司历史上第一个（1968-1972）和最后一个（1981-1990）计划，参见：Τσοτσορός, *Ενέργεια και Ανάπτυξη στη Μεταπολεμική Περίοδο*, 95 and 102 respectively.

[95] Trevor Pinch, 'Understanding Technology: Some Possible Implications of Work in Sociology of Science', in Brian Elliot (ed.), *Technology and Social Process* (Edinburgh, 1988), 75–76; David Noble, *Forces of Production: A Social History of Industrial Automation* (New York, 1984).

[96] Gabrielle Hecht, *The Radiance of France: Nuclear Power and National Identity After World War II* (Cambridge, MA: MIT Press, 1998); E. Rough, 'Policy Learning through Public Inquiries? The Case of UK Nuclear Energy Policy 1955–61', *Environment and Planning C: Government and Policy*, 2011, 29, 24–45; I. Welsh and B. Wynne, 'Science, Scientism and Imaginaries of Publics in the UK: Passive Objects, Incipient Threats', *Science as Culture*, 2013, 22, 540–566; Henry Nielsen, Keld Nielsen, Flemming Petersen and Hans Siggaard, 'Risø and the Attempts to Introduce Nuclear Power into Denmark', *Centaurus*, 1999, 41 (1–2), 64–92.

[97] Sezin Topçu, 'Confronting Nuclear Risks: Counter Expertise as Politics Within the French Nuclear Debate', *Nature and Culture*, 2008, 3 (3), 225–245; Nielsen et al., 'Risø and the Attempts to Introduce Nuclear Power into Denmark', 64–92; Kristian Nielsen and Matthias Heymann, 'Winds of Change: Communication and Wind Power Technology Development in Denmark and Germany from 1973 to ca. 1985', *Engineering Studies*, 2012, 4 (1), 11–31; Kristian Nielsen, 'Technological Trajectories in the Making: Two Case Studies from the Contemporary History of Wind Power', *Centaurus* 2010, 52 (3), 175–205; Matthias Heymann, 'Signs of Hubris. The Shaping of Wind Technology Styles in Germany, Denmark, and the USA, 1940–1990, Technology and Culture, 1998, 39 (4), 641–670.

第九章

[1] 梅兰妮·斯沃尔（Melanie Swalwell）探讨了 20 世纪 80 年代澳大利亚和新西兰家用微型计算机的有用性和使用方式方面观点的变化。M. Swalwell, 'Questions About the Usefulness of Microcomputers in 1980s Australia', *Media International Australia*, *Incorporating Culture & Policy*, 2012, 143：63.

[2] 杂志的重要性在游戏研究中得到了提升。有人认为 20 世纪 80 年代的电脑游戏杂志形成了一种接受和赞赏的文化，塑造了电脑游戏及其玩家。这些游戏研究的重点包括作弊、游戏玩法和游戏玩家身份等观念。M. Consalvo, *Cheating：Gaining Advantage in Videogames*（London：MIT Press, 2007）；G. Kirkpatrick, 'Constitutive Tensions of Gaming's Field：UK Gaming Magazines and the Formation of Gaming Culture 1981–1995', *Game Studies*, 2012, 12（1）. 在家用计算机文化及其亚文化的研究中，提到了计算机杂志是作为推广家用计算机普及化的工具，但对于其在知识管理和计算机使用方面的作用缺乏深入分析。B. Jakic', 'Galaxy and the New Wave：Yugoslav Computer Culture in 1980s', in G. Alberts and R. Oldenziel（eds）, *Hacking Europe. From Computer Cultures to Demoscenes*（New York：Springer, 2014）, 107–128；P. Wasiak, 'Playing and Copying：Social Practices of Home Computer Users in Poland During the 1980s', in G. Alberts and R. Oldenziel（eds）, *Hacking Europe. From Computer Cultures to Demoscenes*（New York：Springer, 2014）, 129–150.

[3] 关于技术用户重要性的最新历史研究成果，参见：N. Oudshoorn and T. J. Pinch（eds）, *How Users Matter. The Co-construction of Users and Technology*（Cambridge, MA：MIT Press, 2003）；W. E. Bijker, T. P. Hughes and T. J. Pinch（eds）, *The Social Construction of Technological Systems. New Directions in the Sociology and History of Technology*（Cambridge, MA：MIT Press, 1987）；R. Oldenziel, *Consumers*, *Tinkerers*, *Rebels：The People who Shaped Europe.*（Houndmills：Palgrave Macmillan, 2013）；特别是对于计算技术的研究成果，参见：G. Alberts and R. Oldenziel（eds）, *Hacking Europe. From Computer Cultures to Demoscenes*（New York：Springer, 2014）；L. Haddon, *Everyday Innovators：Researching the Role of Users in Shaping ICT's*（Dordrecht：Springer, 2005）；F. Turner, *From Counterculture to Cyberculture：Stewart Brand, the Whole Earth Network, and the Rise of Digital Utopianism*（Chicago：University of Chicago, 2006）；S. Levy, *Hackers：Heroes of the Computer Revolution*（Garden City, NY：Anchor Press/Doubleday, 1984）；T. Bardini and A. T. Horvath, 'The Social Construction of the Personal Computer User', *Journal of Communication*, 1995, 45（3）：40–66；T. Lean, 'The Making of the Micro：Producers, Mediators, Users and the Development of Popular Microcomputing in Britain（1980–1989）', PhD thesis, University of Manchester, 2008.

[4] G. Kirkpatrick, *The Formation of Gaming Culture*（Houndmills：Palgrave Pivot, 2015）.

[5] T. Lekkas, 'Legal Pirates Ltd：Home Computing Cultures in Early 1980s Greece', in Gerard

Alberts and Ruth Oldenziel（eds），*Hacking Europe. From Computer Cultures to Demoscenes*（New York：Springer，2014），73–103；T. Lekkas，'Software Piracy：Not Necessarily Evil or its Role in the Software Development in Greece'，in S. Arapostathis and G. Dutfield（eds），*Knowledge Management and Intellectual Property：Concepts，Actors and Practices from the Past to the Present*（Cheltenham：Edward Elgar，2013），85–106；A. Tympas，H. Konsta，T. Lekkas and S. Karas，'Constructing Gender and Computing in Advertising Images：Feminine and Masculine Technology Parts'，in T. J. Misa（ed.），*Gender Codes：Why Women Are Leaving Computing*（New Jersey：Wiley，2010），187–210.

［6］J. Sumner，'Standards and Compatibility：The Rise of the PC Computing Platform'，in J. Sumner and G. J. N. Gooday（eds），*By Whose Standards? Standardization，Stability and Uniformity in the History of Information and Electrical Technologies*（London：Continuum 2008），101–127；F. Veraart，'Basicode：Co-producing a Microcomputer Esperanto'，*History and Technology*，2008，28：129–147.

［7］Sumner，'Standards and Compatibility'. 有关 IBM PC 的技术特性，参见：D. Bradley，'The Creation of the IBM PC'，*Byte*，1990，15（9）：414–420.

［8］用户的干预、修改和实验并不仅限于软件领域。用户也可以对计算机硬件进行调整，但在这里我只关注软件使用的问题。

［9］N. Manousos，'Interview to the Retrovisions Amateur Users' Community'，http：//www.retrovisions.gr/inv/topic/6945-συνέντευξη του-διευθυντή-της-compupress-κνικόλαου-μανο/［2016 年 1 月 29 日检索］.

［10］D. Bunnell，'The Role of Magazines in Personal Computing'，*Creative Computing*，1984，10（11）：146，http://www.atarimagazines.com/creative/v10n11/146_The_role_of_magazines_in_.php［2016 年 1 月 29 日检索］.

［11］1982 年 2 月 /3 月至 2009 年 1 月期间，以印刷形式发行。1982 年《个人电脑杂志》第一期的标题为 "IBM 个人计算机的独立指南"（The Independent Guide to IBM Personal Computers）。

［12］例如，美国杂志《计算》在 1986 年的售价为 750 德拉克马，而希腊的《微机狂》售价为 180 德拉克马。

［13］'ΕΣΕΙΣ ＆ ΕΜΕΙΣ'，*MicroMad*，February 1986，2：136.

［14］Tympas et al.，'Constructing Gender and Computing in Advertising Images'.

［15］L. Haddon，'The Roots and Early History of the UK Home Computer Market：Origins of the Masculine Micro'，PhD thesis，University of London，1988.

［16］H. Konsta，'The Public Image of Computing Technology in Greece，1954–2004：Labour，Gender，Workplace，Educational Issues'，Unpublished PhD thesis，（Athens：University of Athens，2014）.

［17］有趣的是，尽管《个人电脑大师》杂志专注于 IBM PC 兼容机，但其重点是家庭娱乐，这

在 20 世纪 80 年代的欧洲是不寻常的。在英国，即使是相对非技术性的 PC 杂志，比如 1986 年推出的 PC Plus，通常也认为以 IBM PC 兼容机为导向的期刊应该突出办公和生产力场景，而不是娱乐特性。

[18] 关于纽斯菲尔德出版期刊的历史，可以参考纽斯菲尔德出版有限公司清算报告的摘录，参见：http://www.crashonline.org.uk/99/newsfield.htm［2016 年 1 月 29 日检索］.

[19] G. Kouseras, 'The History of the First *USER* Issues. An Interview to the Retromania Amateur Users Community', http://www.retromaniax.gr/vb/showthread.php?4315%C7%E9%F3%F4 %EF%F1%DF%E1%F4%F9%ED%F0%F1%FE%F4%F9%EDUSER［2016 年 1 月 29 日检索］.

[20] 计算机印刷公司成立于 1982 年，当时希腊人开始对家用微型计算机这项新技术产生兴趣。该公司的初始目标是出版个人计算的杂志和书籍。在 20 世纪 80 年代，计算机印刷公司出版了最畅销的希腊计算机杂志，并且从 1987 年起，还出版了希腊计算机学会（GCS/ EΠY）的通讯。*PIXEL*, 1987, 30：69.

[21] 数据来自 1986 年 7 月至 1987 年 9 月的日报及期刊新闻机构。A. Λεκόπουλος, 'PIXEL και HOME MICROS：Παρελθόν, Παρόν και Μέλλον', *PIXEL*, 1988, 41：136.

[22] *PIXEL*, 1988, 46：134.

[23] *PIXEL*, 1985, 8. MSX 代表着"微软扩展 BASIC"（MicroSoft eXtended BASIC），是专为基于 Zilog Z80 的家用计算机家族设计的固件版本。它于 1983 年问世，旨在建立类似于 IBM PC 在 16 位计算中的主流家用计算机标准。MSX 标准由日本出版公司 ASCII Corporation 与微软（Microsoft）合作设计。尽管 MSX 没有成为全球计算机标准，但它被证明是一种易于使用的家用计算机，在一些欧洲国家和苏联地区非常受欢迎。T. Smith, 'MSX：The Japanese are Coming！The Japanese are Coming！', *The Register*, 2013, http://www.theregister.co.uk/2013/06/27/feature_30_years_of_msx/［accessed 29 January 2016］. 也可以参见：J. Dvorak, 'What Ever Happened to... MSX Computers', http://www. dvorak.org/blog/whatever-happened-to-msx-computers/［2016 年 1 月 29 日检索］.

[24] D. Skinner, 'Technology, Consumption and the Future. The Experience of Home Computing', unpublished PhD thesis, Brunel University, 1992, 32–69.

[25] 参见该书第 3 章：T. Lekkas, 'Public Image and User Communities of the Home Computers in Greece, 1980–1990', unpublished PhD thesis, University of Athens, 2014.

[26] L. Haddon, 'The Home Computer：The Making of a Consumer Electronic', Science as Culture, 1988, 2：7–51. 在希腊，8 位家用计算机一代的使用中存在一种普遍的问题，即所谓的"真正的"或"严肃的"问题，因为它们是真正的计算机，可以用于各种专业活动。参见该书第 4 章：Lekkas, *Public Image and User Communities of the Home Computers in Greece, 1980–1990*.

[27] Lekkas, *Public Image and User*, Chapter 3.

[28] 最显著的例子是 BBC 计算机素养项目，由约翰·拉德克里夫（John Radcliffe）和罗伯特·萨尔克尔德（Robert Salkeld）撰写，并在英国教育计算国家档案馆在线发布的一篇

文章中有所记录。http://www.naec.org.uk/organisations/bbc-computer-literacy project/
towards-computer-literacy-the-bbc-computer-literacy-project-1979-1983 [accessed
29 January 2016]. 关于芬兰的案子，参见：P. Saarikoski, 'Computer Courses in Finnish
Schools during 1980-1995', in J. Impagliazzo, P. Lundin and B. Wangler (eds), *HiNC3*
(IFIP AICT 350, 2011), 150-158.

[29] E. Rose, *User Error：Resisting Computer Culture. Between the Lines* (Toronto：Between the
Lines, 2004).

[30] 'Ήρθαν με τον ταχυδρόμο', *MicroMad*, 1986, 7：87.

[31] "Mouse Mask" 是适用于 Atari ST 计算机的一种程序，附带的文字出现在 "PEEK &
POKE" 专栏中。该专栏的宗旨为："通过这个专栏，每个月为最受欢迎的家用微型计算机
提供一些有用的想法和例程。我们希望它们能帮助你找到改进编程技能的方法。'PEEK &
POKE', *PIXEL*, 1988, 42：136.

[32] 'BIT-TO-BIT. Η κρίσιμη καμπή', *MicroMad*, 1986, 3：6.

[33] 有关如何通过输入程序代码促进实验和新知识的过程，参见：Lean, *The Making of the
Micro*.

[34] 'Το πρόγραμμα του μήνα', *MicroMad*, 1986, 2：45-59

[35] Γρ. Ζώργος and Γ. Αράπογλου, 'Παράλληλα Προγράμματα. Αναγραμματισμοί', *MicroMad*,
1986, 2：60.

[36] T. Πανόπουλος, 'BITS & BYTES. Αλγόριθμοι Ταξινόμησης', *MicroMad*, 1986, 2：66.

[37] 'PIXELWARE. Προγράμματα για όλους', *PIXEL*, 1985, 14：75.

[38] T. Lekkas, *Public Image and User Communities of the Home Computers in Greece, 1980–
1990*.

[39] 'Ήρθαν με τον ταχυδρόμο', *MicroMad*, 1986, 6：107.

[40] Ibid, *MicroMad*, 106.

[41] 'Προγράμματα για όλους … για πολλούς … για μερικούς … για λίγους … για …', *PIXEL*,
1984, 5：86.

[42] 'Αλληλογραφία', *PIXEL*, 1986, 20：13.

[43] 在那个时代的 "失眠" 用户社区中的一个典型用户故事。http://www.insomnia.gr/forum/
archive/index.php/t114493.html [2014 年 3 月 28 日检索].

[44] *PIXEL*, 1984, 5：86.

[45] 'Ήρθαν με τον ταχυδρόμο. Δημοσίευση Προγράμματος', *MicroMad*, 1986, 7：87.

[46] 1986 年 4 月，读者 G. 拉帕斯（G. Lappas）写信给《像素》表达他的失望之情，他提交的
"poke" 指令没有被刊登出版。'Αλληλογραφία', *PIXEL*, 1986, 21：12.

[47]《用户》期刊的主编乔治·库瑟拉斯（Giorgos Kouseras）表示，该期刊在 20 世纪 80 年代
末的出版源于一小群业余爱好者的努力，他们在雅典市中心的一个小房间里进行编辑工
作。与 20 世纪 80 年代的专业报刊一样，该期刊只雇用了少数几位固定编辑（根据主编

的说法是 2—3 人），他们使用化名撰写自己的专栏文章，给读者以更多编辑参与的印象，增强了期刊的客观性和可信度。G. Kouseras, 'The History of the First *USER* Issues'.

[48] *PIXEL*, 1988, 48：141.

[49] 这是一个在全球范围内普遍存在的观点。根据 1983 年《大众科学》（*Popular Science*）杂志上的一篇文章，它们最重要的特点是它们使用 BASIC 语言进行编程……它的 BASIC 语言版本和我在大型商业系统上使用的许多版本一样强大。W. J. Hawkins, 'The Boom Is On In New Personal Computers', *Popular Science*, 1983, 95. 为家用计算机提供易于理解的编程语言，对用户来说是有帮助的，"让他们的新计算机运行起来，成千上万甚至数百万人将学习使用 BASIC 语言。" 'InfoViews', *InfoWorld*, 1983, 32.

[50] Φ. Γεωργιάδης, 'Η στήλη των hackers. Εισαγωγή στο hacking', *PIXEL*, 1986, 23：103.

[51] 'Fifty Years of BASIC, the Programming Language That Made Computers Personal', *TIME*, 2014

　　1. http://time.com/69316/basic/ [accessed 29 January 2016].

[52] A. Tympas, F. Tsaglioti and T. Lekkas, 'Universal Machines vs. National Languages：Computerization as Production of New Localities' in R. Anderl, B. Arich-Gerz and R. Schmiede（eds）, *Proceedings of Technologies of Globalization*（Darmstadt, 2008）, 223–234.

[53] 在希腊语境中，语言适应并没有按照线性的历史顺序进行。在后期，当其他技术方法出现时，人们对希腊语的英文字符表示法（Greeklish）的采纳态度非常谨慎，而且希腊社会对此表现出不同的社会态度。D. Koutsogiannis and B. Mitsikopoulou, 'Greeklish and Greekness：Trends and Discourses of "Glocalness"', *Journal of Computer-Mediated Communication*, 2003, 9（1）.

[54] 类似的情况可以参考以下案例。Lekkas, 'Legal Pirates Ltd'

[55] 'Amstrad CPC-6128. Ελληνικά στο CP/M PLUS', *PIXEL*, 1987, 32：128–132.

[56] *PIXEL*, 1987, 32：152；Γ. & Κ. Βασιλάκης, 'Hacking. Άπειρες ζωές. Πώς να βρίσκετε τα θαυματουργά POKES–παραδείγματα', *PIXEL*, 1987, 37：140–145.

[57] Γ. Σπηλιώτης, 'Επεμβάσεις. Αντιγράψτε το way of exploding fist（top ten）και το Alien 8', *PIXEL*, 1986, 21：160–161.

[58] 'Αλληλογραφία', *PIXEL*, 1989, 56：28.

[59] Γ. Σπηλιώτης, 'Επεμβάσεις. Σπάστε το Killer Gorilla', *PIXEL*, 1986, 21：165. A few issues later, *PIXEL* hosted the attempts of three other users, who were honorably mentioned as 'hackers'. Φ. Γεωργιάδης, 'Η στήλη των Hackers. Αρχίζοντας τις επεμβάσεις', 68.

[60] Φ. Γεωργιάδης, 'Η στήλη των Hackers. Η πρώτη αντιγραφή', 130.

[61] 'Πρώτα βήματα', *PIXEL*, 1986, 26：48.

[62] Lekkas, 'Legal Pirates Ltd'.

[63] Veraart, 'Basicode'.

［64］Z. Ζαχαριάδης και K. Μπάνιτσας, 'Έχετε Amstrad；Φορτώστε Spectrum'，*PIXEL*，September 1986，25：159.

［65］在第 10 期中，介绍了逻辑处理的命令、比较命令和修改机器语言程序流程的命令。在第 11 期中，详细介绍了 Z80 的数据处理命令，并向用户介绍了栈的重要概念（栈是 Z80 用于存储数字数据的内存位置）。而在第 12 期中，介绍了对内存区域进行整体操作的命令，例如入口和退出命令。Χρ. Δελλαρόκας, 'Μαθήματα Γλώσσας. Κώδικας μηχανής για αρχάριους'，*Computer για ΟλουG*，1984，11：114–122；Χρ. Δελλαρόκας, 'Μαθήματα Γλώσσας. Κώδικας μηχανής για αρχάριους'，*Computer για ΟλουG*，1984，12：128–135.

［66］Γ. Κότσιρας, 'Γλώσσα μηχανής για όλους. Z–80'，*MicroMad*，1986，7：56–57；Γ. Κότσιρας, 'Z–80. Βασική αριθμητική δυαδικών αριθμών'，*MicroMad*，1986，8：68–69；N. Δεονάς, 'Z–80. Peek & Poke'，*MicroMad*，1987，10：61；A. Τσιριμώκος, 'Ο προγραμματισμός του Z80 σε απλά μαθήματα'，*PIXEL*，1986，20：152；N. Κάσσος, 'Γλώσσα μηχανής για όλους. 6502'，*MicroMad*，1986，7：57–58；Ηλ. Σκορδίλης, 'Γλώσσα μηχανής για όλους. 6800'，*MicroMad*，1986，7：58；N. Κάσσος, '6502. Απαραίτητα εφόδια'，*MicroMad*，1987，10：60–61；A. Λεκόπουλος, 'Γνωριμία με το CP/M. Μια γενική θεώρηση του CP/M'，*PIXEL*，1986，25：172–173；A. Λεκόπουλος, 'Γνωριμία με το CP/M. Οι πρώτες εντολές'，*PIXEL*，1986，26：184–187；A. Λεκόπουλος, ''Γνωριμία με το CP/M. Αλλαγές στα ονόματα των αρχείων'，*PIXEL*，1986，27：184–185；A. Λεκόπουλος, 'Γνωριμία με το CP/M. PIP：Εκτελούνται μεταφοραί αρχαίων παντός τύπου'，*PIXEL*，1986，28：195–197；A. Λεκόπουλος, 'Γνωριμία με το CP/M. Χειρισμός των περιφερειακών'，*PIXEL*，1987，29：148–149；A. Λεκόπουλος, 'Γνωριμία με το CP/M. Δουλεύοντας πάνω στο δίσκο'，*PIXEL*，1987，30：152–154；A. Λεκόπουλος, 'Γνωριμία με το CP/M. Τα παροδικά προγράμματα'，*PIXEL*，1987，31：158–159；A. Λεκόπουλος, 'Γνωριμία με το CP/M. Περισσότερα παροδικά προγράμματα...'，*PIXEL*，1987，31：158–159；A. Λεκόπουλος, 'Γνωριμία με το CP/M. Submit και εντολές'，*PIXEL*，1987，33：130–131.

第十章

［1］'Οι Κίνδυνοι'［The Dangers］，Σκριπ，19 May 1904.

［2］关于雅典的历史，参见：K. Μπίρης, *Αι Αθήναι: Από του 19ο εις τον 20ο Αιώνα*［Athens：From 19th to the 20th Century］（Athens，1966）.

［3］'Οι Κίνδυνοι'［The Dangers］.

［4］对于在欧洲各国引进汽车，参见：G. Mom, 'Civilized Adventure as a Remedy for Nervous Times：Early Automobilism and *Fin-de-Siecle* Culture'，*History of Technology*，2001，23：157–190，170. 关于美国和围绕城市街道上发生的"激烈革命"，参见：P. Norton，

Fighting Traffic: The Dawn of the Motor Age in the American City（Cambridge，MA，2008），2. Also C. McShane，*Down the Asphalt Path: The Automobile and American City*（New York，1994），174–175.For France，C. Lavenir，'How the Motor Car Conquered the Road'，in M. Levin（ed.），*Cultures of Control*（Amsterdam，2000），113–134. 关于意大利都灵（Turin），参见：Massimo Moraglio，'Knights of Death：Introducing Bicycles and Motor Vehicles to Turin，1890–1907'，*Technology and Culture*，2015，56（2）：370–393.关于德国，参见：K. Moser，'The Dark Side of Automobilism：Violence，War and the Motor Car'，*Journal of Transport History*，2003，24（2）：238–258.

[5] 在 1912 年的第一次巴尔干战争中，有 65 辆汽车被征召参战，但很可能还有许多汽车没有申报，以避免被征用。Π. Χατζημιχάλης，*Συγκοινωνίαι και Μεταφοραί*［Communication and Transports］（Athens，1938），15. 也可参见：E. Ρούπα and E. Χεκίμογλου，*Η Ιστορία του Αυτοκινήτου στην Ελλάδα: Εμπόριο και Παραγωγή στη Μέγγενη του Κράτους*［The History of the Automobile in Greece：Commerce and Production Under the Boot of the State］（Athens，2009），53–56. 关于希腊流动性史学研究的最新综述，参见：A. Tympas and I. Anastasiadou，'An Indistinct Constellation：Mobility History in Greece'，in G. Mom，G. Pirie and L. Tissot（eds），*Mobility in History: The State of the Art in the History of Transport*，Traffic and Mobility（Suisse，2009），201–212.

[6] 如果我们加上比雷埃夫斯的人口，这个数字将上升到 196327。A. Καραδήμου Γερολύμπου，'Πόλεις και Πολεοδομία'［Cities and Urban Planning］，in X. Χατζηιωσήφ（ed.），*Ιστορία της Ελλάδας του 20ου Αιώνα，τ.Α1*［History of Greece in the 20th Century，vol. A1］（Athens，2003），226.

[7] 关于 19 世纪末希腊城市工人阶级的形成情况，参见：C. Hadziiosif，'Class Structure and Class Antagonism in Late Nineteenth Century Greece'，in P. Carabott（ed.），*Greek Society in the Making（1863–1913）: Realities，Symbols and Visions*（Aldershot，1997），3–17. 关于 20 世纪初他们在雅典的住宿情况，参见：Λ. Λεοντίδου，*Πόλεις της Σιωπής: Εργατικός Εποικισμός της Αθήνας και του Πειραιά，1909–1940*［Cities of Silence：Workers' Settlement of Athens and Piraeus，1909–1940］（Athens，1989），115–146.

[8] 关于希腊军事介入巴尔干地区的情况，参见：ΓΓιανουλόπουλος，'*Η Ευγενής μας Τύφλωσις...*'：*Εξωτερική Πολιτική και 'Εθνικά Θέματα' από την Ήττα του 1897 έως τη Μικρασιατική Καταστροφή*［'Our Noble Blindness...'：Foreign Policy and 'National Matters' from the Defeat of 1897 to the Asia Minor Disaster］（Athens，2003）. 英文版，请参见：D. Dakin，*The Unification of Greece，1770–1923*（London，1972）.

[9] X. Χατζηιωσήφ，'Εισαγωγή'［Introduction］，in X. Χατζηιωσήφ（ed.），*Ιστορία της Ελλάδας του 20ου Αιώνα，τ.Α1*［History of Greece in the 20th Century，vol. A1］（Athens，2003），11.

[10] Mom，'Civilized Adventure'.

[11] 参见注释 3。

[12] 两份报纸（*Εμπρός* [Forward] and *Σκριπ* [Scrip]）系统地回顾了 1898—1911 年期间的情况。这两份报纸在雅典编辑，并在全国范围内广泛发行，每天销售量达到 1.5 万到 2 万份。K. Μάγερ, *Ιστορία του Ελληνικού Τύπου*, *τ.1* [History of the Greek Press, vol. 1]（Athens, 1959），237–251.

[13] Enda Duffy, *The Speed Handbook: Velocity, Pleasure, Modernism*（Durham, 2009），199–261. 达菲从下面这篇文献引用了这个论点：P. Virilio, *Speed and Politics*（Los Angeles, 2006），passim. 针对汽车破坏性方面的类似呼吁，参见：Vardi, 'Auto Thrill Shows and Destruction Derbies, 1922–1965：Establishing the Cultural Logic of the Deliberate Car Crash in America', *Journal of Social History*, 2011, 45（1）：20–46.

[14] E.P. Thompson, *The Making of the English Working Class*（London, 1991），12.

[15] 'Δυστύχημα εις την A.B.Y. τον Διάδοχον' [His Majesty' s Accident], *Σκριπ*, 22 September 1902.

[16] 乔治国王和尼古拉奥斯王子于 1904 年 10 月购买了自己的汽车。'Βασιλικά Αυτοκίνητα' [Royal Automobiles], *Εμπρός*, 12 October 1904.

[17] Duffy, *The Speed Handbook*, 1–16.

[18] 人们将 1897 年的"不幸战争"归咎于王室家族，之后发生了针对乔治国王的暗杀事件。'Απόπειρα Δολοφονίας του Βασιλέως' [Assassination Attempt on the King], *Σκριπ*, 15 February, 1898.

[19] 'Βλάβη του Αυτοκινήτου εν Θήβαις' [The Automobile Breaks Down in Thebes], *Εμπρός*, 29 October 1904. 'Το Αυτοκίνητον του Πρίγκηπος–Ταχύτης Καταπληκτική' [The Prince' s Automobile–Extraordinary Speed], *Σκριπ*, 30 October 1904.

[20] 'Ποικίλα' [Various], *Εμπρός*, 14 November 1904.

[21] 'Το Αυτοκίνητον του Πρίγκηπος Ανδρέου' [Prince Andrew' s Automobile], *Εμπρός*, 29 March 1905.

[22] Mom, 'Civilized Adventure', 166.

[23] E.Χατζηκωνσταντίνου, 'Αστικός Εκσυγχρονισμός, Οδικό Δίκτυο και Πόλη' [Urban Modernization, Road Network and City：The Example of Syngrou Avenue During the Turn of the Century], Unpublished Doc.Diss., Athens, 2014, 238.

[24] 'Η Χθεσινή Ποδηλατική Εκδρομή' [Yesterday' s Bicycle Excursion], *Εμπρός*, 7 March 1905.

[25] Χ.Κουλούρη, *Αθλητισμός και Όψεις της Αστικής Κοινωνικότητας: Γυμναστικά και Αθλητικά Σωματεία（1870–1922）* [Athleticism and Aspects of Bourgeois Sociality：Gymnastic and Athletic Clubs, 1870–1922]（Athens, 1997），363.

[26] 'Περίπατος δι' Αυτοκινήτου των Υψηλών Ξένων' [Automobile Promenade of the Esteemed Guests], *Εμπρός*, 26 January 1907.

［27］K.Marx, *Grundrisse: Foundations of the Critique of Political Economy*（London, 1993）, 524.Duffy, *The Speed Handbook*, 21–57.

［28］"整个欧洲"的自行车旅行俱乐部都试图"占领道路并使其服从于他们的意愿和喜好"，参见：Lavenir, 'How the Motor Car Conquered the Road', 116. 莫泽呼吁我们不要只从表面上看汽车爱好者对乡村的着迷，参见：Moser, 'The Dark Side of Automobilism', 253–254.

［29］引自：Κουλούρη, *Αθλητισμός και Όψεις της Αστικής Κοινωνικότητας*, 364.

［30］参见：Επιτροπή Εκδόσεως των Καταλοίπων Σπυρίδωνος Λάμπρου, *Εις Μνήμην Σπυρίδωνος Λάμπρου*［In memoriam of Spyridon Lampros］（Athens, 1935）, 9.关于"国家红会"，参见：Γιανουλόπουλος, '*Η Ευγενής μας Τύφλωσις...*', 1–183.

［31］这是基于以下社区的人口数据估算而得：卡利罗伊（Kalliroi）、基诺萨尔格斯（Kinosargus）、阿洛佩基斯（Alopekis）、西克利亚斯（Sikelias）和菲洛帕普（Filopappou），引自：Ξ. Γιαταγάνα and Β. Ματζώρου（επ.）, *Ελευθέριος Σκιαδάς, οι Συνοικίες των Αθηνών: Η Πρώτη Επίσημη Διαίρεση, 1908*［The Districts of Athens: The First Official Demarcation, 1908］（Athens, 2001）.

［32］Μπίρης, *Αι Αθήναι: Από του 19ο εις τον 20ο Αιώνα, 246–250.* Also, Ζ. Σαλίμπα, *Γυναίκες Εργάτριες στην Ελληνική Βιομηχανία και στη Βιοτεχνία 1870–1922*［Women Workers in Greek Industry and Handicrafts, 1870–1922］（Athens, 2002）, 273–296.For Athens' water infrastructure, Γ. Μαυρογόνατου, 'Η Υδροδότηση της Αθήνας: Από τα Δίκτυα στο Δίκτυο, 1880–1930',［Building Athens' Water Supply System: From Networks to Network］, Unpublished Doc.Diss., Athens, 2009.

［33］1890 年至 1910 年间，上层阶级发现了自行车，但随后又将其抛弃，参见：Κουλούρη, *Αθλητισμός και Όψεις της Αστικής Κοινωνικότητας*, 374.

［34］'Οι Ολυμπιακοί Αγώνες'［The Olympic Games］, *Εμπρός*, 14 October 1905.

［35］对于汽车比赛的描述，参见：'Αγώνες Αυτοκινήτων εις τας Αθήνας'［Automobile Race in Athens］, *Εμπρός*, 23 January 1906; 'Οι αγώνες της Κυριακής–Αυτοκίνητα και Ποδήλατα'［Sunday's Race–Automobiles and Bicycles］, *Εμπρός*, 22 February 1906; 'Οι σημερινοί Αγώνες–Ο Καταρτισμός των Επιτροπών'［Today's Race–Formation of the Committees］, *Εμπρός*, 26 February 1906; 'Οι Χθεσινοί Αγώνες Αυτοκινήτων（!）'［Yesterday's Automobile Race（!）］, *Εμπρός*, 27 February 1906; 'Οι χθεσινοί Αγώνες της Λεωφόρου Συγγρού'［Yesterday's Race on Syngrou Avenue］, *Ακρόπολις*, 26 February 1906; 'Οι Χθεσινοί Αγώνες'［Yesterday's Race］, *Αθήναι*, 27 February 1906; and 'Οι Χθεσινοί Αγώνες Αυτοκινήτων: Πλήρης... Αποτυχία'［Yesterday's Automobile Race: A Complete... Failure］, *Καιροί*, 27 February 1906.

［36］19 世纪的（工业）机械展览是为了展示权力，目的是恐吓工人阶级，参见：G. Caffentzis, 'Why Machines Cannot Create Value, or Marx's Theory of Machines', in Jim

Davis, Thomas Hirschl and Michael Stark（eds），*Cutting Edge: Technology*，*Information*，*Capitalism and Social Revolution*（New York，1997），40–47. 有关将机械视为"主人权力"的物质体现的最早案例，参见：K.Marx，*Capital*，3 vols.，vol. I（London，1990），492–564.

[37] Thompson，*The Making of the English Working Class*，12.

[38] 'Νυχτερινόν Δυστύχημα'［A Nocturnal Accident］，*Εμπρός*，4 April 1906. 'Το Προχθεσινόν Δυστύχημα'［The Day Before Yesterday's Accident］，*Εμπρός*，6 April 1906.

[39] 'Τα Κατορθώματα δύο Αυτοκινήτων：Κατασύντριψις Νεαρής Γυναικός'［Deeds of Two Automobiles：The Crushing of a Young Woman］，*Αθήναι*，6 March 1907.

[40] 'Τα Κατορθώματα δύο Αυτοκινήτων：Κατασύντριψις Νεαρής Γυναικός'. 安德鲁王子的助手梅塔萨斯描述了这一事件。

[41] 'Το Προχθεσινόν Ατύχημα της Λεωφόρου Φαλήρου：Τα δύο Αυτοκίνητα'［The Day Before Yesterday's Accident on Phaleron Avenue：The Two Automobiles］，*Εμπρός*，6 March 1907.

[42] Vardi，'Auto Thrill Shows and Destruction Derbies，1922–1965'，32–33.

[43] 这项"警令"已在媒体上公布："在狭窄的街道和拐角处，汽车的速度应该与人的步行速度相当；只有当整条街道都完全可见时，才不需要减速。" 'Αστυνομική Διάταξη περί των Αυτοκινήτων'［Police Automobile Ordinance］，*Εμπρός*，30 August 1906.

[44] 'Το Προχθεσινόν Ατύχημα'，6 March 1907.

[45] 关于美国法官所展示的"语言技艺"，参见：S. L. Jain，'Dangerous Instrumentality：The Bystander as Subject in Automobility'，*Cultural Anthropology*，2004，19（1）：66.

[46] 'Τα Κατορθώματα δύο Αυτοκινήτων：Κατασύντριψις Νεαρής Γυναικός'.

[47] Σαλίμπα，*Γυναίκες Εργάτριες στην Ελληνική Βιομηχανία και στη Βιοτεχνία 1870–1922*，10.

[48] 'Ανακρίσεις：Το Δυστύχημα της Λεωφόρου Συγγρού'［Interrogations：The Syngrou Avenue Accident］，*Αθήναι*，8 March 1907；'Το Δυστύχημα των Αυτοκινήτων：Ανακρίσεις επί Τόπου'［The Automobile Accident：Interrogations on the Spot］，*Αλήθεια*，11 March 1907.

[49] 'Φρικτός Θάνατος υπό τους Τροχούς των Αυτοκινήτων'［Terrible Death Under Automobile Wheels］，*Καιροί*，6 March 1907.

[50] 'Το Δυστύχημα των Αυτοκινήτων'，11 March 1907.

[51] ΜΚορασίδου，*Οι Άθλιοι των Αθηνών και οι Θεραπευτές τους：Φτώχεια και Φιλανθρωπία στην Ελληνική Πρωτεύουσα τον 19ο Αιώνα*［Les Miserables of Athens and their Therapists：Poverty and Philanthropy in the Greek Capital During the Nineteenth Century］（Athens，1995），200–207.

[52] "因此，我们已经到了这样一个地步，即：连谋杀这样严重的罪行（……），也成为谋杀犯和受害者之间的一种谈判事项，间接受益者也参与其中（……）。既然丈夫得到了慰藉，那么我们大家都应该得到安慰。"这些晦涩的文字可以在《雅典（Αθήναι）报》1907 年 3 月 7 日的一篇无标题文章中找到。

［53］关于西莫普洛斯的汽车代理公司，参见：*Εφημερίς των Αυτοκινήτων* ［The Automobile Journal］，1 January 1923. 关于西莫普洛斯是希腊旅游俱乐部（ΕΛΠΑ）的创始成员，参见：A.Φωτάκης, 'Η Δημιουργία της Αστυνομίας Πόλεων και η Βρετανική Αποστολή, 1918–1932' ［The Creation of the City Police and the British Mission］，Unpublished Doc.Diss., Athens, 2016, 115.

［54］Σαλίμπα, *Γυναίκες Εργάτριες στην Ελληνική Βιομηχανία και στη Βιοτεχνία 1870–1922*, 277.

［55］'Πάθημα Αυτοκινήτου' ［An Automobile's Pratfall］，*Αθήναι*, 12 March 1907. 'Τα Αυτοκίνητα' ［The Automobiles］，*Αθήναι*, 14 March 1907.

［56］'Μια Αποδοκιμασία' ［A Decrial］，*Εμπρός*, 13 March 1907.

［57］'Αυτοκίνητον Τρέχον με Ιλιγγιώδη Ταχύτηταν' ［Automobile Running at a Dizzying Speed］，*Εμπρός*, 14 March 1907.

［58］'Διατί τρέχει' ［Why Does it Run］，*Εμπρός*, 15 March 1907.

［59］Hadziiosif, 'Class Structure and Class Antagonism', 15.

［60］1905 年之后，法国的"汽车杂志作者"虽然对普通人持鄙视态度，但他们选择隐藏这种情感，参见：Lavenir, 'How the Motor Car Conquered the Road', 131. 关于把开车作为一种表达"阶级优越性"的方式，参见：Moser, 'The Dark Side of Automobilism', 247.

［61］Duffy, *The Speed Handbook*, 199–261.

［62］根据 A. Τσίγκος, *Κείμενα για τους Αρβανίτες* ［Articles on Arvanites］，（Athens, 1991），55，所有的阿提卡村都是阿尔巴尼亚人聚居区。

［63］姆皮里斯继续说道："也许我们仍然可以看出一些人的无情和冷峻的面孔……"。K. Μπίρης, *Αρβανίτες, οι Δωριείς του Νεώτερου Ελληνισμού: Ιστορία των Ελλήνων Αρβανιτών* ［Arvanites, the Dorians of Modern Hellenism: History of Greek Arvanites］（Athens, 1960），329.

［64］'Πώς τον ετιμώρησε' ［How he Punished him］，*Εμπρός*, 4 November 1908.

［65］'Σοβαρόν Επεισόδιον εις τον διάδοχον εν Ελευσίνι' ［Grave Incident Against the Heir in Elefsina］，*Εμπρός*, 7 March 1909.

［66］'Το Τέλος της Κρίσεως' ［End of the Crisis］，*Σκριπ*, 13 May 1905.

［67］'Η Κοινή Αντιπάθεια' ［A Common Antipathy］，*Εμπρός*, 22 October 1909.

［68］'Νέο Δυστύχημα από Αυτοκίνητο στα Πατήσια: Η Αγανάκτησις του Κόσμου' ［Another Automobile Accident in Patissia: Popular Indignation］，*Σκριπ*, 23 May 1908. 在造成希腊的第一起汽车致死事件后，恩比里科斯女士的汽车被媒体称为"绿色汽车"，她也因自己鲁莽的超速行为而声名狼藉。

［69］结合以下两篇文献，我得出这个结论：'Παρ' Ολίγον Δυστύχημα εις τον Διάδοχον' ［Almost an Accident for the Heir］，*Εμπρός*, 3 September 1908，和 'Το Αυτοκίνητον του Διαδόχου: Δυστύχημα εις Νεανίδα' ［The Heir's Automobile: Accident for a Young Girl］，*Σκριπ*, 3 September 1908.

［70］'Η Χθεσινή Δίκη του Πλημμελειοδικείου'［The Misdemeanour Tried Yesterday］, *Εμπρός*, 21 December 1910.

［71］参见：Θ. Μποχώτης, 'Η Εσωτερική Πολιτική'［Domestic Politics］, in Χ. Χατζηιωσήφ (ed.), *Ιστορία της Ελλάδας του 20°⁰ Αιώνα*, τ.Α1［History of Greece in the 20th Century, vol. Α1］(Athens, 2003), 75–83.

［72］ΓΜαυρογορδάτος, 'Βενιζελισμός και Αστικός Εκσυγχρονισμός'［Venizelism and Bourgeois Modernization］, in Γ. Μαυρογορδάτος and Χρήστος Χατζηιωσήφ (eds), *Βενιζελισμός και Αστικός Εκσυγχρονισμός*［Venizelism and Bourgeois Modernization］(Heraklion, 1988), 12.

［73］*Εφημερίς των Συζητήσεων της Βουλής*［Journal of Parliamentary Discussions］, 18 November 1911.

［74］*Πρακτικά Βουλής*［Minutes of Parliament］, 23 November 1911.

［75］有关卡拉帕诺斯在议会辩论中对汽车法进行干预的内容，参见：'Η Βουλή：Ψήφισις Νομοσχεδίων'［The Parliament：Discussion of Legislation］, *Σκριπ*, 23 November 1911. 另 参 见：*Εφημερίς των Συζητήσεων της Βουλής*［Journal of Parliamentary Discussions］, 18 November 1911. 关于卡拉帕诺斯驾车撞死埃伊万格洛一事，参见：'Θανάσιμος Τραυματισμός υπό Αυτοκινήτου'［Deathly Injury Brought Upon by an Automobile］, *Εμπρός*, 7 August 1910.

［76］有关德国汽车驾驶员在第一次世界大战期间与他们的汽车一起参军的情况，参见：Moser, 'The Dark Side of Automobilism', 251. 有关希腊的"汽车公园"，参 见：Η. Καφάογλου, *Ελληνική Αυτοκίνηση (1900–1940)：Άνθρωποι, Δρόμοι, Οχήματα, Αγώνες*［Greek Automobility (1900–1940)：Men, Roads, Vehicles, Races］(Athens, 2013), 125–127.Also Ρούπα and Ε. Χεκίμογλου, *Η Ιστορία του Αυτοκινήτου στην Ελλάδα：Εμπόριο και Παραγωγή στη Μέγγενη του Κράτους*, 66–69. 关于内格雷蓬提斯的运动兴趣，参见：Κολούρη, *Αθλητισμός και Όψεις της Αστικής Κοινωνικότητας*, 368.

［77］Ε.Λ.Ι.Α., Αρχείο Αριστοτέλη Κουτσουμάρη, Φάκελος 28/5, Επιθεωρήσεις Αστυνομικού Τμήματος Πατρών, (1931)［National Popular History Archive, Aristotelis Koutsoumaris Archive, File 28/5, Reviews of the Police Department of the City of Patras, (1931)]. 关于交通警局的创建，参见：Φωτάκης, 'Η Δημιουργία της Αστυνομίας Πόλεων και η Βρετανική Αποστολή, 1918–1932', 111–124.

［78］'Ανακοινώσεις του Τμήματος Τροχαίας Κινήσεως του Υπουργείου Πρωτευούσης'［Announcements of the Department of Road Traffic of the Ministry of the Capital］, *Τεχνικά Χρονικά*, February 1940. 根据汽车历史学家帕亚历西娅·帕扎费罗普卢的说法，这一冲突直到第二次世界大战后，尤其是在 1960 年之后才得以解决。Α. Παπαζαφειροπούλου, 'Το Εθνικό Οδικό Δίκτυο κατά την Περίοδο 1930–1980.Η Κουλτούρα του Αυτοκινήτου στην Ελλάδα'［The National Road Network between 1930 and 1980.Automobile Culture in Greece］, Unpublished Doc.Diss., Athens, 2015, 563–637.

［79］Χατζηιωσήφ, 'Εισαγωγή', 11.

[80] Σαλίμπα, *Γυναίκες Εργάτριες στην Ελληνική Βιομηχανία και στη Βιοτεχνία 1870–1922*, 296.

[81] Duffy, *The Speed Handbook*, 211.

[82] Thompson, *The Making of the English Working Class*, 12.

第十一章

[1] Evangelia Chatzikonstantinou, Areti Sakellaridou and Paschalis Samarinis, 'Road Construction in Greece during the Interbellum: The Makris Project', in Robert Carvais, André Guillerme, Valérie Nègre and Joël Sakarovitch (eds), Nuts and Bolts of Construction History (Paris: Picard, 2012), Vol. 3, 637–645.

[2] 康斯坦丁诺斯·查齐斯（Konstantinos Chatzis）和格鲁吉亚·马夫罗戈纳托（Georgia Mavrogonatou）指出，20 世纪 70 年代和 80 年代关注"现代化问题"的大部分历史和社会学文献集中在宏观分析层面，并受到"西方"理想化形象的影响。他们认为："由于这种理想化，希腊社会的演变史经常出现遗漏、缺失、扭曲和偏差。" Konstantinos Chatzis and Georgia Mavrogonatou, 'From Structure to Agency to Comparative and "Cross-national" History? Some Thoughts Regarding Post-1974 Greek Historiography', *Contemporary European History*, 2012, 19 (2): 151–168, esp.153.

[3] 经济研究的转变对关于"有问题的"现代化的主流观念提出了质疑。相关研究将希腊置于欧洲边缘的背景中，并认为尽管希腊政府不断支持国家流动网络的建设，但这个过程并不顺利；它遭遇了地方性的抵抗，并设想会有国际资本和专业知识的流动。Μαρία Συναρέλλη, *Δρόμοι και Λιμάνια στην Ελλάδα, 1830–1880* [Roads and ports in Greece, 1830–1880]（Αθήνα: Πολιτιστικό Τεχνολογικό Ίδρυμα ΕΤΒΑ, 1989）; Λευτέρης Παπαγιαννάκης, *Οι Ελληνικοί Σιδηρόδρομοι, 1882–1910. Γεωπολιτικές, Οικονομικές και Κοινωνικές Διαστάσεις* [Greek railways, 1882–1910. Geopolitical, economic and social dimensions]（Αθήνα: Μορφωτικό Ίδρυμα Εθνικής Τραπέζης, 1990）.

[4] 参 见：Vilma Hastaoglou Martinidis, 'The Advent of Transport and Aspects of Urban Modernisation in the Levant during the Nineteeeth Century', in Ralf Roth and Marie-Noelle Polino (eds), *The City and the Railway in Europe*,（Aldershot: Ashgate, 2003）, 61–78; Alexandra Yerolympos, 'Urbanism as Social Engineering in the Balkans: Reform Prospects and Implementation Problems in Thessaloniki', in Joe Nasr and Mercedes Volait (eds) *Urbanism Imported or Exported? Native Aspirations and Foreign Plans*,（Chichester: Wiley-Academy, 2003）, 109–127; Lila Leontidou, *The Mediterranean City in Transition: Social Change and Urban Development*（New York: Cambridge University Press, 1990）.

[5] 希腊学者参与了欧洲跨国项目，重点研究不同背景下的技术历史，并讨论其在欧洲一体化中的作用。参见：the projects *Inventing Europe*, *Tensions of Europe and the research group Science and Technology in the European Periphery-STEP*.

［6］Joe Nasr and Mercedes Volait, 'Introduction: Transporting Planning', in Nasr and Volait, *Urbanism Imported or Exported?*, xi–xxxvi, here xxviii. 关于战间期希腊自由党的现代化愿景的更多信息, 参见: Yiannis Antoniou and Vassilis Bogiatzis, 'Technology and Totalitarian Ideas in Interwar Greece', *Journal of History of Science and Technology* (HOST), 2010, 4, http://johost.eu/?oid=99&act=&area=3&ri&=2&itid=4 [2012 年 9 月 24 日检索].

［7］在第一次世界大战后, 许多国家成立了独立的交通运输部。英国和德国的交通运输部成立于 1919 年; 瑞典交通运输部成立于 1920 年。Gijs Mom, 'Decentering Highways: European National Road Network Planning from a Transnational Perspective', in Hans-Liudger Dienel and Hans-Ulrich Schiedt (eds), *Die Moderne Strasse: Planung, Bau und Verkehr vom bis zum 20. Jahrhundert* (Frankfurt am Main: Campus, 2010), 77–100, here 82. 有关希腊战间期基础设施规划和建设方面的重大改革信息, 参见: Γιάννης Αντωνίου, *Οι Έλληνες Μηχανικοί. Θεσμοί και Ιδέες 1900–1940* [The Greek engineers.Institutions and ideas, 1900–1940] (Αθήνα: Βιβλιόραμα, 2006), 126; Χριστίνα Αγριαντώνη, 'Οι Μηχανικοί και η Βιομηχανία, μια Αποτυχημένη Συνάντηση' [Engineers and industry, an unsuccessful meeting], in *Ιστορία της Ελλάδας του 20ου αιώνα*, ed. Χρήστος Χατζηιωσήφ (Αθήνα: Βιβλιόραμα, 2003), Vol. B1 1922–1940 Ο Μεσοπόλεμος, 269–290.

［8］Antoniou and Bogiatzis, 'Technology and Totalitarian Ideas.'

［9］Αρετή Σακελλαρίδου, Πασχάλης Σαμαρίνης και Ευαγγελία Χατζηκωνσταντίνου, 'Προγράμματα οδοποιίας του Μεσοπολέμου και η Σύμβαση Μακρή.Ο ιδιαίτερος δρόμος του ελληνικού εκσυγχρονισμού' [Road building programs of the Interbellum and Makris project: The Greek road to modernization], in *do.co.mo.mo.05. Η Ελληνική πόλη και η Πολεοδομία του Μοντέρνου*, eds Αθηνά Βιτοπούλου, Αλεξάνδρα Καραδήμου-Γερόλυμπου και Παναγιώτης Τουρνικιώτης (Αθήνα: Futura, 2015), 61–79.

［10］Kostas Gavroglu, Manolis Patiniotis, Faidra Papanelopoulou, Ana Simões, Ana Carneiro, Maria Paula Diogo, José Ramón Bertomeu Sánchez, Antonio García Belmar and Agustí Nieto-Galan. 'Science and Technology in the European Periphery: Some Historiographical Reflections', History of Science, 2008, 46 (2): 153–175, esp. 155.

［11］有关发展和依赖理论的更多信息, 参见: Walt Whitman Rostow, *The Stages of Economic Growth: A Non-Communist Manifesto* (Cambridge: Cambridge University Press, 1960); Immanuel Wallerstein, *World-Systems Analysis: An Introduction* (Durham and London: Duke University Press Books, 2004).

［12］参见: Fernand Braudel, *The Mediterranean and the Mediterranean World in the Age of Philip II* (Berkeley: University of California Press, 1972). 参见: Angelika Epple, 'The Global, the Transnational, and the Subaltern: The Limits of History beyond the National Paradigm', in Anna Amelina, Devrimsel D. Nergiz, Thomas Faist and Nina Glick Schiller, (eds) *Beyond Methodological Nationalism.Research Methodologies for Cross-Border Studies*

（New York：Routledge，2012），241–276，here 249.

[13] Nasr and Volait, 'Introduction：Transporting Planning,' xii.

[14] 维尔玛·哈斯塔奥格鲁·马丁尼迪斯（Vilma Hastaoglou Martinidis）指出，在黎凡特地区，争夺铁路特许权的主要是英国和德国公司，而港口工程几乎被法国承包公司垄断。Hastaoglou Martinidis, 'The Advent of Transport', 70.

[15] 1850 年，拥有铁路的主要国家有：英国（9800 千米），奥匈帝国（Austro-Hungary）（1357 千米），意大利（620 千米）。Martinidis, 'The Advent of Transport', 61. 由于西方经济衰退，将资本盈余投资于欧洲边缘地区和殖民地成为当时一个有吸引力的选择。外国资本进入希腊市场通常是通过投资希腊政府债券（以公共贷款形式）或有针对性地投资私营机构（主要是基础设施建设）来实现的，这被称为"直接"外国资本投资。参见：Χριστίνα Αγριαντώνη, 'Η Ελληνική Οικονομία.Η Συγκρότηση του Ελληνικού Καπιταλισμού，1870–1909'［The Greek economy.The constitution of the Greek capitalism，1870–1909］，in *Ιστορία του Νέου Ελληνισμού，1770–2000*，ed. Βασίλης Παναγιωτόπουλος（Αθήνα：Ελληνικά Γράμματα，2003），Vol. 5，55–70；Γιώργος Δερτιλής, *Ιστορία του Ελληνικού Κράτους 1830–1920*［History of the Greek state 1830–1920］（Αθήνα：Εστία，2004［2009]），Vol. A，577；Λευτέρης Παπαγιαννάκης, 'Οι Ελληνικοί Σιδηρόδρομοι：1880–1910. Πολιτικές, Οικονομικές και Κοινωνικές Διαστάσεις'［The Greek railways：1880–1910. Political, economic and social dimensions］，in *Όψεις της Ελληνικής Κοινωνίας του 19ου αιώνα*，ed. Δημήτρης Γ. Τσαούσης（Αθήνα：Εστία，1984），107–121，here 110.

[16] Σπύρος Κορώνης, *Ιστορικαί Σημειώσεις επί της Ελληνικής Σιδηροδρομικής Πολιτικής*［Historical notes on the Greek railway policies］（Αθήνα：Γ. Π. Ξένου，1934），6，authors' translation.

[17] 仅仅在那个时期，国际市场才解除了对希腊的贷款禁运，一些新的地区被并入了希腊。Ioanna Pepelasis Minoglou, 'Phantom Rails and Roads：Land Transport Public Works in Greece during the 1920s', *Journal of Transport History*，1998，19（1）：33–49，esp.33.

[18] Παπαγιαννάκης, *Οι Ελληνικοί Σιδηρόδρομοι，1882–1910*，75–93.

[19] Νικόλαος Σ. Κτενιάδης, *Οι Πρώτοι Ελληνικοί Σιδηρόρομοι*［The first Greek railways］（Αθήνα：Καλέργης，1936），52–54.

[20] 在此期间，公共工程部指定外交部进行斡旋并邀请外国技术专家协助建设这些现代化的流动网络。Service of Diplomatic and Historical Archives of the Hellenic Ministry of Foreign Affairs, hereafter YDIA, Folder Public Works，1876，79–2；YDIA Folder Public Works，1880，79–2；YDIA Folder Foreign Missions in Greece，1882，28–1.

[21] Παπαγιαννάκης, 'Οι Ελληνικοί Σιδηρόδρομοι：1880–1910,' 114–115.

[22] Aristotle Tympas and Irene Anastasiadou, 'Constructing Balkan Europe.The Modern Greek Pursuit of an Iron Egnatia', in Erik van der Vleuten and Arne Kaijser（eds）*Networking Europe: Infrastructures and the Shaping of Europe*（Sagamore Beach：Science History Publications，2006），25–49，here 26–28；Irene Anastasiadou, *Constructing Iron Europe.*

Transnationalism and Railways in the Interbellum（Amsterdam：Amsterdam University Press，2011）.

［23］Hastaoglou Martinidis，'The Advent of Transport'，67.

［24］Σπύρος Τζόκας，*Ανάπτυξη και Εκσυγχρονισμός στην Ελλάδα στα τέλη του 19ου αιώνα.*
Υπανάπτυξη ή Εξαρτημένη Ανάπτυξη［Development and modernization in Greece in the late 19th century.Underdevelopment or depended development?］（Αθήνα：Θεμέλιο，1998），26.

［25］Λευτέρης Παπαγιαννάκης，'Τεχνικές，Αγορά，Χώρος'［Techniques，Market，Space］，in *Ιστορία της Νεοελληνικής Τεχνολογίας*（Πάτρα：Πολιτιστικό Τεχνολογικό Ίδρυμα ΕΤΒΑ，1991），230-237，here 233.

［26］1912 年希腊的公路网长度与铁路网长度的比例接近 4 比 1，相比之下，法国为 14 比 1，意大利为 8 比 1，塞尔维亚为 10 比 1，而保加利亚为 5 比 1。Bulgaria.Παπαγιαννάκης，'Τεχνικές，Αγορά，Χώρος'，747；Άγγελος Οικονόμου，'Εισαγωγή εις τας Συγκοινωνίας'［Introduction to transportation］，in *Μεγάλη Ελληνική Εγκυκλοπαίδεια*，（Αθήνα：Πυρσός，1934），Vol. I，163-165；Άγγελος Οικονόμου，'Συνοπτική Ιστορία των Δημοσίων Έργων της Ελλάδος'［Short history of the public works in Greece］，in *Τεχνική Επετηρίς της Ελλάδος*，ed. Νικόλαος Κιτσίκης（Αθήνα：ΤΕΕ，1935），Vol. A no. 1，217-247；Σπύρος Κορώνης，*Ελληνικοί Σιδηρόδρομοι και Σιδηροδρομική Πολιτική*［Greek railways and railway policy］，（Αθήνα：Μαντζεβελάκης，1914），8.

［27］Areti Sakellaridou，'Automobility and Urban Visions.The Role of Auto-mobility in the Design of Idealized Urban Projects of the Early 20th Century Western World'，PhD diss.，RWTH Aachen University，2014.

［28］Frank Schipper，*Driving Europe: Building Europe on Roads in the Twentieth Century*（Amsterdam：Aksant，2008）.

［29］有关希腊当时社会、经济和政治动荡的更多信息，参见：Mark Mazower，*The Balkans: A Short History*（London：Weidenfeld and Nicolson，2000）；Mark Mazower，*Greece and the Inter-war Economic Crisis*（Oxford：Clarendon Press，1991）；Gunnar Hering，*Τα Πολιτικά Κόμματα στην Ελλάδα 1821-1936*［Political parties in Greece 1821-1936］（Αθήνα：Μορφωτικό Ίδρυμα Εθνικής Τραπέζης，2006）.

［30］参 见：Gijs Mom and Laurent Tissot，eds，*Road History: Planning，Building and Use*（Neuchâtel：Editions Alphil，2007）；Hans-Liudger Dienel and Helmuth Trischler（eds）*Die Moderne Strasse: Planung，Bau und Verkehr vom 18. bis zum 20.Jahrhundert*（Frankfurt am Main：Campus，2010）.

［31］参 见：Tony Garnier's *Cité Industrielle*，Antonio Sant' Elia's *Citta Nuova*，Le Corbusier's *Ville Contemporaine*，Frank Lloyd Wright's *Broadacre City*，and the *Futurama* visionary project，designed by Norman Bel Geddes for the General Motors Pavilion at the New York World's Fair in 1939. 有关汽车在理想化城市项目设计中的作用的更多信息，参见：

Sakellaridou, "Automobility and Urban Visions". 作为更广泛现代化尝试的一部分，关于国家流动网络的建设，参见：Schipper, *Driving Europe*.

[32] 有关国家公路建设范式的更多信息，参见：Greet De Block and Bruno De Meulder, 'Iterative Modernism: The Design Mode of Interwar Engineering in Belgium', *Transfers*, 2011, 1 (1): 97–126; Maria Luisa Sousa, 'Constructing (Auto)mobility System in a Peripheral European Country in the 1930s: Visions and Realities of the Authoritarian Portugal' (Tensions of Europe and Inventing Europe Working Paper series, working paper no. 2010/22), http://www.tensionsofeurope.eu/www/en/files/get/publications/WP_2010_22_Sousa.pdf [2012 年 9 月 24 日检索]; Massimo Moraglio, 'European Models, Domestic Hesitance: The Renewal of the Italian Road Network in the 1920s', *Transfers*, 2012, 2 (1) 87–105; Richard Vahrenkamp, *The German Autobahn 1920–1945: Hafraba Visions and Mega Projects* (Lohmar: Josef Eul, 2010); Gijs Mom, *Atlantic Automobilism* (New York: Berghahn Books, 2014).

[33] Γεώργιος Παρασκευόπουλος, *Οι Δήμαρχοι των Αθηνών* (*1835–1907*) [The Mayors of Athens (1835–1907)] (Αθήνα: Βασιλική τυπογραφία Ραφτάνη−Παπαγεωργίου, 1907), 465–473.

[34] YDIA, Folder 1909N Convention on International Motor Traffic, letter from 22 September 1909 entitled 'Διορισμός αντιπροσώπου στη Διεθνή Συνδιάσκεψη για το διακανονισμό κυκλοφορίας των αυτοκινήτων' [Appointment of a representative at the Convention on International Motor Traffic].

[35] Ευαγγελία Χατζηκωνσταντίνου, 'Αστικός εκσυγχρονισμός, οδικό δίκτυο και πόλη.Το παράδειγμα της λεωφόρου Συγγρού στο πέρασμα από τον 19ο στον 20ο αιώνα' [Modernization, road network and the city. The paradigm of Syngrou Avenue in Athens at the turn of the 19th century], PhD diss., NTUA, 2014.

[36] 在 1910 年的布鲁塞尔国际公路大会和 1913 年的伦敦国际公路大会上分别对所谓的"卡利亚斯系统"（Kallias System）进行了介绍，后来，被英国工程师洛伊德·戴维斯（Lloyd Davies）用于埃及亚历山大的公路铺设。Δημήτριος Καλλίας, *Περί Σκωριούχων Οδοστωμάτων της Αλεξάνδρειας* [On road pavements of Alexandria], (Αθήνα: Τυπογραφείο Πετράκου, 1915), 7; Δημήτριος Καλλίας, 'Ανακοίνωσις του Επιθεωρητού των Δημοσίων Έργων κ.Δ. Καλλία εις το εν Βρυξέλλαις Διεθνές Συνέδριον των Οδών.Περί νέου οδοστρώματος μη παράγοντος κονιορτόν' [Report of the Chief Engineer of Public Works D. Kallias regarding the International Road Congress in Brussels], *Αρχιμήδης* 5 (1910): 49–51; Δημήτριος Καλλίας, 'Έκθεσις περί των εργασιών του εν Λονδίνω III Διεθνούς Συνεδρίου περί Οδοποιίας' [Report regarding his participation in the 3rd International Road Congress in London], National Research Foundation 'Eleftherios K. Venizelos' Digital Archive, Folder 118–29, 17–30 June 1913.

[37] Σπύρος Βοβολίνης και Κωνσταντίνος Βοβολίνης, eds, *Μέγα Ελληνικόν Βιογραφικόν Λεξικόν*

［Great Greek Biographical Dictionary］（Athens：Vovolini，1962），144–150.

［38］Δημήτριος Τσούγκος，*Οι Οικονομικοί μας Ηγέται*［Our financial leaders］（Αθήνα：Αλευρόπουλου，1932），147–163.

［39］Τσούγκος，*Οι Οικονομικοί μας Ηγέται.*

［40］Αντωνίου，*Οι Έλληνες Μηχανικοί*，177–181.

［41］1920 年希腊进口的汽车数量不超过 2400 辆；然而十年后的 1931 年，这一数字超过了 3 万辆。同样地，1924 年希腊进口的汽油量为 7000—8000 吨，而 1932 年则增加到了 4 万吨以上。Βοβολίνης και Βοβολίνης，*Μέγα Ελληνικόν Βιογραφικόν Λεξικόν*，144.

［42］Τσούγκος，*Οι Οικονομικοί μας Ηγέται.*

［43］Massimo Moraglio，'A Rough Modernization.Landscapes and Highways in Twentieth Century Italy 2008'，in Christof Mauch and Thomas Zeller（eds），*The World beyond the Windshield: Roads and Landscapes in the United States and Europe*（Athens，OH：Ohio University Press，2008），108–124，here 112.

［44］Οικονόμου，'Συνοπτική Ιστορία των Δημοσίων Έργων της'，217–247.

［45］Chatzikonstantinou，Sakellaridou and Samarinis，'Road Construction in Greece during the Interbellum,' 640.

［46］Massimo Moraglio，'The Highway Network in Italy and Germany between the Wars：A Preliminary Comparative Study'，in Mom and Tissot，*Road History*，117–132；Moraglio，'A Rough Modernization'.

［47］除了潘加洛斯独裁政权外，1924 年至 1928 年间出现了九个议会政府和六次军事政变。Antoniou and Bogiatzis，'Technology and Totalitarian Ideas'.

［48］Σπύρος Μαρκεζίνης，*Σύγχρονη Πολιτική Ιστορία της Ελλάδος 1936–1975*［The political history of modern Greece 1936–1975］（Αθήνα：Πάπυρος，1973–1978），Vol. 3，66–73.

［49］公开招标的条款是基于马克里斯以前的提案设定的。Βοβολίνης και Βοβολίνης，*Μέγα ελληνικόν Βιογραφικόν Λεξικόν*，144–150.

［50］关于战间期希腊的自给自足经济政策，参见：Mark Mazower，*Greece and the Interwar Economic Crisis and Χρήστος Χατζηιωσήφ，Η Γηραιά Σελήνη. II βιομηχανία στην Ελληνική Οικονομία 1830-1940*［The Old Moon.Greek Economy 1830–1940］（Αθήνα：Θεμέλιο，1993）.

［51］Pepelasis Minoglou，'Phantom Rails and Roads'，43；Δερτιλής，*Ιστορία του Ελληνικού Κράτους*，747.

［52］希腊国家图书馆，数字化报纸档案。研究主要关注战间期的两份报纸，即 *Εμπρός and Σκριπ*，http://efimeris.nlg.gr/ns/main.html［2015 年 5 月 26 日检索］.

［53］Παυσανίας Γ. Μακρής，*Υπόμνημα επί των κατά προτίμησιν εκτελεστέων έργων οδοποιίας διά της Συμβάσεως Μακρή 26 Νοεμβρίου 1928*［Memorandum on the road construction works preferably carried out under the Makris contract，26 November 1928］，in the *National*

Research Foundation 'Eleftherios K. Venizelos' Digital Archive，http://85.72.35.68/rec. asp?id=51728［2011 年 5 月 25 日检索］.

［54］YDIA, Folder Public Works financed by the Central Bank of Greece 1934–1936, 'Σημείωμα επί της εξελίξεως του ζητήματος των δημοσίων έργων ενώπιον της Κοινωνίας των Εθνών' ［Report regarding public works within the framework of the League of Nations］.

［55］Pepelasis Minoglou, 'Phantom Rails and Roads', 43.

［56］Maria Todorova, *Imagining the Balkans*（New York：Oxford University Press, 2009）, 202.

［57］Pepelasis Minoglou, 'Phantom Rails and Roads'.

［58］1920 年，希腊共有 455 个地方市政海关。1914 年首次尝试废除这些海关，但直到 1920 年才废除了部分。最终，1948 年这些地方海关被完全废除。Παπαγιαννάκης, ''Τεχνικές, Αγορά, Χώρος', 236–237. Χρήστος Χατζηιωσήφ, ed., *Ιστορία της Ελλάδας του 20ου αιώνα*（Αθήνα：Βιβλιόραμα, 2003）, Vol. A1 1900–1922 Οι απαρχές, 9–39.

第十二章

［1］John Urry, *Consuming Places*（London, New York：Routledge, 1995）; John Urry, *The Tourist Gaze*（California, London：Sage, 2002）; Tim Cresswell, *On the Move*（London, New York：Routledge, 2006）.

［2］基于以下事实，旅游业被认为是希腊的重工业：1991 年游客到访量达到了 800 万人次（约占希腊人口的 80%），而 2014 年到访量增至 2300 万人次（AGTE, 2011, 2015）。此外，旅游业对希腊周边地区的发展起到了积极作用。国际游客到访海岛地区的数量占到了希腊总游客数量的 69% 以上，而有一半的游客选择的岛屿目的地是罗得岛或克里特岛（RIT, 2014）。

［3］雅典和罗得岛的港口是为旅游和贸易而建造的。

［4］Eric Zuelow, *Touring Beyond the Nation: A Transnational Approach to European Tourism History*（Surrey, Burlington：Ashgate, 2011）; Eric Zuelow, 'National Identity and Tourism in Twentieth-Century Ireland：The Role of Collective Re-imagining', in M.Young, E. Zuelow and A. Sturm（eds）, *Nationalism in a Global Era: The Persistence of Nations*（London, New York：Routledge, 2007）, 141–157.

［5］巴拉诺夫斯基认为，当历史学家意识到旅游业融合了消费和生产时，旅游业与技术史之间的联系变得更加清晰。S.Baranowski, 'Common Ground：Linking Transport and Tourism History', *The Journal of Transport History*, 2007, 28（1）, 121–122. 参 见 Urry, *The Tourist Gaze*; S.Baranowski, 'Radical Nationalism in an International Context：Strength through Joy and the Paradoxes of Nazi Tourism', in J. Walton（ed.）, *Histories of Tourism: Representation, Identity and Conflict*（Clevedon：Cromwell Press, 2005）, 125–143; E. Furlough, *Making Mass Vacations: Tourism and Consumer Culture in France, 1930s to 1970s*

（Cambridge：CUP，1998）；K. Taylor，*From Trips to Modernity to Holidays in Nostalgia–Tourism History in Eastern and Southeastern Europe*（Tension of Europe，2011）.

［6］Urry，*The Tourist Gaze*，1–3.

［7］J. Borosz，'Travel–Capitalism：The Structure of Europe and the Advent of the Tourist'，*Comparative Studies in Society and History*，1992，34：4，714.

［8］Furlough，*Making Mass Vacations*，252–253.

［9］Furlough，*Making Mass Vacations*，708–741.

［10］Furlough，*Making Mass Vacations*，263；S. Cassamagnaghi，G. Moretto and M.Wagner，'The Establishment of a Car–Based Leisure Regime in Twentieth–Century Europe：Appropriating the Automobile for Mass Consumption in Denmark，Italy and the Soviet Union'. 第四届欧洲紧张局势全体大会的会议论文集：*Technology & East-West relations：Transfers，Parallel Histories，and the European Laboratory*（Sofia，Bulgaria，2010），6.

［11］W.Schivelbusch，*The Railway Journey*（Oxford：Blackwell，1986）；T. Cresswell and P. Merriman，*Geographies of Mobilities*（Surrey，Burlington：Ashgate，2011）；John Urry，*Mobilities*（Polity，2007）.

［12］S.Alifragkis and E. Athanassiou，'Educating Greece in Modernity'，*The Journal of Architecture*，2013，18（5），699–720.

［13］Alifragkis and Athanassiou，'Educating Greece in Modernity'，671，674.

［14］MΛογοθέτης，*Ο τουρισμός της Ρόδου*（Αθήνα：Εθνική Τράπεζα της Ελλάδας，1961）；Σπ.Σταύρου，*Η ανάπτυξη του τουρισμού στην Ελλάδα την περίοδο 1969–82*（Αθήνα：Ε.Ο.Τ，1984）；D. Buhalis，'Tourism in Greece：Strategic Analysis and Challenges'，*Current Issues in Tourism*，2001，4（5），440–480.

［15］A Βλάχος，*Τουριστική ανάπτυξη και δημόσιες πολιτικές στη σύγχρονη Ελλάδα*（*1914–1950*）（Αθήνα：Κέρκυρα–Εκδόσεις Οικονομία，2015）. 尼古拉卡基斯认为，战后大多数希腊政府的目标是支持旅游业中的大规模外国私人投资。然而，尽管国家做出了努力，但从 1967 年起，也就是独裁时期开始，旅游业发生了重大变化。这种变化表现在旅游业的大规模发展和地理范围的扩展上。此外，私人投资增加，而公共旅游资金份额下降。MΝικολακάκης，*Τουρισμός και ελληνική κοινωνία την περίοδο 1945–1974*，Διδακτορική Διατριβή（Ρέθυμνο：Πανεπιστήμιο Κρήτης，2013）.

［16］F.Schipper，*Driving Europe. Building Europe on Roads in the Twentieth Century*（Eindhoven：Foundation for the History of Technology and Aksant Academic Publishers，2008）.

［17］欧洲经济合作组织。

［18］Λογοθέτης，*Ο τουρισμός της Ρόδου*，12.

［19］Lucian Segreto，Carles Manera and Manfred Pohl（eds），*The Economic History of Mass Tourism in the Mediterranean*（United States：Berghahn Books，2009），90–124.

［20］Segreto，Manera and Pohl，*Economic History of Mass Tourism in the Mediterranean*，5–8.

［21］参见：A. Μάνος, 'Ο τουρισμός εν Ελλάδι', *Τεχνικά Χρονικά*, 1935, 78, 347–355；A. Μάνος, 'Η οδός Αθηνών-συνόρων: Κατασκευή νέου καταστρώματος εκ σιμεντοσκυροδέματος', Τεχνικά Χρονικά, 41,（September 1933）, 871–877；Π. Μακρής, *Η κατασκευή δρόμων: Θέματα, ιστορία και προτάσεις της εταιρείας Μακρής*（Αθήνα：Πυρσός, 1928）, 3.

［22］Ν.Λέκκας, *Ο τουρισμός εν Ελλάδι*, ed. Γ. Ζαχαράτος,（Αθήνα：Ξενοδοχειακό Επιμελητήριο Ελλάδος, 1925）.

［23］20 世纪 50 年代至 70 年代，希腊国家旅游组织承接了酒店森雅的建设项目，旨在改善旅游基础设施。

［24］为了支持这些利益，修改了许多规章制度。例如，成立了旅游信托机构，该机构关注旅游行业的贷款和投资，并取代了酒店信托机构。

［25］*Λογοθέτης, Ο τουρισμός της Ρόδου*, 11.

［26］在独裁政权期间，基于历史遗产的旅游模式被 "3S" 模式所取代。此外，在这一时期，希腊首次成为地中海地区游客抵达率最高的国家。现如今，前往希腊岛屿地区的国际游客数量占到全国游客总数的 69% 以上，其中 50% 集中在罗得岛和克里特岛（RIT, 2014）。

［27］这一要求的首次提及可以追溯到 1957 年。'Ελληνικά Τεχνικά και Οικονομικά Νέα', *Τεχνικά Χρονικά*, 1957, 1（5）, 35–37；Μαλτέζος Μακρυγιάννης 'Το 1967, ως έτος διεθνούς τουρισμού', *Ξενία*, December 1967, 5–7.

［28］参见：Υπουργείο Τύπου και Τουρισμού, *Τέσσερα χρόνια Διακυβερνήσεως Ι. Μεταξά*（Αθήνα：εκδόσεις 4ης Αυγούστου, 1940）.

［29］ΓΟικονόμου, 'Η ανασυγκρότησις της χώρας εις τον τομέα των δημοσίων έργων', *Τεχνικά Χρονικά*, December 1948, 421–425.

［30］Alifragkis and Athanassiou, 'Educating Greece in Modernity', 700.

［31］Ν.Ι. Απέργης, ''Η οδός Βύρωνος προς την Ελλάδα', *Τεχνικά Χρονικά*, June 1938, 563.

［32］*Πενταετές Πρόγραμμα Τουριστικής Αναπτύξεως της Ελλάδος εκ κεφαλαίων δημοσίων επενδύσεων 1959–1963*. Αρχείο Ιδρύματος Κ. Καραμανλή 3.35–3.44.

［33］'Τεχνικά και Οικονομικά Νέα', *Τεχνικά Χρονικά*, September 1964, 51–54.

［34］Schipper, *Driving Europe*, 205–209.

［35］Schipper, *Driving Europe*, 192, 197, 209, 211.

［36］这条公路是 1950 年至 1983 年高速公路系统的一部分。其 E2 分支连接了伦敦市中心和多佛尔（Dover）。然后，它从加来（Calais）继续延伸到包括德国、奥地利、意大利和匈牙利在内的几个国家。匈牙利的分支延伸至南斯拉夫的贝尔格莱德。接着，E5N 路线通过保加利亚的索非亚（Sofia）到达君士坦丁堡，而 E5S 路线则通过希腊的塞萨洛尼基和亚历山德鲁波利（Alexandroupoli）到达君士坦丁堡。土耳其的路线后来延伸至叙利亚。更多信息，参见：http://www.sabre-roads. org.uk/wiki/index.php?title=E5_（Old_System）［2016 年 6 月 11 日检索］.

［37］Ελληνική Περιηγητική Λέσχη–Κέντρο Τουριστικών Ερευνών, *Το συγκοινωνιακό πρόβλημα και* η τουριστική ανάπτυξις（Ελληνική Περιηγητική Λέσχη–Κέντρο Τουριστικών Ερευνών, V. II–Χερσαίαι μεταφοραί, Αθήνα 1967）, 9–15.

[38] 自20世纪初就有人提出了这样的论点。参见：N. Λέκκας, *Ο Τουρισμός στην Ελλάδα*, 48;
'Η Δυτική πύλη και η Δυτική οδός μεταφοράς', *Τεχνικά Χρονικά*, 256,（September 1965）,
16–19; 'Τεχνικά και Οικονομικά Νέα', *Τεχνικά Χρονικά*, 1960, 193（4）, 49.

[39] 'Η Δυτική Πύλη και η Δυτική οδός μεταφοράς', *Τεχνικά Χρονικά*, 1938, 256, 16–19.

[40] Ελληνική Περιηγητική Λέσχη–Κέντρο Τουριστικών Ερευνών, *Το συγκοινωνιακό πρόβλημα
και η τουριστική ανάπτυξις*, 13–16, 'Η χώρα μας υπό το πρίσμα των ξένων.Η ανάπτυξις
της Ελλάδος ως τρίτου ευρωπαϊκού τουριστικού προορισμού', *Το ιδιωτικό αυτοκίνητο I.X*,
1960, 49, 17; 'Μια πλουτοφόρος πηγή.Ο ελληνικός τουρισμός υπό το πρίσμα των ξένων',
Το ιδιωτικό αυτοκίνητο I.X, 1961, 59–60, 12; 'Ο ελληνικός τουρισμός υπό το πρίσμα
των ξένων', *Το ιδιωτικό αυτοκίνητο I.X*, 1961, 61, 15; Π. Καρόπουλος, 'Ο ελληνικός
τουρισμός υπό το πρίσμα των ξένων', *Το ιδιωτικό αυτοκίνητο I.X*, 1961, 63, 9.

[41] Ελληνική Περιηγητική Λέσχη–Κέντρο Τουριστικών Ερευνών, *Το συγκοινωνιακό πρόβλημα και
η τουριστική ανάπτυξις*, 13–16.

[42] 根据希腊统计局的数据，在1954年至1974年期间，希腊的汽车保有量增加了1270%。
民用汽车同期增长率为2396%。民用汽车占总汽车数量的比例从1954年的32.19%增加
到1974年的58.81%。National Statistic Service of Greece, *Statistics of Transportation and
Communication 1974*（Athens, 1976）.

[43] ΓΚαιροφύλας, *Η Αθήνα στη δεκαετία του '70*（Αθήνα：Φιλιππότης, 2006）.在那个时期，汽
车杂志的数量持续增长，这进一步证明了汽车作为中产阶级的标志性技术产品的地位。参
见：*Το νέο αυτοκίνητο*, 1955–1970, *Το Βολάν*, 1955–1968.

[44] Segreto, Manera and Pohl, *Economic History of Mass Tourism in the Mediterranean*, 105–109.
从战后的旅游增长来看，里米尼（Rimini）的情况与德尔斐的情况相似。

[45] 'History of European Cultural Center of Delphi', Ministry of Culture and Sports, http://
www.eccd.gr/en［2015年4月15日检索］.自从1887年法国雅典考古学院进行发掘之后，
德尔斐考古遗址才开始闻名于世。德尔斐节的重新举办推动了当地旅游业的发展，促进了
住宿和交通等旅游基础设施的建设。

[46] 'Αι πρώται μεταπολεμικαί προσπάθειαι', *Τεχνικά Χρονικά*, July–August 1947, 95–101;
Βάσος Κωνσταντινόπουλος, 'Ο εσωτερικός τουρισμός', *Ξενία*, December 1957, 7–9.

[47] Υπόμνημα της Ελληνικής Κυβερνήσεως προς την προσωρινή επιτροπή επί της οικονομικής
ανασυγκροτήσεως των κατεστραμμένων περιοχών', *Τεχνικά Χρονικά*, October–December
1947, 76–109.

[48] 'Νέα ξενοδοχεία', *Τεχνικά Χρονικά*, 1–15 June 1957, 32; 'Νέο Φέρρυ–μποτ Ελλάδα –
Ιταλία', *Τεχνικά Χρονικά*, 1 September 1957, 37.

[49] 'Το τουριστικό πρόγραμμα του 1961', *Τεχνικά Χρονικά*, September–December 1961, 122.

［50］第二次世界大战后，希腊政治家和诗人乔治斯·库奇欧拉斯（Giannis Koutsocheras）向国际作家笔会（PEN International）提议在德尔斐建立一个国际文化中心。这个中心（ECCD）的建设始于 1962 年，得到了欧洲理事会的支持。最终，根据希腊议会的法律645/1977，该中心于 1977 年正式成立。

［51］Μαρία Τουρή, *Η ανάπτυξη και η προβολή του συνεδριακού τουρισμού: η περίπτωση των Δελφών* （Αθήνα: Χαροκόπειο Πανεπιστήμιο, 2007）.

［52］'Ελληνικά Τεχνικά και οικονομικά νέα: Τα νέα τουριστικά έργα του 1960', *Τεχνικά Χρονικά*, January–February 1960, 46.

［53］Α.Βλάμη（Διδακτορική διατριβή）, *Η Χρηματοδότηση και γεωγραφική ανάπτυξη του ελληικού τουρισμού: η περίπτωση της ελληνικής ξενοδοχίας 1950–2005*（Πάτρα: Πανεπιστήμιο Πατρών, 2008）.290.

［54］Δήμος Δελφών, *Οδηγός πόλης: Ιστορικά ξενοδοχεία*（Δελφοί: Δήμος Δελφών, 2008）.

［55］塞尔维斯家族在德尔斐附近拥有一个小型发电厂。在 1945 年至 1958 年期间，发电量从40 千瓦时增加到 80 千瓦时。

［56］'Τουριστικά έργα', *Τεχνικά Χρονικά*, April 1964, 47.

［57］'Τουριστικά έργα', *Τεχνικά Χρονικά*, July 1962, 81–82.

［58］根据第 2119/1952 号和 102/1973 号国家法律设立公共汽车服务。

［59］'Ελληνικά Τεχνικά και οικονομικά Νέα', *Τεχνικά Χρονικά*, January–June 1946, 7–8.

［60］'The Romantic Mediterranean, Sail on a Dream', *Cruise Travel Magazine*, October 1987, 49.

［61］'Η δημόσια συζήτηση για την Ιτέα', *Τεχνικά Χρονικά*, 1976, 50–52.

［62］'Σχετικά με το εργοστάσιο αλουμινίου', *Φωκίς*, 1976, 1. 这篇文章发表了当地社区、出租车和出口商集体支持工厂建设的报道，但也发表了来自建筑师、科学家和艺术家的反对意见。

［63］Κ.Γκάρτζος, 'Η πολιτιστική κληρονομιά της Φωκίδας σαν παράγοντας ανάπτυξης της περιοχής', *Τεχνικά Χρονικά*, August–September 1976, 62–66.

［64］Επιτροπή περιβάλλοντος ΣΑΔΑΣ, 'Οι βωξίτες Παρνασσού και η ανάγκη προστασίας του περιβάλλοντος', *Τεχνικά Χρονικάς*, August 1975, 48–52.

［65］'Ο Παρνασσός και η τουριστική ανάπτυξη', *Δασικά Χρονικά*, 1976, 23–26.

［66］Α.Γουργιώτης, 'Ο ρόλος του τουρισμού στην ανάπτυξη του ορεινού χώρου. Το παράδειγμα της Αράχωβας', *Τεχνικά Χρονικά*, January–February 2008, 1–22.

［67］'Ο Παρνασσός και η τουριστική ανάπτυξη', *Δασικά Χρονικά*, 1976, 26–28.

［68］Ζίδης, *Πρακτικά των συνεδριάσεων της Βουλής των Ελλήνων*, 70η Συνεδρίαση, 4 March 1955, 642–643, in Μ. Νικολακάκης, *Ο τουρισμός και η ελληνική κοινωνία*, 184.

［69］Ι.Παπαχριστοδούλου, *Ρόδος: Η σημερινή κατάσταση–Επιπτώσεις και προβλήματα εξαιτίας του τουρισμού*, in 'Τουρισμός και περιφερειακή ανάπτυξη' ημερίδα του Τεχνικού Επιμελητηρίου

Ελλάδας–Τμήμα Ανατολικής Κρήτης, Κρήτη：Conference 11–12 April 1981，1.

[70] 洛戈赛蒂斯不仅是一名研究人员，还担任了罗得岛经济商会的会长。此外，他的研究成果还被希腊国家银行发表，该银行拥有许多在罗得岛和其他地方的酒店和旅游基础设施。Λογοθέτης, *Ο τουρισμός στη Ρόδο*，24.

[71] 'Ελληνικά Τεχνικά και Οικονομικά Νέα'，*Τεχνικά Χρονικά*，1963，50 and August 1962，39. 本章提到了罗得岛机场的扩建，它是全国第二大机场。

[72] Λογοθέτης, *Τουριστικές Σπουδές*，43.

[73] 即使在 20 世纪 60 年代初，许多希腊家庭仍未安装电话。'Ελληνικά τεχνικά και οικονομικά νέα：Η κοινοτική τηλεφωνία'，*Τεχνικά Χρονικά*，July 1964，41.

[74] 'Ελληνικά τεχνικά και οικονομικά νέα：Η κοινοτική τηλεφωνία'，17.

[75] 'Πενταετές πρόγραμμα ανάπτυξης Δωδεκανήσων'，*Ξενία*，April 1965.

[76] Νικολακάκης, *Τουρισμός και ελληνική κοινωνία*，518–519.

[77] Σταύρου, *Η ανάπτυξη του τουρισμού στην Ελλάδα την περίοδο 1969–82*，80.

[78] Νικολακάκης., *Τουρισμός και ελληνική κοινωνία*，201；K. Andriotis, 'Tourism in Crete：A Form of Modernization'，*Current Issues in Tourism*，2003，6（1），23–53：http://dx.doi.org/10.1080/1368350030866794 [2015 年 1 月 3 日检索].

[79] 'Το τουριστικό πρόγραμμα του 1963'，*Τεχνικά Χρονικά*，1963，222，50.

[80] 'The Rehabilitation of Crete'，*Τεχνικά Χρονικά*，1964，243，97.

[81] 'Το πρόγραμμα επενδύσεων του Ε.Ο.Τ δια το 1965'，*Ξενία*，February 1965，11；*Ξενία*，February 1965 and April 1965，21–23.

[82] H.Briassoulis, 'Crete：Endowed by Nature, Privileged by Geography, Threatened by Tourism？'，*Journal of Sustainable Tourism*，2003，11：2–3，97–115：http://dx.doi.org/10.1080/09669580308667198 [2015 年 1 月 3 日检索].

[83] ΜΠαπαγιαννάκη, Α. Μπαμιεδάκης και Στ. Καναβάκης, 'Η εξέλιξη του τουρισμού στην Ανατολική Κρήτη', in 'Τουρισμός και περιφερειακή ανάπτυξη' ημερίδα του Τεχνικού Επιμελητηρίου Ελλάδας–Τμήμα Ανατολικής Κρήτης, Κρήτη：Conference 11–12 April 1981，3.

[84] Σταύρου, *Η ανάπτυξη του τουρισμού στην Ελλάδα την περίοδο 1969–82*，24.

[85] Λογοθέτης, *Ο τουρισμός της Ρόδου*，46.

[86] Λογοθέτης, *Ο τουρισμός της Ρόδου*，48.

[87] Λογοθέτης, *Ο τουρισμός της Ρόδου*，49.

[88] Λογοθέτης. *Ο τουρισμός της Ρόδου*，30.

[89] O.Lofgren, *On Holiday: A History of Vacation*（California：University of California Press，1999），173.

[90] Σταύρου, *Η ανάπτυξη του τουρισμού στην Ελλάδα την περίοδο 1969–82*，24.

索 引

致　谢

　　我们谨向《希腊技术史》的编辑伊恩·英克斯特表示感谢，感谢他在本书编写过程中给予我们的大力支持。我们要感谢罗伯特·福克斯（Robert Fox）教授和格雷姆·古戴（Graeme Gooday）教授。2015年3月，在由斯塔西斯·阿拉波斯塔西斯和亚里士多德·廷帕斯于雅典国立卡波季斯特里安大学组织的研讨会上，两位教授为本书的编写提供了评论、建议和指导。我们还要感谢此次研讨会的其他审稿人，特别是我们在雅典大学历史和科学哲学系的同事：科斯塔斯·加夫罗格卢（Kostas Gavroglu）、吉恩·克里斯蒂安尼迪斯（Jean Christianidis）、西奥多·阿拉巴齐斯（Theodore Arabatzis）和马诺利斯·帕蒂尼奥蒂斯（Manolis Patiniotis）。我们感谢所有匿名审稿人，他们提供了宝贵的批评意见和建议，并要求作者修改文章，这些都帮助提高了论文质量。同时，我们向出版社和《希腊技术史》期刊的工作人员表示感谢，他们是：艾玛·古德（Emma Goode）、克莱尔·利普斯科姆（Claire Lipscomb）和贝阿特丽斯·洛佩斯（Beatriz Lopez）。最后，我们要感谢本书所有作者，感谢他们积极回应匿名审稿人的建议并对文章进行了修改。

　　谨以本书献给我们亲爱的同事、独具潜力的科学技术史学家费德拉·帕帕内洛普洛（Faidra Papanelopoulou）。

译者后记

提到希腊，很多人脑海中首先浮现的是历史悠久的古希腊文明，这一文明不仅是西方文化的精神源泉，更是孕育了对西方哲学产生深远影响的"希腊三贤"（苏格拉底、柏拉图、亚里士多德）。殊不知，两千多年前古希腊人创造的璀璨科学文化成就，已然达到了早期西方科学技术的最高峰，为现代文明奠定了基础，也对后世的科学技术发展产生了深远的影响。尽管古希腊早已不复存在，近现代希腊也仅为古希腊广阔版图中的一角，但作为"第一个从奥斯曼帝国夺回领土并独立的欧洲国家"，其"科学技术发展与其他欧洲国家近现代技术发展相比毫不逊色"。

19世纪初期，希腊经历了建国时的"不稳定过渡时期"之后，"国家政治制度从专制更替到君主立宪制"，这一时期的工业化"以一种零散的、不完善且高度特异性的方式进行"。19世纪中后期，希腊工业资本主义模式初步形成，"开始积极建设公共工程和基础设施"。20世纪的前二十年里，"科学和技术被用作构建'新国家'的意识形态"，希腊加速了工业化进程，引入了汽车制造这一实用技术。国家公路网的建设推动了国民经济的发展，并促进了旅游业的兴起。这一时期，工程师们开始成为技术官僚，推动了专利权制度的形成。20世纪50年代以后，"希腊在美国的援助下进行'重建'，恢复工业生产，建立大规模技术基础设施"。20世纪末至21世纪初，希腊实施了保护政策，即"在国家签订的基础设施系统和网络（电信、铁路和能源等）合同中要求'希腊化'"。国家技术政策不系统使希腊的创新和工业系统存在不足。

本书既强调了技术在希腊追求扩张和现代化进程中不可或缺的作用，也希望"向国际技术史学界介绍关于希腊近现代技术史的最新研究"，同时也展示了希腊技术发展过程中的成功与失败，希望引起人们对希腊技术变革过程的关注。

本书是一本关于近现代希腊科技发展的学术著作，整体文风朴实，涉及学科广，因此，翻译本书对译者团队来说是一次考验，也是一项挑战。我们从一开始就确立了统一的翻译原则，即采用直译法，用学术语言准确、简洁、完整地传达原文内容。在整个翻译过程中，最有感触的是术语翻译。本书涉及船舶、机车、飞机、水利、计算机、汽车、交通等各类技术相关内容，同时，本书还结合了希腊政治、经济、历史、地理等知识来探讨希腊技术的发展，术语种类繁多，特别考验团队的"搜商"。关于专业术语，我们采用查阅科技术语英汉词典、阅读科技文献、通过各类搜索引擎检索以及咨询相关专业人士等方式进行翻译，确保译文的专业性和准确性。关于人名、地名、公司名称等专有名词，若这些专有名称尚无任何中文译文，主要采用音译方式处理。若这些专有名词有常见的惯用汉译词汇，则采用惯用译法；若有多种惯用译法，则根据来源、接受度等因素确定译文，比如："Acheloos river"为希腊最长的河流，有多种英文译法，如阿刻罗俄斯河、阿谢洛奥斯河、阿克洛奥斯河等。经查阅得知，在希腊神话中，"Acheloos"是这条河流的守护神，在《世界神话辞典》中，译作"阿刻罗俄斯"，因此，我们参考辞典确定了该词的译文。通过以上方式，我们最终形成了较为完整的英汉双语希腊技术史专业术语表，这为全书专业术语翻译的统一性、准确性、专业性打下了基础。

　　科学技术是第一生产力，是先进生产力的集中体现和主要标志，科学技术的进步引领着时代的进步。我们希望通过翻译本书，帮助读者更深刻地了解希腊近现代技术史以及技术在国家发展中的关键作用，以期为希腊技术史研究提供文献，为了解"一带一路"沿线国家的技术发展史贡献微薄之力。

　　感谢团队成员的精诚合作和不懈努力，每一次讨论与修订都让译文质量有了进一步的提升。然而，鉴于时间和能力所限，我们的译文仍存在不足，未能尽善尽美，期待广大读者能够提出宝贵的意见与建议，以助我们不断进步。

周杰

2023 年 11 月